| 大学数学基础丛书 |

概率论与数理统计学习指导

齐淑华　李阳　编著

清华大学出版社
北京

内 容 简 介

本书是《概率论与数理统计》的配套辅导用书.本书内容依据教材中章节次序编排.全书共 9 章,每章基本上又分 4 个板块,即内容概要;题型归纳与例题精解;测试题及其答案;课后习题解答.

概率论与数理统计是高等院校的重要基础课之一,它不仅是后续课程学习及各个学科领域中进行研究和工程实践的必要基础,而且对学生综合能力的培养起着重要的作用,同时更是考研数学试题的重要组成部分.更好地指导学生学好这门课程,加深学生对所学内容的理解和掌握,提高其综合运用知识解决实际问题的能力是我们编写这本书的目的.

图书在版编目(CIP)数据

概率论与数理统计学习指导/齐淑华,李阳编著.—北京:清华大学出版社,2023.8
(大学数学基础丛书)
ISBN 978-7-302-63978-7

Ⅰ.①概… Ⅱ.①齐… ②李… Ⅲ.①概率论-高等学校-教学参考资料 ②数理统计-高等学校-教学参考资料 Ⅳ.①O21

中国国家版本馆 CIP 数据核字(2023)第 116909 号

责任编辑:刘　颖
封面设计:傅瑞学
责任校对:赵丽敏
责任印制:刘海龙

出版发行:清华大学出版社
　　　网　　　址:http://www.tup.com.cn,http://www.wqbook.com
　　　地　　　址:北京清华大学学研大厦 A 座　　　邮　　编:100084
　　　社 总 机:010-83470000　　　邮　　购:010-62786544
　　　投稿与读者服务:010-62776969,c-service@tup.tsinghua.edu.cn
　　　质量反馈:010-62772015,zhiliang@tup.tsinghua.edu.cn
印 装 者:三河市少明印务有限公司
经　　销:全国新华书店
开　　本:185mm×260mm　　印　张:16.25　　字　　数:396 千字
版　　次:2023 年 8 月第 1 版　　印　　次:2023 年 8 月第 1 次印刷
定　　价:49.00 元

产品编号:101926-01

前言 PREFACE

　　本书是《概率论与数理统计》的配套辅导用书.概率论与数理统计是高等院校的重要基础课之一,它不仅是后续课程学习及各个学科领域中进行研究和工程实践的必要基础,而且对学生综合能力的培养起着重要的作用,同时更是考研数学试题的重要组成部分.更好地指导学生学好这门课程,加深学生对所学内容的理解和掌握,提高其综合运用知识解决实际问题的能力是我们编写这本书的目的.本书按教材章节顺序编排,与教材保持一致.全书共9章,每章基本上又分4个板块,即内容概要、题型归纳与例题精解、测试题及其答案、课后习题解答.各板块具有以下特点:

　　1.每章的内容都给出了简明的内容概要,并指出本章的重点,用以帮助读者理解和记忆本书中的主要概念、结论和方法,对本章有一个全局性的认识和把握.

　　2.题型归纳与例题精解部分,主要以题型的形式选取了典型例题,并进行了详细的解答.每种题型的解法都具有代表性.读者可以通过典型例题既对这部分知识消化理解,掌握了常见的解题方法与技巧,又扩充了知识面,同时也做到举一反三,触类旁通.

　　3.测试题及其答案部分,试题紧紧围绕大纲,重点尤为突出.本部分有利于学生学习完各章后,通过自测的方式,检验自己对本章的学习情况,同时巩固掌握的基本概念和理论,提高解题能力.为了便于学生检验,给出了测试题的答案.

　　4.课后习题解答部分,是对《概率论与数理统计》一书的课后习题的详细解答,用以帮助读者在完成课后习题遇到困难时参考.对于课后习题,希望读者在学习过程中,先独立思考,自己动手解题,然后再对照检查,不要依赖于解答.

　　本书既是大学本科学生学习概率论与数理统计有益的参考用书,又是有志考研同学的良师益友.

　　由于作者水平有限,难免有疏漏、不足或错误之处,敬请同行和广大读者指正.

齐淑华　李　阳

2023 年 4 月

第 1 章

随机事件和概率

内容概要

一、随机事件之间的关系与运算

1. 随机事件的相关概念

（1）随机试验　概率论中的随机试验满足 3 个条件：

①在相同条件下试验可重复进行；②每次试验的结果不止一个；③试验前不能确定哪一个结果会出现.

（2）样本空间　随机试验的所有可能结果所组成的集合.集合中的每一个元素称为样本点.

（3）随机事件　样本空间的子集.

（4）基本事件　一个样本点组成的单点集称为基本事件.

（5）必然事件 Ω　每一次试验中一定发生的事件.

（6）不可能事件 $\varnothing$　每一次试验中一定不发生的事件.

2. 事件的关系及运算

（1）包含关系　$A \subset B$，表示 A 发生，则 B 必发生.

（2）和事件 $A+B$ 或 $A \cup B$，表示 A，B 至少有一个发生.

（3）积事件 AB 或 $A \cap B$，表示 A，B 同时发生.

（4）差事件 $A-B$，表示 A 发生，且 B 不发生.

（5）A，B 为互斥（互不相容）事件　表示 A，B 不同时发生，即 $AB = \varnothing$.

（6）A 的对立事件 $\overline{A}$　表示 A 不发生.对立事件一定是互斥事件,但互斥事件不一定是对立事件.

（7）德摩根律　$\overline{A \cup B} = \overline{A}\,\overline{B}$，$\overline{AB} = \overline{A} \cup \overline{B}$.

3. 若 $P(AB) = P(A)P(B)$，则 A，B 相互独立.

注　（1）若 A，B 相互独立,则 $\overline{A}$ 与 B，A 与 $\overline{B}$，$\overline{A}$ 与 $\overline{B}$ 相互独立.

（2）若 $P(A) > 0$，$P(B) > 0$，则 A，B 相互独立 $\Rightarrow A$，B 相容；A，B 不相容 $\Rightarrow A$，B 不相

互独立.

二、概率的性质

(1) $P(\overline{A})=1-P(A)$;   (2) $P(A-B)=P(A)-P(AB)$;

(3) $P(A+B)=P(A)+P(B)-P(AB)$.

三、古典概型

古典概率 设随机试验 E 的样本空间 $\Omega=\{\omega_1,\omega_2,\cdots,\omega_n\}$,(1)若 n 为有限的正整数;(2)每个基本事件的发生是等可能的,则事件 A 的概率

$$P(A)=\frac{A \text{ 包含基本事件的个数}}{\Omega \text{ 包含基本事件的个数}}.$$

四、条件概率与全概率公式

1. 条件概率 设 A,B 是两个事件,$P(A)>0$,称 $P(B|A)=\dfrac{P(AB)}{P(A)}$ 为事件 A 发生的条件下,事件 B 发生的概率为条件概率.

2. 乘法公式

若 $P(A)>0$,则 $P(AB)=P(A)P(B|A)$;

若 $P(B)>0$,则 $P(AB)=P(B)P(A|B)$;

若 $P(A_1)>0,P(A_1A_2)>0,\cdots,P(A_1A_2\cdots A_{n-1})>0$,则

$P(A_1A_2\cdots A_n)=P(A_1)P(A_2|A_1)P(A_3|A_1A_2)\cdots P(A_n|A_1A_2\cdots A_{n-1})$.

3. 设 $B_1,B_2,\cdots,B_n$ 为一完备事件组,即 $B_iB_j=\varnothing,i\neq j,i,j=1,2,\cdots,n$,且 $\bigcup\limits_{i=1}^{n}B_i=\Omega$,$P(B_i)>0$,则对于任一事件 $A,P(A)>0$,成立:

全概率公式 $P(A)=\sum\limits_{i=1}^{n}P(B_i)P(A|B_i)$;

贝叶斯公式 $P(B_i|A)=\dfrac{P(B_i)P(A|B_i)}{P(A)}$.

题型归纳与例题精解

题型 1-1 关于事件的关系及运算

【例 1】 在电炉上安装 4 个温控器,各温控器显示温度的误差是随机的. 在使用过程中,只要有两个温控器显示的温度不低于临界温度 t_0,电炉就断电. 以 A 表示事件"电炉断电",设 $T_{(1)}\leqslant T_{(2)}\leqslant T_{(3)}\leqslant T_{(4)}$ 为 4 个温控器显示的由低到高的温度值,则事件 A 等于( ).

     A $\{T_{(1)}\geqslant t_0\}$ B $\{T_{(2)}\geqslant t_0\}$ C $\{T_{(3)}\geqslant t_0\}$ D $\{T_{(4)}\geqslant t_0\}$

解 选 C. 因为事件 A 是"电炉断电",而电炉断电的条件是只要有两个温控器显示的温

度不低于 t_0，即当 $T_{(3)} \geqslant t_0$ 时，必有 $t_0 \leqslant T_{(3)} \leqslant T_{(4)}$. 所以选 C.

【例2】 对于任意两事件 A 与 B，与 $A \cup B = B$ 不等价的是（ ）.

A $A \subset B$ B $\bar{B} \subset \bar{A}$ C $A\bar{B} = \varnothing$ D $\bar{A}B = \varnothing$

解 选 D. 因 $A \cup B = B$ 等价于 $A \subset B$，或 $\bar{B} \subset \bar{A}$，或 $A\bar{B} = \varnothing$，故不选 A，B，C；取 $B = \Omega$，$A = \varnothing$，有 $A \cup B = B$，但 $\bar{A}B = \Omega$. 所以选 D.

题型 1-2　关于事件概率的性质

【例3】 已知事件 A 及 B 的概率都是 $\dfrac{1}{2}$，则下列结论一定正确的是（ ）.

A $P(A \cup B) = 1$ B $P(\bar{A}\bar{B}) = \dfrac{1}{4}$

C $P(AB) = \dfrac{1}{4}$ D $P(AB) = P(\bar{A}\bar{B})$

解 因为事件 A 及 B 不一定互不相容，即 $P(A \cup B)$ 并不一定等于 $P(A) + P(B) = 1$，所以 A 错；

因为事件 A 及 B 不一定相互独立，$P(AB)$ 并不一定等于 $P(A)P(B) = \dfrac{1}{2} \times \dfrac{1}{2} = \dfrac{1}{4}$，且 $P(\bar{A}\bar{B})$ 并不一定等于 $P(\bar{A})P(\bar{B}) = \dfrac{1}{2} \times \dfrac{1}{2} = \dfrac{1}{4}$，所以 B，C 错；

因为 $P(\bar{A}\bar{B}) = 1 - P(A \cup B) = 1 - P(A) - P(B) + P(AB)$，而 $P(A) = P(B) = \dfrac{1}{2}$，故有 $P(AB) = P(\bar{A}\bar{B})$，故选 D.

【例4】 设事件 A, B, C 同时发生必导致事件 D 发生，则
$P(A) + P(B) + P(C) \leqslant 2 + P(D)$.

证明 **方法1** 由题设可知 $ABC \subset D$，得 $P(ABC) \leqslant P(D)$.
而 $P(A \cup B \cup C) = P(A) + P(B) + P(C) - P(AB)$
$$\qquad\qquad - P(AC) - P(BC) + P(ABC) \leqslant 1, \tag{1}$$
$$P(AB \cup AC \cup BC) = P(AB) + P(AC) + P(BC) - 2P(ABC) \leqslant 1. \tag{2}$$
(1)式 + (2)式得 $P(A) + P(B) + P(C) - P(ABC) \leqslant 2$，从而有
$$P(A) + P(B) + P(C) \leqslant P(ABC) + 2 \leqslant 2 + P(D).$$

方法2 由 $P(A \cup B) \leqslant 1$ 可得 $P(A) + P(B) \leqslant 1 + P(AB)$. $\tag{3}$
(3)式两边加 $P(C)$ 得
$$P(A) + P(B) + P(C) \leqslant 1 + P(AB) + P(C)$$
$$\qquad\qquad = 1 + P(AB \cup C) + P(ABC)$$
$$\qquad\qquad \leqslant 2 + P(ABC) \leqslant 2 + P(D).$$

题型 1-3　古典概率的计算

【例5】 从 $0, 1, \cdots, 9$ 十个数字中每次任意读一个数字，先后读 7 次，假定各数字每次被读到的概率都是 $1/10$. 求下列事件的概率：

(1) 读到的数字按先后次序组成一个指定的 7 位数；

(2) 7 个数字全不相同；

（3）7 个数字中不含 9 和 1；

（4）数字 9 恰好出现两次.

解 将从 $0,1,\cdots,9$ 的十个数字中先后读 7 个数字（可重复地读 7 个）看成一个试验，则试验的样本空间中基本事件总数为 10^7. 再记（1）～（4）的事件分别为 A_1,A_2,A_3，A_4，则：

（1）A_1 是一个指定的 7 位数，只含一个基本事件，故 $P(A_1)=1/10^7=10^{-7}$.

（2）A_2 包含的基本事件数是 P_{10}^7，故 $P(A_2)=\mathrm{P}_{10}^7/10^7$.

（3）这时只需在 $0,2,3,4,5,6,7,8$ 这 8 个数字中每次任意读一个数字，先后读 7 次，故 A_3 包含 8^7 个基本事件，故 $P(A_3)=8^7/10^7=0.8^7$.

（4）9 可出现在 7 位数字的任意两位上，有 C_7^2 种选择方法，其余 5 位上可出现剩下的 9 个数字中的任意一个，有 9^5 种选择方法，所以 A_4 中含有 $\mathrm{C}_7^2 9^5$ 个基本事件，故 $P(A_4)=\mathrm{C}_7^2 9^5/10^7$.

【例 6】 50 只铆钉被随机地取来用在 10 个部件上，其中有 3 只铆钉强度太弱. 假设每个部件用 3 只铆钉，若将 3 只强度太弱的铆钉用在同一部件上，则该部件强度太弱. 求发生一个部件强度太弱的概率.

解 将部件从 1～10 编号，并以 A_i 表示事件"第 i 个部件强度太弱". 依题意，仅当 3 只强度太弱的铆钉装在第 i 个部件上时，A_i 才会发生. 由于从 50 只铆钉中任取 3 只装在第 i 个部件上共有 C_{50}^3 种方法；强度太弱的铆钉仅有 3 只，都装在第 i 个部件上只有 1 种，所以

$$P(A_i)=\frac{1}{\mathrm{C}_{50}^3}=\frac{1}{19600}\quad(i=1,2,\cdots,10),$$

且知 $A_1,A_2,\cdots,A_{10}$ 两两互斥，因此，10 个部件中有一个强度太弱的概率为

$$p=P(A_1\bigcup A_2\bigcup\cdots\bigcup A_{10})=\sum_{i=1}^{10}P(A_i)=\frac{10}{19600}=\frac{1}{1960}.$$

题型 1-4　乘法公式和条件概率的应用

【例 7】 小王忘记了朋友家电话号码的最后一位数，他只能随意拨最后一个号，共拨了三次. 求第三次才拨通的概率.

解 设事件 $A_i=\{$第 i 次拨通$\}$ $(i=1,2,3)$.

由乘法公式可得第三次才拨通的概率

$$P(\overline{A}_1\overline{A}_2A_3)=P(\overline{A}_1)P(\overline{A}_2\mid\overline{A}_1)P(A_3\mid\overline{A}_1\overline{A}_2)=\frac{9}{10}\times\frac{8}{9}\times\frac{1}{8}=\frac{1}{10}.$$

注 "第三次才拨通"，意味着前两次没拨通的同时，第三次拨通了；而不是已知前两次都未拨通的条件下，第三次拨通.

【例 8】 某冰箱厂甲、乙两条生产线分别生产了 520 台和 480 台冰箱，它们的次品率分别为 0.005 和 0.007. 现从这 1000 台冰箱中任抽一台，求抽到的冰箱是甲生产线生产的且为正品的概率.

解 设 $A=\{$甲生产线生产$\}$，$B=\{$正品$\}$，则由题意得

$$P(A)=520/1000=0.52,\quad P(B\mid A)=1-0.005=0.995.$$

根据乘法公式有

$$P(AB) = P(A)P(B \mid A) = 0.52 \times 0.995 = 0.5174.$$

题型 1-5　利用全概率公式与贝叶斯公式的计算问题

【例 9】　设盒中 9 个乒乓球,其中有 6 个新的,3 个旧的,第一次比赛时任取两个,用完后放盒中;第二次比赛时从中任取一个,用完后放回盒中.求第二次取到的是新球的概率.

解　设事件 $A_i = \{$第一次取到的是 i 个新球$\}(i = 0,1,2), B = \{$第二次取到的是新球$\}$. 显然,A_0, A_1, A_2 为样本空间的一个划分,则

$$P(A_0) = \frac{C_3^2}{C_9^2}, \quad P(A_1) = \frac{C_3^1 C_6^1}{C_9^2}, \quad P(A_2) = \frac{C_6^2}{C_9^2},$$

$$P(B \mid A_0) = \frac{C_6^1}{C_9^1}, \quad P(B \mid A_1) = \frac{C_5^1}{C_9^1}, \quad P(B \mid A_2) = \frac{C_4^1}{C_9^1},$$

故所求的概率为

$$P(B) = \sum_{i=0}^{2} P(A_i)P(B \mid A_i) = \frac{C_3^2}{C_9^2} \cdot \frac{C_6^1}{C_9^1} + \frac{C_3^1 C_6^1}{C_9^2} \cdot \frac{C_5^1}{C_9^1} + \frac{C_6^2}{C_9^2} \cdot \frac{C_4^1}{C_9^1} = \frac{14}{27}.$$

【例 10】　设某地区成年居民中肥胖者占 10%,不胖不瘦者占 82%,瘦者占 8%.又知肥胖者患高血压病的概率为 20%,不胖不瘦者患高血压病的概率为 10%,瘦者患高血压病的概率为 5%.若在该地区任选一人,发现此人患高血压病,则他属于肥胖者的概率有多大?

解　设 A_i 分别表示居民为肥胖者、不胖不瘦者、瘦者$(i = 1,2,3), B = \{$居民患高血压病$\}$,则 $P(A_1) = 0.1, P(A_2) = 0.82, P(A_3) = 0.08$,

$$P(B \mid A_1) = 0.2, \quad P(B \mid A_2) = 0.1, \quad P(B \mid A_3) = 0.05.$$

由全概率公式,有　$P(B) = \sum_{i=1}^{3} P(A_i)P(B \mid A_i) = 0.106$,

由贝叶斯公式,有　$P(A_1 \mid B) = \dfrac{P(A_1)P(B \mid A_1)}{P(B)} = \dfrac{0.02}{0.106} \approx 0.189.$

【例 11】　设有来自三个地区的各 10 名、15 名和 25 名考生的报名表,其中女生的报名表分别为 3 份、7 份和 5 份.随机地取一地区的报名表,从中先后抽取两份.(1)求先抽到的一份是女生表的概率 p;(2)已知后抽到的一份是男生表,求先抽到的一份是女生表的概率 q.

解　设 $H_i = \{$报名表是第 i 个地区考生的$\}(i = 1,2,3), A_j = \{$第 j 次抽到的报名表是男生的$\}(j = 1,2)$.则

$$P(H_1) = P(H_2) = P(H_3) = \frac{1}{3},$$

$$P(A_1 \mid H_1) = \frac{7}{10}, \quad P(A_1 \mid H_2) = \frac{8}{15}, \quad P(A_1 \mid H_3) = \frac{20}{25}.$$

(1) $p = P(\overline{A}_1) = \sum_{i=1}^{3} P(H_i)P(\overline{A}_1 \mid H_i) = \frac{1}{3}\left(\frac{3}{10} + \frac{7}{15} + \frac{5}{25}\right) = \frac{29}{90}.$

(2) 由 $P(A_1 \mid H_1) = \frac{7}{10}$,得

$$P(A_2 \mid H_1) = \frac{P(A_2 H_1)}{P(H_1)} = \frac{P(A_1 A_2 H_1) + P(\overline{A}_1 A_2 H_1)}{P(H_1)}$$

$$= \frac{P(A_2 \mid A_1 H_1) P(A_1 H_1) + P(A_2 \mid \overline{A}_1 H_1) P(\overline{A}_1 H_1)}{P(H_1)}$$

$$= \frac{P(A_2 \mid A_1 H_1) P(A_1 \mid H_1) P(H_1) + P(A_2 \mid \overline{A}_1 H_1) P(\overline{A}_1 \mid H_1) P(H_1)}{P(H_1)}$$

$$= P(A_1 \mid H_1) P(A_2 \mid A_1 H_1) + P(\overline{A}_1 \mid H_1) P(A_2 \mid \overline{A}_1 H_1)$$

$$= \frac{7}{10} \times \frac{6}{9} + \frac{3}{10} \times \frac{7}{9} = \frac{7}{10}.$$

类似地有 $P(A_2 \mid H_2) = \frac{8}{15}, P(A_2 \mid H_3) = \frac{20}{25},$

$$P(\overline{A}_1 A_2 \mid H_1) = \frac{7}{30}, \quad P(\overline{A}_1 A_2 \mid H_2) = \frac{8}{30}, \quad P(\overline{A}_1 A_2 \mid H_3) = \frac{5}{30}.$$

于是再由全概率公式有

$$P(A_2) = \sum_{i=1}^{3} P(H_i) P(A_2 \mid H_i) = \frac{1}{3} \left(\frac{7}{10} + \frac{8}{15} + \frac{20}{25} \right) = \frac{61}{90},$$

$$P(\overline{A}_1 A_2) = \sum_{i=1}^{3} P(H_i) P(\overline{A}_1 A_2 \mid H_i) = \frac{1}{3} \left(\frac{7}{30} + \frac{8}{30} + \frac{5}{30} \right) = \frac{2}{9}.$$

因此

$$q = P(\overline{A}_1 \mid A_2) = P(\overline{A}_1 A_2) / P(A_2) = \frac{2}{9} \Big/ \frac{61}{90} = \frac{20}{61}.$$

【例 12】　袋中有 6 张相同的卡片,上面分别标有数 $0,1,2,3,4,5$. 先后从袋中任意摸出两张卡片,已知其上数字之和大于 6,试判断先摸出的一张卡片上的数字最可能是几?

解　设事件 $A = \{$两张卡片上的两数之和大于 $6\}$, $B_i = \{$先摸出的卡片上的数字为 $i\}$ $(i = 0,1,2,3,4,5)$. 依题意可知

$$P(B_i) = \frac{1}{6} \quad (i = 0,1,2,3,4,5), \quad P(A \mid B_0) = P(A \mid B_1) = 0,$$

$$P(A \mid B_2) = \frac{1}{5}, \quad P(A \mid B_3) = P(A \mid B_4) = \frac{2}{5}, \quad P(A \mid B_5) = \frac{3}{5}.$$

由全概率公式,得

$$P(A) = \sum_{i=0}^{5} P(B_i) P(A \mid B_i) = \frac{1}{6} \times \frac{1+2+2+3}{5} = \frac{4}{15}.$$

又由贝叶斯公式,得

$$P(B_5 \mid A) = \frac{P(B_5) P(A \mid B_5)}{P(A)} = \frac{3}{8}, \quad P(B_4 \mid A) = P(B_3 \mid A) = \frac{2}{8},$$

$$P(B_2 \mid A) = \frac{1}{8}, \quad P(B_1 \mid A) = P(B_0 \mid A) = 0.$$

因为 $P(B_5 \mid A) > P(B_k \mid A) (k = 0,1,2,3,4)$,所以先摸出的卡片上的数字最可能是 5.

题型 1-6 关于事件的独立性的判断与应用

【例 13】 设 A,B,C 是三个相互独立的随机事件,且 $0<P(C)<1$,则在下列给定的四对事件中不相互独立的是(   ).

A $\overline{A+B}$ 与 C B $\overline{AC}$ 与 $\bar{C}$ C $\overline{A-B}$ 与 C D $\overline{AB}$ 与 $\bar{C}$

解 选 B.因为 A,B,C 是三个相互独立的随机事件,所以

$$P((\overline{A+B})C)=P(\bar{A}\bar{B}C)=P(\bar{A})P(\bar{B})P(C)=P(\overline{A+B})P(C),$$

即 $\overline{A+B}$ 与 C 相互独立.

同样可证 $\overline{A-B}$ 与 C 相互独立; $\overline{AB}$ 与 $\bar{C}$ 相互独立.

因为 $\bar{C}\subset\overline{AC}$,所以 $P((\overline{AC})\bar{C})=P(\bar{C})$,又已知 $0<P(C)<1$,得 $0<P(AC)\leqslant P(C)<1$,即 $0<P(\overline{AC})<1$.

所以 $P((\overline{AC})\bar{C})=P(\bar{C})\neq P(\overline{AC})P(\bar{C})$,即 $\overline{AC}$ 与 $\bar{C}$ 不相互独立.故选 B.

【例 14】 设 A,B 为随机事件,且 $0<P(A)<1,P(B)>0,P(B|A)=P(B|\bar{A})$,则下列结论一定成立的是(   ).

A $P(A|B)=P(\bar{A}|B)$ B $P(A|B)\neq P(\bar{A}|B)$

C $P(AB)=P(A)P(B)$ D $P(AB)\neq P(A)P(B)$

解 据题设,有 $P(B|A)=P(B|\bar{A})$,即 $\dfrac{P(AB)}{P(A)}=\dfrac{P(\bar{A}B)}{P(\bar{A})}$,从而

$$P(A)P(\bar{A}B)=P(\bar{A})P(AB)=[1-P(A)]P(AB)=P(AB)-P(A)P(AB),$$

即 $P(AB)=P(A)P(\bar{A}B)+P(A)P(AB)$

$$=P(A)[P(\bar{A}B)+P(AB)]=P(A)P(B),$$

所以 C 成立,即 A 与 B 相互独立,D 不成立.

进一步,由 C 成立,有 $P(A|B)=\dfrac{P(AB)}{P(B)}=\dfrac{P(A)P(B)}{P(B)}=P(A),$

$$P(\bar{A}|B)=\dfrac{P(\bar{A}B)}{P(B)}=\dfrac{P(\bar{A})P(B)}{P(B)}=P(\bar{A}).$$

如果 $P(A)=P(\bar{A})$,则 A 成立,否则 B 成立,所以 A,B 不一定成立.

故选 C.

【例 15】 设三事件 A,B,C 两两相互独立,$ABC=\varnothing$,$P(A)=P(B)=P(C)<1/2$,$P(A\bigcup B\bigcup C)=9/16$,则 $P(A)=$ _____.

解 根据题意,有

$$P(A\bigcup B\bigcup C)=P(A)+P(B)+P(C)-P(AB)-P(AC)-P(BC)+P(ABC)$$

$$=3P(A)-3P^2(A)+0=\frac{9}{16},$$

故 $P^2(A)-P(A)+\dfrac{3}{16}=0$.解方程,得 $P(A)=1/4$ 或 $3/4$.再由 $P(A)<1/2$,知 $P(A)=1/4$.

测试题及其答案

一、填空题

1. 设有事件运算式 $(AB)\bigcup(A\overline{B})(\overline{A}B)(\overline{AB})$,则化简式为_____.

2. 设 $P(A)=\dfrac{1}{3}$,$P(B)=\dfrac{1}{2}$,如果 A 与 B 互不相容,则 $P(B\overline{A})=$_____.

3. 设 $P(B)=0.7$,$P(\overline{A}B)=0.3$,则 $P(\overline{A}\bigcup\overline{B})=$_____.

4. 将两封信随机地投入 4 个邮筒中,则未向前面两个邮筒投信的概率为_____.

5. 设 $P(A)=P(B)=P(C)=\dfrac{1}{3}$,且 A,B,C 相互独立,则 A,B,C 至少有一个出现的概率为_____.

二、单项选择题

6. 设 $AB\subset C$,则(　　).

　　A　$\overline{AB}\supset\overline{C}$　　　B　$A\subset C$ 且 $B\subset C$　　　C　$\overline{A}\bigcup\overline{B}\supset\overline{C}$　　　D　$A\subset C$ 或 $B\subset C$

7. 设 A,B 为随机事件,$P(B)>0$,$P(A\mid B)=1$,则必有(　　).

　　A　$P(A\bigcup B)=P(A)$　　　　　　　　　B　$A\subset B$

　　C　$P(A)=P(B)$　　　　　　　　　　　　　D　$P(AB)=P(A)$

8. 将一枚硬币独立地掷两次:$A_1=\{$掷第一次出现正面$\}$,$A_2=\{$掷第二次出现正面$\}$,$A_3=\{$正、反面各出现一次$\}$,$A_4=\{$正面出现两次$\}$,则事件(　　).

　　A　A_1,A_2,A_3 相互独立　　　　　　　　B　A_2,A_3,A_4 相互独立

　　C　A_1,A_2,A_3 两两独立　　　　　　　　D　A_2,A_3,A_4 两两独立

9. 设 $P(A)=a$,$P(B)=b$,$P(A\bigcup B)=c$,则 $P(A\overline{B})$ 为(　　).

　　A　$a(1-b)$　　　　　B　$a(1-c)$　　　　　C　$c-b$　　　　　D　$a-b$

10. 设 A,B 为随机事件,且 $0<P(A)<1,0<P(B)<1,P(A\mid B)+P(\overline{A}\mid\overline{B})=1$,则 A 与 B (　　).

　　A　互斥　　　　　　　B　对立　　　　　　　C　不独立　　　　　　　D　独立

三、计算题及应用题

11. 袋中共有 5 个球,其中 3 个新球,2 个旧球,每次取一个,无放回地取 2 次,则第二次取到新球的概率是多少?

12. 一批产品共有 100 件,对其抽样调查,整批产品不合格的条件是:在被检查的 4 件中至少有一件是废品.如果该批产品中有 5% 是废品,问:该批产品因不合格被拒收的概率是多少?

13. 设一批产品中一、二、三等品各占 60%,30%,10%,从中随意取出一件,结果不是三等品,求取到的是一等品的概率.

14. 四个人独立地猜一个谜语,他们能够猜出的概率为 $\dfrac{1}{4}$,求谜语被猜出的概率.

15. 某校射击队共有 20 名射手,其中一级射手 4 人,二级射手 8 人,三级射手 7 人,四级射手 1 人,一、二、三、四级射手能通过预选赛进入正式比赛的概率分别为 0.9、0.7、0.5、0.2. (1)求任选一名射手能进入正式比赛的概率.(2)已知抽到的选手能参加正式比赛,问抽到一级选手的概率.

16. 电路由电池 A 与 2 个并联电池 B 及 C 串联而成,设电池 A,B,C 损坏的概率分别是 0.3,0.2,0.2,求电路发生断路的概率.

17. 已知随机事件 A,B,C 满足 $P(A)=0.4,P(B)=0.5,P(C)=0.5$,且 A,B 独立,A,C 互不相容,求概率 $P(A-C|(AB\cup C))$.

四、证明题

18. 设 A,B,C 三事件相互独立,证明:$A+B$ 与 C 相互独立.

答案

一、1. $\varnothing$；　2. $\dfrac{1}{2}$；　3. 0.6；　4. $\dfrac{1}{4}$；　5. $\dfrac{19}{27}$.

二、6. C；　7. A；　8. C；　9. C；　10. D.

三、11. **解**　设 A 表示"第一次取到新球",B 表示"第二次取到新球",则所求事件的概率为

$$P(B)=P(AB+\overline{A}B)=P(AB)+P(\overline{A}B)=\frac{3\times 2}{5\times 4}+\frac{2\times 3}{5\times 4}=\frac{3}{5}.$$

12. **解**　设 A_i 表示"被检查的第 i 件产品是正品"$(i=1,2,3,4)$,A 表示"该批产品被接收",则

$$P(A)=P(A_1A_2A_3A_4)=P(A_1)P(A_2|A_1)P(A_3|A_1A_2)P(A_4|A_1A_2A_3)$$
$$=\frac{95}{100}\times\frac{94}{99}\times\frac{93}{98}\times\frac{92}{97}\approx 0.812,$$

于是,该批产品被拒收的概率为 $P(\overline{A})=1-P(A)=1-0.812=0.188.$

13. **解**　设 A_i 表示"取到的产品是 i 等品"$(i=1,2,3)$,显然 A_1,A_2,A_3 互不相容,则所求的概率为

$$P(A_1|(A_1+A_2))=\frac{P(A_1(A_1+A_2))}{P(A_1+A_2)}=\frac{P(A_1)}{P(A_1+A_2)}$$
$$=\frac{P(A_1)}{P(A_1)+P(A_2)}=\frac{0.6}{0.6+0.3}=\frac{2}{3}.$$

14. **解**　设 A_i 表示"第 i 人猜出谜语"$(i=1,2,3,4)$,则谜语被猜出的概率为

$$P(A_1+A_2+A_3+A_4)=1-P(\overline{A_1}\,\overline{A_2}\,\overline{A_3}\,\overline{A_4})$$
$$=1-P(\overline{A_1})P(\overline{A_2})P(\overline{A_3})P(\overline{A_4})=1-\left(1-\frac{1}{4}\right)^4=\frac{175}{256}.$$

15. **解**　设 $A_k=\{$第 k 级选手被选中$\}(k=1,2,3,4)$,$B=\{$任选一名射手能通过预选赛进入正式比赛$\}$,则

$$P(A_1)=\frac{4}{20},\quad P(A_2)=\frac{8}{20},\quad P(A_3)=\frac{7}{20},\quad P(A_4)=\frac{1}{20},$$

$$P(B \mid A_1) = 0.9, \quad P(B \mid A_2) = 0.7, \quad P(B \mid A_3) = 0.5, \quad P(B \mid A_4) = 0.2.$$

由全概率公式,有

$$P(B) = \sum_{k=1}^{4} P(A_k)(B \mid A_k)$$

$$= \frac{4}{20} \times 0.9 + \frac{8}{20} \times 0.7 + \frac{7}{20} \times 0.5 + \frac{1}{20} \times 0.2 = 0.645.$$

由贝叶斯公式得

$$P(A_1 \mid B) = \frac{P(A_1) \cdot P(B \mid A_1)}{P(B)} = \frac{\frac{4}{20} \times 0.9}{0.645} = 0.279.$$

16. **解** 用事件 A, B, C 分别表示电池 A, B, C 损坏,则题目所求概率为

$$P(A \bigcup BC) = P(A) + P(BC) - P(ABC)$$
$$= P(A) + P(B)P(C) - P(A)P(B)P(C)$$
$$= 0.3 + 0.2 \times 0.2 - 0.3 \times 0.2 \times 0.2$$
$$= 0.34 - 0.012 = 0.328.$$

17. **解** $P(A - C \mid (AB \bigcup C)) = \dfrac{P(A\bar{C} \bigcap (AB \bigcup C))}{P(AB \bigcup C)} = \dfrac{P(AB\bar{C})}{P(AB \bigcup C)}$

$$= \frac{P(AB) - P(ABC)}{P(AB) + P(C) - P(ABC)} = \frac{0.4 \times 0.5 - 0}{0.4 \times 0.5 + 0.5 - 0} = \frac{2}{7}.$$

四、18. **证明** 由于 A, B, C 相互独立,从而 A, B, C 两两独立,则

$$P((A+B)C) = P(AC + BC) = P(AC) + P(BC) - P(ABC)$$
$$= P(A)P(C) + P(B)P(C) - P(A)P(B)P(C)$$
$$= [P(A) + P(B) - P(A)P(B)]P(C) = P(A+B)P(C),$$

从而 $A+B$ 与 C 独立.

课后习题解答

习题 1-1

基础题

1. 写出下列随机试验的样本空间:

(1) 掷两颗骰子,观察出现的点数;

(2) 连续抛一枚硬币,直至出现正面为止,正面用"1"表示,反面用"0"表示;

(3) 一超市在正常营业的情况下,某一天内接待顾客的人数;

(4) 某城市一天内的用电量.

解 (1) $\Omega = \{(1,1), (1,2), \cdots, (6,6)\}$;

(2) $\Omega = \{(1), (0,1), (0,0,1), (0,0,0,1), \cdots\}$;

(3) $\Omega = \{0, 1, 2, \cdots\}$;

(4) $\Omega = \{t \mid t \geqslant 0\}$.

2. 同时掷两颗骰子,设事件 A 表示"两颗骰子出现点数之和为奇数",B 表示"点数之差为零",C 表示"点数之积不超过 20",用样本点的集合表示事件 $B-A$,BC,$B+\bar{C}$.

解 $B-A=B=\{(1,1),(2,2),(3,3),(4,4),(5,5),(6,6)\}$,

$BC=\{(1,1),(2,2),(3,3),(4,4)\}$,

$\bar{C}=\{(4,6),(5,5),(5,6),(6,4),(6,5),(6,6)\}$

$B+\bar{C}=\{(1,1),(2,2),(3,3),(4,4),(5,5),(6,6),(4,6),(5,6),(6,4),(6,5)\}$

3. 设 A,B,C 为三事件,试用 A,B,C 的运算关系表示下列事件:

(1) A 发生,B 与 C 不发生;　　　　　(2) A 与 B 发生,C 不发生;

(3) A,B,C 都发生;　　　　　(4) A,B,C 都不发生;

(5) A,B,C 不都发生;　　　　　(6) A,B,C 中至少有一个发生;

(7) A,B,C 中不多于一个发生;　　　(8) A,B,C 中至少有两个发生.

解 (1) $A\bar{B}\bar{C}$;　(2) $AB\bar{C}$ 或 $AB-C$;　(3) ABC;

(4) $\overline{ABC}$;　(5) $\overline{ABC}$;　(6) $A\cup B\cup C$ 或 $A+B+C$;

(7) $\bar{A}\bar{B}+\bar{B}\bar{C}+\bar{A}\bar{C}$ 或 $\bar{A}\bar{B}\bar{C}+A\bar{B}\bar{C}+\bar{A}B\bar{C}+\bar{A}\bar{B}C$;

(8) $AB+BC+AC$ 或 $ABC+\bar{A}BC+A\bar{B}C+AB\bar{C}$.

4. 指出下列关系中哪些成立,哪些不成立:

(1) $A\cup B=A\bar{B}\cup B$;　　　　　(2) $\bar{A}B=A\cup B$;

(3) $(AB)(A\bar{B})=\varnothing$;　　　　　(4) 若 $AB=\varnothing$,且 $C\subset A$,则 $BC=\varnothing$;

(5) 若 $A\subset B$,则 $A\cup B=B$;　　　(6) 若 $A\subset B$,则 $AB=A$;

(7) 若 $A\subset B$,则 $\bar{B}\subset\bar{A}$;　　　(8) $(\overline{A\cup B})C=\overline{ABC}$.

解 (1)成立;(2)不成立;(3)成立;(4)成立;(5)成立;(6)成立;(7)成立;(8)不成立.

5. 设 A,B 是两个事件,那么事件"A,B 都发生","A,B 不都发生","A,B 都不发生"中,哪两个是对立事件?

解 "A,B 都发生"与"A,B 都不发生"为对立事件.

6. 从数字 $1,2,\cdots,9$ 中可重复地任取 n 次 $(n\geqslant2)$. 以 A 表示"所取的 n 个数字中没有 5",B 表示"所取的 n 个数字中没有偶数",问:事件"所取的 n 个数字的乘积能被 10 整除"如何用 A,B 表示?

解 $\bar{A}\bar{B}$ 或 $\overline{A\cup B}$.

提高题

1. 设事件 A 与 B 满足条件 $AB=\bar{A}\bar{B}$,则下面结论正确的是(　　).

    A　$A\cup B=\varnothing$　　　　B　$A\cup B=\Omega$　　　　C　$A\cup B=A$　　　　D　$A\cup B=B$

解 因为 $AB=\bar{A}\bar{B}$,所以 $AB=\overline{A\cup B}$,于是 $A\cup B=\Omega$,故选 B.

2. 设 A,B,C 是随机事件,满足 $AB\subset C$,则下面结论正确的是(　　).

    A　$\bar{A}\bar{B}\supset\bar{C}$　　　　　　　　　　B　$A\subset C$ 且 $B\subset C$

    C　$\bar{A}\cup\bar{B}\supset\bar{C}$　　　　　　　　D　$A\subset C$ 或 $B\subset C$

解 因为 $AB\subset C$,所以 $\overline{AB}\supset\bar{C}$,即 $\bar{A}\cup\bar{B}\supset\bar{C}$,故选 C.

3. 设 A,B 为随机事件,试证明下列等式:

(1) $A \cup B = A\bar{B} \cup B$; (2) $(A-B)C = AC - BC$;

(3) $(A \cup B) - B = A - B = A - AB$; (4) $(A \cup B) - AB = (A-B) \cup (B-A)$.

解 (1) $A \cup B = A(\bar{B} \cup B) \cup B = A\bar{B} \cup AB \cup B = A\bar{B} \cup B$.

(2) $(A-B)C = A\bar{B}C = AC - B = AC - BC$.

(3) $(A \cup B) - B = (A \cup B)\bar{B} = A\bar{B} \cup B\bar{B} = A\bar{B} = A - B = A - AB$.

(4) $(A \cup B) - AB = (A \cup B)\overline{AB} = (A \cup B)(\bar{A} \cup \bar{B})$

$$= A\bar{A} \cup A\bar{B} \cup B\bar{A} \cup B\bar{B} = A\bar{B} \cup B\bar{A} = (A-B) \cup (B-A).$$

习题 1-2

基础题

1. 已知事件 A,B 满足 $P(AB) = P(\overline{AB})$,记 $P(A) = p$,试求 $P(B)$.

解 因为 $P(AB) = P(\overline{AB})$,所以

$$P(AB) = P(\overline{A \cup B}) = 1 - P(A \cup B) = 1 - [P(A) + P(B) - P(AB)],$$

于是 $P(A) + P(B) = 1$,即 $P(B) = 1 - P(A) = 1 - p$.

2. 已知 $P(A) = 0.7$,$P(A-B) = 0.3$,试求 $P(\overline{AB})$.

解 因为 $P(A-B) = 0.3$,所以 $P(A-B) = P(A) - P(AB) = 0.3$.

又 $P(A) = 0.7$,所以 $P(AB) = 0.7 - 0.3 = 0.4$,于是 $P(\overline{AB}) = 1 - P(AB) = 1 - 0.4 = 0.6$.

3. 某人外出旅游两天. 根据天气预报,第一天下雨的概率为 0.6,第二天下雨的概率为 0.3,两天都下雨的概率为 0.1,试求:

(1) 第一天下雨而第二天不下雨的概率;

(2) 第一天不下雨而第二天下雨的概率;

(3) 至少有一天下雨的概率;

(4) 两天都不下雨的概率;

(5) 至少有一天不下雨的概率.

解 设 $A = \{$第一天下雨$\}$,$B = \{$第二天下雨$\}$,则

$$P(A) = 0.6, \quad P(B) = 0.3, \quad P(AB) = 0.1.$$

(1) $P(A\bar{B}) = P(A) - P(AB) = 0.6 - 0.1 = 0.5$;

(2) $P(\bar{A}B) = P(B) - P(AB) = 0.3 - 0.1 = 0.2$;

(3) $P(A \cup B) = P(A) + P(B) - P(AB) = 0.6 + 0.3 - 0.1 = 0.8$;

(4) $P(\bar{A}\bar{B}) = P(\overline{A \cup B}) = 1 - P(A \cup B) = 1 - 0.8 = 0.2$;

(5) $P(\bar{A} \cup \bar{B}) = P(\overline{AB}) = 1 - P(AB) = 1 - 0.1 = 0.9$.

4. 已知 $P(A) = P(B) = P(C) = \dfrac{1}{4}$,$P(AC) = \dfrac{1}{8}$,$P(AB) = P(BC) = 0$.

求:(1)A,B,C 中至少有一个发生的概率是多少? (2)A,B,C 都不发生的概率是多少?

解 (1) 因为 $P(AB) = 0$,且 $ABC \subset AB$,所以由概率的性质知 $P(ABC) = 0$.

再由加法公式,得 A,B,C 中至少发生一个的概率为

$$P(A \cup B \cup C) = P(A) + P(B) + P(C) - P(AB) - P(AC) - P(BC) + P(ABC)$$

$$= \frac{3}{4} - \frac{1}{8} = \frac{5}{8}.$$

(2) 因为"A,B,C 都不发生"的对立事件为"A,B,C 中至少有一个发生",所以由对立事件计算公式得

$$P(A,B,C\ 都不发生)=P(\overline{AB}\overline{C})=P(\overline{A\cup B\cup C})$$
$$=1-P(A\cup B\cup C)=1-\frac{5}{8}=\frac{3}{8}.$$

5. 若 $P(A)=0.5,P(B)=0.4,P(A-B)=0.3$,求 $P(A\cup B)$ 和 $P(\overline{A}\cup\overline{B})$.

解 因为 $P(A-B)=P(A)-P(AB)=0.3$,且 $P(A)=0.5$,所以 $P(AB)=0.2$,于是
$$P(A\cup B)=P(A)+P(B)-P(AB)=0.5+0.4-0.2=0.7,$$
$$P(\overline{A}\cup\overline{B})=P(\overline{AB})=1-P(AB)=1-0.2=0.8.$$

6. 设 A,B 是两事件,且 $P(A)=0.6,P(B)=0.7$,问:

(1) 在什么条件下 $P(AB)$ 取得最大值,最大值是多少?

(2) 在什么条件下 $P(AB)$ 取得最小值,最小值是多少?

解 由 $P(AB)=P(A)+P(B)-P(A\cup B),P(A)<P(B)\leqslant P(A\cup B).$

(1) 当 $A\subset B$ 时,有 $P(A\cup B)=P(B),P(AB)$ 取得最大值 0.6;

(2) 当 $P(A\cup B)=1$ 时,$P(AB)$ 取得最小值 0.3.

提高题

1. 设事件 A 与事件 B 互不相容,则(   ).

    A $P(\overline{AB})=0$ B $P(AB)=P(A)P(B)$

    C $P(A)=1-P(B)$ D $P(\overline{A}\cup\overline{B})=1$

解 因为 A,B 互不相容,所以 $AB=\varnothing$,于是 $\overline{AB}=\Omega$,而 $P(\overline{AB})=P(\overline{A}\cup\overline{B})=P(\Omega)=1$,故选 D.

2. 设随机事件 A 与 B 为对立事件,$0<P(A)<1$,则一定有(   ).

    A $0<P(A\cup B)<1$ B $0<P(B)<1$

    C $0<P(AB)<1$ D $0<P(\overline{A}B)<1$

解 因为 A,B 为对立事件,所以 $A\cup B=\Omega,AB=\varnothing,\overline{A}B=\varnothing$,且 $0<P(A)<1$,所以 $P(A\cup B)=1,P(AB)=0,P(\overline{A}B)=0,0<P(B)<1$,故选 B.

3. 若 $P(A)=0.4,P(\overline{A}B)=0.3$,求 $P(\overline{AB})$.

解 $P(\overline{AB})=P(\overline{A\cup B})=1-P(A\cup B)=1-P(A\cup\overline{A}B)$
$$=1-[P(A)+P(\overline{A}B)]=1-(0.4+0.3)=0.3.$$

习题 1-3

基础题

1. 抛三枚硬币,求:(1)三枚正面都朝上的概率;(2)恰有一枚正面朝上的概率;(3)至少有一枚正面朝上的概率.

解 抛三枚硬币试验的样本空间所包含基本事件的个数为 $C_2^1C_2^1C_2^1=8$.

(1) 设 $A=\{$三枚硬币正面都朝上$\}$,则 A 包含基本事件的个数为 $C_1^1C_1^1C_1^1=1$,故 $P(A)=\frac{1}{8}.$

(2) 设 $B=\{$恰有一枚正面朝上$\}$,则 B 包含基本事件的个数为 $C_3^1C_1^1C_1^1C_1^1=3$,故 $P(B)=$

$\dfrac{3}{8}$.

(3) 设 $C=\{$至少出现一枚正面$\}$，故 $P(C)=1-P(\overline{A})=1-\dfrac{1}{8}=\dfrac{7}{8}$.

2. 口袋中有 10 个球，分别标有号码 1～10，现从中不放回地任取 3 个，记下取出球的号码，试求：(1)最小号码为 5 的概率；(2)最大号码为 5 的概率.

解 (1),(2)中同一样本空间所包含基本事件的个数为 C_{10}^3.

(1) 设 $A=\{$最小号码为 5$\}$，则 A 包含基本事件的个数为 C_5^2，故 $P(A)=\dfrac{C_5^2}{C_{10}^3}=\dfrac{1}{12}$.

(2) 设 $B=\{$最大号码为 5$\}$，则 B 包含基本事件个数为 C_4^2，故 $P(B)=\dfrac{C_4^2}{C_{10}^3}=\dfrac{1}{20}$.

3. 掷两颗骰子，求下列事件的概率：
(1)点数之和为 7；(2)点数之和不超过 5；(3)两个点数中一个恰是另一个的两倍.

解 掷两颗骰子，试验样本空间所含基本事件的个数为 $C_6^1 C_6^1=36$.

(1) 设 $A=\{$点数之和为 7$\}$，则 $P(A)=\dfrac{6}{36}=\dfrac{1}{6}$.

(2) 设 $B=\{$点数之和不超过 5$\}$，则 $P(B)=\dfrac{10}{36}=\dfrac{5}{18}$.

(3) 设 $C=\{$两点数中一个恰是另一个的两倍$\}$，则 $P(C)=\dfrac{6}{36}=\dfrac{1}{6}$.

4. 设 5 个产品中有 3 个合格品，2 个不合格品.从中不放回地任取 2 个，求取出的 2 个中全是合格品、仅有一个合格品和没有合格品的概率.

解 取出的 2 个产品中全是合格品的概率为 $p_1=\dfrac{C_3^2}{C_5^2}=\dfrac{3}{10}$.

取出的 2 个产品中仅有一个是合格品的概率为 $p_2=\dfrac{C_3^1 C_2^1}{C_5^2}=\dfrac{3}{5}$.

取出的 2 个产品中没有合格品的概率为 $p_3=\dfrac{C_2^2}{C_5^2}=\dfrac{1}{10}$.

5. 从 $0,1,2,\cdots,9$ 这十个数字中任取三个不同的数字.求：
(1) 三个数字中不含 0 和 5 的概率；
(2) 三个数字中含 0 但不含 5 的概率；
(3) 三个数字中不含 0 或 5 的概率.

解 从 $0,1,2,\cdots,9$ 这十个数字中任取三个不同数字试验的样本空间所含基本事件的个数为 C_{10}^3.设 $A=\{$三个数字中不含 0$\}$，$B=\{$三个数字中不含 5$\}$，则 $P(A)=\dfrac{C_9^3}{C_{10}^3}=\dfrac{7}{10}$，$P(B)=\dfrac{7}{10}$.

(1) $P(AB)=\dfrac{C_8^3}{C_{10}^3}=\dfrac{7}{15}$.

(2) $P(\overline{A}B)=P(B)-P(AB)=\dfrac{7}{10}-\dfrac{7}{15}=\dfrac{7}{30}.$

(3) $P(A\cup B)=P(A)+P(B)-P(AB)=\dfrac{7}{10}+\dfrac{7}{10}-\dfrac{7}{15}=\dfrac{14}{15}.$

6. 一套书共有 5 册,按任意次序放到书架上,试求下列事件的概率:

(1)其中指定的两册书放在旁边;(2)指定的两册书都不出现在旁边;(3)指定的一册正好在中间.

解 5 册书任意次序放在书架上,共包含 $P_5^5=120$ 个基本事件.

(1) 设 $A=\{$指定的两册书放在旁边$\}$,则 A 包含基本事件的个数为 $P_2^2P_3^3=12$,故

$P(A)=\dfrac{12}{120}=\dfrac{1}{10}.$

(2) 设 $B=\{$指定两册书都不出现在旁边$\}$,则 B 包含基本事件的个数 $C_3^2\cdot 2!\cdot 3!=$

36,故 $P(B)=\dfrac{36}{120}=\dfrac{3}{10}.$

(3) 设 $C=\{$指定的一册书正好放在中间$\}$,则 C 包含基本事件的个数为 $P_4^4=24$,故

$P(C)=\dfrac{24}{120}=\dfrac{1}{5}.$

7. 两封信随机地向标号为 Ⅰ,Ⅱ,Ⅲ,Ⅳ 的 4 个邮筒投寄,求:(1)第二个邮筒恰好被投入 1 封信的概率;(2)前两个邮筒各有 1 封信的概率.

解 (1)设事件 A 表示"第二个邮筒恰好被投入 1 封信",则 $P(A)=\dfrac{C_2^1C_3^1}{4^2}=\dfrac{3}{8}.$

(2) 设事件 B 表示"前两个邮筒各有 1 封信的概率",则 $P(A)=\dfrac{C_2^1}{4^2}=\dfrac{1}{8}.$

8. 一个寝室有 4 人,假定每个人的生日在 12 个月的每一个月是等可能的,求至少有两个人的生日在同一个月的概率.

解 至少有两个人生日在同一个月的概率为 $p=1-\dfrac{P_{12}^4}{12^4}\approx 0.4271.$

9. 电梯从第 1 层到第 15 层,开始时电梯里有 10 个人,每个人都可能在 2～15 层下电梯.求下列事件的概率:(1)10 个人在同一层下电梯;(2)10 个人都在第 10 层下电梯;(3)10 个人中有 5 个人在第 10 层下电梯.

解 本例是古典概型问题,并且属于生日问题这一类,这时 $m=10,n=14.$

(1) 10 个人在同一层下电梯,可以理解为 10 个球放在同一个盒子中,其概率为 $p=$

$\dfrac{14}{14^{10}}=\dfrac{1}{14^9}.$ 这是一个极小的数,可以认为是 0.

(2) $p=\dfrac{1}{14^{10}}.$

(3) $p=\dfrac{C_{10}^5 13^5}{14^{10}}=0.000323.$

10. 将 3 个球随机地放入 4 个杯子中, 求杯子中球的最多个数分别是 1, 2, 3 的概率.

解　杯中球最多个数为 1, 说明 3 个球放在 4 个杯子中的 3 个, 每个杯子各放一个球. 可用排列 P_4^3 或 $C_4^3 3!$ 表示, 故所求概率 $p = \dfrac{P_4^3}{4^3} = \dfrac{3}{8}$.

杯中球最多个数为 2, 说明 2 个球放在 4 个杯子中的 1 个, 另一个球可放在余下的杯子中. 该事件所包含的基本事件数为 $(C_4^1 C_3^2) C_3^1$ (C_3^2 表示 3 个球中的 2 个), 故所求概率 $p = \dfrac{C_4^1 C_3^2 C_3^1}{4^3} = \dfrac{9}{16}$.

杯中球最多个数为 3 的概率 $p = \dfrac{C_4^1}{4^3} = \dfrac{1}{16}$ (C_4^1 表示 4 个杯子中的 1 个).

11. 甲、乙两艘轮船驶向一个不能同时停泊两艘轮船的码头, 它们在一昼夜内到达的时间是等可能的. 如果甲船的停泊时间是 1h, 乙船的停泊时间是 2h, 求它们中任何一艘都不需要等候码头空出的概率.

解　设 x 和 y 分别表示甲、乙两艘轮船到达码头的时间, 则
$$0 < x < 24, \quad 0 < y < 24.$$
若甲先到, 应满足 $y - x > 1$; 若乙先到, 应满足 $x - y > 2$. 可以用图 1.1 表示.

由几何概率, 它们中任何一艘都不需要等候码头空出的概率
$$p = \frac{\dfrac{1}{2}(23^2 + 22^2)}{24 \times 24} = 0.897.$$

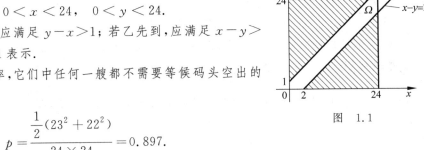

图　1.1

提高题

1. 将 C, C, E, E, I, N, S 共 7 个字母随机地排成一行, 求恰好排成英文字母 SCIENCE 的概率.

解　把 7 个字母排成一行的所有可能结果为 7!, 把 7 个字母排成 SCIENCE 的所有可能结果为 $C_1^1 C_2^1 C_1^1 C_2^1 C_1^1 C_1^1 C_1^1 = 4$, 故所求概率 $p = \dfrac{4}{7!} = \dfrac{1}{1260}$.

2. 从 5 双不同的鞋子中任取 4 只, 求此 4 只鞋子中至少有两只鞋子配成一双的概率.

解　设 $A = \{4$ 只鞋子中至少有两只配成 1 双$\}$, 样本空间所含样本点个数为 C_{10}^4.

解法 1　对于事件 A, 满足要求的有两类: 第一类是 4 只中恰好有 2 只配对, 其取法为 $C_5^1 C_4^2 C_2^1 C_2^1$ 种 (先从 5 双中任取 1 双, 再从剩下的 4 双中任取 2 双, 从这 2 双中各取 1 只); 第二类是 4 只中恰好配成 2 双, 其取法为 C_5^2. 故
$$P(A) = \frac{C_5^1 C_4^2 C_2^1 C_2^1 + C_5^2}{C_{10}^4} = \frac{13}{21}.$$

解法 2　对第一类可先从 5 双中任意取 1 双, 再从剩下的 8 只中任取 2 只, 去掉可能成双的 4 种情况, 其取法为 $C_5^1 (C_8^2 - C_4^1)$ 种. 第二类同上. 故

$$P(A) = \frac{C_5^1(C_8^2 - C_4^1) + C_5^2}{C_{10}^4} = \frac{13}{21}.$$

解法 3 应用对立事件求事件 A 发生的概率,即 $\overline{A}$ 为取出的 4 只鞋无一双配对.

对于事件 $\overline{A}$,可以先从 5 双鞋中任取 4 双,再从每双中任取 1 只,其取法为 $C_5^4 C_2^1 C_2^1 C_2^1 C_2^1$ 种.故

$$P(A) = 1 - P(\overline{A}) = 1 - \frac{C_5^4 C_2^1 C_2^1 C_2^1 C_2^1}{C_{10}^4} = \frac{13}{21}.$$

解法 4 对于事件 $\overline{A}$,可以先从 10 只鞋中任取 1 只,去掉与此只配对的另一只;再从剩下的 8 只中任取 1 只,去掉与此只配对的另一只.再从剩下的 6 只中任取 1 只,去掉与此只配对的另一只;再从剩下的 4 只中任取 1 只,排除排列因素,其取法为 $\frac{C_{10}^1 C_8^1 C_6^1 C_4^1}{4!}$ 种.故

$$P(A) = 1 - \frac{\dfrac{C_{10}^1 C_8^1 C_6^1 C_4^1}{4!}}{C_{10}^4} = \frac{13}{21}.$$

3. 将一枚硬币抛 $2n$ 次,求出现正面向上的次数多于反面向上次数的概率.

解 正面向上次数多于反面向上次数的概率为

$$p = C_{2n}^{n+1}\left(\frac{1}{2}\right)^{2n} + C_{2n}^{n+2}\left(\frac{1}{2}\right)^{2n} + \cdots + C_{2n}^{2n}\left(\frac{1}{2}\right)^{2n}$$

$$= (C_{2n}^{n+1} + C_{2n}^{n+2} + \cdots + C_{2n}^{2n})\left(\frac{1}{2}\right)^{2n},$$

而 $C_{2n}^0 + C_{2n}^1 + \cdots + C_{2n}^{n-1} + C_{2n}^n + C_{2n}^{n+1} + C_{2n}^{n+2} + \cdots + C_{2n}^{2n} = (1+1)^{2n} = 2^{2n}$,

$$C_{2n}^0 = C_{2n}^{2n}, \quad C_{2n}^1 = C_{2n}^{2n-1}, \quad C_{2n}^{n-1} = C_{2n}^{n+1},$$

所以 $2(C_{2n}^{n+1} + C_{2n}^{n+2} + \cdots + C_{2n}^{2n}) = 2^{2n} - C_{2n}^n$,

$$C_{2n}^{n+1} + C_{2n}^{n+2} + \cdots + C_{2n}^{2n} = \frac{2^{2n} - C_{2n}^n}{2},$$

于是 $p = \dfrac{2^{2n} - C_{2n}^n}{2}\left(\dfrac{1}{2}\right)^{2n} = \dfrac{1}{2}\left[1 - C_{2n}^n\left(\dfrac{1}{2}\right)^{2n}\right]$.

4. 从 $(0,1)$ 中随机地取两个数,求两数之和小于 $\dfrac{6}{5}$ 的概率.

解 设 x 和 y 分别表示随机抽取的两个数,则
$$0 < x < 1, \quad 0 < y < 1,$$

而事件 $A = \left\{x + y < \dfrac{6}{5}\right\}$ 可以用图 1.2 表示.由几何概率得

$$P(A) = 1 - \frac{\dfrac{1}{2} \times \dfrac{4}{5} \times \dfrac{4}{5}}{1 \times 1} = \frac{17}{25}.$$

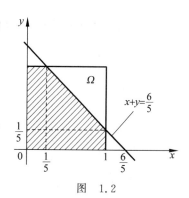

图 1.2

习题 1-4

基础题

1. (1) 已知 $P(A)=0.6, P(B)=0.5, P(B|A)=0.4$，求 $P(A|B)$；

(2) 已知 $P(A)=0.5, P(B)=0.6, P(B|\overline{A})=0.4$，求 $P(A \cup B)$；

(3) 已知 $P(\overline{A})=0.3, P(B)=0.4, P(A\overline{B})=0.5$，求 $P(B|A \cup \overline{B})$.

解　(1) 因为 $P(AB)=P(A)P(B|A)=0.6 \times 0.4=0.24$，所以

$$P(A \mid B)=\frac{P(AB)}{P(B)}=\frac{0.24}{0.5}=0.48.$$

(2) 因为 $P(\overline{A}B)=P(\overline{A})P(B|\overline{A})=0.5 \times 0.4=0.2$，而

$$P(AB)=P(B)-P(\overline{A}B)=0.6-0.2=0.4,$$

于是　$P(A \cup B)=P(A)+P(B)-P(AB)=0.5+0.6-0.4=0.7.$

(3) 因为　$P(AB)=P(A)-P(A\overline{B})=0.7-0.5=0.2$，而

$$P(A \cup \overline{B})=P(A)+P(\overline{B})-P(A\overline{B})=0.7+0.6-0.5=0.8,$$

于是　$P(B|A \cup \overline{B})=\dfrac{P(B(A \cup \overline{B}))}{P(A \cup \overline{B})}=\dfrac{P(AB)}{P(A \cup \overline{B})}=\dfrac{0.2}{0.8}=0.25.$

2. 设某动物出生后，能活到 20 岁的概率是 0.8，能活到 25 岁的概率是 0.3，现有一只恰好 20 岁的这种动物，求它能活到 25 岁的概率.

解　设 $A=\{$能活到 20 岁$\}, B=\{$能活到 25 岁$\}$，则 $P(A)=0.8, P(B)=0.3$. 于是所求问题的概率为

$$P(B \mid A)=\frac{P(AB)}{P(A)}=\frac{P(B)}{P(A)}=\frac{0.3}{0.8}=\frac{3}{8}.$$

3. 已知 10 只电子元件中有 2 只是次品，在其中任取两次，每次任取 1 只，做不放回抽样，求下列事件的概率：

(1) 第一次正品，第二次次品；　　　　(2) 一次正品，一次次品；

(3) 两次都是正品；　　　　　　　　　(4) 第二次取到次品.

解　设 $A_i=\{$第 i 次取出的是正品$\}(i=1,2)$，则：

(1) $P(A_1\overline{A_2})=P(A_1) \cdot P(\overline{A_2}|A_1)=\dfrac{8}{10} \times \dfrac{2}{9}=\dfrac{8}{45}$；

(2) $P(\overline{A_1}A_2)=P(\overline{A_1}) \cdot P(A_2|\overline{A_1})=\dfrac{2}{10} \times \dfrac{8}{9}=\dfrac{8}{45}$，

$$P(A_1\overline{A_2}+\overline{A_1}A_2)=P(A_1\overline{A_2})+P(\overline{A_1}A_2)=\frac{16}{45};$$

(3) $P(A_1A_2)=P(A_1) \cdot P(A_2|A_1)=\dfrac{8}{10} \times \dfrac{7}{9}=\dfrac{28}{45}$；

(4) $P(\overline{A_1}\,\overline{A_2})=P(\overline{A_1}) \cdot P(\overline{A_2}|\overline{A_1})=\dfrac{2}{10} \times \dfrac{1}{9}=\dfrac{1}{45}$，

$$P(A_1\overline{A_2}+\overline{A_1}\,\overline{A_2})=P(A_1\overline{A_2})+P(\overline{A_1}\,\overline{A_2})=\frac{8}{45}+\frac{1}{45}=\frac{1}{5}.$$

4. 某人忘记了电话号码的最后一个数字，只好随意拨号.(1)求他不超过 3 次拨通电话

的概率；(2)如果他记得最后一位数是奇数，求他不超过 3 次拨通电话的概率.

解 设 $A_i=\{$第 i 次拨号拨对$\}(i=1,2,3),A=\{$不超过 3 次拨通电话$\}$，则 $A=A_1+\overline{A_1}A_2+\overline{A_1}\ \overline{A_2}A_3$，且三者不相容，故有

$$P(A)=P(A_1)+P(\overline{A_1}A_2)+P(\overline{A_1}\ \overline{A_2}A_3)$$
$$=P(A_1)+P(\overline{A_1})\cdot P(A_2\mid\overline{A_1})+P(\overline{A_1})\cdot P(\overline{A_2}\mid\overline{A_1})\cdot P(A_3\mid\overline{A_1}\ \overline{A_2}),$$

于是(1) $P(A)=\dfrac{1}{10}+\dfrac{9}{10}\times\dfrac{1}{9}+\dfrac{9}{10}\times\dfrac{8}{9}\times\dfrac{1}{8}=\dfrac{3}{10}$；

(2) $P(A)=\dfrac{1}{5}+\dfrac{4}{5}\times\dfrac{1}{4}+\dfrac{4}{5}\times\dfrac{3}{4}\times\dfrac{1}{3}=\dfrac{3}{5}$.

5. 车间有甲、乙、丙三台机床生产同一种产品，且知它们的次品率依次为 0.2,0.3,0.1，而生产的产品数量比为甲：乙：丙＝2：3：5. 现从产品中任取一个，(1)求它是次品的概率；(2)若发现取出的产品是次品，求次品是来自机床乙的概率.

解 设 A_1,A_2,A_3 分别表示甲、乙、丙三台机床生产的产品，B 表示"取到的产品是次品"，则

$$P(A_1)=\frac{2}{10},\quad P(A_2)=\frac{3}{10},\quad P(A_3)=\frac{5}{10},$$
$$P(B\mid A_1)=0.2,\quad P(B\mid A_2)=0.3,\quad P(B\mid A_3)=0.1.$$

于是

$$(1)\ P(B)=P(A_1)P(B\mid A_1)+P(A_2)P(B\mid A_2)+P(A_3)P(B\mid A_3)$$
$$=\frac{2}{10}\times0.2+\frac{3}{10}\times0.3+\frac{5}{10}\times0.1=0.18;$$

$$(2)\ P(A_2\mid B)=\frac{P(A_2B)}{P(B)}=\frac{P(A_2)\cdot P(B\mid A_2)}{P(B)}=\frac{\dfrac{3}{10}\times0.3}{0.18}=0.5.$$

6. 某一城市有 25％的汽车废气排放量超过规定，一辆废气排放量超标的汽车不能通过检验站检验的概率是 0.99，但一辆废气排放量未超标的汽车也有 0.05 的概率不能通过检验.求：

(1) 一辆汽车未通过检验的概率；

(2) 一辆未通过检验的汽车，它的废气排放量超标的概率.

解 设 B 表示"汽车未通过检验"，A 表示"汽车废气排放量超过规定".显然，$A,\overline{A}$ 为样本空间的一个划分.根据题意

$$P(A)=25\%,\quad P(\overline{A})=75\%,\quad P(B\mid A)=0.99,\quad P(B\mid\overline{A})=0.05.$$

(1) 由全概率公式

$$P(B)=P(A)P(B\mid A)+P(\overline{A})P(B\mid\overline{A})=25\%\times0.99+75\%\times0.05=0.285.$$

(2) 由贝叶斯公式 $P(A\mid B)=\dfrac{P(A)P(B\mid A)}{P(B)}=\dfrac{25\%\times0.99}{0.285}\approx0.8684.$

7. 某人从甲地到乙地，乘火车、轮船、汽车、飞机的概率分别是 0.2,0.1,0.3,0.4. 乘火车不迟到的概率为 0.6，乘轮船不迟到的概率为 0.8，乘汽车不迟到的概率为 0.4，乘飞机不会迟到.问：(1)这个人没有迟到的概率是多少？(2)若这个人没有迟到，他乘轮船的概率是多少？

解 设 A_1,A_2,A_3,A_4 分别表示某人从甲地到乙地乘火车、轮船、汽车、飞机，B 表示"这个人没有迟到"，则

$$P(A_1)=0.2, \quad P(A_2)=0.1, \quad P(A_3)=0.3, \quad P(A_4)=0.4,$$

$$P(B \mid A_1)=0.6, \quad P(B \mid A_2)=0.8, \quad P(B \mid A_3)=0.4, \quad P(B \mid A_4)=1.$$

于是 （1）$P(B)=\displaystyle\sum_{i=1}^{4}P(A_i) \cdot P(B \mid A_i)$

$$=0.2\times0.6+0.1\times0.8+0.3\times0.4+0.4\times1=0.72.$$

（2）$P(A_2 \mid B)=\dfrac{P(A_2) \cdot P(B \mid A_2)}{P(B)}=\dfrac{0.1\times0.8}{0.72}=\dfrac{1}{9}.$

8. 发报台分别以概率 0.6 和 0.4 发出信号"·"及"一". 由于通信系统受到干扰，当发出信号"·"时，收报台分别以概率 0.8 及 0.2 收到信息"·"及"一"；当发出信号"一"时，收报台分别以概率 0.9 及 0.1 收到信号"一"及"·". 求当收报台收到"·"时，发报台确系发出信号"·"的概率以及收到"一"时，发报台确系发出信号"一"的概率.

解 设 $A_1=\{$发报台发出信号"·"$\}$，$\quad A_2=\{$发报台发出信号"一"$\}$，$B=\{$收报台收到信号"·"$\}$，$\overline{B}=\{$收报台的收到信号"一"$\}$，则

$$P(A_1)=0.6, \quad P(A_2)=0.4, \quad P(B \mid A_1)=0.8, \quad P(B \mid A_2)=0.1.$$

于是

$$P(A_1 \mid B)=\frac{P(A_1) \cdot P(B \mid A_1)}{P(A_1)P(B \mid A_1)+P(A_2) \cdot P(B \mid A_2)}$$

$$=\frac{0.6\times0.8}{0.6\times0.8+0.4\times0.1}=0.923,$$

$$P(A_2 \mid \overline{B})=\frac{P(A_2) \cdot P(\overline{B} \mid A_2)}{P(A_1)P(\overline{B} \mid A_1)+P(A_2) \cdot P(\overline{B} \mid A_2)}$$

$$=\frac{0.4\times0.9}{0.6\times0.2+0.4\times0.9}=0.75.$$

提高题

1. 设 A,B 是随机事件，$0<P(A)<1$，$0<P(B)<1$，若 $P(A \mid B)=1$，则下面正确的是（　　）.

　　A $P(\overline{B} \mid \overline{A})=1$　　　B $P(A \mid \overline{B})=0$　　　C $P(A+B)=0$　　　D $P(B \mid A)=1$

解 根据条件知 $P(AB)=P(B)$，于是

$$P(\overline{B} \mid \overline{A})=\frac{P(\overline{A}\,\overline{B})}{P(\overline{A})}=\frac{P(\overline{A+B})}{1-P(A)}$$

$$=\frac{1-P(A+B)}{1-P(A)}=\frac{1-[P(A)+P(B)-P(AB)]}{1-P(A)}=1,$$

故选 A.

2. 设事件 A 与 B 互不相容，且 $0<P(B)<1$，试证明：$P(A \mid \overline{B})=\dfrac{P(A)}{1-P(B)}$.

证明 因为 $P(A \mid \overline{B})=\dfrac{P(A\overline{B})}{P(\overline{B})}=\dfrac{P(A)-P(AB)}{1-P(B)}$，而 A 与 B 互不相容，所以 $P(AB)=$

0,于是 $P(A|\bar{B})=\dfrac{P(A)}{1-P(B)}$.

3. 设 A,B,C 是随机事件,A,C 互不相容,$P(AB)=\dfrac{1}{2}$,$P(C)=\dfrac{1}{3}$,则 $P(AB|\bar{C})=$

_____.

解 由条件概率的定义,$P(AB|\bar{C})=\dfrac{P(AB\bar{C})}{P(\bar{C})}$,其中 $P(\bar{C})=1-P(C)=1-\dfrac{1}{3}=\dfrac{2}{3}$,

$$P(AB\bar{C})=P(AB)-P(ABC)=\dfrac{1}{2}-P(ABC).$$

由于 A,C 互不相容,即 $AC=\varnothing$,故 $P(AC)=0$.又 $ABC\subset AC$,得 $P(ABC)=0$,代入得 $P(AB\bar{C})=\dfrac{1}{2}$,$P(AB|\bar{C})=\dfrac{3}{4}$.

4. 设 $P(A)>0$,证明:$P(B|A)\geqslant 1-\dfrac{P(\bar{B})}{P(A)}$.

证明 因为

$$P(B\mid A)=\dfrac{P(AB)}{P(A)}=\dfrac{P(A)+P(B)-P(A\bigcup B)}{P(A)}$$

$$\geqslant \dfrac{P(A)+P(B)-1}{P(A)}=1-\dfrac{P(\bar{B})}{P(A)},$$

所以 $P(B|A)\geqslant 1-\dfrac{P(\bar{B})}{P(A)}$.

5. 一学生接连参加同一课程的两次考试.第一次及格的概率为 p,若第一次及格,则第二次及格的概率也为 p;若第一次不及格,则第二次及格的概率为 $\dfrac{p}{2}$.(1)若至少有一次及格,则他能取得某种资格,求他取得该资格的概率;(2)若已知他第二次已经及格,求他第一次也及格的概率.

解 设 $B_1=\{$第一次考试及格$\}$,$B_2=\{$第二次考试及格$\}$,$A=\{$取得某种资格$\}$.

(1)取得某种资格的概率为

$$P(A)=P(B_1)P(B_2\mid B_1)+P(B_1)P(\overline{B_2}\mid B_1)+P(\overline{B_1})P(B_2\mid\overline{B_1})$$

$$=pp+p(1-p)+(1-p)\dfrac{p}{2}=\dfrac{p}{2}(3-p).$$

(2)第二次已经及格,有可能第一次及格,也可能第一次不及格,所以

$$P(B_2)=P(B_1)P(B_2\mid B_1)+P(\overline{B_1})P(B_2\mid\overline{B_1})=pp+(1-p)\dfrac{p}{2}=\dfrac{p^2+p}{2},$$

$$P(B_1\mid B_2)=\dfrac{P(B_1B_2)}{P(B_2)}=\dfrac{pp}{\dfrac{p^2+p}{2}}=\dfrac{2p}{p+1}.$$

习题 1-5

1. 设事件 A,B 是任意两事件,其中 A 的概率不等于 0 或 1,证明 $P(A|B)=P(A|\bar{B})$ 是事件 A 和 B 独立的充分必要条件.

证明　（必要性）因为事件 A 与 B 独立,所以事件 $\overline{A}$ 与 B 也独立.故可得

$$P(A\mid B)=P(A),\quad P(A\mid \overline{B})=P(A),$$

所以 $P(A\mid B)=P(A\mid \overline{B})$.

（充分性）因为 $P(A\mid B)=P(A\mid \overline{B})$,即 $\dfrac{P(AB)}{P(B)}=\dfrac{P(A\overline{B})}{P(\overline{B})}=\dfrac{P(A)-P(AB)}{1-P(B)}$,

所以 $P(AB)[1-P(B)]=P(B)[P(A)-P(AB)]$,故得 $P(AB)=P(A)P(B)$,所以事件 A 与 B 独立.

2. 设 A,B 为两个相互独立的事件,$P(A)=0.4$,$P(A\bigcup B)=0.7$,求 $P(B)$.

解　因为

$$P(A\bigcup B)=P(A)+P(B)-P(AB)=P(A)+P(B)-P(A)\cdot P(B),$$

所以 $0.7=0.4+P(B)-0.4\cdot P(B)$,于是 $P(B)=0.5$.

3. 设事件 A,B 满足 $P(A)=\dfrac{1}{2}$,$P(B)=\dfrac{1}{3}$,且 $P(A\mid B)+P(\overline{A}\mid \overline{B})=1$,求 $P(A\bigcup B)$.

解　由 $P(A\mid B)+P(\overline{A}\mid \overline{B})=1$,即 $P(A\mid B)=1-P(\overline{A}\mid \overline{B})=P(A\mid \overline{B})$,所以 A,B 相互独立.于是

$$P(A\bigcup B)=1-P(\overline{A\bigcup B})=1-P(\overline{A}\,\overline{B})=1-P(\overline{A})P(\overline{B})=1-\frac{1}{2}\times\frac{2}{3}=\frac{2}{3}.$$

4. 设两个相互独立的事件 A 和 B 都不发生的概率为 $\dfrac{1}{9}$,A 发生 B 不发生的概率与 B 发生 A 不发生的概率相等,求 $P(A)$.

解　由已知得 $\begin{cases}P(\overline{A}\,\overline{B})=\dfrac{1}{9},\\ P(A\overline{B})=P(\overline{A}B),\end{cases}$　即

$$\begin{cases}1-P(A\bigcup B)=1-[P(A)+P(B)-P(AB)]=\dfrac{1}{9},\\ P(A)-P(AB)=P(B)-P(AB),\end{cases}$$

所以

$$\begin{cases}P(A)+P(B)-P(AB)=\dfrac{8}{9},\\ P(A)=P(B).\end{cases}$$

于是 $P(A)+P(A)-[P(A)]^2=\dfrac{8}{9}$.解得 $P(A)=\dfrac{4}{3}$(舍去),$P(A)=\dfrac{2}{3}$.

5. 三人独立地破译一个密码,他们能译出的概率分别是 $\dfrac{1}{5}$,$\dfrac{1}{3}$,$\dfrac{1}{4}$,问:他们能将此密码译出的概率是多少?

解　A,B,C 分别表示甲、乙、丙能够译出密码,则密码被译出的概率为

$$P(A\bigcup B\bigcup C)=1-P(\overline{A\bigcup B\bigcup C})=1-P(\overline{A}\,\overline{B}\,\overline{C})$$

$$=1-P(\overline{A})\cdot P(\overline{B})\cdot P(\overline{C})$$

$$=1-\left(1-\frac{1}{5}\right)\times\left(1-\frac{1}{3}\right)\times\left(1-\frac{1}{4}\right)=\frac{3}{5}.$$

6. 某零件用两种工艺加工,第一种工艺有三道工序,各道工序出现不合格品的概率分别为 0.3,0.2,0.1;第二种工艺有两道工序,各道工序出现不合格品的概率分别为 0.3,0.2. 试问:(1)用哪种工艺加工得到合格品的概率较大些?(2)第二种工艺两道工序出现不合格品的概率都是 0.3 时,情况又如何?

解　设 A_1, A_2, A_3 分别表示第一种工艺的三道工序生产的合格品. B_1, B_2 分别表示第二种工艺的两道工序生产的合格品.

(1) 分别用两种工艺生产得到合格品的概率为

$$P(A_1 A_2 A_3) = P(A_1)P(A_2)P(A_3) = (1-0.3) \times (1-0.2) \times (1-0.1) = 0.504,$$
$$P(B_1 B_2) = P(B_1)P(B_2) = (1-0.3) \times (1-0.2) = 0.56,$$

所以用第二种工艺生产得到合格品的概率大.

(2) 第二种工艺两道工序出现不合格品的概率都是 0.3 时,用第二种工艺生产得到合格品的概率为

$$P(B_1 B_2) = P(B_1)P(B_2) = (1-0.3) \times (1-0.3) = 0.49,$$

这时用第一种工艺生产得到合格品的概率大.

7. 某彩票每周开奖一次,每次提供十万分之一的中奖机会,且各周开奖是相互独立的. 若你每周买一张彩票,坚持十年(每年 52 周)之久,你从未中奖的可能性是多少?

解　从未中奖的可能性为 $\left(1 - \dfrac{1}{10^5}\right)^{520} = 0.9948.$

每周买一张彩票,尽管你坚持十年(每年 52 周)之久,未中奖的可能性几乎为 1,这也说明从未中奖是合理的.

8. 设 A, B, C 三事件相互独立,试证 AB 与 C 独立;$A-B$ 与 C 独立.

证明　因为 A, B, C 相互独立,所以

$$P(ABC) = P(A)P(B)P(C), \quad P(AC) = P(A)P(C), \quad P(AB) = P(A)P(B),$$

于是　$P((AB)C) = P(A)P(B)P(C) = P(AB)P(C)$,即 AB 与 C 相互独立.

又由于　$P((A-B)C) = P(AC - BC) = P(AC) - P(ABC)$
$$= P(A)P(C) - P(A)P(B)P(C) = (P(A) - P(AB))P(C)$$
$$= P(A-B) \cdot P(C),$$

所以,$A-B$ 与 C 相互独立.

9. 设 $A_1, A_2, \cdots, A_n$ 为 n 个相互独立的事件,且 $P(A_k) = p_k (1 \leqslant k \leqslant n)$. 求下列事件的概率:(1)$n$ 个事件全不发生;(2)n 个事件中至少有一个发生;(3)n 个事件不全发生.

解　(1) n 个事件全不发生就是 n 个事件的对立事件同时发生,所以

$$P(\overline{A_1}\,\overline{A_2}\cdots\overline{A_n}) = P(\overline{A_1})P(\overline{A_2})\cdots P(\overline{A_n}) = (1-p_1)(1-p_2)\cdots(1-p_n).$$

(2) $P(A_1 \cup A_2 \cup \cdots \cup A_n) = 1 - P(\overline{A_1 \cup A_2 \cup \cdots \cup A_n}) = 1 - P(\overline{A_1}\,\overline{A_2}\cdots\overline{A_n})$
$$= 1 - P(\overline{A_1})P(\overline{A_2})\cdots P(\overline{A_n})$$
$$= 1 - (1-p_1)(1-p_2)\cdots(1-p_n).$$

(3) n 个事件不全发生就是 n 个事件中最多有 $n-1$ 个事件发生,于是利用对立事件可得

$P(n$ 个事件不全发生$)$

$$=1-P(A_1 A_2 \cdots A_n)=1-P(A_1)P(A_2)\cdots P(A_n)=1-p_1 p_2 \cdots p_n.$$

10. 甲、乙、丙三人独立地向同一飞机射击,设击中的概率分别是 0.4,0.5,0.7. 若只有一人击中,则飞机被击落的概率是 0.2;若两人击中,则飞机被击落的概率是 0.6;若三人击中,则飞机一定被击落. 求飞机被击落的概率.

解　设 C_1, C_2, C_3 分别表示甲、乙、丙击中飞机,$A_i=\{$恰有 i 人击中飞机$\}(i=1,2,3)$,$B=\{$飞机被击落$\}$. 则

$$P(C_1)=0.4, \quad P(C_2)=0.5, \quad P(C_3)=0.7,$$

$$P(B \mid A_1)=0.2, \quad P(B \mid A_2)=0.6, \quad P(B \mid A_3)=1,$$

$$P(A_1)=P(C_1 \overline{C_2}\, \overline{C_3}+\overline{C_1} C_2 \overline{C_3}+\overline{C_1}\, \overline{C_2} C_3)$$

$$=P(C_1)P(\overline{C_2})P(\overline{C_3})+P(\overline{C_1})P(C_2)P(\overline{C_3})+P(\overline{C_1})P(\overline{C_2})P(C_3)$$

$$=0.4 \times 0.5 \times 0.3+0.6 \times 0.5 \times 0.3+0.6 \times 0.5 \times 0.7$$

$$=0.36,$$

$$P(A_2)=P(C_1 C_2 \overline{C_3}+\overline{C_1} C_2 C_3+C_1 \overline{C_2} C_3)$$

$$=P(C_1)P(C_2)P(\overline{C_3})+P(\overline{C_1})P(C_2)P(C_3)+P(C_1)P(\overline{C_2})P(C_3)$$

$$=0.4 \times 0.5 \times 0.3+0.6 \times 0.5 \times 0.7+0.4 \times 0.5 \times 0.7$$

$$=0.41,$$

$$P(A_3)=P(C_1 C_2 C_3)=P(C_1)P(C_2)P(C_3)$$

$$=0.4 \times 0.5 \times 0.7=0.14,$$

于是,由全概率公式

$$P(B)=P(A_1)\cdot P(B \mid A_1)+P(A_2)\cdot P(B \mid A_2)+P(A_3)\cdot P(B \mid A_3)$$

$$=0.36 \times 0.2+0.41 \times 0.6+0.14 \times 1=0.458.$$

提高题

1. 随机事件 A 与 B 相互独立,$P(A)=P(\overline{B})=a-1$,$P(A \cup B)=\dfrac{7}{9}$,求 a 的值.

解　因为 $P(A)=P(\overline{B})=a-1$,所以 $P(A)+P(B)=1$,$P(B)=2-a$.

又因为 $P(A \cup B)=\dfrac{7}{9}$,所以

$$P(A)+P(B)-P(A)\cdot P(B)=1-(a-1)(2-a)=\frac{7}{9},$$

即 $9a^2-27a+20=0$,于是,解得 $a=\dfrac{5}{3}$ 或 $a=\dfrac{4}{3}$.

2. 随机事件 A 与 B 相互独立,已知它们都不发生的概率为 0.16,又知 A 发生 B 不发生的概率与 B 发生 A 不发生的概率相等,则 A 与 B 都发生的概率是_____.

解　由题意得 $P(\overline{A}\,\overline{B})=0.16$,即 $P(\overline{A})\cdot P(\overline{B})=0.16$. 而

$$P(A\overline{B})=P(\overline{A}B), \quad 即 \quad P(A)-P(AB)=P(B)-P(AB),$$

所以 $P(A)=P(B)$,于是 $P(\overline{A})=P(\overline{B})$,$(P(\overline{A}))^2=0.16$,故 $P(\overline{A})=0.4$,从而

$$P(A)=P(B)=0.6, \quad P(AB)=P(A)P(B)=0.6 \times 0.6=0.36.$$

3. 设随机事件 A 与 B 相互独立,A 与 C 相互独立,$BC=\varnothing$,若 $P(A)=P(B)=\dfrac{1}{2}$,$P(AC\,|\,AB\bigcup C)=\dfrac{1}{4}$,求 $P(C)$.

解　$P(AC\,|\,AB\bigcup C)=\dfrac{P\{AC(AB\bigcup C)\}}{P(AB\bigcup C)}=\dfrac{P(AC)}{P(AB)+P(C)-P(ABC)}=\dfrac{1}{4}$,即

$$\dfrac{P(A)P(C)}{P(A)P(B)+P(C)-P(ABC)}=\dfrac{1}{4}\Rightarrow\dfrac{\dfrac{1}{2}P(C)}{\dfrac{1}{2}\times\dfrac{1}{2}+P(C)-0}=\dfrac{1}{4}\Rightarrow P(C)=\dfrac{1}{4}.$$

4. 要验收一批(100 件)乐器,验收方案如下:自该批乐器中随机取 3 件测试(测试是相互独立进行的),3 件中只要有一件在测试中被认为音色不纯,则这批乐器被拒绝接收.设一件音色不纯的乐器经测试查出其为音色不纯的概率为 0.95,而一件音色纯的乐器经测试被误认为音色不纯的概率为 0.01.如果已知这 100 件乐器中恰有 4 件是音色不纯的,试问:这批乐器被接收的概率是多少?

解　设 $A_i(i=0,1,2,3)$ 表示事件"随机抽取 3 件乐器,其中恰有 i 件音色不纯",B 表示"乐器被接收",则

$$P(A_0)=\dfrac{C_{96}^3}{C_{100}^3},\quad P(A_1)=\dfrac{C_4^1C_{96}^2}{C_{100}^3},\quad P(A_2)=\dfrac{C_4^2C_{96}^1}{C_{100}^3},\quad P(A_3)=\dfrac{C_4^3}{C_{100}^3},$$

$$P(B\,|\,A_0)=(0.99)^3,\quad P(B\,|\,A_1)=0.99^2\times0.05,\quad P(B\,|\,A_2)=0.99\times(0.05)^2,$$

$$P(B\,|\,A_3)=(0.05)^3,$$

于是 $P(B)=\sum\limits_{i=0}^{3}P(A_i)\cdot P(B\,|\,A_i)=0.8574+0.0055+0.0000+0.0000=0.8629.$

总复习题 1

1. 以 A 表示事件"甲种产品畅销,乙种产品滞销",则其对立的事件 $\bar{A}$ 为(　　　).

    A　"甲种产品滞销,乙种产品畅销"　　　　B　"甲乙两种产品都畅销"

    C　"甲种产品滞销"　　　　　　　　　　　D　"甲种产品滞销或乙种产品畅销"

解　选 D.

$B_1=\{$甲畅销$\}$,$B_2=\{$乙畅销$\}$,$A=B_1\overline{B_2}$,则 $\bar{A}=\overline{B_1\overline{B_2}}=\overline{B_1}\bigcup B_2$,即 $\bar{A}$ 为甲滞销或乙畅销.

2. 设当事件 A 与 B 同时发生时 C 也发生,则(　　　).

    A　$P(C)=P(A\bigcap B)$　　　　　　　　　B　$P(C)\leqslant P(A)+P(B)-1$

    C　$P(C)=P(A\bigcup B)$　　　　　　　　　D　$P(C)\geqslant P(A)+P(B)-1$

解　选 D.

因为 A,B 同时发生时 C 也发生,即 $C\supset AB$,所以 $P(C)\geqslant P(AB)$.

又因为 $P(A\bigcup B)=P(A)+P(B)-P(AB)\leqslant1$,所以

$$P(AB)\geqslant P(A)+P(B)-1,\quad 即\quad P(C)\geqslant P(A)+P(B)-1.$$

3. 某城市共发行三种报纸 A,B,C.该城市的居民中有 45% 订阅 A 报,35% 订阅 B 报,

30%订阅 C 报,10%同时订阅 A 报 B 报,8%同时订阅 A 报 C 报,5%同时订阅 B 报 C 报,3%同时订阅 A,B,C 报.求以下事件的概率:(1)只订阅 A 报;(2)只订阅一种报纸;(3)至少订阅一种报纸;(4)不订阅任何报纸.

解 设 A,B,C 分别表示订阅 A,B,C 报纸,则由已知 $P(A)=45\%$,$P(B)=35\%$,$P(C)=30\%$,

$$P(AB)=10\%,P(AC)=8\%,P(BC)=5\%,P(ABC)=3\%.$$

(1) 只订阅 A 报的概率为

$$\begin{aligned}
P(A\overline{B}\,\overline{C}) &= P(A)-P(A\overline{\overline{BC}})=P(A)-P(A(B\bigcup C))\\
&= P(A)-P(AB\bigcup AC)=P(A)-P(AB)-P(AC)+P(ABC)\\
&= 0.45-0.1-0.08+0.03=0.30.
\end{aligned}$$

(2) 同(1)可得,只订阅 B 报的概率 $P(\overline{A}B\overline{C})=0.23$,只订阅 C 报的概率为 $P(\overline{A}\,\overline{B}C)=0.2$.所以只订阅一种报纸的概率为

$$P(A\overline{B}\,\overline{C}+\overline{A}B\overline{C}+\overline{A}\,\overline{B}C)=P(A\overline{B}\,\overline{C})+P(\overline{A}B\overline{C})+P(\overline{A}\,\overline{B}C)=0.73.$$

(3) 至少订阅一种报纸的概率为

$$\begin{aligned}
P(A\bigcup B\bigcup C) &= P(A)+P(B)+P(C)-P(AB)-P(AC)-P(BC)+P(ABC)\\
&= 0.45+0.35+0.3-0.1-0.08-0.05+0.03=0.90.
\end{aligned}$$

(4) 不订阅任何报纸的概率为

$$P(\overline{A\bigcup B\bigcup C})=1-P(A\bigcup B\bigcup C)=1-0.90=0.10.$$

4. 有6个房间安排4个旅游者住,每人可以住进任何一个房间,且住进各个房间是等可能的.试求:(1)第1号房间住1人,第2号房间住3人的概率;(2)恰有1个房间住1人,1个房间住3人的概率.

解 (1) 第1号房间住1人,第2号房间住3人的概率为

$$p_1=\frac{C_4^3}{6^4}=\frac{4}{6^4}=\frac{1}{324}.$$

(2) 恰有一个房间住1人,一个房间住3人的概率为

$$p_2=\frac{C_6^1 C_4^1 C_5^1}{6^4}=\frac{5}{54}.$$

5. 某城市有 n 辆汽车,车牌号从 $1\sim n$.某人记下一段时间内通过某个路口的 m 辆汽车的车牌号,可能重复记下某些汽车的车牌号.求记下的最大牌号为 k 的概率,设每辆汽车通过该路口的可能性相同.

解 这是古典概型问题,并且属于生日问题这一类.设 $A=$"记下的最大牌号为 k",则 $N=n^m$.在 n^m 中,最大车牌号不大于 k 的取法共有 k^m 种,而最大车牌号不大于 $k-1$ 的取法共有 $(k-1)^m$,于是 $M=k^m-(k-1)^m$,

$$P(A)=\frac{M}{N}=\frac{k^m-(k-1)^m}{n^m}.$$

6. 根据历年气象资料统计,某地四月份刮东风的概率是 $\frac{4}{15}$,刮东风又下雨的概率是 $\frac{1}{10}$,问该地区四月份刮东风与下雨的关系是否密切.

解　设 $A = \{$四月份刮东风$\}, B = \{$四月份下雨$\}$，则 $P(A) = \dfrac{4}{15}, P(AB) = \dfrac{1}{10}$，于是

$$P(B \mid A) = \frac{P(AB)}{P(A)} = \frac{\dfrac{1}{10}}{\dfrac{4}{15}} = \frac{3}{8},$$

即在四月份刮东风的条件下，四月份下雨的概率为 $\dfrac{3}{8}$，所以它们有密切联系.

7. 某场仓库存有 1，2，3 号箱子分别为 10，20，30 个，均装有某产品. 其中，1 号箱内装有正品 20 件，次品 5 件；2 号箱内装有正品 20 件，次品 10 件；3 号箱内装有正品 15 件，次品 10 件. 现从中任取一箱，再从箱中任取一件产品. 问：(1) 取到正品及次品的概率各是多少？(2) 若已知取到正品，求该正品是从 1 号箱中取出的概率.

解　(1) 设 $A_i = \{$取得第 i 号箱子$\}\,(i = 1,2,3)$，则 A_1, A_2, A_3 构成样本空间的一个划分，且 $P(A_1) = \dfrac{1}{6}, P(A_2) = \dfrac{1}{3}, P(A_3) = \dfrac{1}{2}$.

设 $B = \{$取得正品$\}, \overline{B} = \{$取得次品$\}$，则由全概率公式可得

$$P(B) = \sum_{i=1}^{3} P(A_i) P(B \mid A_i) = \frac{1}{6} \times \frac{20}{25} + \frac{1}{3} \times \frac{20}{30} + \frac{1}{2} \times \frac{15}{25} = \frac{59}{90},$$

于是 $P(\overline{B}) = 1 - P(B) = \dfrac{31}{90}$.

(2) 已知取到正品，求该正品是从 1 号箱中取出的概率，这是一个条件概率问题.

$$P(A_1 \mid B) = \frac{P(A_1 B)}{P(B)} = \frac{P(B \mid A_1) P(A_1)}{P(B)} = \frac{\dfrac{1}{6} \times \dfrac{20}{25}}{\dfrac{59}{90}} = \frac{12}{59}.$$

8. A_1, A_2, A_3 三个班的男女生比例分别为 1∶1，1∶2，1∶3，现从三个班里随机选择一个班级，然后选择一名学生. (1) 求这名学生是男生的概率；(2) 若这名学生是男生，求他来自 A_1 班的概率.

解　(1) 由题设 $P(A_1) = P(A_2) = P(A_3) = \dfrac{1}{3}$.

设 $B = \{$选择的是男生$\}$，则 $P(B \mid A_1) = \dfrac{1}{2}, P(B \mid A_2) = \dfrac{1}{3}, P(B \mid A_3) = \dfrac{1}{4}$. 于是，由全概率公式，这名学生是男生的概率为

$$P(B) = \sum_{i=1}^{3} P(A_i) P(B \mid A_i) = \frac{1}{3} \times \frac{1}{2} + \frac{1}{3} \times \frac{1}{3} + \frac{1}{3} \times \frac{1}{4} = \frac{13}{36}.$$

(2) 若这名学生是男生，求他来自 A_1 班的概率，这是一个条件概率问题.

$$P(A_1 \mid B) = \frac{P(A_1 B)}{P(B)} = \frac{P(B \mid A_1) P(A_1)}{P(B)} = \frac{\dfrac{1}{3} \times \dfrac{1}{2}}{\dfrac{13}{36}} = \frac{6}{13}.$$

9. 对以往数据分析表明，当机器调整良好时，产品合格率为 98%，当机器发生故障时，其合格率为 55%. 每天早上机器开动时，机器调整良好的概率为 95%. 试求：(1) 某日早上第

一件产品是合格品的概率；(2)已知这天早上第一件产品是合格品时,机器调整良好的概率.

解 设 $A=\{机器调整良好\},\overline{A}=\{机器发生故障\},B=\{早上第一件产品是合格品\}$,则 $P(A)=95\%,P(\overline{A})=5\%$,

$$P(B\mid A)=98\%, \quad P(B\mid \overline{A})=55\%,$$

于是(1) $P(B)=P(A)P(B\mid A)+P(\overline{A})P(B\mid \overline{A})=95\%\times 98\%+5\%\times 55\%=0.9585.$

(2) $P(A\mid B)=\dfrac{P(A)P(B\mid A)}{P(B)}=\dfrac{95\%\times 98\%}{0.9585}=0.97.$

10. 设两两独立的三事件 A,B,C 满足条件 $ABC=\varnothing,P(A)=P(B)=P(C)<\dfrac{1}{2}$,且已知 $P(A\bigcup B\bigcup C)=\dfrac{9}{16}$,求 $P(A)$.

解 由加法公式可知

$$P(A\bigcup B\bigcup C)=P(A)+P(B)+P(C)-P(AB)-P(BC)-P(AC)+P(ABC).$$

又事件 A,B,C 两两独立,可知

$$P(AB)=P(A)P(B), \quad P(BC)=P(B)P(C), \quad P(AC)=P(A)P(C),$$

而 $P(A)=P(B)=P(C)<\dfrac{1}{2}$,代入加法公式可得

$\dfrac{9}{16}=3P(A)-3(P(A))^2$,解得 $P(A)=\dfrac{1}{4}$ 或 $P(A)=\dfrac{3}{4}$(舍去),故 $P(A)=\dfrac{1}{4}$.

11. 设三次独立试验中,事件 A 发生的概率均相等且至少出现1次的概率为 $\dfrac{19}{27}$,求在一次试验中,事件 A 发生的概率.

解 $[1-P(A)]^3=1-\dfrac{19}{27}, \quad 1-P(A)=\dfrac{2}{3}, \quad P(A)=\dfrac{1}{3}.$

12. 甲、乙、丙三人进行射击,甲命中目标的概率是 $\dfrac{1}{2}$,乙命中目标的概率是 $\dfrac{1}{3}$,丙命中目标的概率是 $\dfrac{1}{4}$.现在三人同时射击目标,求:(1)三人都命中目标的概率;(2)其中恰有1人命中目标的概率;(3)目标被命中的概率.

解 (1) 三个都命中目标的概率为 $p_1=\dfrac{1}{2}\times\dfrac{1}{3}\times\dfrac{1}{4}=\dfrac{1}{24}.$

(2)恰有1人命中目标的概率为

$$p_2=\dfrac{1}{2}\times\dfrac{2}{3}\times\dfrac{3}{4}+\dfrac{1}{2}\times\dfrac{1}{3}\times\dfrac{3}{4}+\dfrac{1}{2}\times\dfrac{2}{3}\times\dfrac{1}{4}=\dfrac{11}{24}.$$

(3) 目标被命中的概率为 $p_3=1-\left(1-\dfrac{1}{2}\right)\times\left(1-\dfrac{1}{3}\right)\times\left(1-\dfrac{1}{4}\right)=\dfrac{3}{4}.$

13. 甲、乙两人进行乒乓球比赛,每局甲胜的概率为 0.6,对甲而言,采取三局两胜制有利,还是采取五局三胜制有利?设各局胜负相互独立.

解 若采取三局两胜制,甲最终获胜时其胜局情况是:"甲甲"或"乙甲甲"或"甲乙甲".而这三种结局互不相容,于是得甲获胜的概率为

$$p_1 = 0.6^2 + 2 \times 0.6^2 \times (1-0.6) = 0.648.$$

若采取五局三胜制,甲最终获胜,至少需要比赛三局(可能赛 3 局,也可能赛 4 局或 5 局),且最后一局必须是甲胜,而前面甲需胜二局,则甲胜局情况是:"甲甲甲""甲甲乙甲""甲乙甲甲""乙甲甲甲""甲甲乙乙甲""甲乙乙甲甲""乙甲乙甲甲""甲乙乙甲甲""乙乙甲甲甲""乙甲乙甲甲".于是得采取五局三胜制甲获胜的概率为

$$p_2 = 0.6^3 + C_3^2 0.6^3 (1-0.6) + C_4^2 0.6^3 (1-0.6)^2 = 0.68256,$$

故采取五局三胜制对甲有利.

14. 在区间 $(0,1)$ 中随机地取两个数,求两数之积小于 $1/4$ 的概率.

解 设 (x,y) 为从区间 $(0,1)$ 中随机取出的两个数,则样本空间 Ω 为正方形 $\{(x,y)\mid 0<x<1,0<y<1\}$. 而随机事件 A 可用图 1.3 中阴影部分 G 表示,它是由双曲线 $xy=1/4$ 与 Ω 相交而成. 注意到双曲线与直线 $x=1$ 交点坐标为 $\left(1,\frac{1}{4}\right)$,与直线 $y=1$ 的交点坐标为 $\left(\frac{1}{4},1\right)$. 由几何概率的定义,得

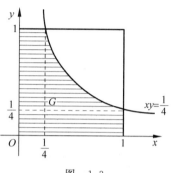

图 1.3

$$P(A) = \frac{S_G}{S_\Omega} = \frac{G\ \text{的面积}}{\Omega\ \text{的面积}} = \frac{1}{4} + \int_{\frac{1}{4}}^1 \frac{1}{4x} dx$$
$$= \frac{1}{4}(1 + 2\ln 2) = 0.5966.$$

15. 商店里装箱子出售玻璃杯,每箱装 20 只相同型号的玻璃杯,设各箱中有 0,1,2 只残次品的概率为 0.8,0.1,0.1. 顾客购买时,售货员任取一箱,由顾客随意从中抽取 4 只,若无残次品,则买下该箱. 求:(1)顾客买下该箱的概率;(2)顾客买下该箱后,箱中无残次品的概率 β.

解 (1) 设 $A_i = \{$箱中有 i 只残次品$\}(i=0,1,2)$,则 A_0,A_1,A_2 构成样本空间的一个划分,且 $P(A_0)=0.8,P(A_1)=0.1,P(A_2)=0.1$. 设 $B=\{$顾客买下该箱$\}$,则

$$P(B) = \sum_{i=0}^2 P(A_i)P(B\mid A_i) = 0.8 \times 1 + 0.1 \cdot \frac{C_{19}^4}{C_{20}^4} + 0.1 \cdot \frac{C_{18}^4}{C_{20}^4} = 0.9432.$$

(2) $\beta = P(A_0 \mid B) = \frac{P(A_0 B)}{P(B)} = \frac{P(B\mid A_0)P(A_0)}{P(B)} = \frac{0.8}{0.9432} = 0.8482.$

第 2 章

随机变量及其分布

内容概要

一、随机变量及其概率分布

1. 随机变量的定义　在样本空间 Ω 上的实值函数 $X=X(\omega)$，$\omega\in\Omega$ 称为随机变量.

2. 随机变量的分类　离散型随机变量、连续型随机变量和既非离散又非连续的随机变量，我们只讨论前两种.

3. 随机变量的分布函数

（1）**分布函数**　对于任意实数 x，称函数 $F(x)=P(X\leqslant x)(x\in\mathbb{R})$ 为随机变量 X 的分布函数. 随机变量 X 的分布函数 $F(x)$ 就是 X 在区间 $(-\infty,x]$ 内取值的概率.

（2）**分布函数 $F(x)$ 的性质**

① $F(x)$ 是一个单调不减函数；

② $0\leqslant F(x)\leqslant 1$，且 $F(-\infty)=\lim\limits_{x\to-\infty}F(x)=0$，$F(+\infty)=\lim\limits_{x\to+\infty}F(x)=1$；

③ $F(x)$ 在点 $x\in\mathbb{R}$ 是右连续的；

④ 当 $x_1<x_2$ 时，有 $P(x_1<X\leqslant x_2)=F(x_2)-F(x_1)$.

二、离散型随机变量

1. 离散型随机变量　如果有一个随机变量的所有可能取值是有限多个或可列无穷多个，则称它为离散型随机变量.

2. 离散型随机变量及其概率分布　设离散型随机变量 X 可取的值是 $x_1,x_2,\cdots,x_k,\cdots$，$X$ 取各可能值的概率为 $P(X=x_k)=p_k(k=1,2,\cdots)$，则称上式为离散型随机变量 X 的概率分布或分布律，其中 ① $p_k\geqslant 0(k=1,2,\cdots)$；② $\sum\limits_{k=1}^{\infty}p_k=1$.

X 的分布函数为 $F(x)=\sum\limits_{x_k\leqslant x}P(X=x_k)(x\in\mathbb{R})$.

$$P(a<x\leqslant b)=F(b)-F(a),\quad P(x=a)=F(a)-F(a-0).$$

3. 常用的离散型随机变量及其分布律

（1）**0-1 分布**　设随机变量 X 可能取 0 和 1 两个值，它的概率分别为 $P(X=0)=1-p$，

$P(X=1)=p(0<p<1)$，或写成 $P(X=k)=p^k(1-p)^{1-k}(k=0,1; 0<p<1)$，则称 X 服从 0-1 分布.

（2）**二项分布**　设事件 A 在任意一次试验中出现的概率都是 $p(0<p<1)$，在 n 次独立重复试验（即 n 重伯努利试验）中事件 A 发生的次数 X 可能取的值是 $0,1,2,\cdots,n$，它的分布律是

$$P(X=k)=C_n^k p^k (1-p)^{n-k} \quad (k=0,1,2,\cdots,n; 0<p<1),$$

则称 X 服从参数为 n,p 的二项分布，记作 $X\sim B(n,p)$.

（3）**泊松分布**　设随机变量 X 的分布律为

$$P(X=k)=\frac{\lambda^k e^{-\lambda}}{k!} \quad (k=0,1,2,\cdots),$$

则称 X 服从参数为 λ 的泊松分布，记作 $X\sim P(\lambda)$.

（4）**几何分布**　设在 n 重伯努利试验中，A 在任意一次试验中出现的概率都是 $p(0<p<1)$，若 A 在第 X 次试验时首次发生，则称 X 服从几何分布.这时随机变量 X 的分布律为

$$P(X=k)=(1-p)^{k-1}p \quad (k=1,2,\cdots; 0<p<1).$$

（5）**泊松定理**

在伯努利试验中，设事件 A 在试验中发生的概率为 p_n（p_n 与试验次数 n 有关），如果当 $n\to+\infty$ 时，$np_n\to\lambda$，则有

$$C_n^k p_n^k (1-p_n)^{n-k} \to \frac{\lambda^k}{k!}e^{-\lambda}, \quad \text{其中} \quad \lambda>0.$$

三、连续型随机变量

1. 连续型随机变量　设随机变量 X 的分布函数为 $F(x)$，如果存在非负可积函数 $f(x)$，使得对于任意实数 x，$F(x)=\int_{-\infty}^{x}f(t)dt(x\in\mathbb{R})$，则称 X 为**连续型随机变量**，函数 $f(x)$ 称为 X 的**概率密度函数**.

概率密度函数 $f(x)$ 具有如下性质：

(1) $f(x)\geqslant 0$;　　(2) $\int_{-\infty}^{+\infty}f(x)dx=1$;

(3) 对于任意实数 $x_1\leqslant x_2$，有 $P(x_1<X\leqslant x_2)=\int_{x_1}^{x_2}f(t)dt$.

需要指出，连续型随机变量 X 取任意给定实数 a 的概率为零，即 $P(X=a)=0$.

(4) 在 $f(x)$ 的连续点 x 处，有 $f(x)=F'(x)$.

2. 常用的连续型随机变量及其概率密度

（1）**均匀分布**　如果随机变量 X 的概率密度函数为

$$f(x)=\begin{cases} \dfrac{1}{b-a}, & a\leqslant x\leqslant b, \\ 0, & \text{其他}, \end{cases}$$

则称 X 在区间 $[a,b]$ 上内服从均匀分布，记作 $X\sim U(a,b)$，其中 a 和 b 是分布的参数.

（2）**指数分布** 设随机变量 X 的概率密度函数为

$$f(x) = \begin{cases} \lambda e^{-\lambda x}, & x > 0, \\ 0, & x \leqslant 0, \end{cases}$$

则称 X 服从参数为 $\lambda(\lambda > 0$ 是常数)的指数分布,记作 $X \sim \text{Exp}(\lambda)$. 这时 X 的分布函数为

$$F(x) = \begin{cases} 1 - e^{-\lambda x}, & x > 0, \\ 0, & x \leqslant 0. \end{cases}$$

（3）**正态分布** 若随机变量 X 的概率密度函数为

$$f(x) = \frac{1}{\sqrt{2\pi}\sigma} e^{-\frac{(x-\mu)^2}{2\sigma^2}} \quad (x \in \mathbb{R}),$$

其中 $\sigma > 0$ 及 μ 均为常数,则称随机变量 X 服从参数为 μ, σ 的正态分布,记作 $X \sim N(\mu, \sigma^2)$.

（4）**标准正态分布** 若 $X \sim N(0,1)$,则称 X 服从标准正态分布. 标准正态随机变量的概率密度函数和分布函数分别用 $\varphi(x)$ 和 $\Phi(x)$ 表示,即

$$\varphi(x) = \frac{1}{\sqrt{2\pi}} e^{-\frac{x^2}{2}}, \quad \Phi(x) = \int_{-\infty}^{x} \frac{1}{\sqrt{2\pi}} e^{-\frac{t^2}{2}} dt \quad (x \in \mathbb{R}).$$

注 ① $\Phi(-x) = 1 - \Phi(x), x \in \mathbb{R}$; ② $\Phi(0) = \dfrac{1}{2}$.

正态分布的标准化 设 $X \sim N(\mu, \sigma^2)$,则 $\dfrac{X-\mu}{\sigma} \sim N(0,1)$.

四、随机变量函数的分布

1. 离散型随机变量函数的分布律

设 X 是离散型随机变量,分布律为 $P(X = x_k) = p_k (k = 1, 2, \cdots)$,则随机变量 X 的函数 $Y = g(X)$ 取值 $g(x_k)$ 的概率为 $P(Y = g(x_k)) = p_k (k = 1, 2, \cdots)$,如果在函数值 $g(x_k)$ 中有相同的数值,则将它们相应的概率之和作为随机变量 $Y = g(X)$ 取该值的概率,就可以得到 $Y = g(X)$ 的分布律.

2. 连续型随机变量函数的概率密度函数

求 $Y = g(X)$ 的概率密度函数的方法:

方法 1:（1)求 $F(y)$;（2)求 $f(y) = F'(y)$.

方法 2:直接用下面的定理求.

定理 设连续型随机变量 X 的概率密度函数为 $f_X(x)(x \in \mathbb{R})$,函数 $y = g(x)$ 在 X 可能取值的区间上处处可导且单调,$x = h(y)$ 为它的反函数,则随机变量 X 的函数 $Y = g(X)$ 的概率密度函数为

$$f_Y(y) = \begin{cases} f_X[h(y)] \, |h'(y)|, & \alpha < y < \beta, \\ 0, & \text{其他}, \end{cases}$$

其中 (α, β) 是函数 $y = g(x)$ 在 X 可能取值的区间上的值域.

注 设 $X \sim N(\mu, \sigma^2)$,则 X 的线性函数 $Y = aX + b(a \neq 0)$ 也服从正态分布,且 $Y =$

$$aX+b \sim N(a\mu+b, a^2\sigma^2).$$

题型归纳与例题精解

题型 2-1　关于分布函数的定义与性质的应用

【例 1】　下列函数中,可以作为随机变量分布函数的是(　　).

A　$F(x)=\dfrac{1}{1+x^2}$ 　　　　　　　　　　B　$F(x)=\dfrac{3}{4}+\dfrac{1}{2\pi}\arctan x$

C　$F(x)=\begin{cases} 0, & x\leqslant 0 \\ \dfrac{x}{1+x}, & x>0 \end{cases}$ 　　　　D　$F(x)=\dfrac{2}{\pi}\arctan x+1$

解　对于选项 A,$F(+\infty)=0$.对于选项 B,$F(-\infty)\neq 0$.对于选项 D,$F(+\infty)\neq 1$.而选项 C 满足:

$$0\leqslant F(x)\leqslant 1, F(-\infty)=0. F(+\infty)=1; F'(x)\geqslant 0; F(x)\text{连续}.$$

所以 C 为正确答案.

【例 2】　设随机变量 X 的分布函数为 $F(x)$,在下列概率中可表示为 $F(a)-F(a-0)$ 的是(　　).

A　$P(X\leqslant a)$ 　　　B　$P(X>a)$ 　　　C　$P(X=a)$ 　　　D　$P(X\geqslant a)$

解　对于选项 A,$P(X\leqslant a)=F(a)$.

对于选项 B,$P(X>a)=1-P(X\leqslant a)=1-F(a)$.

对于选项 C,$P(X=a)=P(X\leqslant a)-P(X<a)=F(a)-F(a-0)$.

故选择 C.

【例 3】　设随机变量 X 的概率密度函数为 $f(x)$,分布函数为 $F(x)$,若 $f(-x)=f(x)$,则对任意实数 a,总有(　　).

A　$F(-a)=1-\displaystyle\int_0^a f(x)\mathrm{d}x$ 　　　　B　$F(-a)=0.5-\displaystyle\int_0^a f(x)\mathrm{d}x$

C　$F(-a)=F(a)$ 　　　　　　　　　　D　$F(-a)=2F(a)-1$

解　选 B.因为 $f(-x)=f(x)$,所以概率密度函数关于 y 轴对称.于是

$$\int_{-\infty}^0 f(x)\mathrm{d}x=\int_0^{+\infty}f(x)\mathrm{d}x=0.5, \qquad \int_{-a}^0 f(x)\mathrm{d}x=\int_0^a f(x)\mathrm{d}x.$$

故 $F(-a)=\displaystyle\int_{-\infty}^{-a}f(x)\mathrm{d}x=\int_{-\infty}^0 f(x)\mathrm{d}x+\int_0^{-a}f(x)\mathrm{d}x=0.5-\int_0^a f(x)\mathrm{d}x.$

所以选 B.

【例 4】　设随机变量 X 的分布函数 $F(x)$ 只有两个间断点,则(　　).

A　X 一定是离散型随机变量 　　　　B　X 一定是连续型随机变量

C　X 一定不是离散型随机变量 　　　D　X 一定不是连续型随机变量

解　选 D.

因为 0-1 分布 X 的分布函数只有两个间断点,而 X 是离散型随机变量,所以不选 C.又连续型随机变量的分布函数是处处连续的,所以不选 B.

如果 X 的分布函数为 $F(x)=\begin{cases}0, & x<1,\\[2mm]\dfrac{x}{4}, & 1\leqslant x<3,\\[2mm]1, & x\geqslant 3\end{cases}$ 则 $F(x)$ 在 $x=1,3$ 处有两个间断点,显

然它不是连续型随机变量,但它也不是离散型随机变量(X 取值为无限不可数),因此不能选 A. 故选 D.

注　连续型随机变量的分布函数 $F(x)$ 在 $(-\infty,+\infty)$ 上一定是连续函数,但是分布函数有间断点的随机变量虽然一定不是连续型随机变量,但也一定不是离散型随机变量,即除了离散型和连续型随机变量外,还有既非离散型又非连续型的随机变量.

题型 2-2　离散型随机变量的概率分布

【例 5】　设随机变量 X 的分布律为 $P(X=k)=\alpha\beta^k\ (k=1,2,\cdots)$,且 $\alpha>0$,则 β 为(　　).

　A　$\dfrac{1}{\alpha-1}$　　　　B　大于零的实数　　　　C　$\dfrac{1}{\alpha+1}$　　　　D　$\alpha+1$

解　因为 $\sum\limits_{k=1}^{\infty}P(X=k)=\sum\limits_{k=1}^{\infty}\alpha\beta^k=1$,可知必有 $|\beta|<1$,而 $\sum\limits_{k=1}^{\infty}\alpha\beta^k=\alpha\sum\limits_{k=1}^{\infty}\beta^k=\dfrac{\alpha\beta}{1-\beta}$,

由 $\dfrac{\alpha\beta}{1-\beta}=1$,得 $\beta=\dfrac{1}{\alpha+1}$,故选择 C.

【例 6】　设随机变量 X 的分布函数为

$$F(x)=P(X\leqslant x)=\begin{cases}0, & x<-1,\\ 0.4, & -1\leqslant x<1,\\ 0.8, & 1\leqslant x<3,\\ 1, & x\geqslant 3,\end{cases}$$

则 X 的概率分布为_____.

解　由 $F(x)$ 的形式知 $F(x)$ 在 $x=-1,1,3$ 处有跳跃,即 X 在这些点处有大于 0 的概率. $P(X=-1)=F(-1)-F(-1-0)=0.4-0=0.4$,

$$P(X=1)=F(1)-F(1-0)=0.8-0.4=0.4,$$
$$P(X=3)=F(3)-F(3-0)=1-0.8=0.2,$$

故得 X 为离散型随机变量,其分布律为

X	-1	1	3
p_i	0.4	0.4	0.2

【例 7】　已知某商场一天来的顾客数 X 服从参数为 λ 的泊松分布,而每个来到商场的顾客购物的概率为 p,证明:此商场一天内购物的顾客数服从参数为 λp 的泊松分布.

解　用 Y 表示商场一天内购物的顾客数,则由全概率公式知,对任意正整数 k 有

$$P(Y=k)=\sum_{i=k}^{\infty}P(X=i)P(Y=k\mid X=i)=\sum_{i=k}^{\infty}\frac{\lambda^i\mathrm{e}^{-\lambda}}{i!}\mathrm{C}_i^k p^k(1-p)^{i-k}$$

$$=\frac{(\lambda p)^k}{k!}\mathrm{e}^{-\lambda}\sum_{i=k}^{\infty}\frac{[\lambda(1-p)]^{i-k}}{(i-k)!}=\frac{(\lambda p)^k}{k!}\mathrm{e}^{-\lambda}\mathrm{e}^{\lambda(1-p)}=\frac{(\lambda p)^k}{k!}\mathrm{e}^{-\lambda p},$$

因此商场一天内购物的顾客数 Y 服从参数为 λp 的泊松分布.

【例 8】 游船上有供水龙头 20 个,每一龙头被打开的可能性为 0.1,记 X 为同时被打开的水龙头个数,则 $P(X \geqslant 2) =$ _____.

解 因为 $X \sim B(20, 0.1)$,所以 X 的分布律为
$$P(X = k) = C_{20}^k (0.1)^k (0.9)^{20-k} \quad (k = 0, 1, 2, \cdots, 20),$$
$$P(X \geqslant 2) = 1 - P(X = 0) - P(X = 1)$$
$$= 1 - C_{20}^0 0.1^0 \times 0.9^{20} - C_{20}^1 0.1 \times 0.9^{19} = 0.6082.$$
应填 0.6082.

【例 9】 设随机变量 $X \sim B(3, p)$,$Y \sim B(4, p)$. 若 $P(X \geqslant 1) = \dfrac{7}{8}$,则 $P(Y \geqslant 1) =$ _____.

解 因为 $X \sim B(3, p)$,所以 X 的分布律为 $P(X = k) = C_3^k p^k (1-p)^{3-k} (k = 0, 1, 2, 3)$.

又因为 $Y \sim B(4, p)$,所以 Y 的分布律为 $P(Y = k) = C_4^k p^k (1-p)^{4-k} (k = 0, 1, 2, 3, 4)$.

由于 $P(X \geqslant 1) = 1 - P(X < 1) = 1 - P(X = 0) = 1 - (1-p)^3 = \dfrac{7}{8}$,解得 $p = \dfrac{1}{2}$,于是
$$P(Y \geqslant 1) = 1 - P(Y < 1) = 1 - P(Y = 0)$$
$$= 1 - C_4^0 p^0 (1-p)^4 = 1 - \left(1 - \dfrac{1}{2}\right)^4 = 1 - \left(\dfrac{1}{2}\right)^4 = \dfrac{15}{16}.$$
应填 $\dfrac{15}{16}$.

【例 10】 设随机变量 $X \sim B(n, p)$,对于固定的 n, p,当 k 取多大值时概率 $P(X = k)$ 最大?

解
$$\frac{P(X = k)}{P(X = k-1)} = \frac{C_n^k p^k (1-p)^{n-k}}{C_n^{k-1} p^{k-1} (1-p)^{n-k+1}}$$
$$= 1 + \frac{(n+1)p - k}{k(1-p)} \begin{cases} > 1, & \text{当 } k < (n+1)p, \\ = 1, & \text{当 } k = (n+1)p, \\ < 1, & \text{当 } k > (n+1)p. \end{cases}$$

当 k 增大时,$P(X = k)$ 先是随之增加直到最大值,随后单调减少. 若 $(n+1)p$ 不是整数,在 $X = [(n+1)p]$ 时概率最大,若 $(n+1)p$ 是整数,则在 $X = (n+1)p$ 和 $X = (n+1)p - 1$ 时概率取得最大值.

题型 2-3 连续型随机变量的概率分布

【例 11】 设 X_1 与 X_2 是任意两个相互独立的连续型随机变量,它们的概率密度函数分别为 $f_1(x)$ 与 $f_2(x)$,分布函数分别为 $F_1(x)$ 与 $F_2(x)$,则( )(必有一结论正确).

A $f_1(x) + f_2(x)$ 必为某一随机变量的概率密度函数

B $f_1(x) f_2(x)$ 必为某一随机变量的概率密度函数

C $F_1(x) + F_2(x)$ 必为某一随机变量的分布函数

D $F_1(x) F_2(x)$ 必为某一随机变量的分布函数

解 由概率密度函数的定义,若 $g(x)$ 为概率密度函数,则必有 $\int_{-\infty}^{+\infty} g(x) \mathrm{d}x = 1$,从而

选项 A 与 B 均不成立. 由分布函数的定义可知,若 $G(x)$ 是分布函数,则必有 $G(+\infty)=1$,从而选项 C 不成立,由于必有一选项正确. 故应选 D.

【例 12】 设连续型随机变量 X 的分布函数为

$$F(x)=\begin{cases}0, & x<-a, \\ A+B\arcsin\dfrac{x}{a}, & -a\leqslant x<a,(a>0). \\ 1, & x\geqslant a\end{cases}$$

求:(1)系数 A,B;(2)随机变量 X 的概率密度函数 $f(x)$.

解 (1) 由于 X 是连续型随机变量,故分布函数 $F(x)$ 连续,特别在 $x=-a$ 和 $x=a$ 处连续. 因此

$$F(-a-0)=F(-a), \quad F(a-0)=F(a),$$

即 $0=A-\dfrac{\pi}{2}B,A+\dfrac{\pi}{2}B=1$,解得 $A=\dfrac{1}{2},B=\dfrac{1}{\pi}$.

$$(2)\ f(x)=F'(x)=\begin{cases}\dfrac{1}{\pi\sqrt{a^2-x^2}}, & -a<x<a, \\ 0, & \text{其他.}\end{cases}$$

【例 13】 服从拉普拉斯分布的随机变量 X 的概率密度函数为 $f(x)=A\mathrm{e}^{-|x|},x\in(-\infty,+\infty)$. 求系数 A 及分布函数 $F(x)$.

解 由 $\displaystyle\int_{-\infty}^{+\infty}f(x)\mathrm{d}x=\int_{-\infty}^{+\infty}A\mathrm{e}^{-|x|}\,\mathrm{d}x=2A\int_{0}^{+\infty}\mathrm{e}^{-x}\,\mathrm{d}x=2A=1$,于是 $A=\dfrac{1}{2}$.

当 $x<0$ 时,$F(x)=\displaystyle\int_{-\infty}^{x}f(t)\mathrm{d}t=\int_{-\infty}^{x}\dfrac{1}{2}\mathrm{e}^{t}\,\mathrm{d}t=\dfrac{1}{2}\mathrm{e}^{t}\ \big|_{-\infty}^{x}=\dfrac{1}{2}\mathrm{e}^{x}$;

当 $x\geqslant 0$ 时,$F(x)=\displaystyle\int_{-\infty}^{x}f(t)\mathrm{d}t=\int_{-\infty}^{0}\dfrac{1}{2}\mathrm{e}^{t}\,\mathrm{d}t+\int_{0}^{x}\dfrac{1}{2}\mathrm{e}^{-t}\,\mathrm{d}t$,

$$=\dfrac{1}{2}\mathrm{e}^{t}\ \big|_{-\infty}^{0}-\dfrac{1}{2}\mathrm{e}^{-t}\ \big|_{0}^{x}=\dfrac{1}{2}-\dfrac{1}{2}\mathrm{e}^{-x}+\dfrac{1}{2}=1-\dfrac{1}{2}\mathrm{e}^{-x},$$

从而得 $\quad F(x)=\begin{cases}\dfrac{1}{2}\mathrm{e}^{x}, & x<0, \\ 1-\dfrac{1}{2}\mathrm{e}^{-x}, & x\geqslant 0.\end{cases}$

注 当概率密度函数 $f(x)$ 的自变量带绝对值符号时,若计算关于概率密度函数 $f(x)$ 的积分,可根据积分的可加性,把绝对值符号去掉.

【例 14】 要使函数

$$\varphi(x)=\begin{cases}0.5\cos x, & x\in I, \\ 0, & x\notin I,\end{cases}$$

是某个随机变量的概率密度函数,则区间 I 是( ).

A $\left[-\dfrac{\pi}{2},\dfrac{\pi}{2}\right]$ B $[\pi,2\pi]$ C $\left[0,\dfrac{\pi}{2}\right]$ D $\left[\dfrac{\pi}{2},\pi\right]$

解 为了满足 $\varphi(x)\geqslant 0$,区间 I 只能在第一、四象限.

又因 $\int_{-\frac{\pi}{2}}^{\frac{\pi}{2}} 0.5\cos x \, dx = 0.5\sin x \Big|_{-\frac{\pi}{2}}^{\frac{\pi}{2}} = 1$，故选 A.

【例 15】 设 X 是 $[0,1]$ 上的连续型随机变量，且 $P(X \leqslant 0.29) = 0.75$. 若 $Y = 1 - X$，试确定常数 c，使 $P(Y \leqslant c) = 0.25$.

解 因为 $P(X \leqslant 0.29) = 0.75$，所以

$$P(1 - Y \leqslant 0.29) = 0.75, \quad \text{即} \quad P(Y \geqslant 0.71) = 0.75,$$

于是 $P(Y \leqslant 0.71) = 0.25$，因此 $c = 0.71$，使 $P(Y \leqslant c) = 0.25$.

【例 16】 设打一次电话所用的时间 X（单位：min）服从参数为 0.1 的指数分布. 若有一人刚好在你前面走进公共电话间，试求你等待时间在 $5 \sim 15$min 的概率.

解 因为 $X \sim \mathrm{Exp}(0.1)$，所以分布函数为

$$F(x) = \begin{cases} 1 - e^{-0.1x}, & x > 0, \\ 0, & x \leqslant 0, \end{cases}$$

所求概率

$$P(5 \leqslant X \leqslant 15) = F(15) - F(5) = 1 - e^{-1.5} - (1 - e^{-0.5}) = e^{-0.5} - e^{-1.5} \approx 0.3834.$$

【例 17】 某电脑显示器的使用寿命（单位：kh）X 服从参数为 $\lambda = \dfrac{1}{50}$ 的指数分布. 生产厂家承诺：购买者使用一年内显示器损坏将免费予以更换.

(1) 假设用户一般每年使用电脑 2000h，求厂家免费为其更换显示器的概率；

(2) 求显示器至少可以使用 10000h 的概率；

(3) 已知某台显示器已经使用了 10000h，求其至少还能再用 10000h 的概率.

解 $X \sim \mathrm{Exp}\left(\dfrac{1}{50}\right)$，其分布函数为

$$F(x) = \begin{cases} 1 - e^{-\frac{x}{50}}, & x > 0, \\ 0, & x \leqslant 0. \end{cases}$$

(1) $P(\text{免费更换}) = P(X \leqslant 2) = F(2) = 1 - e^{-0.04} \approx 0.0392.$

(2) $P(X \geqslant 10) = 1 - P(X \leqslant 10) = 1 - F(10) = e^{-0.2} \approx 0.8187.$

(3) 由指数分布的"无记忆性"得

$$P(X \geqslant 20 \mid X \geqslant 10) = P(X \geqslant 10) \approx 0.8187.$$

【例 18】 某人需乘车到机场，现有两条路线可供选择. 第一条路线较短，但交通比较拥挤，到机场所需时间 X（单位：min）服从正态分布 $N(50, 100)$. 第二条路线较长，但出现意外阻塞较少，所需时间 $X \sim N(60, 16)$.

(1) 若有 70min 可用，应走哪一条路线，使及时赶到机场的概率大？

(2) 若有 65min 可用，又应选哪条路线？

解 (1) 走第一条路线时，及时赶到机场的概率

$$P(0 < X \leqslant 70) = \Phi\left(\frac{70 - 50}{10}\right) - \Phi\left(\frac{0 - 50}{10}\right) = \Phi(2) - \Phi(-5) \approx \Phi(2);$$

走第二条路线时，及时赶到机场的概率

$$P(0 < X \leqslant 70) = \Phi\left(\frac{70 - 60}{4}\right) - \Phi\left(\frac{0 - 60}{4}\right) = \Phi(2.5) - \Phi(-15) \approx \Phi(2.5).$$

由于 $\Phi(2.5)>\Phi(2)$, 所以若有 70min 可用, 应选择第二条路线.

(2) 同理可得, 走第一条路线时, 及时赶到机场的概率为 $P_1(0<X\leqslant 65)\approx\Phi(1.5)$; 走第二条路线时, 及时赶到机场的概率为 $P_2(0<X\leqslant 65)\approx\Phi(1.25)$.

由于 $\Phi(1.5)>\Phi(1.25)$, 所以若有 65min 可用, 应选择第一条路线.

【例 19】 设随机变量 $X\sim N(\mu,6^2)$, $Y\sim N(\mu,8^2)$, 记 $p_1=P(X\leqslant\mu-6)$, $p_2=P(Y\geqslant\mu+8)$, 则(　　)

A　$p_1=p_2$　　　　　B　$p_1>p_2$　　　　　C　$p_1<p_2$　　　　　D　$p_1\geqslant p_2$

解　设标准正态分布的分布函数为 $\Phi(x)$, 则

$$p_1=P(X\leqslant\mu-6)=\Phi\left(\frac{\mu-6-\mu}{6}\right)=\Phi(-1),$$

$$p_2=P(Y\geqslant\mu+8)=1-\Phi\left(\frac{\mu+8-\mu}{8}\right)=1-\Phi(1).$$

根据 $\Phi(x)$ 的性质, 有 $\Phi(-1)=1-\Phi(1)$, 故有 $p_1=p_2$, 应选择 A.

【例 20】 设 $X\sim N(\mu,1)$, 分布函数为 $F(x)$, 则对任意实数 x, 有(　　).

A　$F(\mu+x)+F(\mu-x)=1$　　　　　B　$F(\mu+x)=F(\mu-x)$

C　$F(x+\mu)+F(x-\mu)=1$　　　　　D　$F(x+\mu)=F(x-\mu)$

解　$F(\mu+x)+F(\mu-x)=\Phi(x)+\Phi(-x)=\Phi(x)+1-\Phi(x)=1$, 应选 A.

【例 21】 设 $\ln X\sim N(1,2^2)$, 求 $P\left(\dfrac{1}{2}<X<2\right)$.

解　由 $\ln X\sim N(1,2^2)$, 有 $\dfrac{\ln X-1}{2}\sim N(0,1)$, 从而

$$P\left(\frac{1}{2}<X<2\right)=P(-\ln 2<\ln X<\ln 2)=P\left(\frac{-\ln 2-1}{2}<\frac{\ln X-1}{2}<\frac{\ln 2-1}{2}\right)$$

$$=\Phi\left(\frac{\ln 2-1}{2}\right)-\Phi\left(\frac{-\ln 2-1}{2}\right)\approx\Phi(0.847)-\Phi(0.153)\approx 0.2427.$$

题型 2-4　随机变量函数分布的求法

【例 22】 设随机变量 X 的概率密度函数为 $f_X(x)=\dfrac{1}{\pi(1+x^2)}$ $(-\infty<x<+\infty)$, 求 $Y=1-\sqrt[3]{X}$ 的概率密度函数 $f_Y(y)$.

解法 1　函数 $y=1-\sqrt[3]{x}$ $(-\infty<x<+\infty)$ 严格单调下降, 反函数为 $x=(1-y)^3=h(y)$, $h'(y)=-3(1-y)^2$, 由定理有

$$f_Y(y)=\begin{cases} f_X(h(y))\cdot|h'(y)|, & \alpha<y<\beta, \\ 0, & \text{其他}, \end{cases}$$

其中 $\alpha=\min\{g(-\infty),g(+\infty)\}$, $\beta=\max\{g(-\infty),g(+\infty)\}$.

对于本题, $f_Y(y)=f_X((1-y)^3)\cdot 3(1-y)^2=\dfrac{3(1-y)^2}{\pi[1+(1-y)^6]}$ $(-\infty<y<+\infty)$.

解法 2　设 X,Y 的分布函数分别为 $F_X(x)$, $F_Y(y)$, 则

$$F_Y(y)=P(Y\leqslant y)=P(1-\sqrt[3]{X}\leqslant y)=P(X\geqslant(1-y)^3)$$

$$=1-P(X\leqslant(1-y)^3)=1-F_X((1-y)^3),$$

两边关于 y 求导得

$$f_Y(y) = F_Y'(y) = -f_X((1-y)^3) \cdot (-3(1-y)^2)$$

$$= \frac{3(1-y)^2}{\pi[1+(1-y)^6]} \quad (-\infty < y < +\infty).$$

【例 23】 设随机变量 X 的分布律为

X	0	$\frac{\pi}{2}$	π
p_i	0.1	0.6	0.3

求：(1)$Y = \dfrac{1}{2}X + 1$ 的分布律；(2)$Y = \cos^2 X$ 的分布律.

解 (1) $Y = \dfrac{1}{2}X + 1$ 的分布律为

$Y = \dfrac{1}{2}X + 1$	1	$\dfrac{\pi}{4} + 1$	$\dfrac{\pi}{2} + 1$
p_i	0.1	0.6	0.3

(2) 将 X 的取值代入 $Y = \cos^2 X$ 得

$Y = \cos^2 X$	1	0	1
p_i	0.1	0.6	0.3

再对相等的值合并,得 Y 的分布律为

Y	0	1
p_i	0.6	0.4

测试题及其答案

一、填空题

1. 已知随机变量 X 只能取 $-1, 0, 2$ 三个数值,其相应的概率依次为 $\dfrac{1}{8}, 1 - \dfrac{1}{2}a, \dfrac{1}{2}a^2$,则 $a =$ _____.

2. 设随机变量 X 服从参数为 λ 的泊松分布,且 $P(X = 0) = 0.5 \cdot P(X = 2)$,则 $\lambda =$ _____.

3. 设随机变量 X 的分布函数为

$$F(x) = \begin{cases} 0, & x < a, \\ 0.4, & a \leqslant x < b, \\ 1, & x \geqslant b, \end{cases}$$

其中 $0 < a < b$,则 $P(a/2 < X < b) =$ _____.

4. 若 $p_k = a\left(\dfrac{2}{3}\right)^k \ (k = 1, 2, \cdots)$ 为离散型随机变量的分布律,则常数 $a =$ _____.

5. 设连续型随机变量 X 的概率密度函数为 $f(x)=a\mathrm{e}^{-|x-1|}$ $(-\infty<x<+\infty)$,则常数 $a=$ _____ $,P(X>0)=$ _____.

二、单项选择题

6. 如果随机变量 $X\sim N(3,1)$,则 $P(-1<X\leqslant1)=($ 　 $)$.

　　A　$2\Phi(1)-1$　　　　　　　　　B　$\Phi(2)-\Phi(4)$

　　C　$\Phi(-4)-\Phi(-2)$　　　　　　D　$\Phi(4)-\Phi(2)$

7. 设随机变量 $X\sim B(3,0.4)$,且随机变量 $Y=X(3-X)/2$,则 $P(Y=1)=($ 　 $)$.

　　A　0.432　　　　　B　0.72　　　　　C　0.288　　　　　D　0.5

8. 设随机变量 $Y\sim U[0,8]$,则方程 $x^2+Yx+1=0$ 有实根的概率为 $($ 　 $)$.

　　A　$1/8$　　　　　　B　$1/4$　　　　　C　$1/2$　　　　　D　$3/4$

9. 设随机变量 X 服从参数 $\lambda=\dfrac{1}{8}$ 的指数分布,则 $P(2<X<8)=($ 　 $)$.

　　A　$\dfrac{2}{8}\displaystyle\int_2^8\mathrm{e}^{-\frac{x}{8}}\mathrm{d}x$　　　　B　$\displaystyle\int_2^8\mathrm{e}^{-\frac{x}{8}}\mathrm{d}x$　　　　C　$\dfrac{1}{8}(\mathrm{e}^{-\frac{1}{4}}-\mathrm{e}^{-1})$　　D　$\mathrm{e}^{-\frac{1}{4}}-\mathrm{e}^{-1}$

10. 设 $X\sim N(1,2)$,$f(x)$,$F(x)$ 分别为 X 的概率密度函数和分布函数,则下面结论中错误的是 $($ 　 $)$.

　　A　$f(x)$ 的图形关于直线 $x=1$ 对称　　　B　$f(x)$ 的最大值为 $\dfrac{1}{2\sqrt{\pi}}$

　　C　$F(x)$ 表示 $f(x)$ 在 $(-\infty,x)$ 上的积分　D　$F(0)=\dfrac{1}{2}$

三、计算题及应用题

11. 编号 $1,2,3$ 的三位学生随意入座编号为 $1,2,3$ 的三个座位,每位学生坐一个座位,设与座位号相同的学生的个数为 X.求随机变量 X 的分布律.

12. 设随机变量 X 的分布函数为

$$F(x)=\begin{cases}0, & x<0,\\ a\sin x, & 0\leqslant x\leqslant\pi/2,\\ 1, & x>\pi/2,\end{cases}$$

求 a 及 $P\left(|X|<\dfrac{\pi}{6}\right)$.

13. 已知随机变量 X 的分布律为

X	-1	0	1	2
p_k	0.1	0.2	0.3	0.4

求 $Y=3X^2+1$ 的分布律与分布函数.

14. 设随机变量 X 的概率密度函数为

$$f(x)=\begin{cases}ax+b, & 0<x<1,\\ 0, & \text{其他},\end{cases}$$

且 $P(X>0.5)=0.625$,求 a,b 及 $P(0.25<X<0.5)$.

15. 设随机变量 $X \sim N(0.8, 0.003^2)$. (1)求 $P(|X-0.8|<0.006)$；(2)若 $P(X \leqslant c) \leqslant 0.95$，求 c.

16. 设随机变量 X 服从正态分布 $N(\mu,1)$，又知一元二次方程 $t^2+t+X=0$ 有实根的概率为 $\dfrac{1}{2}$，求未知参数 μ.

17. 设随机变量 X 服从参数为 $\lambda=2$ 的指数分布，令 $Y=1-e^{-2X}$，求随机变量 Y 的概率密度函数.

四、证明题

18. 设 $f(x),g(x)$ 在 $(-\infty,+\infty)$ 上是随机变量 X,Y 的概率密度函数，试证明：对于任一实数 $\alpha(0<\alpha<1),\alpha f(x)+(1-\alpha)g(x)$ 是某一随机变量的概率密度函数.

答案

一、1. $\dfrac{1}{2}$；　2. $\lambda=2$；　3. 0.4；　4. $\dfrac{1}{2}$；　5. $0.5, 1-0.5e^{-1}$.

二、6. D；　7. B；　8. D；　9. D；　10. D.

三、11. **解**　$P(X=0)=\dfrac{2}{P_3^3}=\dfrac{1}{3}$；$P(X=1)=\dfrac{C_3^1}{P_3^3}=\dfrac{1}{2}$；$P(X=3)=\dfrac{1}{P_3^3}=\dfrac{1}{6}$.

随机变量 X 的分布律为

X	0	1	3
p_k	$\dfrac{1}{3}$	$\dfrac{1}{2}$	$\dfrac{1}{6}$

12. **解**　因为 $F(x)$ 在 $(-\infty,+\infty)$ 上为右连续函数，所以

$$a\sin\frac{\pi}{2}=\lim_{x\to\frac{\pi}{2}^+}F(x)=1,$$

由此，得 $a=1$，

$$P(|X|<\pi/6)=P(-\pi/6<x<\pi/6)=F(\pi/6)-F(-\pi/6)=0.5.$$

13. **解**　$Y=3X^2+1$ 的分布律为

$Y=3X^2+1$	1	4	13
p_k	0.2	0.4	0.4

$Y=3X^2+1$ 的分布函数为

$$F_Y(y)=\begin{cases} 0, & y<1, \\ 0.2, & 1\leqslant y<4, \\ 0.6, & 4\leqslant y<13, \\ 1, & y\geqslant 13. \end{cases}$$

14. **解**　由

$$\begin{cases} \displaystyle\int_{-\infty}^{+\infty}f(x)\mathrm{d}x=\int_0^1(ax+b)\mathrm{d}x=0.5a+b=1, \\ P(X>0.5)=\displaystyle\int_{0.5}^1(ax+b)\mathrm{d}x=0.375a+0.5b=0.625 \end{cases}$$

得 $a=1,b=0.5$. 于是

$$P(0.25<X<0.5)=\int_{0.25}^{0.5}(x+0.5)\mathrm{d}x=0.21875.$$

15. 解 因为 $X\sim N(0.8,0.003^2)$,所以 $\dfrac{X-0.8}{0.003}\sim N(0,1)$.

(1) $P(|X-0.8|<0.006)=P\left(\dfrac{|X-0.8|}{0.003}<\dfrac{0.006}{0.003}\right)$

$$=2\Phi(2)-1=2\times0.9772-1=0.9544.$$

(2) $P(X\leqslant c)=P\left(\dfrac{X-0.8}{0.003}<\dfrac{c-0.8}{0.003}\right)\leqslant0.95.$

查表得 $\Phi(1.645)=0.95$,于是得 $\dfrac{c-0.8}{0.003}\leqslant1.645$,解得 $c\leqslant0.8049$.

16. 解 方程 $t^2+t+X=0$ 有实根 $\Leftrightarrow\Delta=1-4X\geqslant0$,即 $X\leqslant\dfrac{1}{4}$.

又因 $X\sim N(\mu,1)$,所以

$$P\left(X\leqslant\dfrac{1}{4}\right)=P\left(\dfrac{X-\mu}{1}\leqslant\dfrac{1}{4}-\mu\right)=\Phi\left(\dfrac{1}{4}-\mu\right)=\Phi(0)=\dfrac{1}{2},$$

于是 $\dfrac{1}{4}-\mu=0$,即 $\mu=\dfrac{1}{4}$.

17. 解 当 $x>0$ 时,$0<y<1$,所以 $y\leqslant0$ 或 $y\geqslant1$ 时 $f_Y(y)=0$.

当 $0<y<1$ 时,$F_Y(y)=P(1-\mathrm{e}^{-2X}\leqslant y)=P(\mathrm{e}^{-2X}\geqslant1-y)=P\left(X\leqslant-\dfrac{1}{2}\ln(1-y)\right)=F_X\left[-\dfrac{1}{2}\ln(1-y)\right].$

由于 X 服从参数为 $\lambda=2$ 的指数分布,其分布函数为

$$F_X(x)=\begin{cases}0, & x<0,\\1-\mathrm{e}^{-2x}, & x\geqslant0,\end{cases}$$

因此 $F_X\left[-\dfrac{1}{2}\ln(1-y)\right]=1-\mathrm{e}^{-2\left[-\frac{1}{2}\ln(1-y)\right]}=y.$

综上讨论,Y 的分布函数为 $F_Y(y)=\begin{cases}0, & y<0,\\y, & 0\leqslant y<1,\\1, & y\geqslant1.\end{cases}$

于是,Y 的概率密度函数为 $f_Y(y)=\begin{cases}1, & 0\leqslant y<1,\\0, & \text{其他}.\end{cases}$

四、18. 证明 因为 $f(x),g(x)$ 在 $(-\infty,+\infty)$ 上是随机变量 X,Y 的概率密度函数,所以 $f(x)\geqslant0,g(x)\geqslant0$ 且 $\int_{-\infty}^{+\infty}f(x)\mathrm{d}x=1,\int_{-\infty}^{+\infty}g(x)\mathrm{d}x=1.$

又 $0<\alpha<1$,所以 $\alpha f(x)+(1-\alpha)g(x)\geqslant0$ 且

$$\int_{-\infty}^{+\infty}[\alpha f(x)+(1-\alpha)g(x)]\mathrm{d}x=\int_{-\infty}^{+\infty}\alpha f(x)\mathrm{d}x+\int_{-\infty}^{+\infty}(1-\alpha)g(x)\mathrm{d}x$$

$$=\alpha\int_{-\infty}^{+\infty}f(x)\mathrm{d}x+(1-\alpha)\int_{-\infty}^{+\infty}g(x)\mathrm{d}x$$

$$=\alpha+(1-\alpha)=1,$$

即 $\forall \alpha(0<\alpha<1),\alpha f(x)+(1-\alpha)g(x)$ 是某一随机变量的概率密度函数.

课后习题解答

习题 2-1

基础题

1. 判别下列函数是否为某随机变量的分布函数.

(1) $F(x)=\begin{cases}0, & x<-2, \\ 1/2, & -2\leqslant x<0, \\ 1, & x\geqslant 0;\end{cases}$　(2) $F(x)=\begin{cases}0, & x<0, \\ \sin x, & 0\leqslant x<\pi, \\ 1, & x\geqslant\pi;\end{cases}$

(3) $F(x)=\begin{cases}0, & x<0, \\ x+1/2, & 0\leqslant x<1/2, \\ 1, & x\geqslant 1/2.\end{cases}$

解　(1) 由题设,$F(x)$ 在 $(-\infty,+\infty)$ 上单调不减,右连续,并有

$$F(-\infty)=\lim_{x\to-\infty}F(x)=0,\quad F(+\infty)=\lim_{x\to+\infty}F(x)=1,$$

所以 $F(x)$ 是某一随机变量 X 的分布函数.

(2) 因为 $F(x)$ 在 $\left(\dfrac{\pi}{2},\pi\right)$ 内单调下降,所以 $F(x)$ 不可能是分布函数.

(3) 因为 $F(x)$ 在 $(-\infty,+\infty)$ 上单调不减,右连续,并有

$$F(-\infty)=\lim_{x\to-\infty}F(x)=0,\quad F(+\infty)=\lim_{x\to+\infty}F(x)=1,$$

所以 $F(x)$ 是某一随机变量 X 的分布函数.

2. 设 $F_1(x)$ 与 $F_2(x)$ 为两个随机变量的分布函数,为了使 $aF_1(x)-bF_2(x)$ 是某一随机变量的分布函数,在下列各组值中应取(　　).

A　$a=\dfrac{3}{5},b=-\dfrac{2}{5}$　　　　　　　　B　$a=\dfrac{2}{3},b=\dfrac{2}{3}$

C　$a=-\dfrac{1}{2},b=\dfrac{3}{2}$　　　　　　　　D　$a=\dfrac{1}{2},b=-\dfrac{3}{2}$

解　应选 A.

因为 $F_1(x),F_2(x)$ 均为分布函数,所以 $F_1(+\infty)=F_2(+\infty)=1$.

要使 $aF_1(x)-bF_2(x)$ 成为分布函数,需满足 $aF_1(+\infty)-bF_2(+\infty)=1$,即 $a-b=1$.

选项中只有 A 满足条件,故选 A.

3. 设随机变量 X 的分布函数是

$$F(x)=\begin{cases}1-\mathrm{e}^{-x}, & x\geqslant 0, \\ 0, & x<0.\end{cases}$$

试求 $P(X\leqslant 1),P(1<X\leqslant 2),P(X>2)$.

解　由分布函数的定义,$P(X\leqslant 1)=F(1)=1-\mathrm{e}^{-1}\approx 0.6321$,

$P(1<X\leqslant 2)=F(2)-F(1)=(1-\mathrm{e}^{-2})-(1-\mathrm{e}^{-1})=\mathrm{e}^{-1}-\mathrm{e}^{-2}\approx 0.2325$,

$$P(X>2)=1-P(X\leqslant 2)=1-F(2)=1-(1-\mathrm{e}^{-2})=\mathrm{e}^{-2}\approx 0.1353.$$

4. 在区间 $[0,a]$ 上任意投掷一个质点,以 X 表示这个质点的坐标,设这个质点落在 $[0,a]$ 中任意小区间内的概率与这个小区间的长度成正比,试求 X 的分布函数.

解　若 $x<0$,则 $\{X\leqslant x\}$ 是一个不可能事件,则 $F(x)=P(X\leqslant x)=0$.

若 $0\leqslant x<a$,则由题意设,$P(0\leqslant X\leqslant x)=kx$. 为了确定 k 的值,令 $x=a$,则 $P(0\leqslant x\leqslant a)=ka=1$,所以 $k=\dfrac{1}{a}$,从而

$$F(x)=P(X\leqslant x)=P(X<0)+P(0\leqslant X\leqslant x)=0+\frac{x}{a}=\frac{x}{a}.$$

若 $x\geqslant a$,由题意知,$\{X\leqslant x\}$ 是必然事件,则 $F(x)=P(X\leqslant x)=1$.

综上所述,X 的分布函数为

$$F(x)=\begin{cases}0, & x<0,\\ \dfrac{x}{a}, & 0\leqslant x<a,\\ 1, & x\geqslant a.\end{cases}$$

提高题

1. 设随机变量 X 的分布函数 $F(x)=\begin{cases}0, & x<0,\\ \dfrac{1}{2}, & 0\leqslant x<1,\\ 1-\mathrm{e}^{-x}, & x\geqslant 1,\end{cases}$ 则 $P(X=1)=(\qquad)$.

A　0　　　　　　　B　1　　　　　　　C　$\dfrac{1}{2}-\mathrm{e}^{-1}$　　　　　D　$1-\mathrm{e}^{-1}$

解　因为　$P(X=1)=P(X\leqslant 1)-P(X<1)=F(1)-F(1-0)$

$$=1-\mathrm{e}^{-1}-\frac{1}{2}=\frac{1}{2}-\mathrm{e}^{-1},$$

故选 C.

2. 设随机变量 X 的分布函数

$$F(x)=\begin{cases}0, & x<-1,\\ \dfrac{1}{8}, & x=-1,\\ ax+b, & -1<x<1,\\ 1, & x\geqslant 1.\end{cases}$$

已知 $P(-1<X<1)=\dfrac{5}{8}$,则 a 与 b 各为多少?

解　因为 $F(x)$ 右连续,所以 $F(-1+0)=F(-1)$,即

$$-a+b=\frac{1}{8}. \tag{1}$$

又因为 $P(-1<X<1)=F(1)-F(-1)-P(X=1)=\dfrac{5}{8}$,所以

$$1-\frac{1}{8}-[1-(a+b)]=\frac{5}{8}. \tag{2}$$

由(1)式及(2)式得 $a=\dfrac{5}{16}$，$b=\dfrac{7}{16}$.

习题 2-2

基础题

1. 一个袋中装有 5 个球，编号为 1,2,3,4,5. 在袋中同时取 3 个球，以 X 表示取出的 3 个球中的最大号码，写出随机变量 X 的分布律和分布函数.

解 X 的所有可能取值为 3,4,5.

$$P(X=3)=\frac{C_2^2}{C_5^3}=\frac{1}{10};\ P(X=4)=\frac{C_3^2}{C_5^3}=\frac{3}{10};\ P(X=5)=\frac{C_4^2}{C_5^3}=\frac{3}{5}.$$

所以随机变量 X 的分布律为

X	3	4	5
p_k	$\dfrac{1}{10}$	$\dfrac{3}{10}$	$\dfrac{3}{5}$

当 $x<3$ 时，$F(x)=P(X\leqslant x)=0$.

当 $3\leqslant x<4$ 时，$F(x)=P(X\leqslant x)=P(X=3)=\dfrac{1}{10}$.

当 $4\leqslant x<5$ 时，$P(X\leqslant x)=P(X=3)+P(X=4)=\dfrac{1}{10}+\dfrac{3}{10}=\dfrac{2}{5}$.

当 $x\geqslant5$ 时，$F(x)=P(X\leqslant x)=P(X=3)+P(X=4)+P(X=5)=1$.

所以，X 的分布函数为

$$F(x)=\begin{cases}0, & x<3,\\[2mm]\dfrac{1}{10}, & 3\leqslant x<4,\\[2mm]\dfrac{2}{5}, & 4\leqslant x<5,\\[2mm]1, & x\geqslant5.\end{cases}$$

2. 一制药厂分别独立地组织两组技术人员试制不同类型的新药，若每组成功的概率为 0.4，当第一组成功时，每年的销售额可达 40000 元；而当第二组成功时，每年的销售额可达 60000 元；若两组均失败则分文全无. 以 X 记这两种新药的年销售额，求 X 的分布律.

解 只有第一组成功时，年销售额为 40000 元，概率为 $0.4\times0.6=0.24$；只有第二组成功时，年销售额为 60000 元，概率为 $0.6\times0.4=0.24$；第一组和第二组均成功时，年销售额为 100000 元，概率为 $0.4\times0.4=0.16$. 两组均失败时，年销售额为 0 元，概率为 $0.6\times0.6=0.36$，所以，X 的分布律为

X	100000	60000	40000	0
p_k	0.16	0.24	0.24	0.36

3. 某加油站替出租汽车公司经营出租汽车业务，每出租一辆汽车，可从出租公司得到 3 元代办费. 因代营业务，每天加油站要多付给职工服务费 60 元. 设每天出租汽车数是一个随机变量，它的分布律如下：

X	10	20	30	40
p_i	0.15	0.25	0.45	0.15

求因代营业务得到的收入大于当天额外支出的费用的概率.

解 题目所求为

$$P(3X > 60) = P(X > 20) = P(X = 30) + P(X = 40) = 0.45 + 0.15 = 0.6.$$

4. 设随机变量 X 的可能取值为 $1,2,3$,且取这 3 个值的概率之比为 $1 : 2 : 3$,试求 X 的概率分布.

解 由题知 $P(X=2)=2P(X=1)$,$P(X=3)=3P(X=1)$,由分布律的定义知

$$P(X=1) + P(X=2) + P(X=3) = 1, \quad 即 \quad P(X=1) = \frac{1}{6},$$

所以 $P(X=3)=\frac{1}{2}$,即 X 的概率分布为

X	1	2	3
p_i	$\frac{1}{6}$	$\frac{1}{3}$	$\frac{1}{2}$

5. 已知随机变量 X 只能取 $-1,0,1,\sqrt{2}$,相应的概率为 $\frac{1}{2c},\frac{3}{4c},\frac{5}{8c},\frac{7}{16c}$,求 c 的值,并计算 $P(X<1)$.

解 由分布律的定义知 $\frac{1}{2c}+\frac{3}{4c}+\frac{5}{8c}+\frac{7}{16c}=1$,由此得 $c=\frac{37}{16}$,于是

$$P(X < 1) = P(X = -1) + P(X = 0) = \frac{8}{37} + \frac{12}{37} = \frac{20}{37}.$$

6. 设离散型随机变量 X 的概率分布为 $P(X=k)=kp^{k+1} (k=1,2,\cdots)$,问 p 取何值.

解 由分布律定义知 $\sum_{k=1}^{\infty} kp^{k+1} = 1$. 而

$$\sum_{k=1}^{\infty} kp^{k+1} = p^2 \sum_{k=1}^{\infty} kp^{k-1} = p^2 \sum_{k=1}^{\infty} (p^k)' = p^2 \left(\frac{p}{1-p}\right)' = \frac{p^2}{(1-p)^2},$$

由 $\frac{p^2}{(1-p)^2}=1$,得 $p=0.5$.

7. 设 $X \sim B(2,p)$,$Y \sim B(4,p)$,且 $P(X \geqslant 1)=\frac{5}{9}$,求 $P(Y \geqslant 1)$.

解 因为 $X \sim B(2,p)$,所以 X 的分布律为 $P(X=k)=C_2^k p^k (1-p)^{2-k} (k=0,1,2)$. 又因为 $Y \sim B(4,p)$,所以 Y 的分布律为

$$P(Y=k)=C_4^k p^k (1-p)^{4-k} \quad (k=0,1,2,3,4).$$

由于 $P(X \geqslant 1)=1-P(X<1)=1-P(X=0)=1-(1-p)^2=\frac{5}{9}$,解得 $p=\frac{1}{3}$,于是

$$P(Y \geqslant 1) = 1 - P(Y < 1) = 1 - P(Y = 0) = 1 - C_4^0 p^0 (1-p)^4$$

$$= 1 - \left(1 - \frac{1}{3}\right)^4 = 1 - \left(\frac{2}{3}\right)^4 = \frac{65}{81}.$$

8. 9 个人同时向一目标射击一次,如每人射击击中目标的概率为 0.3,各人射击是相互

独立的,求有两人以上击中目标的概率.

解　设 X 表示 9 个人中射中目标的人数,则 $X \sim B(9,0.3)$,于是

$$P(X=k) = C_9^k 0.3^k 0.7^{9-k} \quad (k=0,1,2,3,4,5,6,7,8,9).$$

题目所求为

$$P(X>2) = 1 - P(X \leqslant 2) = 1 - P(X=0) - P(X=1) - P(X=2)$$

$$= 1 - 0.7^9 - 9 \times 0.3 \times 0.7^8 - 36 \times 0.3^2 \times 0.7^7 = 0.5372.$$

9. 有甲、乙两种味道和颜色都极为相似的名酒各 4 杯.如果从中挑 4 杯,能将甲种酒全部挑出来,算是试验成功一次.

(1) 某人随机地去试,问他试验成功一次的概率是多少.

(2) 某人声称他通过品尝能区分两种酒.他连续试验 10 次,成功 3 次.试推断他是否确有区分的能力(设各次试验是相互独立的).

解　(1) 设 $A = \{$试验成功一次$\}$,则 $P(A) = \dfrac{1}{C_8^4} = \dfrac{1}{70}$.

(2) 设 X 为随机连续 10 次试验中成功的次数,则 $X \sim B\left(10, \dfrac{1}{70}\right)$,

$$P(X=3) = C_{10}^3 \left(\frac{1}{70}\right)^3 \left(\frac{69}{70}\right)^7 \approx 3.163 \times 10^{-4}.$$

就是说,随机猜对的概率是很小的(小概率事件),而该人确实猜对了 3 次,可以认为他有区分这两种酒的能力.

10. 某地每年夏季遭受台风袭击的次数服从参数为 4 的泊松分布,试求:

(1)台风袭击次数小于 1 的概率;(2)台风袭击次数大于 1 的概率.

解　设 X 为某地每年夏季遭受台风袭击的次数,$X \sim P(4)$,则 X 的分布律为

$$P(X=k) = \frac{4^k e^{-4}}{k!} \quad (k=0,1,2,\cdots).$$

(1) $P(X<1) = P(X=0) = e^{-4} \approx 0.0183$.

(2) $P(X>1) = 1 - P(X \leqslant 1) = 1 - P(X=0) - P(X=1)$

$$= 1 - e^{-4} - 4e^{-4} = 1 - 5e^{-4} \approx 0.9083.$$

提高题

1. $P(X=k) = c\lambda^k e^{-\lambda}/k!$ $(k=0,2,4,\cdots)$ 是随机变量 X 的概率分布,则 λ,c 一定满足（　　）.

　　A　$\lambda>0$ 　　　　B　$c>0$ 　　　　C　$c\lambda>0$ 　　　　D　$c>0,\lambda>0$

解　由概率具有非负性及 $P(X=k) = c\lambda^k e^{-\lambda}/k!$ $(k=0,2,4,\cdots)$,可知 $c>0,\lambda>0$,故选 D.

2. 设随机变量 X 的分布函数

$$F(x) = \begin{cases} 0, & x<0 \\ 0.3, & 0 \leqslant x<1, \\ 0.7, & 1 \leqslant x<3, \\ 1, & x \geqslant 3, \end{cases}$$

求 $P(0<X \leqslant 2)$ 及随机变量 X 的概率分布.

解　$P(X=0)=F(0)-F(0-0)=0.3-0=0.3$，

$P(X=1)=F(1)-F(1-0)=0.7-0.3=0.4$，

$P(X=3)=F(3)-F(3-0)=1-0.7=0.3$，

$P(0<X\leqslant 2)=P(X=1)+P(X=2)=0.7$.

X 的概率分布为

X	0	1	3
p_k	0.3	0.4	0.3

3. $P(X=k)=\dfrac{b}{k(k+1)}(k=1,2,\cdots)$ 是随机变量 X 的概率分布，求常数 b.

解　如果 $p_k=\dfrac{b}{k(k+1)}(k=1,2,\cdots)$ 为离散型随机变量的概率分布，则必满足

$\displaystyle\sum_{k=1}^{\infty}\dfrac{b}{k(k+1)}=1$，而

$$\sum_{k=1}^{\infty}\dfrac{b}{k(k+1)}=b\sum_{k=1}^{\infty}\left[\dfrac{1}{k}-\dfrac{1}{k+1}\right]=b\lim_{n\to\infty}\sum_{k=1}^{n}\left[\dfrac{1}{k}-\dfrac{1}{k+1}\right]=b\lim_{n\to\infty}\left[1-\dfrac{1}{n+1}\right]=b,$$

于是，得 $b=1$.

4. 某厂生产的产品次品率为 0.005，任意取出 1000 件，试用泊松定理计算：

(1) 其中至少有 2 件次品的概率；

(2) 其中有不超过 5 件次品的概率；

(3) 能以 90% 以上的概率保证次品件数不超过多少件？

解　设 X 为从 1000 件产品中抽出的次品数，则 $X\sim B(1000,0.005)$，于是 $\lambda=np=5$. 由泊松定理得

$$P(X=k)=\dfrac{5^k \mathrm{e}^{-5}}{k!}\quad(k=0,1,2,\cdots).$$

(1) $P(X\geqslant 2)=1-P(X\leqslant 1)=1-P(X=0)-P(X=1)=1-6\mathrm{e}^{-5}\approx 0.9596$.

(2) $P(X\leqslant 5)=\displaystyle\sum_{k=0}^{5}\dfrac{5^k \mathrm{e}^{-5}}{k!}=0.6160$（查教材中附表 1）.

(3) $P(X\leqslant a)\geqslant 90\%$，查教材中附表 1 知 $\displaystyle\sum_{k=0}^{8}\dfrac{5^k \mathrm{e}^{-5}}{k!}=0.932$，所以 $a=8$，即能以 90% 以上的概率保证次品件数不超过 8 件.

5. 设在一次试验中，事件 A 发生的概率为 p，现进行 n 次独立试验，求：(1)A 至少发生一次的概率；(2)事件 A 至多发生一次的概率.

解　若记 n 次试验中事件 A 发生的次数为 X，则 X 的分布律为

$$P(X=k)=\mathrm{C}_n^k p^k (1-p)^{n-k}\quad(k=0,1,2,\cdots,n).$$

(1) A 至少发生一次的概率为

$$P(X\geqslant 1)=1-P(X<1)=1-P(X=0)=1-\mathrm{C}_n^0 p^0 (1-p)^n=1-(1-p)^n.$$

(2) 事件 A 至多发生一次的概率为

$$\begin{aligned}P(X\leqslant 1)&=P(X=0)+P(X=1)\\&=\mathrm{C}_n^0 p^0 (1-p)^n+\mathrm{C}_n^1 p^1 (1-p)^{n-1}\\&=(1-p)^n+np(1-p)^{n-1}.\end{aligned}$$

习题 2-3

基础题

1. 设连续型随机变量 X 的分布函数是

$$F(x)=\begin{cases}0, & x<1,\\ Ax\ln x+Bx+1, & 1\leqslant x\leqslant e,\\ 1, & x>e.\end{cases}$$

(1)确定常数 A 及 B；(2)求 $P(1\leqslant X\leqslant 2)$；(3)求 X 的概率密度函数 $f(x)$.

解 (1) 因为 X 是连续型随机变量，所以 $F(x)$ 连续，由题知 $\lim\limits_{x\to 1^-}F(x)=F(1)$，所以 $0=B+1$，即 $B=-1$.

又因为 $\lim\limits_{x\to e^+}F(x)=\lim\limits_{x\to e^-}F(x)$，所以 $1=Ae+Be+1$，即 $A=1$. 于是 X 的分布函数为

$$F(x)=\begin{cases}0, & x<1,\\ x\ln x-x+1, & 1\leqslant x\leqslant e,\\ 1, & x>e.\end{cases}$$

(2) $P(1\leqslant X\leqslant 2)=F(2)-F(1)=2\ln 2-2+1-0=2\ln 2-1\approx 0.3863$.

(3) $f(x)=F'(x)=\begin{cases}\ln x, & 1\leqslant x\leqslant e,\\ 0, & \text{其他}.\end{cases}$

2. 设随机变量 X 具有概率密度函数

$$f(x)=\begin{cases}kx, & 0\leqslant x<1,\\ 2-x, & 1\leqslant x<2,\\ 0, & \text{其他}.\end{cases}$$

(1)确定常数 k；(2)求 X 的分布函数；(3)求 $P(0.5<X\leqslant 1.5)$.

解 (1) 由 $\int_{-\infty}^{+\infty}f(x)\mathrm{d}x=1$ 得 $\int_0^1 kx\,\mathrm{d}x+\int_1^2(2-x)\mathrm{d}x=1$，解得 $k=1$. 于是，X 的概率密度函数为

$$f(x)=\begin{cases}x, & 0\leqslant x<1,\\ 2-x, & 1\leqslant x<2,\\ 0, & \text{其他}.\end{cases}$$

(2) 当 $x<0$ 时，$F(x)=\int_{-\infty}^{x}f(x)\mathrm{d}x=0$.

当 $0\leqslant x<1$ 时，$F(x)=\int_{-\infty}^{x}f(x)\mathrm{d}x=\int_0^x x\,\mathrm{d}x=\dfrac{x^2}{2}$，

当 $1\leqslant x<2$ 时，$F(x)=\int_{-\infty}^{x}f(x)\mathrm{d}x=\int_0^1 x\,\mathrm{d}x+\int_1^x(2-x)\mathrm{d}x=-\dfrac{x^2}{2}+2x-1$，

当 $x\geqslant 2$ 时，$F(x)=\int_{-\infty}^{x}f(x)\mathrm{d}x=\int_0^1 x\,\mathrm{d}x+\int_1^2(2-x)\mathrm{d}x=1$.

综上，X 的分布函数为

$$F(x) = \begin{cases} 0, & x < 0, \\ \dfrac{x^2}{2}, & 0 \leqslant x < 1, \\ -\dfrac{x^2}{2} + 2x - 1, & 1 \leqslant x < 2, \\ 1, & x \geqslant 2. \end{cases}$$

(3) $P(0.5 < X \leqslant 1.5) = \int_{0.5}^{1.5} f(x)\mathrm{d}x = \int_{0.5}^{1} x\mathrm{d}x + \int_{1}^{1.5}(2-x)\mathrm{d}x = 0.75$，或 $P(0.5 <$

$X \leqslant 1.5) = F(1.5) - F(0.5) = 0.75$.

3. 设随机变量 X 的概率密度函数是

$$f(x) = \begin{cases} \dfrac{A}{\sqrt{1-x^2}}, & |x| < 1, \\ 0, & |x| \geqslant 1. \end{cases}$$

试求：(1) 系数 A；(2) $P\left(|X| < \dfrac{1}{2}\right)$；(3) X 的分布函数.

解　(1) 因为 $\int_{-\infty}^{+\infty} f(x)\mathrm{d}x = 1$，所以 $\int_{-\infty}^{-1} 0\mathrm{d}x + \int_{-1}^{1} \dfrac{A}{\sqrt{1-x^2}}\mathrm{d}x + \int_{1}^{+\infty} 0\mathrm{d}x = 1$，即

$A\arcsin x \mid_{-1}^{1} = 1$，由此可得 $A\left[\dfrac{\pi}{2} - \left(-\dfrac{\pi}{2}\right)\right] = 1$，即 $A = \dfrac{1}{\pi}$. 于是

$$f(x) = \begin{cases} \dfrac{1}{\pi\sqrt{1-x^2}}, & |x| < 1, \\ 0, & |x| \geqslant 1. \end{cases}$$

(2) $P\left(|X| < \dfrac{1}{2}\right) = P\left(-\dfrac{1}{2} < X < \dfrac{1}{2}\right) = \int_{-\frac{1}{2}}^{\frac{1}{2}} \dfrac{1}{\pi\sqrt{1-x^2}}\mathrm{d}x = \dfrac{1}{\pi}\arcsin x \Big|_{-\frac{1}{2}}^{\frac{1}{2}}$

$$= \dfrac{1}{\pi}\left[\arcsin\dfrac{1}{2} - \arcsin\left(-\dfrac{1}{2}\right)\right] = \dfrac{1}{\pi}\left[\dfrac{\pi}{6} - \left(-\dfrac{\pi}{6}\right)\right] = \dfrac{1}{3}.$$

(3) 当 $x < -1$ 时，$F(x) = \int_{-\infty}^{x} f(x)\mathrm{d}x = \int_{-\infty}^{x} 0\mathrm{d}x = 0.$

当 $-1 \leqslant x < 1$ 时，$F(x) = \int_{-\infty}^{x} f(x)\mathrm{d}x = \int_{-\infty}^{-1} 0\mathrm{d}x + \int_{-1}^{x} \dfrac{1}{\pi\sqrt{1-x^2}}\mathrm{d}x$

$$= \dfrac{1}{\pi}\arcsin x \mid_{-1}^{x} = \dfrac{1}{\pi}\arcsin x + \dfrac{1}{2}.$$

当 $x \geqslant 1$ 时，$F(x) = \int_{-\infty}^{x} f(x)\mathrm{d}x = \int_{-\infty}^{-1} 0\mathrm{d}x + \int_{-1}^{1} \dfrac{1}{\pi\sqrt{1-x^2}}\mathrm{d}x + \int_{1}^{x} 0\mathrm{d}x = 1.$

于是 X 的分布函数为

$$F(x) = \begin{cases} 0, & x < -1, \\ \dfrac{1}{\pi}\arcsin x + \dfrac{1}{2}, & -1 \leqslant x < 1, \\ 1, & x \geqslant 1. \end{cases}$$

4. 设 K 在 $[0,5]$ 上服从均匀分布,求方程 $4x^2+4Kx+K+2=0$ 有实根的概率.

解 因为 K 在 $[0,5]$ 上服从均匀分布,其概率密度函数为

$$f(x)=\begin{cases}\dfrac{1}{5}, & 0\leqslant x\leqslant 5,\\[2mm] 0, & 其他.\end{cases}$$

要使 $4x^2+4Kx+K+2=0$ 有实根,需有 $\Delta=16K^2-16K-32\geqslant 0$,即 $K^2-K-2\geqslant 0$,所以 $K\leqslant -1$ 或 $K\geqslant 2$,于是方程 $4x^2+4Kx+K+2=0$ 有实根的概率为

$$\int_2^5 f(x)\mathrm{d}x=\int_2^5\frac{1}{5}\mathrm{d}x=\frac{3}{5},$$

或 $1-P(-1<X<2)=1-\displaystyle\int_{-1}^2 f(x)\mathrm{d}x=1-\int_0^2\frac{1}{5}\mathrm{d}x=\frac{3}{5}$.

5. 从一批子弹中任意抽取 5 发试验,如果没有一发子弹落在靶心 2m 以外,则整批子弹将被接受,设弹着点与靶心的距离 X 的概率密度函数为

$$f(x)=\begin{cases}Ax\mathrm{e}^{-x^2}, & x>0,\\[2mm] 0, & x\leqslant 0.\end{cases}$$

试求:(1)系数 A;(2)这批子弹被接受的概率.

解 (1) 因为 $\displaystyle\int_{-\infty}^{+\infty}f(x)\mathrm{d}x=1$,所以 $\displaystyle\int_0^{+\infty}Ax\mathrm{e}^{-x^2}\mathrm{d}x=1$,解得 $A=2$.

(2) 因为一发子弹落在靶心 2m 以内的概率 $p=\displaystyle\int_0^2 2x\mathrm{e}^{-x^2}\mathrm{d}x=1-\mathrm{e}^{-4}$,所以这批子弹被接受的概率为 $(1-\mathrm{e}^{-4})^5$.

6. 设随机变量 X 在区间 $[2,5]$ 上服从均匀分布,现对 X 进行 3 次独立观测,试求至少有 2 次观测值大于 3 的概率.

解 因为随机变量 X 在区间 $[2,5]$ 上服从均匀分布,所以

$$f(x)=\begin{cases}\dfrac{1}{3}, & 2\leqslant x\leqslant 5,\\[2mm] 0, & 其他.\end{cases}$$

于是 $\quad P(X>3)=\displaystyle\int_3^{+\infty}f(x)\mathrm{d}x=\int_3^5\frac{1}{3}\mathrm{d}x=\frac{2}{3}$.

设 Y 表示 3 次独立观测中观测值大于 3 的次数,则 $Y\sim B\left(3,\dfrac{2}{3}\right)$,所以 Y 的分布律为

$$P(Y=k)=\mathrm{C}_3^k\left(\frac{2}{3}\right)^k\left(\frac{1}{3}\right)^{3-k}\quad(k=0,1,2,3).$$

于是题目所求为

$$P(Y\geqslant 2)=1-P(Y<2)=1-P(Y=0)-P(Y=1)$$
$$=1-\left(\frac{1}{3}\right)^3-\mathrm{C}_3^1\times\left(\frac{2}{3}\right)\times\left(\frac{1}{3}\right)^2=\frac{20}{27}.$$

7. 某种晶体管寿命服从参数为 $\dfrac{1}{1000}$ 的指数分布(单位:h).电子仪器装有此种晶体管 5 个,并且每个晶体管损坏与否相互独立.试求此仪器在 1000h 内恰好有两个晶体管损坏的

概率.

解 设 X 表示某种晶体管的寿命,则 X 的概率密度函数为

$$f(x)=\begin{cases}\dfrac{1}{1000}\mathrm{e}^{-\frac{x}{1000}}, & x>0,\\ 0, & x\leqslant 0,\end{cases}$$

其分布函数为 $F(x)=\begin{cases}1-\mathrm{e}^{-\frac{x}{1000}}, & x>0,\\ 0, & x\leqslant 0,\end{cases}$

故 $P(X\leqslant 1000)=F(1000)=1-\mathrm{e}^{-1}$.

设 Y 表示5个晶体管中1000h内损坏的个数,所以 $Y\sim B(5,1-\mathrm{e}^{-1})$,即 Y 的分布律为 $P(Y=k)=\mathrm{C}_5^k(1-\mathrm{e}^{-1})^k(\mathrm{e}^{-1})^{5-k}\ (k=0,1,2,3,4,5)$,所以

$$P(Y=2)=\mathrm{C}_5^2(1-\mathrm{e}^{-1})^2(\mathrm{e}^{-1})^3=10\mathrm{e}^{-3}(1-\mathrm{e}^{-1})^2\approx 0.1989.$$

8. 某学校的抽样调查结果表明,考生的外语成绩(百分制)近似服从正态分布,平均成绩为72分,96分以上的占考生总数的2.3%,试求考生的外语成绩在60~84分之间的概率.

解 设 X 表示考生的成绩,则 X 近似服从正态分布 $N(\mu,\sigma^2)$,由题知 $\mu=72$.
由于 $P(X>96)=2.3\%$,即

$$P\left(\frac{X-72}{\sigma}>\frac{96-72}{\sigma}\right)=1-\Phi\left(\frac{24}{\sigma}\right)=2.3\%,$$

所以 $\Phi\left(\dfrac{24}{\sigma}\right)=0.977$. 查表可得 $\dfrac{24}{\sigma}=2$,解得 $\sigma=12$,于是

$$P(60<X<84)=P\left(\frac{60-72}{12}<\frac{X-72}{12}<\frac{84-72}{12}\right)$$
$$=\Phi(1)-\Phi(-1)=2\Phi(1)-1=2\times 0.8413-1=0.6826.$$

9. 设随机变量 $X\sim N(1,0.6^2)$,求:(1)$P(X>0)$;(2)$P(0.2<X<1.8)$.

解 (1) $P(X>0)=1-P(X\leqslant 0)=1-P\left(\dfrac{X-1}{0.6}<\dfrac{0-1}{0.6}\right)$

$$=1-\Phi\left(-\frac{5}{3}\right)=\Phi\left(\frac{5}{3}\right)=0.9525.$$

(2) $P(0.2<X<1.8)=P\left(\dfrac{0.2-1}{0.6}<\dfrac{X-1}{0.6}<\dfrac{1.8-1}{0.6}\right)$

$$=\Phi\left(\frac{4}{3}\right)-\Phi\left(-\frac{4}{3}\right)=2\Phi\left(\frac{4}{3}\right)-1=2\times 0.9082-1=0.8164.$$

10. 设随机变量 $X\sim N(\mu,\sigma^2)$,已知 $P(X<0.5)=0.0793$,$P(X>1.5)=0.7611$,求 μ 与 σ.

解 因为 $P(X<0.5)=P\left(\dfrac{X-\mu}{\sigma}<\dfrac{0.5-\mu}{\sigma}\right)=0.0793$,所以 $\Phi\left(\dfrac{0.5-\mu}{\sigma}\right)=0.0793$,于是 $\Phi\left(\dfrac{\mu-0.5}{\sigma}\right)=1-0.0793=0.9207$,查表得

$$\frac{\mu-0.5}{\sigma}=1.41. \tag{1}$$

又因为 $P(X>1.5)=P\left(\dfrac{X-\mu}{\sigma}>\dfrac{1.5-\mu}{\sigma}\right)=1-\Phi\left(\dfrac{1.5-\mu}{\sigma}\right)=0.7611$，根据 $\Phi\left(\dfrac{\mu-1.5}{\sigma}\right)=0.7611$，查表得

$$\dfrac{\mu-1.5}{\sigma}=0.71. \tag{2}$$

由（1）式及（2）式解得 $\mu=2.515,\sigma=1.43$.

11. 电源电压在不超过200V，200～240V和超过240V这三种情况下，元件损坏的概率分别为0.1，0.001和0.2.设电源电压 X 服从正态分布 $N(220,25^2)$. 试求：（1）元件损坏的概率；（2）元件损坏时，电压在200～240V间的概率.

解 （1）设 A 表示元件损坏，因为 $X\sim N(220,25^2)$，所以

$$P(X\leqslant 200)=P\left(\dfrac{X-220}{25}\leqslant\dfrac{200-220}{25}\right)=\Phi\left(-\dfrac{4}{5}\right)$$
$$=1-\Phi\left(\dfrac{4}{5}\right)=1-0.7881=0.2119.$$

$$P(200<X\leqslant 240)=P\left(\dfrac{200-220}{25}<\dfrac{X-220}{25}\leqslant\dfrac{240-220}{25}\right)$$
$$=\Phi\left(\dfrac{4}{5}\right)-\Phi\left(-\dfrac{4}{5}\right)=2\Phi\left(\dfrac{4}{5}\right)-1=0.5762.$$

$$P(X>240)=P\left(\dfrac{X-220}{25}>\dfrac{240-220}{25}\right)=1-\Phi\left(\dfrac{4}{5}\right)=0.2119.$$

又 $P(A|X\leqslant 200)=0.1,P(A|200<X\leqslant 240)=0.001,P(A|X>240)=0.2$. 所以元件损坏的概率

$$P(A)=P(X\leqslant 200)P(A\mid X\leqslant 200)+P(200<X\leqslant 240)\cdot$$
$$P(A\mid 200<X\leqslant 240)+P(X>240)P(A\mid X>240)$$
$$=0.2119\times 0.1+0.5762\times 0.001+0.2119\times 0.2$$
$$=0.0641.$$

（2）$P(200<X\leqslant 240|A)=\dfrac{P(200<X\leqslant 240)P(A|200<X\leqslant 240)}{P(A)}=0.009.$

12. 某工程队完成某项工程所需时间 X（单位：天）近似服从正态分布 $N(100,25)$，工程队上级规定：若工程在100天内完工，可获奖金10万元；在超100天但不超过115天内完工，可获奖金3万元；超过115天完工，罚款5万元.求该工程队在完成此项工程时，所获奖金的分布律.

解 设所获奖金为 Y，则 Y 的所有可能取值为10,3,−5（万元），则由题意可得

$$P(Y=10)=P(X\leqslant 100)=P\left(\dfrac{X-100}{5}\leqslant\dfrac{100-100}{5}\right)=\Phi(0)=0.5,$$

$$P(Y=3)=P(100<X\leqslant 115)=P\left(\dfrac{100-100}{5}<\dfrac{X-100}{5}\leqslant\dfrac{115-100}{5}\right)$$
$$=\Phi(3)-\Phi(0)=0.4987,$$

$$P(Y=-5)=1-P(Y=10)-P(Y=3)=0.0013.$$

所以所获得奖金 Y 的分布律如下：

Y	-5	3	10
p_i	0.0013	0.4987	0.5

13. 设测量两地间的距离时带有随机误差 X,其概率密度函数为

$$f(x)=\frac{1}{40\sqrt{2\pi}}e^{-\frac{(x-2)^2}{3200}}\quad(-\infty<x<+\infty).$$

试求:(1)测量误差的绝对值不超过 30 的概率;(2)接连测量三次,每次测量相互独立进行,求至少有一次误差不超过 30 的概率.

解　由题知 $X\sim N(2,40^2)$,则

(1) $P(|X|\leqslant 30)=P\left(\left|\dfrac{X-2}{40}\right|\leqslant\dfrac{30-2}{40}\right)=2\Phi(0.7)-1=2\times 0.7580-1=0.5160.$

(2) 设 Y 表示三次中误差不超过 30 的次数,则

$$P(X\leqslant 30)=P\left(\frac{X-2}{40}\leqslant\frac{30-2}{40}\right)=\Phi(0.7)=0.7580.$$

所以 $Y\sim B(3,0.7580)$,其分布律为 $P(Y=k)=C_3^k 0.7580^k(1-0.7580)^{3-k}(k=0,1,2,3)$,于是题目所求为

$$P(Y\geqslant 1)=1-P(Y<1)=1-P(Y=0)=1-(1-0.7580)^3\approx 0.9858.$$

14. 某城市男子身高 X 满足 $X\sim N(170,36)$.

(1) 问应如何选择公共汽车车门的高度使男子与车门碰头的机会小于 0.01;

(2) 若车门高为 182cm,求 100 个男子中与车门碰头的人数不多于 2 个的概率.

解　(1) 设车门设计高度为 $l\,$cm,根据题设要求,设男子身高为 $X\,$cm,应有 $P(X>l)<0.01$,而

$$P(X>l)=1-P(X<l)=1-\Phi\left(\frac{l-170}{6}\right)<0.01,即有\ \Phi\left(\frac{l-170}{6}\right)>0.99,$$

查教材中附表 2 得 $\dfrac{l-170}{6}>2.33$,即 $l>183.98$,车门的高度应为 183.98cm.

(2) 一名男子碰头的概率为

$$p=P(X>182)=1-P(X\leqslant 182)=1-\Phi\left(\frac{182-170}{6}\right)=1-\Phi(2)\approx 0.0228.$$

设 Y 表示 100 个男子中与车门碰头的人数,则 $Y\sim B(100,0.0228)$,于是 $P(Y\leqslant 2)=P(Y=0)+P(Y=1)+P(Y=2).$

因 n 很大,p 很小,故可用泊松分布近似代替二项分布,$\lambda=np=2.28$,从而

$$P(Y\leqslant 2)\approx\frac{2.28^0}{0!}e^{-2.28}+\frac{2.28^1}{1!}e^{-2.28}+\frac{2.28^2}{2!}e^{-2.28}\approx 0.6013.$$

15. 设随机变量 X 具有关于 y 轴对称的概率密度函数 $f(x)$,即 $f(-x)=f(x)$,其分布函数为 $F(x)$,试证明:对任意 $a>0$,有

(1) $F(-a)=1-F(a)=\dfrac{1}{2}-\displaystyle\int_0^a f(x)\mathrm{d}x$; (2) $P(|X|<a)=2F(a)-1$;

(3) $P(|X|>a)=2[1-F(a)].$

解 因为 $f(-x)=f(x)$，所以 $\int_{-\infty}^{0}f(x)\mathrm{d}x=0.5$.

(1) 在 $F(-a)=\int_{-\infty}^{-a}f(x)\mathrm{d}x$ 中，令 $x=-t$，则

$$F(-a)=\int_{-\infty}^{-a}f(x)\mathrm{d}x=\int_{+\infty}^{a}f(-t)(-\mathrm{d}t)=\int_{a}^{+\infty}f(t)\mathrm{d}t=1-F(a),$$

所以

$$F(-a)=\int_{a}^{+\infty}f(t)\mathrm{d}t=\int_{0}^{+\infty}f(t)\mathrm{d}t-\int_{0}^{a}f(t)\mathrm{d}t=0.5-\int_{0}^{a}f(x)\mathrm{d}x.$$

(2) $P(|X|<a)=P(-a<X<a)=F(a)-F(-a)=F(a)-[1-F(a)]=2F(a)-1$.

(3) $P(|X|>a)=1-P(|X|\leqslant a)=1-[2F(a)-1]=2[1-F(a)]$.

提高题

1. 若 $a\mathrm{e}^{-x^2+x}$ 为随机变量 X 的概率密度函数，则 $a=$（   ）.

解 $a\mathrm{e}^{-x^2+x}=a\mathrm{e}^{-\left(x-\frac{1}{2}\right)^2}\cdot\mathrm{e}^{\frac{1}{4}}=a\mathrm{e}^{\frac{1}{4}}\cdot\mathrm{e}^{-\dfrac{\left(x-\frac{1}{2}\right)^2}{2\cdot\left(\frac{1}{\sqrt{2}}\right)^2}}$.

故 $a\mathrm{e}^{-x^2+x}$ 是正态分布的概率密度函数，$\sigma=\dfrac{1}{\sqrt{2}}$，所以 $\dfrac{1}{\sqrt{2\pi}\cdot\dfrac{1}{\sqrt{2}}}=a\mathrm{e}^{\frac{1}{4}}$，则 $a=\dfrac{\mathrm{e}^{-\frac{1}{4}}}{\sqrt{\pi}}$.

2. 设 $f_1(x)$ 为标准正态分布的概率密度函数，$f_2(x)$ 为 $[-1,3]$ 上的均匀分布的概率密度函数，若 $f(x)=\begin{cases}af_1(x), & x\leqslant 0,\\ bf_2(x), & x>0\end{cases}$ $(a>0,b>0)$ 为概率密度函数，则 a,b 应满足（   ）.

    A $2a+3b=4$ B $3a+2b=4$ C $a+b=1$ D $a+b=2$

解 由题设得 $f_1(x)=\dfrac{1}{\sqrt{2\pi}}\mathrm{e}^{\frac{-x^2}{2}}$，$f_2(x)=\begin{cases}\dfrac{1}{4}, & -1\leqslant x\leqslant 3,\\ 0, & \text{其他.}\end{cases}$

利用概率密度函数的性质

$$1=\int_{-\infty}^{+\infty}f(x)\mathrm{d}x=\int_{-\infty}^{0}af_1(x)\mathrm{d}x+\int_{0}^{+\infty}bf_2(x)\mathrm{d}x$$

$$=\frac{a}{2}\int_{-\infty}^{+\infty}f_1(x)\mathrm{d}x+b\int_{0}^{3}\frac{1}{4}\mathrm{d}x=\frac{a}{2}+\frac{3}{4}b,$$

所以 $2a+3b=4$，故选 A.

3. 设随机变量 X 的概率密度函数 $f(x)$ 满足 $f(1+x)=f(1-x)$，且 $\int_{0}^{2}f(x)\mathrm{d}x=0.6$，求 $P(X<0)$.

    解 由 $f(1+x)=f(1-x)$ 知，$f(x)$ 关于 $x=1$ 对称，故 $P(X<0)=P(X>2)$.

因为 $P(X<0)+P(0\leqslant X\leqslant 2)+P(X>2)=1$，则 $P(0\leqslant X\leqslant 2)+2P(X<0)=1$.

而 $P(0\leqslant X\leqslant 2)=\int_{0}^{2}f(x)\mathrm{d}x=0.6$，故 $2P(X<0)=0.4$，即 $P(X<0)=0.2$.

4. 设随机变量 X 服从正态分布 $N(\mu,2^2)$，已知 $3P(X\geqslant 1.5)=2P(X<1.5)$，则 $P(|X-1|\leqslant 2)=$（   ）.

解　因为 $3P(X\geqslant1.5)=3[1-P(X<1.5)]=2P(X<1.5)$，所以 $P(X<1.5)=\dfrac{3}{5}$，即

$$P\left(\dfrac{X-\mu}{2}<\dfrac{1.5-\mu}{2}\right)=\dfrac{3}{5}.$$

因为 $\Phi(0.25)=\dfrac{3}{5}$，故 $\dfrac{1.5-\mu}{2}\approx0.25$，从而 $\mu\approx1$. 于是

$$P(\mid X-1\mid\leqslant2)=P(-2<X-1<2)=P\left(-1<\dfrac{X-1}{2}<1\right)$$

$$=\Phi(1)-\Phi(-1)=2\Phi(1)-1=2\times0.8413-1=0.6826.$$

5. 设随机变量 X 服从 $[a,a+2]$ 上的均匀分布，对其进行 3 次独立观测，求最多有一次观测值小于 $a+1$ 的概率.

解　由题设知 $P(X>a+1)=\displaystyle\int_{a+1}^{a+2}\dfrac{1}{2}\mathrm{d}x=\dfrac{1}{2}$，则最多有一次观测值小于 $a+1$ 的概率为 $1-\left(\dfrac{1}{2}\right)^3=\dfrac{7}{8}$.

习题 2-4

基础题

1. 设随机变量 X 的分布律为

X	-2	-1	0	1	3
p_k	0.2	0.1	0.2	0.1	0.4

试求：$(1)Y_1=X^2$ 的分布律；$(2)Y_2=3X-1$ 的分布律.

解　(1) 因为

X	-2	-1	0	1	3
$Y_1=X^2$	4	1	0	1	9
p_k	0.2	0.1	0.2	0.1	0.4

所以 Y_1 的分布律为

Y_1	0	1	4	9
p_k	0.2	0.2	0.2	0.4

(2) 因为

X	-2	-1	0	1	3
$Y_2=3X-1$	-7	-4	-1	2	8
p_k	0.2	0.1	0.2	0.1	0.4

所以 Y_2 的分布律为

Y_2	-7	-4	-1	2	8
p_k	0.2	0.1	0.2	0.1	0.4

2. 设随机变量 X 服从 $[-1,2]$ 上的均匀分布, 记 $Y = \begin{cases} 1, & X \geqslant 0, \\ -1, & X < 0. \end{cases}$

试求 Y 的分布律.

解 X 的概率密度函数为 $f(x) = \begin{cases} \dfrac{1}{3}, & -1 \leqslant x \leqslant 2, \\ 0, & \text{其他}. \end{cases}$

所以

$$P(X \geqslant 0) = \int_0^{+\infty} f(x) \, dx = \int_0^2 \frac{1}{3} \, dx = \frac{2}{3}, \quad P(X < 0) = \frac{1}{3},$$

故 $P(Y=1) = P(X \geqslant 0) = \dfrac{2}{3}, \quad P(Y=-1) = P(X<0) = \dfrac{1}{3},$

即 Y 的分布律为

Y	-1	1
p_k	$\dfrac{1}{3}$	$\dfrac{2}{3}$

3. 设随机变量 X 在 $[0,1]$ 上服从均匀分布. 求:

(1) $Y = e^X$ 的概率密度函数; (2) $Y = -2\ln X$ 的概率密度函数.

解 X 的概率密度函数为 $f(x) = \begin{cases} 1, & 0 \leqslant x \leqslant 1, \\ 0, & \text{其他}. \end{cases}$

(1) 设 X, Y 的分布函数分别为 $F_X(x), F_Y(y)$, 则

$$F_Y(y) = P(Y \leqslant y) = P(e^X \leqslant y).$$

当 $y < 0$ 时, $\{e^X \leqslant y\}$ 是不可能事件, 故 $F_Y(y) = 0$.

当 $y \geqslant 0$ 时, $F_Y(y) = P(e^X \leqslant y) = P(X \leqslant \ln y) = F_X(\ln y)$, 两端关于 y 求导得

$$f_Y(y) = F_Y'(y) = f_X(\ln y) \cdot \frac{1}{y} = \begin{cases} \dfrac{1}{y}, & 0 < \ln y < 1, \\ 0, & \text{其他}, \end{cases}$$

所以 Y 概率密度函数为 $f_Y(y) = \begin{cases} \dfrac{1}{y}, & 1 < y < e, \\ 0, & \text{其他}. \end{cases}$

(2) 设 X, Y 的分布函数分别为 $F_X(x), F_Y(y)$, 则

$$F_Y(y) = P(Y \leqslant y) = P(-2\ln X \leqslant y)$$

$$= P\left(\ln X \geqslant -\frac{y}{2}\right) = P\left(X \geqslant e^{-\frac{y}{2}}\right) = 1 - F_X(e^{-\frac{y}{2}}).$$

两端关于 y 求导得

$$f_Y(y) = F_Y'(y) = -f_X(e^{-\frac{y}{2}}) \cdot (e^{-\frac{y}{2}})' = -f_X(e^{-\frac{y}{2}}) \cdot \left(-\frac{1}{2}e^{-\frac{y}{2}}\right)$$

$$= \frac{1}{2}e^{-\frac{y}{2}} f_X(e^{-\frac{y}{2}}) = \begin{cases} \dfrac{1}{2}e^{-\frac{y}{2}}, & 0 < e^{-\frac{y}{2}} < 1, \\ 0, & \text{其他}. \end{cases} = \begin{cases} \dfrac{1}{2}e^{-\frac{y}{2}}, & y > 0, \\ 0, & \text{其他}. \end{cases}$$

4. 设连续型随机变量 X 的概率密度函数为

$$f(x)=\begin{cases}e^{-x}, & x\geqslant 0,\\ 0, & x<0,\end{cases}$$

求 $Y=\sqrt{X}$ 的概率密度函数 $f_Y(y)$.

解　设 X,Y 的分布函数分别为 $F_X(x),F_Y(y)$,则

$$F_Y(y)=P(Y\leqslant y)=P(\sqrt{X}\leqslant y).$$

当 $y<0$ 时,$\{\sqrt{X}\leqslant y\}$ 是不可能事件,故 $F_Y(y)=0$.

当 $y\geqslant 0$ 时,$F_Y(y)=P(\sqrt{X}\leqslant y)=P(X\leqslant y^2)=F_X(y^2)$,两端关于 y 求导得 $f_Y(y)=$

$F_Y'(y)=f_X(y^2)\cdot 2y=2ye^{-y^2}$,所以 Y 的概率密度函数为 $f_Y(y)=\begin{cases}2ye^{-y^2}, & y\geqslant 0,\\ 0, & \text{其他}.\end{cases}$

5. 设随机变量 X 服从标准正态分布,$Y=1-2|X|$,试求 Y 的概率密度函数.

解　设 X,Y 的分布函数分别为 $F_X(x),F_Y(y)$,则

$$F_Y(y)=P(Y\leqslant y)=P(1-2\mid X\mid\leqslant y)$$

$$=P\left(\mid X\mid\geqslant\frac{1-y}{2}\right)=1-P\left(\mid X\mid<\frac{1-y}{2}\right).$$

当 $\dfrac{1-y}{2}\leqslant 0$,即 $y\geqslant 1$ 时,$\left\{\mid X\mid<\dfrac{1-y}{2}\right\}$ 是不可能事件,故

$$F_Y(y)=1-P\left(\mid X\mid<\frac{1-y}{2}\right)=1, \quad\text{所以}\quad f_Y(y)=0.$$

当 $\dfrac{1-y}{2}>0$,即 $y<1$ 时,

$$F_Y(y)=1-P\left(\mid X\mid<\frac{1-y}{2}\right)=1-\left[2F_X\left(\frac{1-y}{2}\right)-1\right]=2-2F_X\left(\frac{1-y}{2}\right),$$

两端对 y 求导得 $f_Y(y)=F_Y'(y)=-2f_X\left(\dfrac{1-y}{2}\right)\cdot\left(\dfrac{1-y}{2}\right)'$

$$=f_X\left(\frac{1-y}{2}\right)=\frac{1}{\sqrt{2\pi}}e^{-\frac{[(1-y)/2]^2}{2}}=\frac{1}{\sqrt{2\pi}}e^{-\frac{(1-y)^2}{8}},$$

所以 Y 的概率密度函数为 $f_Y(y)=\begin{cases}\dfrac{1}{\sqrt{2\pi}}e^{-\frac{(1-y)^2}{8}}, & y<1,\\[2mm] 0, & y\geqslant 1.\end{cases}$

6. 设随机变量 X 在 $[0,2\pi]$ 上服从均匀分布. 求 $Y=\cos X$ 的概率密度函数 $f_Y(y)$.

解　因为 $X\sim U(0,2\pi)$,所以

$$f_X(x)=\begin{cases}\dfrac{1}{2\pi}, & 0\leqslant x\leqslant 2\pi,\\[2mm] 0, & \text{其他}.\end{cases}$$

设 X,Y 的分布函数分别为 $F_X(x),F_Y(y)$,由于 $0\leqslant X\leqslant 2\pi$,所以 $Y=\cos X$ 的可能取值区间为 $[-1,1]$.

当 $y>1$ 时,$\{Y\leqslant y\}$ 是必然事件,故 $F_Y(y)=P(Y\leqslant y)=1$.

当 $y<-1$ 时,$\{Y\leqslant y\}$ 是不可能事件,故 $F_Y(y)=P(Y\leqslant y)=0$.

从而,当 $y>1$ 时或当 $y<-1$ 时,$f_Y(y)=F_Y'(y)=0$.

当 $-1\leqslant y\leqslant 1$ 时,使 $\{Y\leqslant y\}$ 成立的 X 取值范围为 $[\arccos y,2\pi-\arccos y]$,故

$$F_Y(y)=P(Y\leqslant y)=P(\cos X\leqslant y)=P(\arccos y\leqslant X\leqslant 2\pi-\arccos y)$$
$$=F_X(2\pi-\arccos y)-F_X(\arccos y).$$

将上式两边对 y 求导得

$$f_Y(y)=f_X(2\pi-\arccos y)\frac{1}{\sqrt{1-y^2}}+f_X(\arccos y)\frac{1}{\sqrt{1-y^2}}$$

$$=\frac{1}{2\pi}\frac{2}{\sqrt{1-y^2}}=\frac{1}{\pi\sqrt{1-y^2}},$$

所以 Y 的概率密度函数 $f_Y(y)=\begin{cases}\dfrac{1}{\pi\sqrt{1-y^2}}, & -1<y<1, \\ 0, & 其他.\end{cases}$

提高题

1. 设随机变量 X 服从正态分布 $N(1,4)$,且

$$Y=\begin{cases}-1, & X<-2.92, \\ 0, & -2.92\leqslant X\leqslant 1, \\ 1, & X>1.\end{cases}$$

求随机变量 $Z=\arcsin Y$ 的概率分布.

解 因为 $P(Y=-1)=P(X<-2.92)=P\left(\dfrac{X-1}{2}<\dfrac{-2.92-1}{2}\right)$

$$=P\left(\frac{X-2}{2}<-1.96\right)=\Phi(-1.96)=0.025,$$

$$P(Y=0)=P(-2.92\leqslant X\leqslant 1)=P\left(\frac{-2.92-1}{2}\leqslant\frac{X-1}{2}\leqslant 0\right)$$

$$=\Phi(0)-\Phi(-1.96)=0.5-0.025=0.475,$$

$$P(Y=1)=P(X>1)=0.5.$$

所以 $Z=\arcsin Y$ 的概率分布为

Z	$-\dfrac{\pi}{2}$	0	$\dfrac{\pi}{2}$
p_k	0.025	0.475	0.5

2. 设 X 是离散型随机变量,其分布函数为

$$F_X(x)=\begin{cases}0, & x<-2, \\ 0.2, & -2\leqslant x<-1, \\ 0.35, & -1\leqslant x<0, \\ 0.6, & 0\leqslant x<1, \\ 1, & x\geqslant 1.\end{cases}$$

令 $Y=|X+1|$，求随机变量 Y 的分布函数 $F_Y(y)$.

解 $P(X=-2)=F(-2)-F(-2-0)=0.2,$

$P(X=-1)=F(-1)-F(-1-0)=0.35-0.2=0.15,$

$P(X=0)=F(0)-F(0-0)=0.6-0.35=0.25,$

$P(X=1)=F(1)-F(1-0)=1-0.6=0.4,$

从而 $Y=|X+1|$ 的分布律为

$Y=|X+1|$	0	1	2
p_k	0.15	0.45	0.4

当 $y<0$ 时，$F_Y(y)=0$；

当 $0\leqslant y<1$ 时，$F_Y(y)=P(Y=0)=0.15$；

当 $1\leqslant y<2$ 时，$F_Y(y)=P(Y=0)+P(Y=1)=0.6$；

当 $y\geqslant2$ 时，$F_Y(y)=P(Y=0)+P(Y=1)+P(Y=2)=1.$

故 Y 的分布函数 $F_Y(y)$ 为

$$F_Y(y)=\begin{cases}0, & y<0,\\0.15, & 0\leqslant y<1,\\0.6, & 1\leqslant y<2,\\1, & y\geqslant2.\end{cases}$$

3. 设 $X\sim U(0,2)$，求 $Y=X^2$ 在 $[0,4]$ 上的概率分布密度函数 $f_Y(y)$.

解 因为 $X\sim U(0,2)$，所以 $f(x)=\begin{cases}\dfrac{1}{2}, & 0\leqslant x\leqslant2,\\0, & 其他.\end{cases}$

当 $0<y<4$ 时，

$$F_Y(y)=P(Y\leqslant y)=P(X^2\leqslant y)=P(-\sqrt{y}\leqslant X\leqslant\sqrt{y})=\int_0^{\sqrt{y}}\frac{1}{2}\mathrm{d}x=\frac{\sqrt{y}}{2}.$$

$Y=X^2$ 在 $[0,4]$ 上的概率密度函数 $f_Y(y)$ 为

$$f_Y(y)=F_Y'(y)=\frac{1}{4\sqrt{y}}.$$

4. 设随机变量 X 在区间 $[0,1]$ 上服从均匀分布，$Y=X^2+X+1$，求 Y 的概率密度函数 $f_Y(y)$.

解 因为 $X\sim U(0,1)$，所以 $f(x)=\begin{cases}1, & 0\leqslant x\leqslant1,\\0, & 其他.\end{cases}$

$$F_Y(y)=P(Y\leqslant y)=P(X^2+X+1\leqslant y).$$

当 $y<1$ 时，$F_Y(y)=0$，$f_Y(y)=0$；

当 $1\leqslant y<3$ 时，

$$F_Y(y)=P\left(\left(X+\frac{1}{2}\right)^2\leqslant y-\frac{3}{4}\right)=P\left(-\sqrt{y-\frac{3}{4}}\leqslant X+\frac{1}{2}\leqslant\sqrt{y-\frac{3}{4}}\right)$$

$$=P\left(-\sqrt{y-\frac{3}{4}}-\frac{1}{2}\leqslant X\leqslant\sqrt{y-\frac{3}{4}}-\frac{1}{2}\right)$$

$$= \int_0^{\sqrt{y-\frac{3}{4}}-\frac{1}{2}} dx = \sqrt{y-\frac{3}{4}} - \frac{1}{2},$$

$$f_Y(y) = F_Y'(y) = \frac{1}{2\sqrt{y-\frac{3}{4}}} = \frac{1}{\sqrt{4y-3}};$$

当 $y \geq 3$ 时，$F_Y(y) = 1$，$f_Y(y) = 0$.

所以 Y 的概率密度函数为 $f_Y(y) = \begin{cases} \dfrac{1}{\sqrt{4y-3}}, & 1 \leq y \leq 3, \\ 0, & \text{其他.} \end{cases}$

总复习题 2

1. 下列函数中，(　　)可以作为连续型随机变量的分布函数.

A　$F(x) = \begin{cases} e^x, & x < 0, \\ 1, & x \geq 0 \end{cases}$　　　　　　B　$G(x) = \begin{cases} e^{-x}, & x < 0, \\ 1, & x \geq 0 \end{cases}$

C　$\Phi(x) = \begin{cases} 0, & x < 0, \\ 1 - e^x, & x \geq 0 \end{cases}$　　　　　D　$H(x) = \begin{cases} 0, & x < 0, \\ 1 + e^{-x}, & x \geq 0 \end{cases}$

解　B 中 $G(-\infty) = +\infty \neq 0$；C 中 $\Phi(+\infty) = -\infty \neq 1$；D 中当 $x \geq 0$ 时，$H(x) > 1$，不满足分布函数的值域为 $[0,1]$. 故只有 A 正确.

2. $P(X = x_k) = \dfrac{2}{p_k}(k = 1, 2, \cdots)$ 为一随机变量 X 的概率分布的必要条件是(　　).

A　x_k 非负　　　　B　x_k 为整数　　　C　$0 \leq p_k \leq 2$　　　D　$p_k \geq 2$

解　$P(X = x_k) = \dfrac{2}{p_k}(k = 1, 2, \cdots)$ 为一随机变量 X 的概率分布，$\dfrac{2}{p_k} \leq 1$，所以 $p_k \geq 2$，D 正确.

3. 设 $F(x) = \begin{cases} a - b e^{-2x}, & x > 0, \\ c, & x \leq 0 \end{cases}$ 是随机变量 X 的分布函数，求 a, b, c.

解　由分布函数的性质，$F(+\infty) = 1$，$F(-\infty) = 0$ 及 $F(x)$ 在 $x = 0$ 点连续，可得如下方程组：

$$\begin{cases} F(+\infty) = a = 1, \\ F(-\infty) = c = 0, \\ \lim\limits_{x \to 0^+} F(x) = a - b = \lim\limits_{x \to 0^-} F(x) = c, \end{cases} \qquad \text{解得} \quad \begin{cases} a = 1, \\ b = 1, \\ c = 0. \end{cases}$$

4. 设随机变量 X 的分布律为 $P(X = k) = \dfrac{ak}{n}(k = 1, 2, \cdots, n)$，求 a 的值.

解　由分布律的性质 $\sum\limits_{k=1}^n P(X = k) = \sum\limits_{k=1}^n \dfrac{ak}{n} = \dfrac{a}{n} \cdot \dfrac{n(n+1)}{2} = \dfrac{a(n+1)}{2} = 1$，所以 $a = \dfrac{2}{n+1}$.

5. 已知随机变量 X 只能取 $-1, 0, 1, 3$，相应的概率为 $\dfrac{1}{a}, \dfrac{3}{2a}, \dfrac{5}{4a}, \dfrac{7}{8a}$，求概率 $P(|X| \leq 2 | X \geq 0)$.

解　由分布律的性质知 $\dfrac{1}{a}+\dfrac{3}{2a}+\dfrac{5}{4a}+\dfrac{7}{8a}=1$，即 $\dfrac{37}{8a}=1$，所以 $a=\dfrac{37}{8}$.

$$P(|X|\leqslant 2 \mid X\geqslant 0)=\frac{P(|X|\leqslant 2,X\geqslant 0)}{P(X\geqslant 0)}=\frac{P(X=0)+P(X=1)}{1-P(X=-1)}$$

$$=\frac{\dfrac{12}{37}+\dfrac{10}{37}}{1-\dfrac{8}{37}}=\frac{22}{29}.$$

6. 2008年中国奥运会吉祥物由5个"中国福娃"组成，分别叫做贝贝、晶晶、欢欢、迎迎、妮妮. 现有8个相同的盒子，每个盒中放一个福娃，每种福娃的数量如下表：

福娃名称	贝贝	晶晶	欢欢	迎迎	妮妮
数量	1	2	3	1	1

从中随机地选出5个，若完整地选出"奥运吉祥物"记100分；若选出的5个中仅差一种记80分；差两种计60分；以此类推，即 X 表示所得分数，求 X 的分布律.

解　从8个盒中取出5个共有 $C_8^5=56$ 种取法. 由于完整地选出"奥运吉祥物"，共有 $C_1^1 C_2^1 C_3^1 C_1^1 C_1^1=6$ 种取法，则 $P(X=100)=\dfrac{6}{56}=\dfrac{3}{28}$.

取出的5个中差两种的取法共有

$C_1^0 C_2^2 C_3^3 C_1^1 C_1^1+C_1^0(C_2^1 C_3^3+C_2^2 C_3^2)C_1^0 C_1^1+C_1^0(C_2^1 C_3^3+C_2^2 C_3^2)C_1^1 C_1^0+C_1^1 C_2^0 C_3^3 C_1^0 C_1^1+$

$C_1^1 C_2^0 C_3^3 C_1^1 C_1^0+C_1^1(C_2^1 C_3^3+C_2^2 C_3^2)C_1^0 C_1^0=18$ 种，

则 $P(X=60)=\dfrac{18}{56}=\dfrac{9}{28}$.

取出的5个中差三种的共有 $C_1^0 C_2^2 C_3^3 C_1^0 C_1^0=1$ 种取法，则

$P(X=40)=\dfrac{1}{56}$，于是

$$P(X=80)=1-[P(X=100)+P(X=60)+P(X=40)]$$

$$=1-\left(\frac{6}{56}+\frac{18}{56}+\frac{1}{56}\right)=\frac{31}{56}.$$

X 的分布律为

X	100	80	60	40
p_k	$\dfrac{3}{28}$	$\dfrac{31}{56}$	$\dfrac{9}{28}$	$\dfrac{1}{56}$

7. 设某射手每次击中目标的概率为 0.8，现连续地向一目标射击，直到击中为止. 设 X 为射击次数，则 X 的可能值为 $1,2,\cdots$，试求：(1) X 的概率分布；(2) 概率 $P(2<X\leqslant 4)$ 及 $P(X\geqslant 3)$.

解　(1) 由题知 $X\sim Ge(0.8)$，即 X 的概率分布为

$$P(X=k)=(1-0.8)^{k-1}\times 0.8=0.2^{k-1}\times 0.8 \quad (k=1,2,\cdots).$$

(2) $P(2<X\leqslant 4)=P(X=3)+P(X=4)=0.2^2\times 0.8+0.2^3\times 0.8=0.0384$，

$P(X\geqslant 3)=1-P(X<3)=1-P(X=1)-P(X=2)=1-0.8-0.2\times 0.8=0.04.$

8. 设连续型随机变量 X 的概率密度函数是 $f_X(x)=\begin{cases}\dfrac{3}{8}x^2, & 0<x<2,\\ 0, & \text{其他},\end{cases}$ 连续型随机变量 Y 的概率密度函数是 $f_Y(y)=\begin{cases}\dfrac{3}{8}y^2, & 0<y<2,\\ 0, & \text{其他},\end{cases}$ 已知事件 $A=\{X>a\},B=\{Y>a\}$ 相互独立,且 $P(A+B)=\dfrac{3}{4}$,试确定常数 a 的值.

解　由 $P(A+B)=\dfrac{3}{4}$,即 $P(A)+P(B)-P(A)P(B)=\dfrac{3}{4}$,可得 $0<a<2$.

$$P(A)=P(X>a)=\int_a^{+\infty}f_X(x)\mathrm{d}x=\int_a^2\frac{3}{8}x^2\mathrm{d}x=\frac{x^3}{8}\Big|_a^2=1-\frac{a^3}{8}.$$

同理,$P(B)=1-\dfrac{a^3}{8}$. 所以 $1-\dfrac{a^3}{8}+1-\dfrac{a^3}{8}-\left(1-\dfrac{a^3}{8}\right)^2=\dfrac{3}{4}$. 由此解得 $a=\sqrt[3]{4}$.

9. 某电子元件的寿命 X(单位:h)的概率密度函数为

$$f(x)=\begin{cases}\dfrac{1000}{x^2}, & x>1000,\\ 0, & x\leqslant 1000.\end{cases}$$

问装有 5 个这种电子元件的系统在使用的前 1500h 内正好有 2 个元件需要更新的概率为多少.(设各元件损坏与否相互独立)

解　$P(X\leqslant 1500)=\displaystyle\int_{-\infty}^{1500}f(x)\mathrm{d}x=\int_{1000}^{1500}\frac{1000}{x^2}\mathrm{d}x=\frac{1}{3}.$

设 Y 表示 5 个电子元件在使用前 1500h 需要更新的个数,则 $Y\sim B\left(5,\dfrac{1}{3}\right)$,所以,$Y$ 的分布律为

$$P(Y=k)=\mathrm{C}_5^k\left(\frac{1}{3}\right)^k\left(\frac{2}{3}\right)^{5-k}\quad(k=0,1,2,3,4,5),\text{则 } P(Y=2)=\mathrm{C}_5^2\left(\frac{1}{3}\right)^2\left(\frac{2}{3}\right)^3=\frac{80}{243}.$$

10. 顾客在某银行的窗口等待服务的时间 X(单位:min)服从指数分布,其概率密度函数为

$$f_X(x)=\begin{cases}\dfrac{1}{5}\mathrm{e}^{-\frac{x}{5}}, & x>0\\ 0, & \text{其他}.\end{cases}$$

某顾客在窗口等待服务,若超过 10min,他就离开.他一个月要到银行 5 次.以 Y 表示一个月内他未等到服务而离开窗口的次数.写出 Y 的分布律,并求 $P(Y\geqslant 1)$.

解　$P(X>10)=\displaystyle\int_{10}^{+\infty}\frac{1}{5}\mathrm{e}^{-\frac{x}{5}}\mathrm{d}x=\mathrm{e}^{-2}$,则 $Y\sim B(5,\mathrm{e}^{-2})$.

Y 的分布律为 $P(Y=k)=\mathrm{C}_5^k\mathrm{e}^{-2k}(1-\mathrm{e}^{-2})^{5-k}\ (k=0,1,2,3,4,5)$,

$$P(Y\geqslant 1)=1-P(Y<1)=1-P(Y=0)=1-(1-\mathrm{e}^{-2})^5=0.5167.$$

11. 假设一大型设备在任何长为 t 的时间内发生故障的次数 $N(t)$ 服从参数为 λt 的泊松分布.试求:(1)相继两次故障之间的时间间隔 T 的概率分布.(2)在设备已经无故障工作 8h 的情形下,再无故障运行 8h 的概率.

解　(1) 因为 $N(t)$ 为时间间隔 $t(t \geqslant 0)$ 内发生故障的次数,又 T 表示相继两次故障之间的时间间隔,所以 $\{T > t\}$ 时,必有 $N(t) = 0$(即不发生故障),于是

$$F(t) = P(T \leqslant t) = 1 - P(T > t) = 1 - P(N(t) = 0) = 1 - \frac{(\lambda t)^0}{0!} e^{-\lambda t} = 1 - e^{-\lambda t},$$

所以 $f(t) = F'(t) = \lambda e^{-\lambda t}(t \geqslant 0)$,故 T 服从指数分布.

(2) $P(T \geqslant 16 \mid T \geqslant 8) = \dfrac{P(T \geqslant 16, T \geqslant 8)}{P(T \geqslant 8)} = \dfrac{P(T \geqslant 16)}{P(T \geqslant 8)}$

$$= \frac{1 - P(T < 16)}{1 - P(T < 8)} = \frac{1 - F(16)}{1 - F(8)} = \frac{e^{-16\lambda}}{e^{-8\lambda}} = e^{-8\lambda}.$$

12. 某企业准备通过招聘考试招收 300 名职工,其中成绩排在前 280 名的录为正式工,其余 20 人录为临时工.报考的人数是 1657 人,考试满分是 400 分.考生成绩近似服从正态分布.考试后得知考试总平均成绩,即 $\mu = 166$ 分,360 分以上的高分考生 31 人.某考生 B 得 256 分,问:他能否被录取? 能否被聘为正式工?

解　$P(X > 360) = \dfrac{31}{1657} \approx 0.0187,$

$$P(X \leqslant 360) = 1 - P(X > 360) \approx 1 - 0.0187 = 0.9813.$$

因为 $P(X \leqslant 360) = P\left(\dfrac{X - 166}{\sigma} \leqslant \dfrac{360 - 166}{\sigma}\right) = \Phi\left(\dfrac{360 - 166}{\sigma}\right) \approx 0.9813,$

反查标准正态分布表得 $\dfrac{360 - 166}{\sigma} \approx 2.09$,故 $\sigma \approx 92.8.$

$$P(X > 256) = 1 - P(X \leqslant 256) = 1 - P\left(\frac{X - 166}{92.8} \leqslant \frac{256 - 166}{92.8}\right)$$

$$\approx 1 - P\left(\frac{X - 166}{92.8} \leqslant 0.97\right) \approx 0.166.$$

而录取率为 $\dfrac{280}{1657} \approx 0.1689, \dfrac{300}{1657} \approx 0.1810.$ 所以考生 B 能被录取,但录为临时工的可能性大.

13. 设随机变量 X 服从正态分布 $N(\mu, \sigma^2)(\sigma > 0)$,且二次方程 $y^2 + 4y + X = 0$ 无实根的概率为 0.5,求 μ 的值.

解　要使 $y^2 + 4y + X = 0$ 无实根,必然有 $\Delta = 16 - 4X < 0$,即 $X > 4$. 由题设 $P(X > 4) = 0.5$,则 $P\left(\dfrac{X - \mu}{\sigma} > \dfrac{4 - \mu}{\sigma}\right) = \Phi(0)$,于是 $1 - \Phi\left(\dfrac{4 - \mu}{\sigma}\right) = \Phi\left(\dfrac{\mu - 4}{\sigma}\right) = \Phi(0)$,所以 $\dfrac{\mu - 4}{\sigma} = 0$,即 $\mu = 4.$

14. 设随机变量 X 的概率密度函数为

$$f_X(x) = \begin{cases} 1 - |x|, & -1 < x < 1, \\ 0, & \text{其他}. \end{cases}$$

求随机变量 $Y = X^2 + 1$ 的概率密度函数.

解　设 Y 的分布函数为 $F_Y(y)$,则

$$F_Y(y) = P(Y \leqslant y) = P(X^2 + 1 \leqslant y) = P(X^2 \leqslant y - 1).$$

当 $y - 1 \leqslant 0$,即 $y \leqslant 1$ 时,$\{X^2 \leqslant y - 1\}$ 是不可能事件,故 $F_Y(y) = 0$,所以 $f_Y(y) = 0.$

当 $0 < \sqrt{y-1} < 1$，即 $1 < y < 2$ 时，有

$$F_Y(y) = P(X^2 \leqslant y-1) = P(-\sqrt{y-1} \leqslant X \leqslant \sqrt{y-1})$$

$$= \int_{-\sqrt{y-1}}^{\sqrt{y-1}} f_X(x) \mathrm{d}x = \int_{-\sqrt{y-1}}^{0} (1+x) \mathrm{d}x + \int_{0}^{\sqrt{y-1}} (1-x) \mathrm{d}x,$$

$$f_Y(y) = F'_Y(y) = -(1-\sqrt{y-1}) \frac{-1}{2\sqrt{y-1}} + (1-\sqrt{y-1}) \frac{1}{2\sqrt{y-1}}$$

$$= \frac{1}{\sqrt{y-1}} - 1.$$

当 $\sqrt{y-1} \geqslant 1$，即 $y \geqslant 2$ 时，$F_Y(y) = 1$，所以 $f_Y(y) = 0$.

所以 Y 的概率密度函数为 $f_Y(y) = \begin{cases} \dfrac{1}{\sqrt{y-1}} - 1, & 1 < y < 2, \\ 0, & \text{其他}. \end{cases}$

15. 设随机变量 X 的分布函数 $F(x)$ 连续，求 $Y = F(X)$ 的概率密度函数.

解 设 Y 的分布函数为 $F_Y(y)$，由 $Y = F(X)$ 知，$0 \leqslant Y \leqslant 1$，所以

$$F_Y(y) = P(Y \leqslant y) = P(F(X) \leqslant y).$$

若 $y < 0$，则 $\{F(X) \leqslant y\}$ 是不可能事件，则 $F_Y(y) = 0$.

若 $0 \leqslant y < 1$，则 $F_Y(y) = P(F(X) \leqslant y) = P(X \leqslant F^{-1}(y)) = y$.

若 $y \geqslant 1$，则 $\{F(X) \leqslant y\}$ 为必然事件，$F_Y(y) = P(Y \leqslant y) = 1$.

于是 Y 的概率密度函数为 $f_Y(y) = F'_Y(y) = \begin{cases} 1, & 0 \leqslant y < 1, \\ 0, & \text{其他}. \end{cases}$

第 3 章

多维随机变量及其分布

内容概要

一、二维随机变量及其分布函数

1. 二维随机变量

设 $X = X(\omega), Y = Y(\omega)$ 是定义在样本空间 Ω 上的两个随机变量,称向量 (X,Y) 为二维随机变量(或随机向量).

2. 二维随机变量的分布函数

(1) 设 (X,Y) 为二维随机变量,(X,Y) 的分布函数定义为

$$F(x,y) = P(X \leqslant x, Y \leqslant y), \quad (x,y) \in \mathbb{R}^2.$$

类似地,称 $F(x_1, x_2, \cdots, x_n) = P(X_1 \leqslant x_1, X_2 \leqslant x_2, \cdots, X_n \leqslant x_n)$ 为 n 维随机变量 $(X_1, X_2, \cdots, X_n)$ 的**分布函数**或随机变量 $X_1, X_2, \cdots, X_n$ 的**联合分布函数**.

(2) 二维随机变量 (X,Y) 的**分布函数**具有如下性质:

① 对于任意 $x, y \in \mathbb{R}$,有 $0 \leqslant F(x,y) \leqslant 1$,且

$$F(-\infty, y) = \lim_{x \to -\infty} F(x,y) = 0, \quad F(x, -\infty) = \lim_{y \to -\infty} F(x,y) = 0,$$

$$F(-\infty, -\infty) = \lim_{\substack{x \to -\infty \\ y \to -\infty}} F(x,y) = 0, \quad F(+\infty, +\infty) = \lim_{\substack{x \to +\infty \\ y \to +\infty}} F(x,y) = 1.$$

② $F(x,y)$ 分别关于 x 和关于 y 右连续,即

$$F(x+0, y) = F(x,y), \quad F(x, y+0) = F(x,y) \quad (x, y \in \mathbb{R}).$$

③ $F(x,y)$ 分别关于 x 与 y 单调不减.

④ 随机点 (X,Y) 落在矩形域

$G = \{(x,y) \mid x_1 < X \leqslant x_2, y_1 < Y \leqslant y_2\}$ 上的概率为

$$P((X,Y) \in G) = P(x_1 < X \leqslant x_2, y_1 < Y \leqslant y_2)$$
$$= F(x_2, y_2) - F(x_2, y_1) - F(x_1, y_2) + F(x_1, y_1).$$

(3) 二维随机变量的边缘分布函数

设二维随机变量 (X,Y) 的分布函数为 $F(x,y)$,分别称函数

$$F_X(x) = F(x, +\infty) = \lim_{y \to +\infty} F(x, y), \quad F_Y(y) = F(+\infty, y) = \lim_{x \to +\infty} F(x, y)$$

为 (X, Y) 关于 X 和关于 Y 的边缘分布函数.

二、二维离散型随机变量的概率分布、边缘分布和条件分布

1. 二维离散型随机变量的概率分布

二维随机变量 (X, Y) 的概率分布

$$P(X = x_i, Y = y_j) = p_{ij} \quad (i, j = 1, 2, \cdots),$$

其中 $p_{ij} \geqslant 0 (i, j = 1, 2, \cdots)$,且 $\sum\limits_{i=1}^{\infty} \sum\limits_{j=1}^{\infty} p_{ij} = 1$.

2. 边缘概率分布

随机变量 X 的边缘分布 $P(X = x_i) = \sum\limits_{j=1}^{\infty} p_{ij} = p_{i\cdot} (i = 1, 2, \cdots)$;

随机变量 Y 的边缘分布 $P(Y = y_j) = \sum\limits_{i=1}^{\infty} p_{ij} = p_{\cdot j} (j = 1, 2, \cdots)$.

3. 条件概率分布

设二维离散型随机变量 (X, Y) 的概率分布为

$$P(X = x_i, Y = y_j) = p_{ij} \quad (i, j = 1, 2, \cdots),$$

对于给定的 j,如果 $P(Y = y_j) > 0 (j = 1, 2, \cdots)$,则称

$$P(X = x_i \mid Y = y_j) = \frac{P(X = x_i, Y = y_j)}{P(Y = y_j)} = \frac{p_{ij}}{p_{\cdot j}} \quad (i = 1, 2, \cdots)$$

为在 $Y = y_j$ 条件下随机变量 X 的概率分布.

同理,如果 $P(X = x_i) > 0 (i = 1, 2, \cdots)$,则称在 $X = x_i$ 条件下随机变量 Y 的概率分布为

$$P(Y = y_j \mid X = x_i) = \frac{P(X = x_i, Y = y_j)}{P(X = x_i)} = \frac{p_{ij}}{p_{i\cdot}} \quad (j = 1, 2, \cdots).$$

三、二维连续型随机变量的概率密度、边缘概率密度和条件概率密度

1. 二维连续型随机变量的概率密度

设二维随机变量 (X, Y) 的分布函数为 $F(x, y)$,如果存在非负函数 $f(x, y)$,使得对于任意实数 x 和 y,都有 $F(x, y) = \int_{-\infty}^{y} \int_{-\infty}^{x} f(u, v) \mathrm{d}u \mathrm{d}v$,则称 (X, Y) 为**二维连续型随机变量**,函数 $f(x, y)$ 称为 (X, Y) 的**概率密度**或随机变量 X 和 Y 的**联合概率密度**.

二维随机变量 (X, Y) 的**概率密度** $f(x, y)$ 具有如下性质:

(1) $f(x, y) \geqslant 0$; 　　　　(2) $\int_{-\infty}^{+\infty} \int_{-\infty}^{+\infty} f(x, y) \mathrm{d}x \mathrm{d}y = 1$;

(3) 如果 $f(x, y)$ 在点 (x, y) 处连续,则有 $f(x, y) = \dfrac{\partial^2 F(x, y)}{\partial x \partial y}$;

(4) 随机点 (X, Y) 落在 xOy 平面上区域 G 内的概率为 $\iint\limits_{G} f(x, y) \mathrm{d}x \mathrm{d}y$.

2. 二维连续型随机变量的边缘概率密度

设二维连续型随机变量(X,Y)的概率密度为$f(x,y)$,分别称

$$f_X(x) = \int_{-\infty}^{+\infty} f(x,y)\mathrm{d}y\,(x \in \mathbb{R}) \quad \text{和} \quad f_Y(y) = \int_{-\infty}^{+\infty} f(x,y)\mathrm{d}x\,(y \in \mathbb{R})$$

为(X,Y)关于X和关于Y的**边缘概率密度**.

3. 二维连续型随机变量的条件概率密度

设二维连续型随机变量(X,Y)的概率密度为$f(x,y)$,边缘概率密度$f_X(x)$和$f_Y(y)$连续且恒大于0,则称$\dfrac{f(x,y)}{f_Y(y)}$为在条件$Y=y$下X的**条件概率密度**,称$\dfrac{f(x,y)}{f_X(x)}$为在条件$X=x$下Y的**条件概率密度**,分别记作$f_{X|Y}(x \mid y)$和$f_{Y|X}(y \mid x)$,即$f_{X|Y}(x \mid y) = \dfrac{f(x,y)}{f_Y(y)}$,$f_{Y|X}(y|x) = \dfrac{f(x,y)}{f_X(x)}$.

四、随机变量的独立性

1. 设二维随机变量(X,Y)的分布函数为$F(x,y)$,关于X和关于Y的边缘分布函数分别为$F_X(x)$和$F_Y(y)$,如果对于任意实数x和y,有$F(x,y)=F_X(x)F_Y(y)$,**则称随机变量 X 和 Y 相互独立**.

2. 设(X,Y)为离散型随机变量,则随机变量 X 和 Y 相互独立的充分必要条件是

$$P(X=x_i,Y=y_j)=P(X=x_i) \cdot P(Y=y_j)\,(i,j=1,2,\cdots).$$

即$p_{ij}=p_i. \cdot p_{.j}\,(i,j=1,2,\cdots)$.

3. 如果(X,Y)是二维连续型随机变量,则随机变量 X 和 Y 相互独立的充分必要条件是$f(x,y)=f_X(x)f_Y(y)$,其中(x,y)为$f(x,y)$,$f_X(x)$,$f_Y(y)$的连续点.

五、二维均匀分布和二维正态分布

1. 二维均匀分布

如果二维连续型随机变量(X,Y)的概率密度为

$$f(x,y) = \begin{cases} \dfrac{1}{A}, & (x,y) \in G, \\ 0, & \text{其他,} \end{cases}$$

其中 G 是 xOy 平面上的有界区域,A 为 G 的面积,则称(X,Y)在区域 G 上服从均匀分布.

2. 二维正态分布

如果二维连续型随机变量(X,Y)的概率密度为

$$f(x,y) = \frac{1}{2\pi\sigma_1\sigma_2\sqrt{1-\rho^2}} \exp\left\{ \frac{-1}{2(1-\rho^2)} \left[\frac{(x-\mu_1)^2}{\sigma_1^2} - \frac{2\rho(x-\mu_1)(y-\mu_2)}{\sigma_1\sigma_2} + \frac{(y-\mu_2)^2}{\sigma_2^2} \right] \right\}$$

$(x,y \in \mathbb{R})$ 其中 $\mu_1,\mu_2,\sigma_1>0,\sigma_2>0,-1<\rho<1$ 均为常数,则称(X,Y)服从参数为 $\mu_1,\mu_2,\sigma_1,\sigma_2$ 和 ρ 的二维正态分布,记作

$$(X,Y) \sim N(\mu_1,\mu_2;\sigma_1^2,\sigma_2^2;\rho).$$

六、两个随机变量函数的分布

1. 设二维连续型随机变量 (X,Y) 的概率密度为 $f(x,y)$，则随机变量的函数 $Z=g(X,Y)$ 的分布函数为 $F_Z(z)=P(Z\leqslant z)=\iint\limits_{g(x,y)\leqslant z}f(x,y)\mathrm{d}x\mathrm{d}y$.

2. 如果 $Z=X+Y$，则 Z 的分布函数为

$$F_Z(z)=P(X+Y\leqslant z)=\iint\limits_{x+y\leqslant z}f(x,y)\mathrm{d}x\mathrm{d}y$$

$$=\int_{-\infty}^{+\infty}\mathrm{d}x\int_{-\infty}^{z-x}f(x,y)\mathrm{d}y\left(\text{或}\int_{-\infty}^{+\infty}\mathrm{d}y\int_{-\infty}^{z-y}f(x,y)\mathrm{d}x\right),$$

由此可得 $Z=X+Y$ 的概率密度为 $f_Z(z)=\int_{-\infty}^{+\infty}f(x,z-x)\mathrm{d}x$ 或 $f_Z(z)=\int_{-\infty}^{+\infty}f(z-y,y)\mathrm{d}y$.

3. 设随机变量 X 和 Y 相互独立，且 $X\sim N(\mu_1,\sigma_1^2),Y\sim N(\mu_2,\sigma_2^2)$，则随机变量 $Z=X+Y$ 服从正态分布，且 $Z=X+Y\sim N(\mu_1+\mu_2,\sigma_1^2+\sigma_2^2)$；

对于不全为零的常数 k_1,k_2，随机变量 $W=k_1X+k_2Y$ 服从正态分布，且

$$W=k_1X+k_2Y\sim N(k_1\mu_1+k_2\mu_2,k_1^2\sigma_1^2+k_2^2\sigma_2^2).$$

4. 设随机变量 $X_1,X_2,\cdots,X_n$ 相互独立，分布函数分别为 $F_{X_1}(x_1),F_{X_2}(x_2),\cdots,F_{X_n}(x_n)$，则随机变量 $M=\min\{X_1,X_2,\cdots,X_n\}$ 和 $N=\max\{X_1,X_2,\cdots,X_n\}$ 的分布函数分别为

$$F_{\max}(z)=F_{X_1}(z)F_{X_2}(z)\cdots F_{X_n}(z),$$

$$F_{\min}(z)=1-[1-F_{X_1}(z)][1-F_{X_2}(z)]\cdots[1-F_{X_n}(z)]\quad(z\in\mathbb{R}).$$

如果 $X_1,X_2,\cdots,X_n$ 还具有相同的分布函数 $F(x)$，则有

$$F_{\max}(z)=[F(z)]^n,\quad F_{\min}(z)=1-[1-F(z)]^n\quad(z\in\mathbb{R}).$$

题型归纳与例题精解

题型 3-1　二维离散型随机变量概率分布律的计算

【例 1】　设二维随机变量 (X,Y) 的分布律为

X＼Y	1	2	3
−1	$\dfrac{2}{9}$	$\dfrac{a}{6}$	$\dfrac{1}{4}$
0	$\dfrac{1}{9}$	$\dfrac{1}{4}$	a^2

则 $a=$ _____.

解　因为 $\dfrac{2}{9}+\dfrac{a}{6}+\dfrac{1}{4}+\dfrac{1}{9}+\dfrac{1}{4}+a^2=1$，且 $a>0$，所以 $a=\dfrac{1}{3}$.

【**例 2**】 把 3 个球随机地放入 3 个盒子中,每个球放入各个盒子的可能性是相同的,设 X,Y 分别表示放入第一个、第二个盒子中的球的个数,求二维随机变量 (X,Y) 的分布律及边缘分布律.

解 (X,Y) 的分布律及边缘分布律为

X\Y	0	1	2	3	$p_i.$
0	$\frac{1}{27}$	$\frac{1}{9}$	$\frac{1}{9}$	$\frac{1}{27}$	$\frac{8}{27}$
1	$\frac{1}{9}$	$\frac{2}{9}$	$\frac{1}{9}$	0	$\frac{4}{9}$
2	$\frac{1}{9}$	$\frac{1}{9}$	0	0	$\frac{2}{9}$
3	$\frac{1}{27}$	0	0	0	$\frac{1}{27}$
$p._j$	$\frac{8}{27}$	$\frac{4}{9}$	$\frac{2}{9}$	$\frac{1}{27}$	1

【**例 3**】 将一枚硬币连掷 3 次,以 X 表示 3 次中出现正面的次数,以 Y 表示 3 次中出现正面次数与反面次数差的绝对值.求:(1)(X,Y) 的概率分布;(2)X 和 Y 的边缘概率分布;(3)在 $Y=1$ 的条件下 X 的条件概率分布.

解 因为 X 表示 3 次中出现正面的次数,所以 X 的可能值为 $0,1,2,3$.又 Y 表示 3 次中出现正面次数与反面次数差的绝对值,则 Y 的可能值为 $1,3$.

(1)(X,Y) 的分布律为

$P(X=0,Y=1)=P(\varnothing)=0$,

$P(X=1,Y=1)=C_3^1 0.5(1-0.5)^{3-1}=0.375$,

$P(X=2,Y=1)=C_3^2 0.5^2(1-0.5)^{3-2}=0.375$,

$P(X=3,Y=1)=P(\varnothing)=0$, $P(X=0,Y=3)=C_3^0 0.5^0(1-0.5)^{3-0}=0.125$,

$P(X=1,Y=3)=P(\varnothing)=0$, $P(X=2,Y=3)=P(\varnothing)=0$,

$P(X=3,Y=3)=C_3^3 0.5^3(1-0.5)^{3-3}=0.125$.

(2)(X,Y) 的分布律及边缘分律如下:

Y\X	0	1	2	3	$p._j$
1	0	0.375	0.375	0	0.75
3	0.125	0	0	0.125	0.25
$p_i.$	0.125	0.375	0.375	0.125	1

(3)$P(X=0|Y=1)=\dfrac{P(X=0,Y=1)}{P(Y=1)}=0$,

$P(X=1|Y=1)=\dfrac{P(X=1,Y=1)}{P(Y=1)}=\dfrac{0.375}{0.75}=0.5$,

$$P(X=2|Y=1)=\frac{P(X=2,Y=1)}{P(Y=1)}=\frac{0.375}{0.75}=0.5,$$

$$P(X=3|Y=1)=\frac{P(X=3,Y=1)}{P(Y=1)}=0.$$

【例 4】 设某班车在起点站上车的人数 X 服从参数为 $\lambda(\lambda>0)$ 的泊松分布,每位乘客在途中下车的概率为 $p(0<p<1)$,且中途下车与否相互独立.以 Y 表示中途下车的人数.

(1) 求在发车时有 n 位乘客的条件下,中途有 m 位乘客下车的概率;

(2) 写出随机变量 (X,Y) 的概率分布.

解 (1) $P(Y=m|X=n)=C_n^m p^m(1-p)^{n-m}$ $(m=0,1,\cdots,n;\ n=0,1,2,\cdots)$.

(2) 由 $P(X=n)=\dfrac{\lambda^n}{n!}e^{-\lambda}$ 及概率的乘法公式,得

$$P(X=n,Y=m)=P(Y=m|X=n)P(X=n)$$

$$=C_n^m p^m(1-p)^{n-m}\cdot\frac{\lambda^n}{n!}e^{-\lambda}$$

$$=\frac{e^{-\lambda}\lambda^n p^m(1-p)^{n-m}}{m!\ (n-m)!}\quad (m=0,1,\cdots,n;\ n=0,1,2,\cdots).$$

题型 3-2 二维连续型随机变量概率分布的计算

【例 5】 设二维随机变量 (X,Y) 的概率密度为

$$f(x,y)=\begin{cases}k(2-\sqrt{x^2+y^2}),& x^2+y^2\leqslant4,\\ 0,& \text{其他}\end{cases}$$

求:(1)常数 k;(2)(X,Y) 在以原点为圆心,以 1 为半径的圆域内取值的概率.

解 (1) 由 $\displaystyle\int_{-\infty}^{+\infty}\int_{-\infty}^{+\infty}f(x,y)dx\,dy=1$,有

$$\int_{-\infty}^{+\infty}\int_{-\infty}^{+\infty}f(x,y)dx\,dy=\int_0^{2\pi}d\theta\int_0^2 k(2-r)r\,dr=\frac{8}{3}\pi k=1,\text{解得 }k=\frac{3}{8\pi}.$$

(2) $\displaystyle P(X^2+Y^2<1)=\iint_{x^2+y^2<1}f(x,y)dx\,dy=\int_0^{2\pi}d\theta\int_0^1\frac{3}{8\pi}(2-r)r\,dr=\frac{1}{2}.$

【例 6】 设二维随机变量 (X,Y) 的概率密度为

$$f(x,y)=\begin{cases}8xy,& 0\leqslant x<y,0\leqslant y\leqslant1,\\ 0,& \text{其他.}\end{cases}$$

(1)计算 $P(X+Y\geqslant1)$,$P(X<0.5)$;(2)求边缘概率密度 $f_X(x)$,$f_Y(y)$.

解 (1) $\displaystyle P(X+Y\geqslant1)=\iint_{x+y\geqslant1}f(x,y)dx\,dy=\int_{0.5}^1 dy\int_{1-y}^y 8xy\,dx=\frac{5}{6},$

$$P(X<0.5)=\iint_{x<0.5}f(x,y)dx\,dy=\int_0^{0.5}dx\int_x^1 8xy\,dy=\frac{7}{16}.$$

(2) $\displaystyle f_X(x)=\int_{-\infty}^{+\infty}f(x,y)dy=\begin{cases}\displaystyle\int_x^1 8xy\,dy=4x-4x^3,& 0\leqslant x<1,\\ 0,& \text{其他;}\end{cases}$

$$f_Y(y) = \int_{-\infty}^{+\infty} f(x,y)\mathrm{d}x = \begin{cases} \displaystyle\int_0^y 8xy\,\mathrm{d}x = 4y^3, & 0 \leqslant y \leqslant 1, \\ 0, & \text{其他}. \end{cases}$$

注　若将此例(1)中两个二重积分的积分次序对调,则会增加计算量,此时

$$P(X+Y \geqslant 1) = \int_0^{0.5}\mathrm{d}x\int_{1-x}^1 8xy\,\mathrm{d}y + \int_{0.5}^1 \mathrm{d}x\int_x^1 8xy\,\mathrm{d}y,$$

$$P(X < 0.5) = \int_0^{0.5}\mathrm{d}y\int_0^y 8xy\,\mathrm{d}x + \int_{0.5}^1 \mathrm{d}y\int_0^{0.5} 8xy\,\mathrm{d}x.$$

【例 7】　设 (X,Y) 在曲线 $y=x^2, y=4$ 所围成的区域 G 内服从均匀分布,求边缘概率密度 $f_X(x), f_Y(y)$.

解　区域 G 的面积　$S = \iint\limits_G \mathrm{d}x\,\mathrm{d}y = 2\int_0^2 \mathrm{d}x\int_{x^2}^4 \mathrm{d}y = 2\int_0^2 (4-x^2)\mathrm{d}x = \dfrac{32}{3},$

所以,(X,Y) 的概率密度为　$f(x,y) = \begin{cases} \dfrac{3}{32}, & -2 < x < 2, x^2 < y < 4, \\ 0, & \text{其他}, \end{cases}$

$$f_X(x) = \int_{-\infty}^{+\infty} f(x,y)\mathrm{d}y = \begin{cases} \displaystyle\int_{x^2}^4 \dfrac{3}{32}\mathrm{d}y = \dfrac{3}{32}(4-x^2), & -2 < x < 2, \\ 0, & \text{其他}, \end{cases}$$

$$f_Y(y) = \int_{-\infty}^{+\infty} f(x,y)\mathrm{d}x = \begin{cases} \displaystyle\int_{-\sqrt{y}}^{\sqrt{y}} \dfrac{3}{32}\mathrm{d}x = \dfrac{3}{16}\sqrt{y}, & 0 < y < 4, \\ 0, & \text{其他}. \end{cases}$$

题型 3-3　二维连续型随机变量函数的分布的求法

【例 8】　设随机变量 X 服从参数为 λ 的指数分布,则随机变量 $Y = \min\{X, 2\}$ 的分布函数为_____.

解　因为 X 服从参数为 λ 的指数分布,所以,随机变量 X 的分布函数为

$$F_X(x) = \begin{cases} 1 - \mathrm{e}^{-\lambda x}, & x \geqslant 0, \\ 0, & x < 0, \end{cases}$$

随机变量 Y 的分布函数为

$$F_Y(y) = P(\min\{X, 2\} \leqslant y) = \begin{cases} P(X \leqslant y), & y \leqslant 2, \\ 1, & y > 2 \end{cases} = \begin{cases} 0, & y < 0, \\ 1 - \mathrm{e}^{-\lambda y}, & 0 \leqslant y < 2, \\ 1, & y \geqslant 2. \end{cases}$$

【例 9】　已知随机变量 (X,Y) 的概率密度为

$$f(x,y) = \begin{cases} \mathrm{e}^{-(x+y)}, & x > 0, y > 0, \\ 0, & \text{其他}. \end{cases}$$

求 $Z = X + Y$ 的概率密度.

解　方法 1　先求 $Z = X + Y$ 的分布函数 $F_Z(z)$.

当 $z \leqslant 0$ 时,$F_Z(z) = 0$;

当 $z>0$ 时，$F_Z(z)=P(Z\leqslant z)=P(X+Y\leqslant z)$

$$=\int_0^z\left[\int_0^{z-x}\mathrm{e}^{-(x+y)}\mathrm{d}y\right]\mathrm{d}x$$

$$=\int_0^z(\mathrm{e}^{-x}-\mathrm{e}^{-z})\mathrm{d}x=(1-\mathrm{e}^{-z})-z\mathrm{e}^{-z}.$$

所以，Z 的概率密度为 $f_Z(z)=\dfrac{\mathrm{d}F_Z(z)}{\mathrm{d}z}=\begin{cases}z\mathrm{e}^{-z}, & z>0,\\ 0, & z\leqslant0.\end{cases}$

方法 2　直接求 Z 的概率密度函数：

当 $z\leqslant0$ 时，$F_Z(z)=0$；

当 $z>0$ 时，因为只有 $x>0,z-x>0$，即 $0<x<z$ 时有意义，所以

$$f_Z(z)=\int_{-\infty}^z f(x,z-x)\mathrm{d}x=\int_0^z\mathrm{e}^{-z}\mathrm{d}x=z\mathrm{e}^{-z},$$

于是 $f_Z(z)=\begin{cases}z\mathrm{e}^{-z}, & z>0,\\ 0, & z\leqslant0.\end{cases}$

【例 10】　设随机变量 X 与 Y 相互独立，且都服从区间 $[0,1]$ 上的均匀分布，则服从相应区间或区域上的均匀分布的随机变量是(　　).

A　X^2　　　　　　B　$X-Y$　　　　　　C　$X+Y$　　　　　　D　(X,Y)

解　因为当 X,Y 相互独立时，二维随机变量 (X,Y) 的概率密度是

$$f(x,y)=f_X(x)f_Y(y)=\begin{cases}1, & 0\leqslant x\leqslant1,0\leqslant y\leqslant1,\\ 0, & \text{其他},\end{cases}\text{故选 D.}$$

【例 11】　二维随机变量 (X,Y) 关于 X 和 Y 的边缘概率密度可以由它们的联合概率密度确定，联合分布(　　)由边缘分布确定.

A　不能　　　　　　　　　　　　B　为正态分布时可以

C　也可以　　　　　　　　　　　D　在 X 与 Y 相互独立时可以

解　选 D.

当 X,Y 相互独立时，联合概率密度等于两个边缘概率密度的乘积.

【例 12】　设随机变量 X 与 Y 相互独立且同分布，X 的概率密度函数.

$$f(x)=\begin{cases}\dfrac{3}{8}x^2, & 0\leqslant x\leqslant2,\\ 0, & \text{其他}.\end{cases}$$

若 $P((X>a)\bigcup(Y>a))=\dfrac{3}{4}$，则 $a=(\quad)$.

解　由 $P((X>a)\bigcup(Y>a))=\dfrac{3}{4}$，得 $P(\overline{(X>a)\bigcup(Y>a)})=\dfrac{1}{4}$.

设事件 $(X>a)=A$，则有 $[P(\bar{A})]^2=\dfrac{1}{4}$，从而 $P(\bar{A})=\dfrac{1}{2}$. 而 $P(\bar{A})=\int_0^a\dfrac{3}{8}x^2\mathrm{d}x=\dfrac{a^3}{8}=$

$\dfrac{1}{2}$，所以 $a=\sqrt[3]{4}$.

【例 13】 设随机变量 $X \sim N(0,1), Y \sim N(0,1)$，则 $X+Y($ $)$.

A 不一定服从正态分布   B 服从正态分布 $N(0,2)$

C 服从正态分布 $N(0,\sqrt{2})$ D 服从正态分布 $N(0,1)$

解 选 A. 因为题中无独立条件, 故 $X+Y$ 不一定服从正态分布.

【例 14】 设 $X \sim N(1,2), Y \sim N(0,3), Z \sim N(2,1)$, 且 X, Y, Z 相互独立, 则 $P(0 \leqslant 2X+3Y-Z \leqslant 6) = \underline{\hspace{2cm}}$.

解 由题设有 $2X \sim N(2,8), 3Y \sim N(0,27), -Z \sim N(-2,1)$. 又 X, Y, Z 相互独立, 故

$$2X+3Y-Z \sim N(2+0-2,8+27+1), \quad \text{即} \quad 2X+3Y-Z \sim N(0,36),$$

从而

$$P(0 \leqslant 2X+3Y-Z \leqslant 6) = \Phi\left(\frac{6-0}{6}\right) - \Phi\left(\frac{0-0}{6}\right) = \Phi(1) - \Phi(0)$$
$$= 0.8413 - 0.5 = 0.3413.$$

【例 15】 已知 $X \sim U(0,1), Y$ 服从参数为 1 的指数分布, 且两者相互独立, 求 $Z = 2X+Y$ 的概率密度.

解 **方法 1** 随机变量 $Z = 2X+Y$ 的分布函数为

$$F_Z(z) = P(2X+Y \leqslant z) = \iint\limits_{2x+y \leqslant z} f(x,y) \mathrm{d}x \mathrm{d}y.$$

由于 X, Y 相互独立, 则

$$f(x,y) = f_X(x) f_Y(y) = \begin{cases} \mathrm{e}^{-y}, & 0 \leqslant x < 1, y > 0, \\ 0, & \text{其他}. \end{cases}$$

当 $z \leqslant 0$ 时, 有 $F_Z(z) = 0$;

当 $0 < z < 2$ 时, $F_Z(z) = P(2X+Y < z)$

$$= \iint\limits_{2x+y<z} f(x,y)\mathrm{d}x\mathrm{d}y = \int_0^z \mathrm{e}^{-y}\left(\int_0^{\frac{1}{2}(z-y)}\mathrm{d}x\right)\mathrm{d}y$$
$$= \int_0^z \frac{1}{2}(z-y)\mathrm{e}^{-y}\mathrm{d}y = \frac{1}{2}(\mathrm{e}^{-z}+z-1);$$

当 $z \geqslant 2$ 时, $F_Z(z) = \int_0^1 \int_0^{z-2x} \mathrm{e}^{-y}\mathrm{d}y\mathrm{d}x = 1 - \frac{1}{2}(\mathrm{e}^{2-z} - \mathrm{e}^{-z})$.

从而得 Z 的概率密度为

$$f_Z(z) = \begin{cases} 0, & z \leqslant 0, \\ \dfrac{1}{2}(1-\mathrm{e}^{-z}), & 0 < z < 2, \\ \dfrac{1}{2}(\mathrm{e}^2-1)\mathrm{e}^{-z}, & z \geqslant 2. \end{cases}$$

方法 2 本例可令 $W = 2X \sim U(0,2)$, 用卷积公式求 $Z = W+Y$ 的概率密度.

$$f_Z(z) = \int_{-\infty}^{+\infty} f_X(2x) \cdot f_Y(z-2x)\mathrm{d}x = f_X(2x) \cdot f_Y(y).$$

若 $z-2x \leqslant 0$, 有 $f_Y(z-2x) > 0$, 且由 $x < 0$, 有 $f_X(2x) = 0$.

$$f_Z(z)=\begin{cases}0, & z\leqslant 0,\\[2mm]\displaystyle\int_0^{\frac{z}{2}}\mathrm{e}^{-(z-2x)}\mathrm{d}x, & 0<z<2,\\[2mm]\displaystyle\int_0^1\mathrm{e}^{-(z-2x)}\mathrm{d}x, & z\geqslant 2\end{cases}=\begin{cases}0, & z\leqslant 0,\\[2mm]\dfrac{1}{2}(1-\mathrm{e}^{-z}), & 0<z<2,\\[2mm]\dfrac{1}{2}(\mathrm{e}^2-1)\mathrm{e}^{-z}, & z\geqslant 2.\end{cases}$$

【例 16】 设二维随机变量(X,Y)在矩形域 $G=\{(x,y)\mid 0\leqslant x\leqslant 2,0\leqslant y\leqslant 1\}$上服从均匀分布,试求边长为 X 和 Y 的矩形面积 S 的概率密度 $f(s)$.

解 **方法 1** 二维随机变量(X,Y)的概率密度为

$$f(x,y)=\begin{cases}\dfrac{1}{2}, & (x,y)\in G,\\[2mm]0, & \text{其他}.\end{cases}$$

设 $F(s)$ 为 S 的分布函数,则:

当 $s\leqslant 0$ 时,$F(s)=0$;当 $s\geqslant 2$ 时,$F(s)=1$.

现设 $0<s<2$.曲线 $xy=s$ 与矩形 G 的上边交于点$(s,1)$;位于曲线 $xy=s$ 上方的点满足 $xy>s$,位于其下方的点满足 $xy<s$,于是

$$F(s)=P(S\leqslant s)=P(XY\leqslant s)=1-P(XY>s)$$
$$=1-\frac{1}{2}\int_s^2\mathrm{d}x\int_{\frac{s}{x}}^1\mathrm{d}y=\frac{s}{2}(1+\ln 2-\ln s),$$

于是 $$f(s)=\begin{cases}\dfrac{1}{2}(\ln 2-\ln s), & 0<s<2,\\[2mm]0, & \text{其他}.\end{cases}$$

方法 2 设 $0<s<2$,曲线 $xy=s$ 与矩形 G 的上边交于点$(s,1)$;位于曲线 $xy=s$ 下方的点满足 $xy<s$,于是

$$F(s)=P(XY\leqslant s)=\frac{1}{2}\left(s\cdot 1+\int_s^2\frac{s}{x}\mathrm{d}x\right)=\frac{s}{2}(1+\ln x\mid_s^2)=\frac{s}{2}(1+\ln 2-\ln s),$$

于是 $$f(s)=\begin{cases}\dfrac{1}{2}(\ln 2-\ln s), & 0<s<2,\\[2mm]0, & \text{其他}.\end{cases}$$

测试题及其答案

一、填空题

1. 设随机变量(X,Y)只取下列数组中的值:

$$(-1,0),(0,1),(2,0),(2,1),$$

且取这些值的相应概率依次为$\dfrac{1}{c},\dfrac{1}{2c},\dfrac{1}{4c},\dfrac{5}{4c}$,则 $c=$_____.

2. 设平面区域 D 由曲线 $y=\dfrac{1}{x}$ 及直线 $y=0,x=1,x=\mathrm{e}^2$ 所围成,二维随机变量(X,Y)在区域 D 上服从均匀分布,则(X,Y)关于 X 的边缘概率密度在 $X=2$ 处的值为_____.

3. 设离散型随机变量 (X, Y) 的分布律如下表所示:

Y \ X	1	2	3
0	0.08	a	0.12
2	b	c	0.18

且 X 与 Y 相互独立,则 $a = $ _____ , $b = $ _____ , $c = $ _____ .

4. 设随机变量 (X, Y) 在区域 $G = \{(x, y) \mid 0 \leqslant x \leqslant 1, 0 \leqslant y \leqslant 2\}$ 上服从均匀分布,则 $P(Y > X^2) = $ _____ .

5. 设离散型随机变量 (X, Y) 的分布律如下表所示:

Y \ X	1	2	3
0	0.1	0.2	0.3
2	0.2	0.1	0.1

则 $Z = \max\{X, Y\}$ 的分布律为 _____ .

二、单项选择题

6. 随机变量 (X, Y) 的分布函数为 $F(x, y)$,则 (X, Y) 关于 Y 的边缘分布函数 $F_Y(y)$ 为(　　).

　　A　$F(x, +\infty)$　　　　B　$F(x, -\infty)$　　　　C　$F(-\infty, y)$　　　　D　$F(+\infty, y)$

7. 随机变量 (X, Y) 的概率密度为

$$f(x, y) = \begin{cases} 1, & 0 < x < 1, 0 < y < 1, \\ 0, & 其他. \end{cases}$$

则概率 $P(X < 0.5, Y < 0.6)$ 为(　　).

　　A　0.5　　　　　　B　0.3　　　　　　C　0.875　　　　　　D　0.4

8. 设两个相互独立的随机变量 X 与 Y 分别服从正态分布 $N(1, 2)$ 与 $N(-1, 2)$,则(　　).

　　A　$P(X - Y \leqslant 0) = \dfrac{1}{2}$　　　　　　　　　B　$P(X - Y \leqslant 1) = \dfrac{1}{2}$

　　C　$P(X + Y \leqslant 0) = \dfrac{1}{2}$　　　　　　　　　D　$P(X + Y \leqslant 1) = \dfrac{1}{2}$

9. 设随机变量 X, Y 相互独立,且 $X \sim B(1, p)$, $Y \sim P(\lambda)$,则 $X + Y$(　　).

　　A　服从两点分布　　　　　　　　　B　服从泊松分布

　　C　为二维随机变量　　　　　　　　D　仍为一维随机变量

10. 设 X 与 Y 是两个相互独立的随机变量,它们的分布函数分别为 $F_X(x)$, $F_Y(y)$,则 $Z = \max\{X, Y\}$ 的分布函数为(　　).

　　A　$F_Z(z) = \max\{F_X(z), F_Y(z)\}$　　　　B　$F_Z(z) = \max\{|F_X(z)|, |F_Y(z)|\}$

　　C　$F_Z(z) = F_X(z) F_Y(z)$　　　　　　　　D　都不是

三、计算题及应用题

11. 某校新选出的学生会 6 名女委员当中文、理、工科各占 $\frac{1}{6}$，$\frac{1}{3}$，$\frac{1}{2}$. 现从中随机指定 2 人为学生会主席候选人. 令 X，Y 分别为候选人来自文、理科的人数. 求：(1)(X,Y) 的分布律；(2)(X,Y) 关于 X，Y 的边缘分布律.

12. 离散型随机变量 (X,Y) 有如下概率分布：

X \ Y	0	1	2
0	0.1	0.2	0.3
1	0	0.1	0.2
2	0	0	0.1

(1)求边缘概率分布；(2)判断 X 与 Y 是否独立.

13. 设随机变量 (X,Y) 的概率密度 $f(x,y)=\begin{cases} C(x^2+y^2), & x^2+y^2\leqslant 1, \\ 0, & \text{其他.} \end{cases}$

求常数 C 及 $P\left(X^2+Y^2<\frac{1}{4}\right)$.

14. 设二维随机变量 (X,Y) 的概率密度为

$$f(x,y)=\begin{cases} A\mathrm{e}^{-(2x+y)}, & x>0,y>0, \\ 0, & \text{其他,} \end{cases}$$

(1)试确定常数 A；(2)求 X，Y 的边缘概率密度；(3)判断 X 与 Y 是否相互独立.

15. 设二维随机变量 (X,Y) 的概率分布为

X \ Y	0	1	2
1	0.3	0.2	0.1
3	0.1	0.1	k

(1)求常数 k；(2)求 $X+Y$ 的概率分布.

16. 设随机变量 X 与 Y 相互独立,且均服从区间 $[0,3]$ 上的均匀分布,求 $P(\max\{X,Y\}\leqslant 1)$.

17. 设二维随机变量 (X,Y) 的概率密度

$$f(x,y)=\begin{cases} 1, & 0<x<1,0<y<2x, \\ 0, & \text{其他,} \end{cases}$$

求：(1)X，Y 的边缘概率密度；(2)$Z=2X-Y$ 的概率密度 $f_Z(z)$.

四、证明题

18. 设二维随机变量 (X,Y) 的概率密度函数为

$$f(x,y)=\begin{cases} (1+xy)/4, & |x|<1,|y|<1, \\ 0, & \text{其他.} \end{cases}$$

求证：X 与 Y 不相互独立,但 X^2 与 Y^2 相互独立.

答案

一、1. 3；　2. $\dfrac{1}{4}$；　3. $a=0.2,b=0.12,c=0.3$；　4. $\dfrac{5}{6}$；

5.

Z	1	2	3
p_i	0.1	0.5	0.4

二、6. D；　7. B；　8. C；　9. D；　10. C.

三、11. **解**　X 与 Y 的可能取值分别为 $0,1$ 与 $0,1,2$.

(1) 用古典概型可求得概率

$$p_{00}=P(X=0,Y=0)=\dfrac{C_3^2}{C_6^2}=\dfrac{3}{15}, \quad p_{01}=P(X=0,Y=1)=\dfrac{C_2^1 C_3^1}{C_6^2}=\dfrac{6}{15},$$

$$p_{02}=P(X=0,Y=2)=\dfrac{C_2^2}{C_6^2}=\dfrac{1}{15}, \quad p_{10}=P(X=1,Y=0)=\dfrac{C_1^1 C_3^1}{C_6^2}=\dfrac{3}{15},$$

$$p_{11}=P(X=1,Y=1)=\dfrac{C_1^1 C_2^1}{C_6^2}=\dfrac{2}{15}, \quad p_{12}=P(X=1,Y=2)=0.$$

于是得 (X,Y) 的分布律为

X＼Y	0	1	2
0	$\dfrac{3}{15}$	$\dfrac{6}{15}$	$\dfrac{1}{15}$
1	$\dfrac{3}{15}$	$\dfrac{2}{15}$	0

(2) 由联合分布律得边缘分布律

X	0	1
p_i	$\dfrac{2}{3}$	$\dfrac{1}{3}$

Y	0	1	2
p_j	$\dfrac{6}{15}$	$\dfrac{8}{15}$	$\dfrac{1}{15}$

12. **解**　(1) 边缘分布律

X＼Y	0	1	2	$P(X=i)$
0	0.1	0.2	0.3	0.6
1	0	0.1	0.2	0.3
2	0	0	0.1	0.1
$P(Y=j)$	0.1	0.3	0.6	1

(2) 易知 $P(X=2,Y=2)=0.1,P(X=2)P(Y=2)=0.1\times0.6=0.06.$

显然 $P(X=2,Y=2)\neq P(X=2)P(Y=2)$,所以 X,Y 不相互独立.

13. 解 (1) 由 $\int_{-\infty}^{+\infty}\int_{-\infty}^{+\infty}f(x,y)\mathrm{d}x\,\mathrm{d}y=1$,有 $\iint\limits_{x^2+y^2\leqslant1}C(x^2+y^2)\mathrm{d}x\,\mathrm{d}y=1.$

而 $\iint\limits_{x^2+y^2\leqslant1}C(x^2+y^2)\mathrm{d}x\,\mathrm{d}y=\int_0^{2\pi}\mathrm{d}\theta\int_0^1 Cr^3\,\mathrm{d}r=1$,从中解得 $C=\dfrac{2}{\pi}.$

(2) $P\left(X^2+Y^2<\dfrac{1}{4}\right)=\iint\limits_{x^2+y^2<\frac{1}{4}}\dfrac{2}{\pi}(x^2+y^2)\mathrm{d}x\,\mathrm{d}y=\int_0^{2\pi}\mathrm{d}\theta\int_0^{\frac{1}{2}}\dfrac{2}{\pi}r^3\,\mathrm{d}r=\dfrac{1}{16}.$

14. 解 (1) 由 $\int_{-\infty}^{+\infty}\int_{-\infty}^{+\infty}f(x,y)\mathrm{d}x\,\mathrm{d}y=1$,得 $A=2.$

(2) X 的边缘概率密度为

$$f_X(x)=\int_{-\infty}^{+\infty}f(x,y)\mathrm{d}y=\begin{cases}\int_0^{+\infty}2\mathrm{e}^{-2x}\mathrm{e}^{-y}\mathrm{d}y, & x>0 \\ 0, & x\leqslant0\end{cases}=\begin{cases}2\mathrm{e}^{-2x}, & x>0, \\ 0, & x\leqslant0.\end{cases}$$

Y 的边缘概率密度为

$$f_Y(y)=\int_{-\infty}^{+\infty}f(x,y)\mathrm{d}x=\begin{cases}\int_0^{+\infty}2\mathrm{e}^{-2x}\mathrm{e}^{-y}\mathrm{d}x, & y>0, \\ 0, & y\leqslant0\end{cases}=\begin{cases}\mathrm{e}^{-y}, & y>0, \\ 0, & y\leqslant0.\end{cases}$$

(3) 因为 $f_X(x)f_Y(y)=\begin{cases}2\mathrm{e}^{-(2x+y)}, & x>0,y>0, \\ 0, & \text{其他}.\end{cases}$

显然,$f_X(x)f_Y(y)=f(x,y)$,所以,X 与 Y 相互独立.

15. 解 (1) 因为 $0.3+0.2+0.1+0.1+0.1+k=1$,所以 $k=0.2.$

(2) 将 X,Y 的取值代入 $X+Y$ 得

$X+Y$	1	2	3	3	4	5
p_k	0.3	0.2	0.1	0.1	0.1	0.2

再对相等的值合并得 $X+Y$ 的分布律为

$X+Y$	1	2	3	4	5
p_k	0.3	0.2	0.2	0.1	0.2

16. 解 因 X 与 Y 相互独立,均服从区间 $[0,3]$ 上的均匀分布,则

$$F_X(x)=\begin{cases}0, & x<0, \\ \dfrac{x}{3}, & 0\leqslant x\leqslant3, \\ 1, & x>3;\end{cases}\qquad F_Y(y)=\begin{cases}0, & y<0, \\ \dfrac{y}{3}, & 0\leqslant y\leqslant3, \\ 1, & y>3.\end{cases}$$

从而 $P(\max\{X,Y\}\leqslant1)=F_X(1)F_Y(1)=\dfrac{1}{9}.$

17. 解 (1) X 的边缘概率密度为

$$f_X(x)=\int_{-\infty}^{+\infty}f(x,y)\mathrm{d}y=\begin{cases}\int_0^{2x}\mathrm{d}y, & 0<x<1 \\ 0, & \text{其他}\end{cases}=\begin{cases}2x, & 0<x<1, \\ 0, & \text{其他}.\end{cases}$$

Y 的边缘概率密度为

$$f_Y(y) = \int_{-\infty}^{+\infty} f(x,y)\mathrm{d}x = \begin{cases} \int_{\frac{y}{2}}^1 \mathrm{d}x, & 0 < y < 2, \\ 0, & \text{其他} \end{cases} = \begin{cases} 1 - \dfrac{y}{2}, & 0 < y < 2, \\ 0, & \text{其他}. \end{cases}$$

(2) 当 $z \leqslant 0$ 时,$F_Z(z) = 0$;当 $z \geqslant 2$ 时,$F_Z(z) = 1$;

当 $0 < z < 2$ 时,$F_Z(z) = P(Z \leqslant z) = P(2X - Y \leqslant z) = 1 - P(2X - Y > z)$

$$= 1 - \iint\limits_{2x-y>z} f(x,y)\mathrm{d}x\,\mathrm{d}y = 1 - \int_{\frac{z}{2}}^1 \mathrm{d}x \int_0^{2x-z} \mathrm{d}y = z - \frac{z^2}{4}.$$

从而得 Z 的概率密度为 $f_Z(z) = \begin{cases} 1 - \dfrac{z}{2}, & 0 < z < 2, \\ 0, & \text{其他}. \end{cases}$

四、18.**证明**　首先有 X 的边缘概率密度为

$$f_X(x) = \int_{-\infty}^{+\infty} f(x,y)\mathrm{d}y = \begin{cases} \int_{-1}^1 \dfrac{1+xy}{4}\mathrm{d}y, & |x| < 1, \\ 0, & \text{其他} \end{cases} = \begin{cases} \dfrac{1}{2}, & |x| < 1, \\ 0, & \text{其他}. \end{cases}$$

同理,Y 的边缘概率密度为

$$f_Y(y) = \int_{-\infty}^{+\infty} f(x,y)\mathrm{d}x = \begin{cases} \dfrac{1}{2}, & |y| < 1, \\ 0, & \text{其他}. \end{cases}$$

因为,当 $|x| < 1, |y| < 1$ 时 $f(x,y) \neq f_X(x)f_Y(y)$,所以 X, Y 不相互独立.

令 $U = X^2, V = Y^2$,而 $F_U(u) = P(X^2 \leqslant u) = \begin{cases} 0, & u < 0, \\ \sqrt{u}, & 0 \leqslant u < 1, \\ 1, & u \geqslant 1; \end{cases}$

$$F_V(v) = P(Y^2 \leqslant v) = \begin{cases} 0, & v < 0, \\ \sqrt{v}, & 0 \leqslant v < 1, \\ 1, & v \geqslant 1. \end{cases}$$

U 与 V 的联合分布函数为

$$F(u,v) = P(U \leqslant u, V \leqslant v) = P(-\sqrt{u} \leqslant X \leqslant \sqrt{u}, -\sqrt{v} \leqslant Y \leqslant \sqrt{v})$$

$$= \begin{cases} 0, & u < 0 \text{ 或 } v < 0, \\ \int_{-\sqrt{u}}^{\sqrt{u}} \mathrm{d}x \int_{-\sqrt{v}}^{\sqrt{v}} \dfrac{1+xy}{4}\mathrm{d}y = \sqrt{u}\sqrt{v}, & 0 \leqslant u < 1, 0 \leqslant v < 1, \\ \int_{-\sqrt{u}}^{\sqrt{u}} \mathrm{d}x \int_{-1}^{1} \dfrac{1+xy}{4}\mathrm{d}y = \sqrt{u}, & 0 \leqslant u < 1, 1 \leqslant v, \\ \int_{-1}^{1} \mathrm{d}x \int_{-\sqrt{v}}^{\sqrt{v}} \dfrac{1+xy}{4}\mathrm{d}y = \sqrt{v}, & 1 \leqslant u, 0 \leqslant v < 1, \\ \int_{-1}^{1} \mathrm{d}x \int_{-1}^{1} \dfrac{1+xy}{4}\mathrm{d}y = 1, & 1 \leqslant u, 1 \leqslant v, \end{cases}$$

$$
\text{而}\quad P(-\sqrt{u}\leqslant X\leqslant \sqrt{u})P(-\sqrt{v}\leqslant Y\leqslant \sqrt{v})=\begin{cases}0, & u<0\ \text{或}\ v<0,\\ \sqrt{uv}, & 0\leqslant u<1,0\leqslant v<1,\\ \sqrt{u}, & 0\leqslant u<1,1\leqslant v,\\ \sqrt{v}, & 1\leqslant u,0\leqslant v<1,\\ 1, & 1\leqslant u,1\leqslant v.\end{cases}
$$

可见,对 $U=X^2,V=Y^2$ 而言,有 $F(u,v)=F_U(u)F_V(v)$,即 X^2 与 Y^2 相互独立.

课后习题解答

习题 3-1

基础题

1. 判断

$$
F(x,y)=\begin{cases}\dfrac{1}{2}+(1-\mathrm{e}^{-x})(1-\mathrm{e}^{-y}), & x>0,y>0,\\[2mm] \dfrac{1}{2}, & \text{其他}\end{cases}
$$

是否可以作为二维随机变量 (X,Y) 的分布函数.

解　因为 $F(+\infty,+\infty)=\dfrac{1}{2}\neq 1$,所以 $F(x,y)$ 不可以作为二维随机变量 (X,Y) 的分布函数.

2. 一电子器件包含两部分,分别以 X,Y 记这两部分的寿命(单位:h),设 (X,Y) 的分布函数为

$$
F(x,y)=\begin{cases}1-\mathrm{e}^{-0.01x}-\mathrm{e}^{-0.01y}+\mathrm{e}^{-0.01(x+y)}, & x>0,y>0,\\ 0, & \text{其他},\end{cases}
$$

求:(1) $P(0<X\leqslant100,0<Y\leqslant100)$;(2) $P(0<X\leqslant100)$.

解　(1) $P(0<X\leqslant100,0<Y\leqslant100)=F(100,100)-F(0,100)-F(100,0)+F(0,0)=$ $(1-\mathrm{e}^{-1}-\mathrm{e}^{-1}+\mathrm{e}^{-2})-(-\mathrm{e}^{-1}+\mathrm{e}^{-1})-(1-\mathrm{e}^{-1}-1+\mathrm{e}^{-1})+(1-1-1+1)=1-2\mathrm{e}^{-1}+\mathrm{e}^{-2}\approx 0.3996.$

(2) $F_X(x)=F(x,+\infty)=1-\mathrm{e}^{-0.01x}\ (x>0)$,所以

$$P(0<X\leqslant100)=F_X(100)-F_X(0)=(1-\mathrm{e}^{-1})-(1-\mathrm{e}^0)=1-\mathrm{e}^{-1}\approx0.6321.$$

提高题

1. 设二维随机变量 (X,Y) 的分布函数为

$$F(x,y)=a(b+\arctan x)(c+\arctan y)\quad(-\infty<x,y<+\infty).$$

求:(1)常数 a,b,c 的值;(2) $P(0<X\leqslant1,0<Y\leqslant1)$;(3) X 与 Y 的边缘分布函数 $F_X(x)$ 与 $F_Y(y)$.

解　(1) 由 $F(x,y)$ 的规范性知：

$$F(+\infty,+\infty)=a\left(b+\frac{\pi}{2}\right)\left(c+\frac{\pi}{2}\right)=1,$$

对于任意 x，$F(x,-\infty)=a(b+\arctan x)\left(c-\frac{\pi}{2}\right)=0$，所以 $c=\frac{\pi}{2}$，对任意 y，有

$$F(-\infty,y)=a\left(b-\frac{\pi}{2}\right)(c+\arctan y)=0,\quad \text{所以 } b=\frac{\pi}{2}，于是 a=\frac{1}{\pi^2}.$$

(2) $P(0<X\leqslant 1,0<Y\leqslant 1)=F(1,1)-F(1,0)-F(0,1)+F(0,0)=\dfrac{1}{16}.$

(3) $F_X(x)=\lim\limits_{y\to+\infty}F(x,y)=\dfrac{1}{\pi}\left(\dfrac{\pi}{2}+\arctan x\right),\quad -\infty<x<+\infty,$

$$F_Y(y)=\lim\limits_{x\to+\infty}F(x,y)=\frac{1}{\pi}\left(\frac{\pi}{2}+\arctan y\right),\quad -\infty<y<+\infty.$$

习题 3-2

基础题

1. 一口袋中有三个球，其中两个红球，一个白球，取两次，每次取一个，考虑两种情况：(1)放回抽样；(2)不放回抽样. 我们定义随机变量 X,Y 如下：

$$X=\begin{cases}1,&\text{若第一次取出的是红球，}\\0,&\text{若第一次取出的是白球；}\end{cases}\qquad Y=\begin{cases}1,&\text{若第二次取出的是红球}\\0,&\text{若第二次取出的是白球.}\end{cases}$$

试分别就(1)、(2)两种情况，写出 (X,Y) 的分布律.

解　(1) 放回抽样

$$P(X=1,Y=1)=\frac{2\times 2}{3\times 3}=\frac{4}{9},\quad P(X=1,Y=0)=\frac{2\times 1}{3\times 3}=\frac{2}{9},$$

$$P(X=0,Y=1)=\frac{1\times 2}{3\times 3}=\frac{2}{9},\quad P(X=0,Y=0)=\frac{1\times 1}{3\times 3}=\frac{1}{9}.$$

于是 (X,Y) 的分布律为

X＼Y	0	1
0	$\dfrac{1}{9}$	$\dfrac{2}{9}$
1	$\dfrac{2}{9}$	$\dfrac{4}{9}$

(2) 不放回抽样

$$P(X=1,Y=1)=\frac{C_2^1 C_1^1}{C_3^1 C_2^1}=\frac{2\times 1}{3\times 2}=\frac{1}{3},\quad P(X=1,Y=0)=\frac{C_2^1 C_1^1}{C_3^1 C_2^1}=\frac{2\times 1}{3\times 2}=\frac{1}{3},$$

$$P(X=0,Y=1)=\frac{C_1^1 C_2^1}{C_3^1 C_2^1}=\frac{1\times 2}{3\times 2}=\frac{1}{3},\quad P(X=0,Y=0)=0.$$

于是 (X,Y) 的分布律为

X \ Y	0	1
0	0	$\frac{1}{3}$
1	$\frac{1}{3}$	$\frac{1}{3}$

2. 设 (X,Y) 的分布律为

X \ Y	0	1
0	0.56	0.24
1	0.14	0.06

求 $P\left(X\leqslant\frac{1}{2},Y\leqslant\frac{1}{2}\right),P(X\geqslant1),P\left(X<\frac{1}{2}\right).$

解 $P\left(X\leqslant\frac{1}{2},Y\leqslant\frac{1}{2}\right)=P(X=0,Y=0)=0.56,$

$P(X\geqslant1)=P(X=1)=P(X=1,Y=0)+P(X=1,Y=1)=0.14+0.06=0.2,$

$P\left(X<\frac{1}{2}\right)=P(X=0)=P(X=0,Y=0)+P(X=0,Y=1)=0.56+0.24=0.8.$

3. 设随机变量 (X,Y) 只能取下列数组中的值：$(0,0),(-1,1),\left(-1,\frac{1}{3}\right),(2,0)$，且取这些值的概率依次为 $\frac{1}{6},\frac{1}{3},\frac{1}{12},\frac{5}{12}$. 求：(1) 此二维随机变量的分布律；(2) X 和 Y 的边缘分布律；(3) 判断 X 和 Y 是否独立，并说明理由.

解 (1) 由已知，X 的所有可能取值为 $0,-1,2$；Y 的所有可能取值为 $0,1,\frac{1}{3}$.

(X,Y) 的分布律为

X \ Y	0	1	$\frac{1}{3}$
0	$\frac{1}{6}$	0	0
-1	0	$\frac{1}{3}$	$\frac{1}{12}$
2	$\frac{5}{12}$	0	0

(2) $P(X=0)=\frac{1}{6}+0+0=\frac{1}{6},\quad P(X=-1)=0+\frac{1}{3}+\frac{1}{12}=\frac{5}{12},$

$P(X=2)=\frac{5}{12}+0+0=\frac{5}{12},\quad P(Y=0)=\frac{1}{6}+0+\frac{5}{12}=\frac{7}{12},$

$P(Y=1)=0+\frac{1}{3}+0=\frac{1}{3},\quad P\left(Y=\frac{1}{3}\right)=0+\frac{1}{12}+0=\frac{1}{12},$

故 X 和 Y 的边缘分布律分别为

X	0	−1	2
$p_i.$	$\dfrac{1}{6}$	$\dfrac{5}{12}$	$\dfrac{5}{12}$

Y	0	1	$\dfrac{1}{3}$
$p._j$	$\dfrac{7}{12}$	$\dfrac{1}{3}$	$\dfrac{1}{12}$

（3）因为 $P\left(X=0,Y=\dfrac{1}{3}\right)=0$，$P(X=0)P\left(Y=\dfrac{1}{3}\right)=\dfrac{1}{6}\times\dfrac{1}{12}=\dfrac{1}{72}$，所以

$P\left(X=0,Y=\dfrac{1}{3}\right)\neq P(X=0)P\left(Y=\dfrac{1}{3}\right)$，即 X 与 Y 不独立.

4. 甲乙两人独立地各进行两次射击，已知甲的命中率为 0.2，乙的命中率为 0.5，以 X 和 Y 分别表示甲和乙的命中次数，求 (X,Y) 的分布律.

解 由于 $X\sim B(2,0.2)$，$Y\sim B(2,0.5)$，所以
$$P(X=i)=C_2^i 0.2^i\times 0.8^{2-i}\quad(i=0,1,2);$$
$$P(Y=j)=C_2^j 0.5^j\times 0.5^{2-j}\quad(j=0,1,2).$$

又 X 和 Y 是独立的，所以 (X,Y) 的分布律为
$$P(X=i,Y=j)=C_2^i 0.2^i\times 0.8^{2-i}\cdot C_2^j 0.5^j\times 0.5^{2-j}\quad(i,j=0,1,2).$$
也可写成如下表格形式：

X＼Y	0	1	2
0	0.16	0.32	0.16
1	0.08	0.16	0.08
2	0.01	0.02	0.01

5. 设随机变量 X 和 Y 有如下的分布律：

X	0	1
p_i	0.5	0.5

Y	−1	0	1
p_i	0.25	0.5	0.25

而且 $P(XY=0)=1$.

(1) 求 X 和 Y 的联合分布律.

(2) 判断 X 和 Y 是否相互独立，为什么？

(3) 在 $X=1$ 条件下，求 Y 的条件分布律；在 $Y=0$ 条件下，求 X 的条件分布律.

解 (1) 由 $P(XY=0)=1$,及所给边缘分布律可得

X \ Y	−1	0	1	$p_i.$
0				0.5
1	0		0	0.5
$p._j$	0.25	0.5	0.25	

$$P(X=1,Y=-1)=P(X=1,Y=1)=P(XY\neq 0)=0,$$
$$P(X=0,Y=-1)=P(Y=-1)-P(X=1,Y=-1)=0.25,$$
$$P(X=0,Y=1)=P(Y=1)-P(X=1,Y=1)=0.25,$$
$$P(X=1,Y=0)=P(X=1)-P(X=1,Y=-1)-P(X=1,Y=1)=0.5,$$
$$P(X=0,Y=0)=P(Y=0)-P(X=1,Y=0)=0.5-0.5=0.$$

所以 X 和 Y 的联合分布律为

X \ Y	−1	0	1	$p_i.$
0	0.25	0	0.25	0.5
1	0	0.5	0	0.5
$p._j$	0.25	0.5	0.25	

(2) X 和 Y 不独立.因为 $P(X=0,Y=0)=0\neq 0.25=P(X=0)\cdot P(Y=0)$.

(3) 在 $X=1$ 条件下,Y 的条件分布律为

Y	−1	0	1
$P(Y=j\mid X=1)$	0	1	0

$Y=0$ 条件下,X 的条件分布律为

X	0	1
$P(X=i\mid Y=0)$	0	1

提高题

1. 设随机变量 X 在 $1,2,3,4$ 四个整数中等可能地取一个值,另一个随机变量 Y 在 $1\sim X$ 中等可能地取一整数值,试求 (X,Y) 的分布律及 $P(X=Y)$.

解 随机变量 X,Y 的所有可能取值均为 $1,2,3,4$.

当 $1\leqslant j\leqslant i\leqslant 4$ 时,由乘法公式得

$$P(X=i,Y=j)=P(X=i)P(Y=j\mid X=i)=\frac{1}{4}\cdot\frac{1}{i}=\frac{1}{4i}.$$

当 $j>i$ 时,$P(X=i,Y=j)=0$,则 (X,Y) 的分布律为

X\Y	1	2	3	4
1	$\frac{1}{4}$	0	0	0
2	$\frac{1}{8}$	$\frac{1}{8}$	0	0
3	$\frac{1}{12}$	$\frac{1}{12}$	$\frac{1}{12}$	0
4	$\frac{1}{16}$	$\frac{1}{16}$	$\frac{1}{16}$	$\frac{1}{16}$

$$P(X=Y)=P(X=1,Y=1)+P(X=2,Y=2)+P(X=3,Y=3)+P(X=4,Y=4)$$
$$=\frac{1}{4}+\frac{1}{8}+\frac{1}{12}+\frac{1}{16}=\frac{25}{48}.$$

2. 设二维随机变量(X,Y)的分布律为

X\Y	0	2
0	$\frac{1}{3}$	a
2	b	$\frac{1}{6}$

已知事件$\{X=0\}$与事件$\{X+Y=2\}$相互独立,求 a,b 的值.

解 由已知得$P(X=0)=\frac{1}{3}+a$,$P(X=2)=\frac{1}{6}+b$,

$$P(Y=0)=\frac{1}{3}+b, \qquad P(Y=2)=a+\frac{1}{6}.$$

因为$(X=0)$与$(X+Y=2)$独立,所以

$$\begin{aligned}P(X=0,X+Y=2)&=P(X=0)P(X+Y=2)\\&=P(X=0)\big[P(X=0,Y=2)+P(X=2,Y=0)\big]\\&=\left(\frac{1}{3}+a\right)(a+b).\end{aligned}$$

又 $P(X=0,X+Y=2)=P(X=0,Y=2)=a$,于是

$a=\left(\dfrac{1}{3}+a\right)(a+b)$. 又 $\dfrac{1}{3}+a+b+\dfrac{1}{6}=1$,可解得 $a=\dfrac{1}{3}$,$b=\dfrac{1}{6}$.

3. 随机变量 Y 服从参数 $\lambda=1$ 的指数分布,随机变量 $X_k=\begin{cases}0, & Y\leqslant k,\\ 1, & Y>k\end{cases}$ $(k=1,2)$,求 (X_1,X_2)的分布律及边缘分布律.

解 $P(X_1=0,X_2=0)=P(Y\leqslant 1,Y\leqslant 2)=P(Y\leqslant 1)=1-\mathrm{e}^{-1}$,

$P(X_1=0,X_2=1)=P(Y\leqslant 1,Y>2)=0$,

$P(X_1=1,X_2=0)=P(Y>1,Y\leqslant 2)=(1-\mathrm{e}^{-2})-(1-\mathrm{e}^{-1})=\mathrm{e}^{-1}-\mathrm{e}^{-2}$,

$P(X_1=1,X_2=1)=P(Y>1,Y>2)=P(Y>2)=\mathrm{e}^{-2}$.

故得如下的分布律：

X_1 \ X_2	0	1	$P(X_1=i)$
0	$1-e^{-1}$	0	$1-e^{-1}$
1	$e^{-1}-e^{-2}$	e^{-2}	e^{-1}
$P(X_2=j)$	$1-e^{-2}$	e^{-2}	1

4. 已知随机变量 X,Y 以及 XY 的分布律如下表所示：

X	0	1	2
p_k	$\frac{1}{2}$	$\frac{1}{3}$	$\frac{1}{6}$

Y	0	1	2
p_k	$\frac{1}{3}$	$\frac{1}{3}$	$\frac{1}{3}$

XY	0	1	2	4
p_k	$\frac{7}{12}$	$\frac{1}{3}$	0	$\frac{1}{12}$

求：$P(X=2Y)$.

解 由 $P(XY=2)=P(X=1,Y=2)+P(X=2,Y=1)=0$,得

$P(X=1,Y=2)=P(X=2,Y=1)=0.$

$P(X=1,Y=1)=P(XY=1)=\dfrac{1}{3}$, $P(X=2,Y=2)=P(XY=4)=\dfrac{1}{12}$,

于是得 $P(X=0,Y=1)=P(Y=1)-P(X=1,Y=1)-P(X=2,Y=1)=\dfrac{1}{3}-\dfrac{1}{3}-0=0$,

$P(X=0,Y=2)=P(Y=2)-P(X=1,Y=2)-P(X=2,Y=2)=\dfrac{1}{3}-0-\dfrac{1}{12}=\dfrac{1}{4}$,

$P(X=0,Y=0)=P(X=0)-P(X=0,Y=1)-P(X=0,Y=2)=\dfrac{1}{2}-0-\dfrac{1}{4}=\dfrac{1}{4}.$

故 $P(X=2Y)=P(X=0,Y=0)+P(X=2,Y=1)=\dfrac{1}{4}+0=\dfrac{1}{4}.$

5. 设随机变量 X,Y 相互独立同分布,且

$$P(X=-1)=q, P(X=1)=p \quad (p+q=1, 0<p<1), 设 Z=\begin{cases} 0, & XY=1, \\ 1, & XY=-1. \end{cases}$$

求：(1)Z 的分布律；(2)(X,Z) 的分布律；(3)p 为何值时 X 与 Z 相互独立.

解 (1) Z 的值域为 0,1,有

$P(Z=0)=P(XY=1)=P(X=1,Y=1)+P(X=-1,Y=-1)=p^2+q^2$,

$P(Z=1)=P(XY=-1)=P(X=-1,Y=1)+P(X=1,Y=-1)=2pq.$

因此

Z	0	1
p_k	p^2+q^2	$2pq$

(2) 由 $P(X=-1,Z=0)=P(X=-1,XY=1)=P(X=-1,Y=-1)=q^2$,

$P(X=-1,Z=1)=P(X=-1,XY=-1)=P(X=-1,Y=1)=pq$,

$P(X=1,Z=0)=P(X=1,XY=1)=P(X=1,Y=1)=p^2$,

$P(X=1,Z=1)=P(X=1,XY=-1)=P(X=1,Y=-1)=pq$.

因此 (X,Z) 的联合分布为

X ＼ Z	0	1	p_X.
-1	q^2	pq	q^2+pq
1	p^2	pq	p^2+pq
$p._z$	q^2+p^2	$2pq$	1

(3) 若要求 X 与 Z 相互独立,则要求

$$\begin{cases} q^2=(q^2+pq)(q^2+p^2), \\ pq=(p^2+pq)2pq, \\ p^2=(p^2+pq)(q^2+p^2), \\ pq=(q^2+pq)2pq, \end{cases} \quad 即 \quad \begin{cases} q+p=1, \\ 4pq=1, \end{cases}$$

解得 $p=q=\dfrac{1}{2}$,即当 $p=\dfrac{1}{2}$ 时,X 与 Z 相互独立.

习题 3-3

1. 设二维随机变量 (X,Y) 的概率密度函数为

$$f(x,y)=\begin{cases} 4xy, & 0<x<1,0<y<1, \\ 0, & 其他. \end{cases}$$

试求:(1) $P(0<X<0.5,0.25<Y<1)$; (2) $P(X=Y)$; (3) $P(X<Y)$; (4) (X,Y) 的分布函数.

解 (1) $P(0<X<0.5,0.25<Y<1)=\displaystyle\int_0^{0.5}\int_{0.25}^1 4xy\,\mathrm{d}y\,\mathrm{d}x=\dfrac{15}{64}$.

(2) $P(X=Y)=0$.

(3) $P(X<Y)=\displaystyle\iint\limits_{x<y} f(x,y)\,\mathrm{d}x\,\mathrm{d}y=\int_0^1\int_x^1 4xy\,\mathrm{d}y\,\mathrm{d}x=0.5$.

(4) 当 $0\leqslant x<1,0\leqslant y<1$ 时,

$$F(x,y)=\int_{-\infty}^x\int_{-\infty}^y f(x,y)\,\mathrm{d}y\,\mathrm{d}x=\int_0^x\int_0^y 4xy\,\mathrm{d}y\,\mathrm{d}x=x^2y^2;$$

当 $0\leqslant x<1,y\geqslant 1$ 时,$F(x,y)=\displaystyle\int_{-\infty}^x\int_{-\infty}^y f(x,y)\,\mathrm{d}y\,\mathrm{d}x=\int_0^x\int_0^1 4xy\,\mathrm{d}y\,\mathrm{d}x=x^2$;

当 $x\geqslant 1,0\leqslant y<1$ 时,$F(x,y)=\displaystyle\int_{-\infty}^x\int_{-\infty}^y f(x,y)\,\mathrm{d}y\,\mathrm{d}x=\int_0^1\int_0^y 4xy\,\mathrm{d}y\,\mathrm{d}x=y^2$;

当 $x<0$ 或 $y<0$ 时,$F(x,y)=0$;

当 $x>1,y>1$ 时,$F(x,y)=\displaystyle\int_{-\infty}^x\int_{-\infty}^y f(x,y)\,\mathrm{d}y\,\mathrm{d}x=\int_0^1\int_0^1 4xy\,\mathrm{d}y\,\mathrm{d}x=1$.

$$故\ F(x,y)=\begin{cases}0, & x<0\ 或\ y<0,\\ x^2y^2, & 0\leqslant x<1,0\leqslant y<1,\\ x^2, & 0\leqslant x<1,y\geqslant1,\\ y^2, & x\geqslant1,0\leqslant y<1,\\ 1, & x>1,y>1.\end{cases}$$

2. 设二维连续型随机变量(X,Y)的概率密度为

$$f(x,y)=\begin{cases}4.8y(2-x), & 0\leqslant x\leqslant1,0\leqslant y\leqslant x,\\ 0, & 其他,\end{cases}$$

求边缘概率密度$f_X(x),f_Y(y)$.

解　$f_X(x)=\displaystyle\int_{-\infty}^{+\infty}f(x,y)\mathrm{d}y=\begin{cases}\displaystyle\int_0^x4.8y(2-x)\mathrm{d}y, & 0\leqslant x\leqslant1,\\ 0, & 其他\end{cases}$

$$=\begin{cases}2.4x^2(2-x), & 0\leqslant x\leqslant1\\ 0, & 其他;\end{cases}$$

$$f_Y(y)=\int_{-\infty}^{+\infty}f(x,y)\mathrm{d}x=\begin{cases}\displaystyle\int_y^1 4.8y(2-x)\mathrm{d}x, & 0\leqslant y\leqslant1,\\ 0, & 其他\end{cases}$$

$$=\begin{cases}2.4y(3-4y+y^2), & 0\leqslant y\leqslant1,\\ 0, & 其他.\end{cases}$$

3. 设二维随机变量(X,Y)的概率密度为

$$f(x,y)=\begin{cases}cx^2y, & x^2\leqslant y\leqslant1,\\ 0, & 其他.\end{cases}$$

(1)试确定常数c；(2)求边缘概率密度；(3)判断X,Y是否独立.

解　(1) 因为$\displaystyle\int_{-\infty}^{+\infty}\int_{-\infty}^{+\infty}f(x,y)\mathrm{d}x\mathrm{d}y=1$,而

$\displaystyle\int_{-\infty}^{+\infty}\int_{-\infty}^{+\infty}f(x,y)\mathrm{d}x\mathrm{d}y=\int_{-1}^1\int_{x^2}^1 cx^2y\mathrm{d}y\mathrm{d}x=\dfrac{4c}{21}=1$,所以 $c=\dfrac{21}{4}$.

(2) $f_X(x)=\displaystyle\int_{-\infty}^{+\infty}f(x,y)\mathrm{d}y=\begin{cases}\displaystyle\int_{x^2}^1\dfrac{21}{4}x^2y\mathrm{d}y, & -1\leqslant x\leqslant1,\\ 0, & 其他\end{cases}$

$$=\begin{cases}\dfrac{21}{8}x^2(1-x^4), & -1\leqslant x\leqslant1,\\ 0, & 其他;\end{cases}$$

$$f_Y(y)=\int_{-\infty}^{+\infty}f(x,y)\mathrm{d}x=\begin{cases}\displaystyle\int_{-\sqrt{y}}^{\sqrt{y}}\dfrac{21}{4}x^2y\mathrm{d}x, & 0\leqslant y\leqslant1,\\ 0, & 其他\end{cases}=\begin{cases}\dfrac{7}{2}y^{\frac{5}{2}}, & 0\leqslant y\leqslant1,\\ 0, & 其他.\end{cases}$$

(3) 因为$x^2\leqslant y\leqslant1$时,$f(x,y)\neq f_X(x)f_Y(y)$,所以 X 与 Y 不相互独立.

4. 设 (X,Y) 的概率密度为

$$f(x,y) = \begin{cases} A\mathrm{e}^{-y}, & 0 < x < y, \\ 0, & \text{其他}, \end{cases}$$

(1)试确定常数 A；(2)求 X 与 Y 边缘概率密度；(3)判断 X,Y 是否相互独立.

解 (1) 因为 $\displaystyle\int_{-\infty}^{+\infty}\int_{-\infty}^{+\infty} f(x,y)\mathrm{d}x\mathrm{d}y = 1$, 故

$$\int_0^{+\infty}\int_0^y A\mathrm{e}^{-y}\mathrm{d}x\mathrm{d}y = \int_0^{+\infty} Ay\mathrm{e}^{-y}\mathrm{d}y = A = 1.$$

(2) $\displaystyle f_X(x) = \int_{-\infty}^{+\infty} f(x,y)\mathrm{d}y = \begin{cases} \displaystyle\int_x^{+\infty}\mathrm{e}^{-y}\mathrm{d}y = \mathrm{e}^{-x}, & x > 0, \\ 0, & x \leqslant 0; \end{cases}$

$\displaystyle f_Y(y) = \int_{-\infty}^{+\infty} f(x,y)\mathrm{d}x = \begin{cases} \displaystyle\int_0^y \mathrm{e}^{-y}\mathrm{d}x = y\mathrm{e}^{-y}, & y > 0 \\ 0, & y \leqslant 0. \end{cases}$

(3) 因为在 $0 < x < y$ 内, $f(x,y) \neq f_X(x)f_Y(y)$, 所以 X,Y 不相互独立.

5. 设二维随机变量 (X,Y) 的概率密度为

$$f(x,y) = \begin{cases} x^2 + \dfrac{1}{3}xy, & 0 \leqslant x \leqslant 1, 0 \leqslant y \leqslant 2, \\ 0, & \text{其他}. \end{cases}$$

(1)求关于 X 和关于 Y 的边缘概率密度；(2)判断 X 和 Y 是否相互独立；(3)求 $P(X+Y \geqslant 1)$.

解 (1)

$$f_X(x) = \int_{-\infty}^{+\infty} f(x,y)\mathrm{d}y = \begin{cases} \displaystyle\int_0^2\left(x^2 + \dfrac{1}{3}xy\right)\mathrm{d}y, & 0 \leqslant x \leqslant 1, \\ 0, & \text{其他} \end{cases} = \begin{cases} 2x^2 + \dfrac{2}{3}x, & 0 \leqslant x \leqslant 1, \\ 0, & \text{其他}; \end{cases}$$

$$f_Y(y) = \int_{-\infty}^{+\infty} f(x,y)\mathrm{d}x = \begin{cases} \displaystyle\int_0^1\left(x^2 + \dfrac{1}{3}xy\right)\mathrm{d}x, & 0 \leqslant y \leqslant 2, \\ 0, & \text{其他}. \end{cases} = \begin{cases} \dfrac{y}{6} + \dfrac{1}{3}, & 0 \leqslant y \leqslant 2, \\ 0, & \text{其他}. \end{cases}$$

(2) 因为在 $0 \leqslant x \leqslant 1, 0 \leqslant y \leqslant 2$ 上, $f(x,y) \neq f_X(x)f_Y(y)$, 所以 X 与 Y 不相互独立.

(3) $\displaystyle P(X+Y \geqslant 1) = \iint\limits_{x+y \geqslant 1} f(x,y)\mathrm{d}x\mathrm{d}y = 1 - \int_0^1\int_0^{-x+1}\left(x^2 + \dfrac{1}{3}xy\right)\mathrm{d}x\mathrm{d}y = 1 - \dfrac{7}{72} = \dfrac{65}{72}.$

6. 已知二维随机变量 (X,Y) 的概率密度为

$$f(x,y) = \begin{cases} A\arctan\dfrac{y}{x}, & (x,y) \in D, \\ 0, & \text{其他}, \end{cases}$$ 其中 $D = \{(x,y) \mid x^2 + y^2 \leqslant 4, 0 < y \leqslant x\}$, 求：

(1)常数 A；(2)边缘概率密度 $f_X(x)$.

解 (1) 由 $\displaystyle\iint\limits_{xOy\text{平面}} f(x,y)\mathrm{d}x\mathrm{d}y = A\iint\limits_D \arctan\dfrac{y}{x}\mathrm{d}x\mathrm{d}y = \dfrac{A\pi^2}{16} = 1$, 得 $A = \dfrac{16}{\pi^2}$, 所以

$$f(x,y) = \begin{cases} \dfrac{16}{\pi^2}\arctan\dfrac{y}{x}, & (x,y) \in D, \\ 0, & \text{其他.} \end{cases}$$

(2) $f_X(x) = \displaystyle\int_{-\infty}^{+\infty} f(x,y)\,\mathrm{d}y = \begin{cases} \displaystyle\int_0^x \dfrac{16}{\pi^2}\arctan\dfrac{y}{x}\,\mathrm{d}y, & 0 < x \leqslant \sqrt{2}, \\ \displaystyle\int_0^{\sqrt{4-x^2}} \dfrac{16}{\pi^2}\arctan\dfrac{y}{x}\,\mathrm{d}y, & \sqrt{2} < x \leqslant 2, \\ 0, & \text{其他.} \end{cases}$

由于 $\displaystyle\int \arctan\dfrac{y}{x}\,\mathrm{d}y = y\arctan\dfrac{y}{x} - \int \dfrac{xy}{x^2+y^2}\,\mathrm{d}y = y\arctan\dfrac{y}{x} - \dfrac{x}{2}\ln(x^2+y^2) + C$，所以

$$f_X(x) = \int_{-\infty}^{+\infty} f(x,y)\,\mathrm{d}y = \begin{cases} \dfrac{16}{\pi^2}\left(\dfrac{\pi x}{4} - \dfrac{x\ln 2}{2}\right), & 0 < x \leqslant \sqrt{2}, \\ \dfrac{16}{\pi^2}\left(\sqrt{4-x^2}\arctan\dfrac{\sqrt{4-x^2}}{x} - x\ln 2 + x\ln x\right), & \sqrt{2} < x \leqslant 2, \\ 0, & \text{其他.} \end{cases}$$

7. 设二维随机变量 (X,Y) 在圆域 $x^2 + y^2 \leqslant 1$ 上服从均匀分布，求条件概率密度 $f_{X|Y}(x|y), f_{Y|X}(y|x)$．

解　由假设知，(X,Y) 的概率密度为

$$f(x,y) = \begin{cases} \dfrac{1}{\pi}, & x^2 + y^2 \leqslant 1, \\ 0, & \text{其他.} \end{cases}$$

(X,Y) 关于 X 的边缘概率密度为

$$f_X(x) = \int_{-\infty}^{+\infty} f(x,y)\,\mathrm{d}y = \begin{cases} \displaystyle\int_{-\sqrt{1-x^2}}^{\sqrt{1-x^2}} \dfrac{1}{\pi}\,\mathrm{d}y, & |x| < 1, \\ 0, & |x| \geqslant 1 \end{cases}$$

$$= \begin{cases} \dfrac{2}{\pi}\sqrt{1-x^2}, & |x| < 1, \\ 0, & |x| \geqslant 1. \end{cases}$$

同理

$$f_Y(y) = \begin{cases} \dfrac{2}{\pi}\sqrt{1-y^2}, & |y| < 1, \\ 0, & |y| \geqslant 1. \end{cases}$$

则当 $|y| < 1$ 时，有 $f_{X|Y}(x|y) = \dfrac{f(x,y)}{f_Y(y)} = \begin{cases} \dfrac{\frac{1}{\pi}}{\frac{2}{\pi}\sqrt{1-y^2}}, & |x| \leqslant \sqrt{1-y^2}, \\ 0, & \text{其他} \end{cases}$

$$= \begin{cases} \dfrac{1}{2\sqrt{1-y^2}}, & |x| \leqslant \sqrt{1-y^2}, \\ 0, & \text{其他.} \end{cases}$$

当 $|x|<1$ 时,有

$$f_{Y|X}(y\mid x)=\frac{f(x,y)}{f_X(x)}=\begin{cases}\dfrac{\dfrac{1}{\pi}}{\dfrac{2}{\pi}\sqrt{1-x^2}}, & |y|\leqslant\sqrt{1-x^2}, \\ 0, & \text{其他.}\end{cases}$$

$$=\begin{cases}\dfrac{1}{2\sqrt{1-x^2}}, & |y|\leqslant\sqrt{1-x^2}, \\ 0, & \text{其他.}\end{cases}$$

提高题

1. 设连续型随机变量 U,V 的概率密度分别为 $f_1(u)$ 与 $f_2(v)$,令 $f(x,y)=f_1(x)f_2(y)+g(x,y)$,试给出 $f(x,y)$ 可成为某个二维随机变量的概率密度的充分必要条件,并说明理由.

解　函数 $f(x,y)$ 为某个二维随机变量的概率密度的充分必要条件是

$$f(x,y)\geqslant 0, \qquad \int_{-\infty}^{+\infty}\mathrm{d}x\int_{-\infty}^{+\infty}f(x,y)\mathrm{d}y=1.$$

由条件 $f(x,y)\geqslant 0$,有 $f(x,y)=f_1(x)f_2(y)+g(x,y)\geqslant 0$,即 $g(x,y)\geqslant-f_1(x)f_2(y)$.

由条件 $\int_{-\infty}^{+\infty}\mathrm{d}x\int_{-\infty}^{+\infty}f(x,y)\mathrm{d}y=1$,有

$$\int_{-\infty}^{+\infty}\mathrm{d}x\int_{-\infty}^{+\infty}f(x,y)\mathrm{d}y=\int_{-\infty}^{+\infty}f_1(x)\mathrm{d}x\int_{-\infty}^{+\infty}f_2(y)\mathrm{d}y+\int_{-\infty}^{+\infty}\mathrm{d}x\int_{-\infty}^{+\infty}g(x,y)\mathrm{d}y$$

$$=1+\int_{-\infty}^{+\infty}\mathrm{d}x\int_{-\infty}^{+\infty}g(x,y)\mathrm{d}y=1,$$

即 $\int_{-\infty}^{+\infty}\mathrm{d}x\int_{-\infty}^{+\infty}g(x,y)\mathrm{d}y=0$. 因此,$f(x,y)$ 为某个二维随机变量的概率密度的充分必要条件是 $g(x,y)\geqslant-f_1(x)f_2(y)$,$\int_{-\infty}^{+\infty}\mathrm{d}x\int_{-\infty}^{+\infty}g(x,y)\mathrm{d}y=0$.

2. 设随机变量 X 和 Y 相互独立,且分别服从参数为 1 和参数为 4 的指数分布,则 $P(X<Y)=(\quad)$.

　A　$\dfrac{1}{5}$ 　　　　　B　$\dfrac{1}{3}$ 　　　　　C　$\dfrac{2}{5}$ 　　　　　D　$\dfrac{4}{5}$

答案　选 A.

解　(X,Y) 的联合概率密度为 $f(x,y)=\begin{cases}4\mathrm{e}^{-x-4y}, & x>0,y>0, \\ 0, & \text{其他,}\end{cases}$

则　$P(X<Y)=\iint\limits_{x<y}f(x,y)\mathrm{d}x\mathrm{d}y=\int_0^{+\infty}\mathrm{d}y\int_0^y 4\mathrm{e}^{-x-4y}\mathrm{d}x=4\int_0^{+\infty}\mathrm{d}y\int_0^y\mathrm{e}^{-x-4y}\mathrm{d}x=\dfrac{1}{5}$.

3. 设 X 和 Y 是两个相互独立的随机变量,X 在 $[0,1]$ 上服从均匀分布,Y 的概率密度为 $f_Y(y)=\begin{cases}\dfrac{1}{2}\mathrm{e}^{-y/2}, & y>0, \\ 0, & y\leqslant 0.\end{cases}$

(1) 求 X 和 Y 的联合概率密度;

(2) 设含有 a 的二次方程为 $a^2 + 2Xa + Y = 0$,试求 a 有实根的概率.

解 (1) X 的概率密度 $f_X(x) = \begin{cases} 1, & 0 \leqslant x \leqslant 1 \\ 0, & \text{其他}. \end{cases}$ 又 X, Y 相互独立,

所以 X 和 Y 的联合概率密度为 $f(x, y) = \begin{cases} \dfrac{1}{2} e^{-\frac{y}{2}}, & 0 < x < 1, y > 0, \\ 0, & \text{其他}. \end{cases}$

(2) 要使方程 $a^2 + 2Xa + Y = b$ 有实根,须有 $\Delta = 4X^2 - 4Y \geqslant 0$,即 $Y \leqslant X^2$. 于是

$$P(Y < X^2) = \int_0^1 \int_0^{x^2} \frac{1}{2} e^{-\frac{y}{2}} \mathrm{d}y \mathrm{d}x = 1 - \sqrt{2\pi} [\Phi(1) - \Phi(0)] = 0.1445.$$

4. 设二维随机变量 (X, Y) 在 G 上服从均匀分布,G 由 $x - y = 0, x + y = 2$ 与 $y = 0$ 围成. 求:(1)边缘概率密度 $f_X(x)$ 和 $f_Y(y)$;(2)$f_{X|Y}(x|y)$.

解 如右下图所示,可得 G 的面积为 1,(X, Y) 的概率密度为 $f(x, y) = \begin{cases} 1, & (x, y) \in G, \\ 0, & \text{其他}. \end{cases}$

(1) $f_X(x) = \int_{-\infty}^{+\infty} f(x, y) \mathrm{d}y = \begin{cases} \int_0^x 1 \mathrm{d}y, & 0 \leqslant x < 1, \\ \int_0^{2-x} 1 \mathrm{d}y, & 1 \leqslant x \leqslant 2, \\ 0, & \text{其他} \end{cases}$

$= \begin{cases} x, & 0 \leqslant x < 1, \\ 2 - x, & 1 \leqslant x \leqslant 2, \\ 0, & \text{其他}; \end{cases}$

$f_Y(y) = \int_{-\infty}^{+\infty} f(x, y) \mathrm{d}x = \begin{cases} \int_y^{2-y} 1 \mathrm{d}x, & 0 < y < 1, \\ 0, & \text{其他} \end{cases} = \begin{cases} 2 - 2y, & 0 < y < 1, \\ 0, & \text{其他}. \end{cases}$

(2) 在 $0 < y < 1$ 条件下,条件概率密度 $f_{X|Y}(x|y) = \dfrac{f(x, y)}{f_Y(y)} = \dfrac{1}{2 - 2y}$,

所以 $f_{X|Y}(x|y) = \begin{cases} \dfrac{1}{2 - 2y}, & 0 < y < 1, y \leqslant x \leqslant 2 - y, \\ 0, & \text{其他}. \end{cases}$

5. 设二维随机变量 (X, Y) 的概率密度为

$$f(x, y) = A e^{-2x^2 + 2xy - y^2} \quad (-\infty < x < +\infty, -\infty < y < +\infty),$$

求常数 A 及条件概率密度 $f_{Y|X}(y|x)$.

解 利用 $\int_{-\infty}^{+\infty} e^{-t^2} \mathrm{d}t = \sqrt{\pi}$ 可得

$$1 = \int_{-\infty}^{+\infty} \int_{-\infty}^{+\infty} f(x, y) \mathrm{d}x \mathrm{d}y = A \int_{-\infty}^{+\infty} \int_{-\infty}^{+\infty} e^{-2x^2 + 2xy - y^2} \mathrm{d}x \mathrm{d}y$$

$$= A \int_{-\infty}^{+\infty} e^{-x^2} \mathrm{d}x \int_{-\infty}^{+\infty} e^{-(y-x)^2} \mathrm{d}y = A \sqrt{\pi} \int_{-\infty}^{+\infty} e^{-x^2} \mathrm{d}x = A\pi,$$

故得 $A = \dfrac{1}{\pi}$.

又 $f_X(x) = \int_{-\infty}^{+\infty} f(x,y)\mathrm{d}y = \int_{-\infty}^{+\infty} \dfrac{1}{\pi} \mathrm{e}^{-2x^2+2xy-y^2}\mathrm{d}y = \int_{-\infty}^{+\infty} \dfrac{1}{\pi} \mathrm{e}^{-x^2} \cdot \mathrm{e}^{-x^2+2xy-y^2}\mathrm{d}y$

$$= \dfrac{1}{\pi} \mathrm{e}^{-x^2} \int_{-\infty}^{+\infty} \mathrm{e}^{-(y-x)^2}\mathrm{d}y = \dfrac{1}{\sqrt{\pi}} \mathrm{e}^{-x^2},$$

于是　$f_{Y|X}(y|x) = \dfrac{f(x,y)}{f_X(x)} = \dfrac{\dfrac{1}{\pi}\mathrm{e}^{-2x^2+2xy-y^2}}{\dfrac{1}{\sqrt{\pi}}\mathrm{e}^{-x^2}} = \dfrac{1}{\sqrt{\pi}}\mathrm{e}^{-x^2+2xy-y^2} = \dfrac{1}{\sqrt{\pi}}\mathrm{e}^{-(y-x)^2}.$

习题 3-4

1. 设随机变量 (X,Y) 的分布律为

X \ Y	-1	1	2
-1	0.25	0.1	0.3
-2	0.15	0.15	0.05

求 $X+Y$, $X-Y$ 的分布律.

解　将 X,Y 的取值分别代入 $X+Y$, $X-Y$ 得

$X+Y$	-2	0	1	-3	-1	0
p_k	0.25	0.1	0.3	0.15	0.15	0.05

$X-Y$	0	-2	-3	-1	-3	-4
p_k	0.25	0.1	0.3	0.15	0.15	0.05

再对相等的值合并,分别得 $X+Y$, $X-Y$ 的分布律

$X+Y$	-3	-2	-1	0	1
p_k	0.15	0.25	0.15	0.15	0.3

$X-Y$	-4	-3	-2	-1	0
p_k	0.05	0.45	0.1	0.15	0.25

2. 设随机变量 (X,Y) 的分布律为

X \ Y	0	1
0	0.1	0.2
1	0.3	0.1
2	0.2	0.1

(1)求 $P(X=2|Y=1)$, $P(Y=1|X=0)$；(2)求 $V=\max\{X,Y\}$ 的分布律；(3)求 $U=$

$\min\{X,Y\}$的分布律.

解 （1）$P(X=2\,|\,Y=1)=\dfrac{P(X=2,Y=1)}{P(Y=1)}=\dfrac{0.1}{0.2+0.1+0.1}=\dfrac{1}{4}$,

$\qquad P(Y=1\,|\,X=0)=\dfrac{P(X=0,Y=1)}{P(X=0)}=\dfrac{0.2}{0.3}=\dfrac{2}{3}$.

（2）比较 X,Y 的取值得

$V=\max\{X,Y\}$	0	1	1	1	2	2
p_k	0.1	0.2	0.3	0.1	0.2	0.1

再对相等的值合并,得 $V=\max\{X,Y\}$ 的分布律

$V=\max\{X,Y\}$	0	1	2
p_k	0.1	0.6	0.3

（3）比较 X,Y 的取值得

$U=\min\{X,Y\}$	0	0	0	1	0	1
p_k	0.1	0.2	0.3	0.1	0.2	0.1

再对相等的值合并,得 $U=\min\{X,Y\}$ 的分布律

U	0	1
p_k	0.8	0.2

3. 设随机变量 X 和 Y 有如下的分布律

X	0	1
p_i	$\dfrac{1}{3}$	$\dfrac{2}{3}$

Y	-1	0	1
p_i	$\dfrac{1}{3}$	$\dfrac{1}{3}$	$\dfrac{1}{3}$

且 $P(X^2=Y^2)=1$. 求:(1)(X,Y)的分布律;(2)$Z=XY$ 的分布律.

解 （1）由 $P(X^2=Y^2)=1$ 得 $P(X^2\neq Y^2)=0$,从而得

$\qquad P(X=0,Y=-1)=P(X=0,Y=1)=P(X=1,Y=0)=0$,

则(X,Y)的分布律及边缘分布律如下:

X \ Y	-1	0	1	$p_{\cdot j}$
0	0	$\dfrac{1}{3}$	0	$\dfrac{1}{3}$
1	$\dfrac{1}{3}$	0	$\dfrac{1}{3}$	$\dfrac{2}{3}$
$p_{i\cdot}$	$\dfrac{1}{3}$	$\dfrac{1}{3}$	$\dfrac{1}{3}$	1

（2）将 X,Y 的取值代入 $Z=XY$ 得

$Z=XY$	0	0	0	-1	0	1
p_k	0	$\frac{1}{3}$	0	$\frac{1}{3}$	0	$\frac{1}{3}$

再对相等的值合并，得 $Z=XY$ 的分布律

$Z=XY$	-1	0	1
p_k	$\frac{1}{3}$	$\frac{1}{3}$	$\frac{1}{3}$

4. 已知一台电子设备的寿命（单位：h）$T\sim\text{Exp}(0.001)$，现检查了 100 台这样的设备，求最短寿命小于 10h 的概率.

解　设 T_i 表示第 i 个电子元件的寿命 $(i=1,2,\cdots,100)$，T 的概率密度与分布函数分别为

$$f_T(t)=\begin{cases}0.001\mathrm{e}^{-0.001t}, & t>0, \\ 0, & \text{其他}\end{cases} \qquad F_T(t)=\begin{cases}1-\mathrm{e}^{-0.001t}, & t>0, \\ 0, & \text{其他}.\end{cases}$$

设 $U=\min\{T_1,T_2,\cdots,T_{100}\}$，则 $F_U(u)=1-[1-F_T(u)]^{100}$，所以

$$P(U<10)=1-[1-F_T(10)]^{100}=1-(\mathrm{e}^{-0.01})^{100}=1-\mathrm{e}^{-1}\approx0.63.$$

5. 电子仪器 L 由两个相互独立的电子装置 L_1,L_2 并联组成，设 X 和 Y 分别表示 L_1，L_2 的寿命，其概率密度分别为

$$f_X(x)=\begin{cases}\alpha\mathrm{e}^{-\alpha x}, & x\geqslant0, \\ 0, & \text{其他},\end{cases} \qquad f_Y(y)=\begin{cases}\beta\mathrm{e}^{-\beta y}, & y\geqslant0, \\ 0, & \text{其他},\end{cases}$$

其中 $\alpha>0,\beta>0$，且 $\alpha\neq\beta$，试求仪器寿命的分布函数及概率密度.

解　由于 L_1,L_2 并联，所以当且仅当 L_1,L_2 都损坏时，仪器 L 才停止工作，这时 L 的寿命 Z 为 $Z=\max\{X,Y\}$，于是 $Z=\max\{X,Y\}$ 的分布函数为

$$F_{\max}(z)=F_X(z)F_Y(z)=\begin{cases}(1-\mathrm{e}^{-\alpha z})(1-\mathrm{e}^{-\beta z}), & z>0, \\ 0, & z\leqslant0;\end{cases}$$

$Z=\max\{X,Y\}$ 的概率密度为

$$f_{\max}(z)=\begin{cases}\alpha\mathrm{e}^{-\alpha z}+\beta\mathrm{e}^{-\beta z}-(\alpha+\beta)\mathrm{e}^{-(\alpha+\beta)z}, & z>0, \\ 0, & z\leqslant0.\end{cases}$$

提高题

1. 设随机变量 (X,Y) 的概率密度为

$$f(x,y)=\begin{cases}\dfrac{1}{2}(x+y)\mathrm{e}^{-(x+y)}, & x>0,y>0, \\ 0, & \text{其他}.\end{cases}$$

(1)判断 X 和 Y 是否相互独立；(2)求 $Z=X+Y$ 的概率密度.

解　（1）$f_X(x)=\displaystyle\int_{-\infty}^{+\infty}f(x,y)\mathrm{d}y=\begin{cases}\displaystyle\int_0^{+\infty}\dfrac{1}{2}(x+y)\mathrm{e}^{-(x+y)}\mathrm{d}y, & x>0, \\ 0, & \text{其他},\end{cases}$

$$= \begin{cases} \dfrac{1}{2}\mathrm{e}^{-x}, & x>0 \\ 0, & \text{其他}. \end{cases}$$

$$f_Y(y)=\int_{-\infty}^{+\infty} f(x,y)\,\mathrm{d}x = \begin{cases} \displaystyle\int_0^{+\infty}\dfrac{1}{2}(x+y)\mathrm{e}^{-(x+y)}\,\mathrm{d}x, & y>0, \\ 0, & \text{其他} \end{cases}$$

$$= \begin{cases} \dfrac{1}{2}\mathrm{e}^{-y}, & y>0, \\ 0, & \text{其他}. \end{cases}$$

当 $x>0,y>0$ 时,$f(x,y)\neq f_X(x)f_Y(y)$,所以 X 与 Y 不相互独立.

(2) $f_Z(z)=\displaystyle\int_{-\infty}^{+\infty} f(x,z-x)\,\mathrm{d}x = \begin{cases} \displaystyle\int_0^z \dfrac{1}{2}z\mathrm{e}^{-z}\,\mathrm{d}x, & z>0, \\ 0, & \text{其他} \end{cases}$

$$= \begin{cases} \dfrac{1}{2}z^2\mathrm{e}^{-z}, & z>0, \\ 0, & \text{其他}. \end{cases}$$

2. 一个系统由两个部件和一个转换开关组成,部件的使用寿命均服从参数为 λ 的指数分布,转换开关正常工作或失效的概率都是 $\dfrac{1}{2}$.系统初始先由部件 Ⅰ 工作,部件 Ⅱ 备用(备用期间不失效),当部件 Ⅰ 失效时,若转换开关失效,则系统失效;若转换开关没有失效,部件 Ⅱ 接替部件 Ⅰ 工作,直至部件 Ⅱ 失效,系统才失效.假设各部件及转换开关是否失效是相互独立的,求该系统寿命 T 的分布函数 $F(t)$.

解 依题意第 i 个部件使用寿命 $X_i\sim f(x)=\begin{cases}\lambda\mathrm{e}^{-\lambda x}, & x>0, \\ 0, & \text{其他}\end{cases}$ $(i=1,2)$.

X_1 与 X_2 独立,故其概率密度为 $f(x_1,x_2)=\begin{cases}\lambda^2\mathrm{e}^{-\lambda(x_1+x_2)}, & x_1>0,x_2>0, \\ 0, & \text{其他}.\end{cases}$

记 $A=\{$转换开关失效$\}$,则 $P(A)=P(\bar{A})=\dfrac{1}{2}$,并且 $\{X_1\leqslant t\}$,$\{X_2\leqslant t\}$,A 相互独立,

系统寿命 $T=\begin{cases}X_1, & \text{当 } A \text{ 发生时}, \\ X_1+X_2, & \text{当 } \bar{A} \text{ 发生时},\end{cases}$ 故 T 的分布函数 $F(t)=P\{T\leqslant t\}$.

当 $t<0$ 时,$F(t)=0$;

当 $t\geqslant 0$ 时,应用全概率公式得

$$\begin{aligned} F(t)=P(T\leqslant t)&=P(T\leqslant t,A)+P(T\leqslant t,\bar{A}) \\ &=P(X_1\leqslant t,A)+P(X_1+X_2\leqslant t,\bar{A}) \\ &=\frac{1}{2}P(X_1\leqslant t)+\frac{1}{2}P(X_1+X_2\leqslant t), \end{aligned}$$

其中 $P(X_1\leqslant t)=\displaystyle\int_0^t \lambda\mathrm{e}^{-\lambda x}\,\mathrm{d}x=1-\mathrm{e}^{-\lambda t}$,

$$P(X_1 + X_2 \leqslant t) = \iint\limits_{x_1 + x_2 \leqslant t} f(x_1, x_2) \, dx_1 dx_2$$

$$= \int_0^t dx_1 \int_0^{t-x_1} \lambda^2 e^{-\lambda(x_1+x_2)} \, dx_2 = \int_0^t \lambda e^{-\lambda x_1} (1 - e^{-\lambda t} e^{\lambda x_1}) \, dx_1,$$

$$= \int_0^t \lambda e^{-\lambda x_1} \, dx_1 - \int_0^t \lambda e^{-\lambda t} \, dx_1 = 1 - e^{-\lambda t} - \lambda t e^{-\lambda t},$$

所以 $F(t) = \begin{cases} 0, & t < 0, \\ 1 - e^{-\lambda t} - \dfrac{1}{2} \lambda t e^{-\lambda t}, & t \geqslant 0. \end{cases}$

总复习题 3

1. 将两封信随机地投往编号为 $1,2,3,4$ 的四个信箱,若用 X,Y 分别表示投入第 $1,2$ 号信箱的信件数,试写出 (X,Y) 的分布律及在 $X=1$ 下 Y 的条件分布律.

解 X 与 Y 的所有可能取值均为 $0,1,2$,且

$$P(X=0,Y=0) = \frac{C_2^1 C_2^1}{C_4^1 C_4^1} = \frac{1}{4}, \quad P(X=0,Y=1) = \frac{C_2^1 C_2^1}{C_4^1 C_4^1} = \frac{1}{4},$$

$$P(X=0,Y=2) = \frac{C_2^2}{C_4^1 C_4^1} = \frac{1}{16}, \quad P(X=1,Y=0) = \frac{C_2^1 C_2^1}{C_4^1 C_4^1} = \frac{1}{4},$$

$$P(X=1,Y=1) = \frac{C_2^1 C_1^1}{C_4^1 C_4^1} = \frac{1}{8}, \quad P(X=1,Y=2) = 0,$$

$$P(X=2,Y=0) = \frac{C_2^2}{C_4^1 C_4^1} = \frac{1}{16}, \quad P(X=2,Y=1) = 0,$$

$$P(X=2,Y=2) = 0.$$

故 (X,Y) 的分布律为

X \ Y	0	1	2
0	$\dfrac{1}{4}$	$\dfrac{1}{4}$	$\dfrac{1}{16}$
1	$\dfrac{1}{4}$	$\dfrac{1}{8}$	0
2	$\dfrac{1}{16}$	0	0

$$P(X=1) = \frac{1}{4} + \frac{1}{8} = \frac{3}{8}, \quad P(Y=2 \mid X=1) = \frac{P(X=1,Y=2)}{P(X=1)} = 0,$$

$$P(Y=0 \mid X=1) = \frac{P(X=1,Y=0)}{P(X=1)} = \frac{\frac{1}{4}}{\frac{3}{8}} = \frac{2}{3},$$

$$P(Y=1 \mid X=1) = \frac{P(X=1,Y=1)}{P(X=1)} = \frac{\frac{1}{8}}{\frac{3}{8}} = \frac{1}{3},$$

所以 $X=1$ 下 Y 的条件分布律为

Y	0	1
$P(Y=k\mid X=1)$	$\dfrac{2}{3}$	$\dfrac{1}{3}$

2. 设随机变量 X 与 Y 相互独立且服从区间 $[0,8]$ 上的均匀分布,求 $P(\min\{X,Y\}\leqslant 6)$.

解　将 X 与 Y 的分布函数记为 $F(x)$,则 $F(x)=\begin{cases}0, & x<0, \\ \dfrac{x}{8}, & 0\leqslant x<8, \\ 1, & x\geqslant 8.\end{cases}$

令 $U=\min\{X,Y\}$,则 $F_U(u)=1-[1-F(u)]^2$,所以

$$P(\min\{X,Y\}\leqslant 6)=P(U\leqslant 6)=F_U(6)$$

$$=1-[1-F(6)]^2=1-\left[1-\frac{6}{8}\right]^2=1-\left(\frac{1}{4}\right)^2=\frac{15}{16}.$$

3. 已知 X 的分布律为 $P(X=-2)=P(X=-1)=P(X=1)=P(X=2)=\dfrac{1}{4}$,$Y=X^2$,求 (X,Y) 的分布律.

解　因为 $Y=X^2$,所以 Y 的分布律为

Y	1	4
p	1/2	1/2

$X=-2,Y=1$ 为不可能事件,故 $P(X=-2,Y=1)=0$,同理可得 $P(X=-1,Y=4)=0$,$P(X=1,Y=4)=0$,$P(X=2,Y=1)=0$. $P(X=-2,Y=4)=P(X=-2)=1/4$,

$P(X=-1,Y=1)=P(X=-1)=1/4$,

$P(X=1,Y=1)=P(X=1)=1/4$,

$P(X=2,Y=4)=P(X=2)=1/4$.

所以 (X,Y) 的分布律为

Y \ X	-2	-1	1	2
1	0	1/4	1/4	0
4	1/4	0	0	1/4

4. 设随机变量 X 与 Y 相互独立,且

$$P(X=1)=P(Y=1)=p, \quad P(X=0)=P(Y=0)=1-p>0.$$

令 $Z=\begin{cases}1, & X+Y \text{ 为偶数}, \\ 0, & X+Y \text{ 为奇数},\end{cases}$ 问 p 取什么值时,X 与 Z 相互独立.

解　因为 X,Y 相互独立,所以

$$P(Z=0)=P(X=1,Y=0)+P(X=0,Y=1)$$

$$= P(X=1)P(Y=0) + P(X=0)P(Y=1)$$

$$= p(1-p) + p(1-p) = 2p(1-p).$$

又 $P(X=0,Z=0) = P(X=0,Y=1) = P(X=0)P(Y=1) = p(1-p)$,

而 $P(X=0)P(Z=0) = (1-p) \cdot 2p(1-p) = 2p(1-p)^2$.

令 X 与 Z 相互独立,即 $P(X=0,Z=0) = P(X=0)P(Z=0)$,有 $p(1-p) = 2p(1-p)^2$,

解得 $p=0.5$.

5. 已知随机变量 (X,Y) 的概率密度为

$$f(x,y) = \begin{cases} kxy\mathrm{e}^{-(x^2+y^2)}, & x>0, y>0, \\ 0, & \text{其他}. \end{cases}$$

求:(1)常数 k 的值;(2)在 $X>1$ 的条件下,$Y>1$ 的概率 $P(Y>1|X>1)$.

解 (1) 由 $\int_{-\infty}^{+\infty}\int_{-\infty}^{+\infty} f(x,y)\mathrm{d}x\,\mathrm{d}y = 1$,得 $\int_0^{+\infty}\int_0^{+\infty} kxy\mathrm{e}^{-(x^2+y^2)}\mathrm{d}x\,\mathrm{d}y = 1$,即

$\dfrac{k}{4}(-\mathrm{e}^{-x^2})|_0^{+\infty} \cdot (-\mathrm{e}^{-y^2})|_0^{+\infty} = \dfrac{k}{4} = 1$,所以 $k=4$.

(2) 由于 $P(X>1) = \int_1^{+\infty}\mathrm{d}x\int_0^{+\infty} 4xy\mathrm{e}^{-(x^2+y^2)}\mathrm{d}y = \mathrm{e}^{-1}$,

$$P(X>1,Y>1) = \int_1^{+\infty}\mathrm{d}x\int_1^{+\infty} 4xy\mathrm{e}^{-(x^2+y^2)}\mathrm{d}y = \mathrm{e}^{-2},$$

所以 $P(Y>1|X>1) = \dfrac{P(X>1,Y>1)}{P(X>1)} = \dfrac{\mathrm{e}^{-2}}{\mathrm{e}^{-1}} = \mathrm{e}^{-1} \approx 0.3679$.

6. 设随机变量 (X,Y) 的概率密度为 $f(x,y) = \begin{cases} x+y, & 0<x<1, 0<y<1, \\ 0, & \text{其他}. \end{cases}$

求在 $X=x$ 的条件下 Y 的条件概率密度.

解 $f_X(x) = \int_{-\infty}^{+\infty} f(x,y)\mathrm{d}y = \begin{cases} \int_0^1 (x+y)\mathrm{d}y, & 0<x<1, \\ 0, & \text{其他} \end{cases}$

$= \begin{cases} x+\dfrac{1}{2}, & 0<x<1, \\ 0, & \text{其他}. \end{cases}$

当 $0<x<1$ 时,

$$f_{Y|X}(y\,|\,x) = \frac{f(x,y)}{f_X(x)} = \begin{cases} \dfrac{x+y}{x+\dfrac{1}{2}}, & 0<y<1, \\ 0, & \text{其他} \end{cases}$$

$$= \begin{cases} \dfrac{2(x+y)}{2x+1}, & 0<y<1, \\ 0, & \text{其他}. \end{cases}$$

7. 设随机变量 (X,Y) 的概率密度为

$$f(x,y) = \begin{cases} b\mathrm{e}^{-(x+y)}, & 0<x<1, 0<y<+\infty, \\ 0, & \text{其他}. \end{cases}$$

(1)试确定常数 b；(2)求边缘概率密度 $f_X(x)$，$f_Y(y)$；(3)求函数 $U = \max\{X, Y\}$ 的分布函数.

解 (1) 因为 $\int_{-\infty}^{+\infty}\int_{-\infty}^{+\infty} f(x,y)\mathrm{d}x\,\mathrm{d}y = 1$，即

$$\int_{-\infty}^{+\infty}\int_{-\infty}^{+\infty} f(x,y)\mathrm{d}x\,\mathrm{d}y = \int_0^1\int_0^{+\infty} b\mathrm{e}^{-(x+y)}\mathrm{d}y\,\mathrm{d}x = b(1-\mathrm{e}^{-1}) = 1,$$

所以 $b = \dfrac{1}{1-\mathrm{e}^{-1}}$.

(2) $\quad f_X(x) = \int_{-\infty}^{+\infty} f(x,y)\mathrm{d}y = \begin{cases} \int_0^{+\infty} \dfrac{1}{1-\mathrm{e}^{-1}}\mathrm{e}^{-(x+y)}\mathrm{d}y, & 0 < x < 1, \\ 0, & 其他 \end{cases}$

$$= \begin{cases} \dfrac{\mathrm{e}^{-x}}{1-\mathrm{e}^{-1}}, & 0 < x < 1, \\ 0, & 其他, \end{cases}$$

$$f_Y(y) = \int_{-\infty}^{+\infty} f(x,y)\mathrm{d}x = \begin{cases} \int_0^1 \dfrac{1}{1-\mathrm{e}^{-1}}\mathrm{e}^{-(x+y)}\mathrm{d}x, & y > 0, \\ 0, & 其他 \end{cases}$$

$$= \begin{cases} \mathrm{e}^{-y}, & y > 0 \\ 0, & 其他. \end{cases}$$

(3) 因为 $f(x,y) = f_X(x)f_Y(y)$，所以 X, Y 相互独立.

$$F_X(x) = \begin{cases} 0, & x < 0, \\ \int_0^x \dfrac{\mathrm{e}^{-t}}{1-\mathrm{e}^{-1}}\mathrm{d}t, & 0 \leqslant x < 1, \\ \int_0^1 \dfrac{\mathrm{e}^{-t}}{1-\mathrm{e}^{-1}}\mathrm{d}t, & x \geqslant 1 \end{cases}$$

$$= \begin{cases} 0, & x < 0, \\ \dfrac{1-\mathrm{e}^{-x}}{1-\mathrm{e}^{-1}}, & 0 \leqslant x < 1, \\ 1, & x \geqslant 1; \end{cases}$$

$$F_Y(y) = \begin{cases} 0, & y < 0, \\ \int_0^y \mathrm{e}^{-t}\mathrm{d}t, & y \geqslant 0 \end{cases} = \begin{cases} 0, & y < 0, \\ 1-\mathrm{e}^{-y}, & y \geqslant 0. \end{cases}$$

所以 $F_U(u) = F_X(u)F_Y(u) = \begin{cases} 0, & u < 0, \\ \dfrac{(1-\mathrm{e}^{-u})^2}{1-\mathrm{e}^{-1}}, & 0 \leqslant u < 1, \\ 1-\mathrm{e}^{-u}, & u \geqslant 1. \end{cases}$

8. 设随机变量 (X, Y) 的概率密度为 $f(x,y) = \begin{cases} 3x, & 0 < x < 1, 0 < y < x, \\ 0, & 其他. \end{cases}$

求：(1) $Z = X + Y$ 的概率密度；(2) $Z = X - Y$ 的概率密度.

解 （1）

$$f_Z(z)=\int_{-\infty}^{+\infty}f(x,z-x)\mathrm{d}x=\begin{cases}\int_{\frac{z}{2}}^{z}3x\mathrm{d}x, & 0<z<1,\\ \int_{\frac{z}{2}}^{1}3x\mathrm{d}x, & 1\leqslant z<2,\\ 0, & \text{其他}\end{cases}$$

$$=\begin{cases}\dfrac{9}{8}z^2, & 0<z<1,\\ \dfrac{3}{2}-\dfrac{3}{8}z^2, & 1\leqslant z<2,\\ 0, & \text{其他}.\end{cases}$$

（2） $F_Z(z)=P(Z\leqslant z)=P(X-Y\leqslant Z)=\iint\limits_{x-y\leqslant z}f(x,y)\mathrm{d}x\mathrm{d}y$

$$=\begin{cases}0, & z<0,\\ 1-\int_0^{1-z}\mathrm{d}y\int_{y+z}^1 3x\mathrm{d}x, & 0\leqslant z<1,\\ 1, & z\geqslant 1\end{cases}$$

$$=\begin{cases}0, & z<0,\\ 1-\dfrac{3}{2}\left(\dfrac{2}{3}-z+\dfrac{z^3}{3}\right), & 0\leqslant z<1,\\ 1, & z\geqslant 1,\end{cases}$$

所以 $f_Z(z)=F'_Z(z)=\begin{cases}\dfrac{3}{2}(1-z^2), & 0\leqslant z<1,\\ 0, & \text{其他}.\end{cases}$

9. 某种商品一周的需求量是一个随机变量，其概率密度为 $f(t)=\begin{cases}t\mathrm{e}^{-t}, & t>0,\\ 0, & t\leqslant 0.\end{cases}$ 设各周的需要量是相互独立的，求：(1)两周需求量的概率密度；(2)三周需求量的概率密度.

解 设第 i 周的需求量为 $T_i(i=1,2,3)$，由题设知它们是独立同分布的随机变量.

(1) 两周的需求量为 T_1+T_2，当 $t>0$ 时其概率密度为

$$f_{T_1+T_2}(t)=\int_{-\infty}^{+\infty}f(u)f(t-u)\mathrm{d}u=\int_0^t u\mathrm{e}^{-u}(t-u)\mathrm{e}^{-(t-u)}\mathrm{d}u=\frac{t^3}{6}\mathrm{e}^{-t},$$

即 $f_{T_1+T_2}(t)=\begin{cases}\dfrac{1}{6}t^3\mathrm{e}^{-t}, & t>0,\\ 0, & t\leqslant 0.\end{cases}$

(2) 三周的需求量为 $T_1+T_2+T_3$，当 $t>0$ 时其概率密度为

$$f_{T_1+T_2+T_3}(t)=\int_{-\infty}^{+\infty}f_{T_1+T_2}(u)f(t-u)\mathrm{d}u=\int_0^t\frac{1}{6}u^3\mathrm{e}^{-u}(t-u)\mathrm{e}^{-(t-u)}\mathrm{d}u=\frac{1}{5!}t^5\mathrm{e}^{-t},$$

即 $f_{T_1+T_2+T_3}(t)=\begin{cases}\dfrac{1}{5!}t^5\mathrm{e}^{-t}, & t>0,\\ 0, & \text{其他}.\end{cases}$

第 4 章

随机变量的数字特征

内容概要

一、随机变量的数学期望

1. 定义

（1）离散型随机变量的数学期望

设离散型随机变量 X 的概率分布为 $P(X=x_k)=p_k(k=1,2,\cdots)$，如果无穷级数 $\sum_{k=1}^{\infty} x_k p_k$ 绝对收敛，则称此级数的和为随机变量 X 的数学期望或均值，记作 $E(X)$，即 $E(X)=\sum_{k=1}^{\infty} x_k p_k$.

（2）连续型随机变量的数学期望

设连续型随机变量 X 的概率密度为 $f(x)$，如果广义积分 $\int_{-\infty}^{+\infty} x f(x)\mathrm{d}x$ 绝对收敛，则称此广义积分的值为随机变量 X 的数学期望或均值，记作 $E(X)$，即 $E(X)=\int_{-\infty}^{+\infty} x f(x)\mathrm{d}x$.

说明 如果上述无穷级数或广义积分不绝对收敛，则称随机变量的数学期望不存在.

2. 性质

（1）设 C 是常数，则 $E(C)=C$；

（2）设 X 是随机变量，C 是常数，则 $E(CX)=CE(X)$；

（3）设 X 和 Y 是任意两个随机变量，则 $E(X\pm Y)=E(X)\pm E(Y)$；

（4）设随机变量 X 和 Y 相互独立，则 $E(XY)=E(X)E(Y)$.

3. 随机变量函数的数学期望

（1）一维随机变量函数的数学期望

设 $y=g(x)$ 是连续函数，令 $Y=g(X)$. 则 Y 是随机变量 X 的函数.

① 设 X 是离散型随机变量，其概率分布为 $P(X=x_k)=p_k(k=1,2,\cdots)$，如果无穷级数 $\sum_{k=1}^{\infty} g(x_k)p_k$ 绝对收敛，则随机变量 $Y=g(X)$ 的数学期望为

$$E(Y) = E[g(X)] = \sum_{k=1}^{\infty} g(x_k) p_k.$$

② 设连续型随机变量 X 的概率密度为 $f(x)$，如果广义积分 $\int_{-\infty}^{+\infty} g(x)f(x)\mathrm{d}x$ 绝对收敛，则随机变量 $Y = g(X)$ 的数学期望为 $E(Y) = E[g(X)] = \int_{-\infty}^{+\infty} g(x)f(x)\mathrm{d}x.$

（2）二维随机变量函数的数学期望

设 $z = g(x,y)$ 是连续函数，Z 是随机变量 X,Y 的函数，即 $Z = g(X,Y)$.

① 设二维离散型随机变量的概率分布为

$$P(X = x_i, Y = y_j) = p_{ij} \quad (i,j = 1,2,\cdots).$$

如果无穷级数 $\sum_{j=1}^{\infty} \sum_{i=1}^{\infty} g(x_i, y_j) p_{ij}$ 绝对收敛，则随机变量 $Z = g(X,Y)$ 的数学期望为

$$E(Z) = E[g(X,Y)] = \sum_{j=1}^{\infty} \sum_{i=1}^{\infty} g(x_i, y_j) p_{ij}.$$

② 设二维连续型随机变量 (X,Y) 的概率密度为 $f(x,y)$，如果广义积分 $\int_{-\infty}^{+\infty} \int_{-\infty}^{+\infty} g(x,y) f(x,y)\mathrm{d}x\mathrm{d}y$ 绝对收敛，则随机变量 $Z = g(X,Y)$ 的数学期望为

$$E(Z) = E[g(X,Y)] = \int_{-\infty}^{+\infty} \int_{-\infty}^{+\infty} g(x,y) f(x,y)\mathrm{d}x\mathrm{d}y.$$

二、随机变量的方差

1. 定义　设 X 是一个随机变量，如果数学期望 $E([X - E(X)]^2)$ 存在，则称 $E([X - E(X)]^2)$ 为 X 的方差，记作 $D(X)$，即 $D(X) = E([X - E(X)]^2)$，称 $\sqrt{D(X)}$ 为随机变量 X 的标准差或均方差，记作 $\sigma(X)$，即 $\sigma(X) = \sqrt{D(X)}.$

2. 方差的公式　$D(X) = E(X^2) - [E(X)]^2.$

3. 性质

（1）设 C 是常数，则 $D(C) = 0$；

（2）设 X 是随机变量，C 是常数，则有 $D(X + C) = D(X)$；

（3）设 X 是随机变量，C 是常数，则有 $D(CX) = C^2 D(X)$；

（4）若随机变量 X 和 Y 相互独立，则有 $D(X \pm Y) = D(X) + D(Y)$；

（5）$D(X) = 0$ 的充分必要条件是 X 以概率 1 取常数 C，即 $P(X = C) = 1$，这里 $C = E(X)$.

三、常用随机变量的数学期望和方差

1. 如果 X 服从 0-1 分布，即 $P(X = i) = p^i (1-p)^{1-i} (i = 0,1)$，则
$$E(X) = p, \quad D(X) = p(1-p).$$

2. 如果 $X \sim B(n,p)$，则 $E(X) = np, D(X) = np(1-p).$

3. 如果 $X \sim P(\lambda)$，则 $E(X) = \lambda, D(X) = \lambda.$

4. 如果 X 服从均匀分布，即 $X \sim U(a,b)$，则 $E(X) = \dfrac{a+b}{2}$，$D(X) = \dfrac{(b-a)^2}{12}$.

5. 如果 X 服从参数为 $\lambda(\lambda > 0$ 是常数$)$ 的指数分布，即 $X \sim \text{Exp}(\lambda)$，则

$$E(X) = \frac{1}{\lambda}, \quad D(X) = \frac{1}{\lambda^2}.$$

6. 如果 X 服从参数为 $\mu, \sigma(\sigma > 0)$ 的正态分布，即 $X \sim N(\mu, \sigma^2)$，则

$$E(X) = \mu, \quad D(X) = \sigma^2.$$

四、矩

设 X, Y 均为随机变量. 若 $E(X^k)(k=1,2,\cdots)$ 存在，则称 $E(X^k)$ 为 X 的 k 阶矩，记作 μ_k，即 $\mu_k = E(X^k)$. 若 $E([X-E(X)]^k)(k=2,3,\cdots)$ 存在，则称 $E([X-E(X)]^k)(k=2, 3,\cdots)$ 为 X 的 k 阶中心矩.

若 $E(X^k Y^l)(k,l=1,2,\cdots)$ 存在，则称 $E(X^k Y^l)$ 为 X 和 Y 的 $k+l$ 阶混合矩. 若 $E([X-E(X)]^k[Y-E(Y)]^l)(k,l=1,2,\cdots)$ 存在，则称 $E([X-E(X)]^k[Y-E(Y)]^l)$ 为 X 和 Y 的 $k+l$ 阶混合中心矩.

五、协方差和相关系数

1. 协方差

（1）定义　对于随机变量 X 和 Y，如果 $E([X-E(X)][Y-E(Y)])$ 存在，则称之为 X 和 Y 的协方差，记为 $\text{Cov}(X,Y)$，即 $\text{Cov}(X,Y) = E([X-E(X)][Y-E(Y)])$.

（2）公式　对于任意两个随机变量 X 和 Y，有

$$\text{Cov}(X,Y) = E(XY) - E(X)E(Y),$$
$$D(X \pm Y) = D(X) + D(Y) \pm 2\text{Cov}(X,Y).$$

（3）性质

① $\text{Cov}(X,Y) = \text{Cov}(Y,X)$；

② $\text{Cov}(aX, bY) = ab\text{Cov}(X,Y)$，其中 a,b 是常数；

③ $\text{Cov}(X_1 + X_2, Y) = \text{Cov}(X_1, Y) + \text{Cov}(X_2, Y)$.

2. 相关系数

（1）定义　对于随机变量 X 和 Y，如果 $D(X) \neq 0, D(Y) \neq 0$，则称

$$\frac{\text{Cov}(X,Y)}{\sqrt{D(X)}\,\sqrt{D(Y)}}$$

为 X 和 Y 的相关系数，记为 ρ_{XY}，即 $\rho_{XY} = \dfrac{\text{Cov}(X,Y)}{\sqrt{D(X)}\,\sqrt{D(Y)}}$.

（2）相关系数的性质

① $|\rho_{XY}| \leqslant 1$.

② $|\rho_{XY}| = 1$ 的充分必要条件是存在常数 a 和 b，使得 $P(Y = a + bX) = 1$.

（3）随机变量 X 和 Y 不相关的定义

如果随机变量 X 和 Y 的相关系数 $\rho_{XY} = 0$，则称 X 和 Y 不相关.

3. 重要结论

（1）如果随机变量 X 和 Y 相互独立，则 X 和 Y 不相关；但 X 和 Y 不相关时，X 和 Y 却不一定相互独立.

（2）设 $(X,Y)\sim N(\mu_1,\mu_2;\sigma_1^2,\sigma_2^2;\rho)$，则随机变量 X 和 Y 相互独立的充分必要条件是 $\rho=0$，即如果二维随机变量 (X,Y) 服从二维正态分布，则 X 和 Y 相互独立的充分必要条件是 X 和 Y 不相关.

题型归纳与例题精解

题型 4-1　离散型随机变量数学期望和方差的计算

【例 1】 某商店有 8 台打印机，其中 2 台为次品，现从中随机取 3 台，设 X 为抽取的次品台数，求 $E(X)$.

解法 1　X 的可能值为 $0,1,2$，相应的概率为

$$P(X=0)=\frac{C_6^3}{C_8^3}=\frac{5}{14},\quad P(X=1)=\frac{C_2^1C_6^2}{C_8^3}=\frac{15}{28},\quad P(X=2)=\frac{C_2^2C_6^1}{C_8^3}=\frac{3}{28}.$$

故 $E(X)=0\times\dfrac{5}{14}+1\times\dfrac{15}{28}+2\times\dfrac{3}{28}=\dfrac{3}{4}$.

解法 2　由题意可知 $X\sim B\left(3,\dfrac{1}{4}\right)$，所以 $E(X)=3\times\dfrac{1}{4}=\dfrac{3}{4}$.

注　求离散型随机变量的数学期望，一般的方法是先求出随机变量的分布律，然后按定义 $E(X)=\sum\limits_k x_k p_k$ 计算. 若随机变量服从常见的分布，则可直接利用该分布的期望公式求之. 解法 2 就是一例：若 $X\sim B(n,p)$，则 $E(X)=np$.

【例 2】 某种按新配方试制的中成药在 500 名病人中进行临床试验，有一半人服用，另一半人未服. 一周后，有 280 人痊愈，其中 240 人服了新药，试用概率统计方法说明新药的疗效.

解　设随机变量 X 表示服过新药的病人的痊愈情况；Y 表示未服过新药的病人的痊愈情况，即

$$X=\begin{cases}1,&\text{病人痊愈},\\0,&\text{病人未痊愈},\end{cases}\qquad Y=\begin{cases}1,&\text{病人痊愈},\\0,&\text{病人未痊愈}.\end{cases}$$

由题设得

X	0	1
p_i	$\dfrac{1}{25}$	$\dfrac{24}{25}$

Y	0	1
p_i	$\dfrac{21}{25}$	$\dfrac{4}{25}$

故 $E(X)=0\times\dfrac{1}{25}+1\times\dfrac{24}{25}=\dfrac{24}{25}$，$E(Y)=0\times\dfrac{21}{25}+1\times\dfrac{4}{25}=\dfrac{4}{25}$.

因为 $E(X) > E(Y)$，所以新药疗效显著.

注　有人用已服药与未服药后的痊愈率作比较，即 $P(X=1) = \dfrac{24}{25} > \dfrac{4}{25} = P(Y=1)$，来说明新药疗效显著，似乎也是行得通的，但不如用数学期望进行比较的全面、科学.

【例3】　X 和 Y 是相互独立的随机变量，其概率密度分别为

$$f_X(x) = \begin{cases} \lambda \mathrm{e}^{-\lambda x}, & x > 0, \\ 0, & \text{其他}, \end{cases} \qquad f_Y(y) = \begin{cases} \mu \mathrm{e}^{-\mu y}, & y > 0, \\ 0, & \text{其他}, \end{cases}$$

其中 $\lambda > 0, \mu > 0$ 是常数，引入随机变量 $Z = \begin{cases} 1, & 2X \leqslant Y, \\ 0, & \text{其他}. \end{cases}$

求 $E(Z)$ 和 $D(Z)$.

解　Z 服从 0-1 分布，其中

$$P(Z=1) = P(2X \leqslant Y) = \iint\limits_{2x \leqslant y} f_X(x) f_Y(y) \,\mathrm{d}x\,\mathrm{d}y = \iint\limits_{0 < 2x \leqslant y} \lambda \mathrm{e}^{-\lambda x} \mu \mathrm{e}^{-\mu y} \,\mathrm{d}x\,\mathrm{d}y$$

$$= \int_0^{+\infty} \lambda \mathrm{e}^{-\lambda x} \left(\int_{2x}^{+\infty} \mu \mathrm{e}^{-\mu y} \,\mathrm{d}y \right) \mathrm{d}x = \int_0^{+\infty} \lambda \mathrm{e}^{-\lambda x} \mathrm{e}^{-2\mu x} \,\mathrm{d}x = \frac{\lambda}{\lambda + 2\mu},$$

故 Z 的分布律为

Z	0	1
p_i	$1 - \dfrac{\lambda}{\lambda + 2\mu}$	$\dfrac{\lambda}{\lambda + 2\mu}$

则　$E(Z) = 0 \cdot P(Z=0) + 1 \cdot P(Z=1) = \lambda / (\lambda + 2\mu)$，

$E(Z^2) = 0^2 \cdot P(Z=0) + 1^2 \cdot P(Z=1) = \lambda / (\lambda + 2\mu)$，

$D(Z) = E(Z^2) - (E(Z))^2 = 2\lambda\mu / (\lambda + 2\mu)^2$.

【例4】　某车间完成生产线改造的天数 X 是一随机变量，其分布律为

X_i	26	27	28	29	30
p_i	0.1	0.2	0.4	0.2	0.1

所得利润（单位：万元）为 $Y = 5(29 - X)$. 求：(1) $E(X)$；(2) $E(Y)$.

解　(1) $E(X) = 26 \times 0.1 + 27 \times 0.2 + 28 \times 0.4 + 29 \times 0.2 + 30 \times 0.1 = 28$（天）.

(2) $E(Y) = 5 \times (29 - E(X)) = 5 \times (29 - 28) = 5$（万元）.

【例5】　已知离散型随机变量 X 的可能值为 $-1, 0, 1$，$E(X) = 0.1$，$E(X^2) = 0.9$，求 X 的分布律.

解　设 X 的分布律为

X	-1	0	1
p_i	p_1	$1 - p_1 - p_2$	p_2

由题设可得关于 p_1, p_2 的方程组

$$\begin{cases} E(X)=p_2-p_1=0.1, \\ E(X^2)=p_1+p_2=0.9 \end{cases} \Rightarrow \begin{cases} p_1=0.4, \\ p_2=0.5, \end{cases}$$

所以 X 的分布律为

X	-1	0	1
p_i	0.4	0.1	0.5

【例 6】　某工厂生产的设备的寿命 X（以年计）的概率密度为

$$f(x)=\begin{cases} \dfrac{1}{4}\mathrm{e}^{-x/4}, & x>0, \\ 0, & x\leqslant 0. \end{cases}$$

工厂规定,出售的设备若在一年之内损坏可以调换. 若出售一台设备可赢利 100 元,调换一台设备厂方需花费 200 元,试求厂方出售一台设备净赢利的数学期望.

解　设 Y 表示厂方一周内一台设备的净赢利,其取值只有两个,一个是 100 元,一个是 -200 元. 其分布律为

$$P(Y=100)=P(X>1)=\int_1^{+\infty}\frac{1}{4}\mathrm{e}^{-\frac{1}{4}x}\mathrm{d}x=\mathrm{e}^{-\frac{1}{4}},$$

$$P(Y=-200)=P(X\leqslant 1)=1-\mathrm{e}^{-\frac{1}{4}},$$

从而

$$E(Y)=100\times\mathrm{e}^{-\frac{1}{4}}-200\times(1-\mathrm{e}^{-\frac{1}{4}})\approx 33.64(元).$$

【例 7】　设随机变量 X 的分布律为

X	a	b
p_i	0.6	0.4

其中 $a<b$. 又 $E(X)=1.4, D(X)=0.24$,则 a,b 的值为（　　）.

A　$a=1,b=2$　　　B　$a=-1,b=2$　　C　$a=1,b=-2$　　D　$a=0,b=1$

解　选 A.

由 $E(X)=1.4, E(X^2)=D(X)+(E(X))^2=0.24+1.4^2$,得关于 a,b 的方程组

$$\begin{cases} 0.6a+0.4b=1.4, \\ 0.6a^2+0.4b^2=0.24+1.4^2, \end{cases}$$

解得 $a=1,b=2$.

【例 8】　对两个仪器进行独立试验. 设这两个仪器发生故障的概率分别为 p_1 与 p_2,则发生故障的仪器数的数学期望为（　　）.

A　p_1p_2　　　　　　　　　　　　　　B　p_1+p_2

C　$p_1+(1-p_2)$　　　　　　　　　　D　$p_1(1-p_2)+p_2(1-p_1)$

解　选 B. 设 $X_i(i=1,2)$ 为第 i 台机器发生的故障数,则 X_i 的分布律为

X_i	0	1
p	$1-p_i$	p_i

其中 $X_i = \begin{cases} 1, & \text{第 } i \text{ 台机器发生故障,} \\ 0, & \text{否则} \end{cases}$ $(i=1,2)$,于是发生故障的仪器数为 $X = X_1 + X_2$.

由期望的性质得 $E(X) = E(X_1) + E(X_2) = p_1 + p_2$.

【例9】 设 $X \sim B(n,p)$,$Y = 3^X - 2$,求 $E(Y)$.

解 因为 $X \sim B(n,p)$,所以 X 的分布律为

$$P(X=k) = C_n^k p^k (1-p)^{n-k} \quad (k=0,1,2,\cdots,n).$$

由随机变量函数的期望得

$$E(3^X) = \sum_{k=0}^{n} 3^k C_n^k p^k (1-p)^{n-k} = \sum_{k=0}^{n} C_n^k (3p)^k (1-p)^{n-k},$$

再利用二项展开式 $(a+b)^n = \sum_{k=0}^{n} C_n^k a^k b^{n-k}$,则

$$E(3^X) = (3p+1-p)^n = (2p+1)^n,$$

于是 $E(Y) = E(3^X - 2) = (2p+1)^n - 2$.

【例10】 将 n 个球($1 \sim n$ 号)随机地放进 n 只盒子($1 \sim n$)中,每盒装一个球.若球装入与球同号的盒子中称为一个配对,记 X 为配对的个数.求 $E(X)$,$D(X)$.

解 设 $X_i = \begin{cases} 1, & i \text{ 号球放入 } i \text{ 号盒,} \\ 0, & \text{其他} \end{cases}$ $(i=1,2,\cdots,n)$,则 $X = \sum_{i=1}^{n} X_i$,显然

X_i	0	1
p	$1 - \dfrac{1}{n}$	$\dfrac{1}{n}$

于是 $E(X) = E\left(\sum_{i=1}^{n} X_i\right) = \sum_{i=1}^{n} E(X_i) = \sum_{i=1}^{n} \dfrac{1}{n} = 1$,并且得 $E(X_i^2) = \dfrac{1}{n}$.又

$X_i X_j$	0	1	
p	$1 - \dfrac{1}{n(n-1)}$	$\dfrac{1}{n(n-1)}$	$(i,j=1,2,\cdots,n)$

可得 $E(X_i X_j) = \dfrac{1}{n(n-1)}$,于是

$$E(X^2) = E\left[\sum_{i=1}^{n} X_i\right]^2 = E\left(\sum_{i=1}^{n} X_i^2 + 2\sum_{1 \leqslant i < j \leqslant n} X_i X_j\right)$$

$$= \sum_{i=1}^{n} E(X_i^2) + 2\sum_{1 \leqslant i < j \leqslant n} E(X_i X_j) = \sum_{i=1}^{n} \frac{1}{n} + 2\sum_{1 \leqslant i < j \leqslant n} \frac{1}{n(n-1)}$$

$$= 1 + 2C_n^2 \cdot \frac{1}{n(n-1)} = 2.$$

所以 $D(X) = E(X^2) - [E(X)]^2 = 1$.

注 (1) 为避免直接求 X 的分布律(因为它很不容易求),需先将 X 分解为 n 个服从

0-1 分布的随机变量之和,然后利用期望性质和方差公式计算.

(2) 引进的 0-1 分布的随机变量 $X_1, X_2, \cdots, X_n$ 不是相互独立的. 注意下面的两种方法均是错误的:

① 由 $X_i \sim B\left(1, \dfrac{1}{n}\right)$,从而推出 $X = \sum\limits_{i=1}^{n} X_i \sim B\left(n, \dfrac{1}{n}\right)$,于是得出 $E(X) = n \cdot \dfrac{1}{n} = 1$,

$D(X) = n \cdot \dfrac{1}{n}\left(1 - \dfrac{1}{n}\right) = 1 - \dfrac{1}{n}$ 是错误的结果.

② 由 $D(X) = D\left(\sum\limits_{i=1}^{n} X_i\right)$,从而推出

$$\sum_{i=1}^{n} \left[E(X_i^2) - (E(X_i))^2 \right] = \sum_{i=1}^{n} \left(\dfrac{1}{n} - \dfrac{1}{n^2} \right) = 1 - \dfrac{1}{n} \text{ 也是错误的结果.}$$

【例 11】　3 个人在一楼进入电梯,该楼共有 11 层. 若每个乘客在任何一层楼走出电梯的概率相同. 求直到电梯中无乘客时,电梯需停次数的数学期望.

解法 1　设电梯需停次数为随机变量 X,则 X 可能取值为 $1, 2, 3$,由古典概型得

$$P(X = 1) = \frac{C_3^3 C_{10}^1}{10^3} = \frac{1}{100}, \quad P(X = 2) = \frac{C_3^2 C_{10}^2}{10^3} = \frac{27}{200},$$

$$P(X = 3) = \frac{3! \times C_{10}^3}{10^3} = \frac{72}{100}, \quad E(X) = 1 \times \frac{1}{100} + 2 \times \frac{27}{100} + 3 \times \frac{72}{100} = 2.71.$$

解法 2　设 $X_i = \begin{cases} 1, & \text{电梯在第 } i \text{ 层停} \\ 0, & \text{电梯在第 } i \text{ 层不停} \end{cases} (i = 2, 3, \cdots, 11)$,$X$ 表示电梯需停次数,则

$X = \sum\limits_{i=2}^{11} X_i$,易得 X_i 的分布律为

X_i	1	0
p	$1 - \left(1 - \dfrac{1}{10}\right)^3$	$\left(1 - \dfrac{1}{10}\right)^3$

所以 $E(X_i) = 1 - \left(1 - \dfrac{1}{10}\right)^3 = 0.271$,于是 $E(X) = \sum\limits_{i=2}^{11} E(X_i) = 10 \times 0.271 = 2.71.$

注　解法 1 是先求出 X 的分布律,根据数学期望的定义计算 $E(X)$,费时费力. 试想本题若改成 10 个人在一楼进入电梯,再用解法 1 求解就勉为其难了(因为计算量极大). 而用解法 2 则几乎不增加计算量就可得出

$$E(X) = \sum_{i=2}^{11} E(X_i) = 10\left[1 - \left(1 - \frac{1}{10}\right)^{10}\right] \approx 6.513.$$

解法 2 引进 0-1 分布随机变量以及利用数学期望的性质,使得计算极其简单. 可称解法 2 为随机变量分解法.

题型 4-2　连续型随机变量数学期望和方差的计算

【例 12】　设随机变量 X 服从参数为 1 的指数分布,则 $E(X + e^{-2X}) = $ _____.

解　$E(X + e^{-2X}) = \displaystyle\int_0^{+\infty} (x + e^{-2x}) e^{-x} \, dx = \int_0^{+\infty} x e^{-x} \, dx + \int_0^{+\infty} e^{-3x} \, dx$

$$= \left(-x\mathrm{e}^{-x} - \mathrm{e}^{-x} - \frac{1}{3}\mathrm{e}^{-3x} \right)\Big|_0^{+\infty} = \frac{4}{3}.$$

【例 13】 设随机变量 X 服从参数为 λ 的指数分布,则 $P(X > \sqrt{D(X)}) = $ _____.

解 X 的概率密度函数为 $f(x) = \begin{cases} \lambda\mathrm{e}^{-\lambda x}, & x \geqslant 0, \\ 0, & x < 0. \end{cases}$

由 $E(X) = 1/\lambda, D(X) = 1/\lambda^2$,得

$$P(X > \sqrt{D(X)}) = P(X > 1/\lambda) = \int_{\frac{1}{\lambda}}^{+\infty} \lambda\mathrm{e}^{-\lambda x}\,\mathrm{d}x = -\int_{\frac{1}{\lambda}}^{+\infty} \mathrm{e}^{-\lambda x}\,\mathrm{d}(-\lambda x) = \mathrm{e}^{-1}.$$

【例 14】 设随机变量 X, Y 的概率密度分别如下:

$$f_X(x) = \begin{cases} 2\mathrm{e}^{-2x}, & x > 0, \\ 0, & x \leqslant 0, \end{cases} \qquad f_Y(y) = \begin{cases} 4\mathrm{e}^{-4y}, & y > 0, \\ 0, & y \leqslant 0. \end{cases}$$

求 $E(X+Y), E(2X - 3Y^2)$.

解法 1 $E(X) = \int_{-\infty}^{+\infty} x f_X(x)\,\mathrm{d}x = \int_0^{+\infty} 2x\mathrm{e}^{-2x}\,\mathrm{d}x = \int_0^{+\infty} -x\,\mathrm{d}(\mathrm{e}^{-2x})$

$$= -x\mathrm{e}^{-2x}\,\Big|_0^{+\infty} + \int_0^{+\infty} \mathrm{e}^{-2x}\,\mathrm{d}x = -\frac{1}{2}\mathrm{e}^{-2x}\,\Big|_0^{+\infty} = \frac{1}{2}.$$

同理可得 $E(Y) = \int_{-\infty}^{+\infty} y f_Y(y)\,\mathrm{d}y = \frac{1}{4}$,从而

$$E(X+Y) = E(X) + E(Y) = \frac{1}{2} + \frac{1}{4} = \frac{3}{4}.$$

因为 $E(Y^2) = \int_0^{+\infty} 4y^2\mathrm{e}^{-4y}\,\mathrm{d}y = -y^2\mathrm{e}^{-4y}\,\Big|_0^{+\infty} + \int_0^{+\infty} 2y\mathrm{e}^{-4y}\,\mathrm{d}y$

$$= \frac{1}{2}\int_0^{+\infty} 4y\mathrm{e}^{-4y}\,\mathrm{d}y = \frac{1}{8},$$

所以 $E(2X - 3Y^2) = 2E(X) - 3E(Y^2) = 1 - \frac{3}{8} = \frac{5}{8}.$

解法 2 若 $X \sim \mathrm{Exp}(\lambda)$,则 $E(X) = \frac{1}{\lambda}, D(X) = \frac{1}{\lambda^2}.$

由随机变量 X, Y 的概率密度知,$X \sim \mathrm{Exp}(2)$ 且 $Y \sim \mathrm{Exp}(4)$,则

$$E(X) = \frac{1}{2}, \quad E(Y) = \frac{1}{4}, \quad D(Y) = \frac{1}{4^2},$$

于是 $E(X+Y) = E(X) + E(Y) = \frac{3}{4}.$

而 $D(Y) = E(Y^2) - (E(Y))^2$,所以 $E(Y^2) = D(Y) + (E(Y))^2 = \frac{1}{4^2} + \left(\frac{1}{4}\right)^2 = \frac{1}{8},$

即 $E(2X - 3Y^2) = 2E(X) - 3E(Y^2) = 1 - \frac{3}{8} = \frac{5}{8}.$

题型 4-3 关于协方差与相关系数的计算

【例 15】 设随机变量 X 与 Y 的相关系数为 0.5,且 $E(X) = E(Y) = 0, E(X^2) = E(Y^2) = 2$,则 $E[(X+Y)^2] = $ _____.

解 由 $D(X)=E(X^2)-[E(X)]^2=2,D(Y)=2,\rho_{XY}=0.5$,得

$$\mathrm{Cov}(X,Y)=\rho_{XY}\cdot\sqrt{D(X)}\cdot\sqrt{D(Y)}=0.5\times2=1,$$

$$E[(X+Y)^2]=E(X^2)+E(Y^2)+2E(XY)$$
$$=E(X^2)+E(Y^2)+2[\mathrm{Cov}(X,Y)+E(X)E(Y)]$$
$$=E(X^2)+E(Y^2)+2\mathrm{Cov}(X,Y)=2+2+2=6.$$

【例 16】 设随机变量 X 与 Y 的相关系数为 0.9,若 $Z=X-0.4$,求 Y 与 Z 的相关系数.

解 因为 $\mathrm{Cov}(Y,Z)=\mathrm{Cov}(Y,X-0.4)=\mathrm{Cov}(Y,X)-\mathrm{Cov}(Y,0.4)=\mathrm{Cov}(X,Y)$,且 $D(Z)=D(X)$,故

$$\rho_{YZ}=\frac{\mathrm{Cov}(Y,Z)}{\sqrt{D(Y)}\sqrt{D(Z)}}=\frac{\mathrm{Cov}(X,Y)}{\sqrt{D(X)}\sqrt{D(Y)}}=\rho_{XY}=0.9.$$

【例 17】 设随机变量 (X,Y) 的概率密度为

$$f(x,y)=\begin{cases}k(x^2+y), & 0<x<1,0<y<1,\\0, & \text{其他}.\end{cases}$$

求:(1)常数 k;(2)$D(2X-3Y+5)$;(3)相关系数 ρ_{XY};(4)判断 X 与 Y 是否相互独立?

解 (1) 令 $\int_0^1\mathrm{d}x\int_0^1 k(x^2+y)\mathrm{d}y=1$,解得 $k=\dfrac{6}{5}$.

(2) 由已知得

$$E(X)=\int_0^1\int_0^1\frac{6}{5}x(x^2+y)\mathrm{d}x\mathrm{d}y=\frac{3}{5},\quad E(Y)=\int_0^1\int_0^1\frac{6}{5}y(x^2+y)\mathrm{d}x\mathrm{d}y=\frac{3}{5},$$

$$E(X^2)=\int_0^1\int_0^1\frac{6}{5}x^2(x^2+y)\mathrm{d}x\mathrm{d}y=\frac{11}{25},\quad E(Y^2)=\int_0^1\int_0^1\frac{6}{5}y^2(x^2+y)\mathrm{d}x\mathrm{d}y=\frac{13}{30},$$

$$E(XY)=\int_0^1\int_0^1\frac{6}{5}xy(x^2+y)\mathrm{d}x\mathrm{d}y=\frac{7}{20}.$$

故

$$D(X)=E(X^2)-(E(X))^2=\frac{2}{25},\qquad D(Y)=E(Y^2)-(E(Y))^2=\frac{11}{150},$$

$$\mathrm{Cov}(X,Y)=E(XY)-E(X)E(Y)=-\frac{1}{100}.$$

从而 $D(2X-3Y+5)=4D(X)+9D(Y)-12\mathrm{Cov}(X,Y)=1.1$.

(3) $\rho_{XY}=\dfrac{\mathrm{Cov}(X,Y)}{\sqrt{D(X)}\sqrt{D(Y)}}\approx-0.1306$.

(4) 因 $\rho_{XY}\neq0$,所以 X 与 Y 相关,从而 X 与 Y 不相互独立.

【例 18】 设二维随机变量 (X,Y) 在矩形域 $G=\{(x,y)\mid 0\leqslant x\leqslant2,0\leqslant y\leqslant1\}$ 上服从均匀分布,记

$$U=\begin{cases}0, & \text{若 } X\leqslant Y,\\1, & \text{若 } X>Y,\end{cases}\qquad V=\begin{cases}0, & \text{若 } X\leqslant2Y,\\1, & \text{若 } X>2Y.\end{cases}$$

求 U 和 V 的相关系数 ρ.

解 由题设,注意 U 和 V 是 0-1 分布,参见图 4.1 可得

$$P(U=0)=P(X\leqslant Y)$$

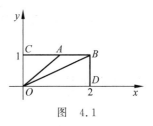

$$=\triangle AOC \text{ 的面积}/\text{矩阵 } ODBC \text{ 的面积}=\frac{1}{4},$$

$$P(U=1)=1-P(U=0)=1-\frac{1}{4}=\frac{3}{4},$$

$$P(U=1,V=1)=P(X>2Y)=\frac{1}{2}.$$

图　4.1

同理 $P(V=0)=\triangle BOC \text{ 的面积}/\text{矩阵 } ODBC \text{ 的面积}=\frac{1}{2}$,

$$P(V=1)=1-P(V=0)=\frac{1}{2},\quad E(U^2)=E(U)=1\times P(U=1)=\frac{3}{4},$$

$$E(V^2)=E(V)=1\times P(V=1)=\frac{1}{2},\quad E(UV)=1\times P(U=1,V=1)=\frac{1}{2}.$$

故
$$D(U)=E(U^2)-(E(U))^2=\frac{3}{4}-\left(\frac{3}{4}\right)^2=\frac{3}{16},$$

$$D(V)=E(V^2)-(E(V))^2=\frac{1}{2}-\left(\frac{1}{2}\right)^2=\frac{1}{4},$$

$$\text{Cov}(U,V)=E(UV)-E(U)\cdot E(V)=\frac{1}{8}.$$

于是 $\rho_{UV}=\dfrac{\text{Cov}(U,V)}{\sqrt{D(U)D(V)}}=\dfrac{\sqrt{3}}{3}$.

【例 19】 设随机变量 X 和 Y 独立同分布,记 $U=X+Y,V=X-Y$,问 U 和 V 必(　　).

A　相互独立 　　　　　　　　　B　不独立
C　相关系数为零 　　　　　　　D　相关系数不为零

解 选 C.

$$\text{Cov}(U,V)=\text{Cov}(X+Y,X-Y)$$

$$=\text{Cov}(X,X)-\text{Cov}(X,Y)+\text{Cov}(Y,X)-\text{Cov}(Y,Y).$$

而随机变量 X 和 Y 独立同分布,所以

$$\text{Cov}(X,Y)=\text{Cov}(Y,X)=0,D(X)=\text{Cov}(X,X)=D(Y)=\text{Cov}(Y,Y),$$

于是 $\text{Cov}(U,V)=D(X)-D(Y)=0$,即 $\rho_{UY}=0$. 故选 C.

【例 20】 设存在常数 $a,b(a\neq 0)$ 使 $P(Y=aX+b)=1$,则必有(　　).

A　$\rho_{XY}=a$ 　　　B　$\rho_{XY}=\dfrac{a}{|a|}$ 　　　C　$\rho_{XY}=1$ 　　　D　$\rho_{XY}=-1$

解 选 B. 因为

$$\rho_{XY}=\frac{\text{Cov}(X,Y)}{\sqrt{D(X)D(Y)}}=\frac{\text{Cov}(X,aX+b)}{\sqrt{D(X)D(aX+b)}}=\frac{\text{Cov}(X,aX)+\text{Cov}(X,b)}{\sqrt{D(X)a^2D(X)}}$$

$$=\frac{a\text{Cov}(X,X)}{|a|D(X)}=\frac{aD(X)}{|a|D(X)}=\frac{a}{|a|}.$$

故选 B.

【例 21】　设 $(X,Y)\sim N(0,1;0,1;0.5)$，求 $D(3X-2Y)$.

解　因为 $(X,Y)\sim N(0,1;0,1;0.5)$，所以 $\rho_{XY}=0.5$，$D(X)=1$，$D(Y)=1$. 于是

$$D(3X-2Y)=9D(X)+4D(Y)-12\rho_{XY}\sqrt{D(X)}\sqrt{D(Y)}$$
$$=9\times1+4\times1-12\times0.5\times1\times1=7.$$

测试题及其答案

一、填空题

1. 设随机变量 X 的分布律如下表：

X	0	2
p	0.7	0.3

则 $E(X)=$ _____，$D(X)=$ _____.

2. 设随机变量 X 服从参数为 $\dfrac{1}{2}$ 的泊松分布，则 $E(2X+3)=$ _____.

3. 设 X 为随机变量，且 $E(X)=-2$，$D(X)=3$，则 $E(3X^2-6)=$ _____.

4. 设 X,Y 为随机变量，且 $D(X+Y)=7$，$D(X)=4$，$D(Y)=1$，则 $\rho_{XY}=$ _____.

5. 设随机变量 X 服从指数分布，参数 $\lambda=$ _____ 时，$E(X^2)=72$.

二、单项选择题

6. 从 $1,2,3,4,5$ 中任取一个数，记为 X；再从 $1,2,\cdots,X$ 之中任取一个数 Y，则 Y 的期望 $E(Y)=$（　　）.

　　A　5　　　　　　　　B　4　　　　　　　　C　3　　　　　　　　D　2

7. 设随机变量 X 的期望 $E(X)$ 为一非负值，且 $E\left(\dfrac{X^2}{2}-1\right)=2$，$D\left(\dfrac{X}{2}-1\right)=\dfrac{1}{2}$，则 $E(X)=$（　　）.

　　A　0　　　　　　　　B　1　　　　　　　　C　2　　　　　　　　D　$\sqrt{8}$

8. 设 X 的分布函数为 $F(x)=\begin{cases}0,&x<0,\\x^3,&0\leqslant x\leqslant1,\\1,&x>1,\end{cases}$ 则 $E(X)=$（　　）.

　　A　$\displaystyle\int_0^{+\infty}x^4\mathrm{d}x$　　B　$\displaystyle\int_0^1 3x^3\mathrm{d}x$　　C　$\displaystyle\int_0^1 x^4\mathrm{d}x+\int_1^{+\infty}x\,\mathrm{d}x$　　D　$\displaystyle\int_0^{+\infty}3x^3\mathrm{d}x$

9. 设 X 为随机变量，$E(X)=\mu$，$D(X)=\sigma^2$，则对于任意常数 C，有（　　）.

　　A　$E[(X-C)^2]=E(X^2)-C$　　　　　　B　$E[(X-C)^2]=E[(X-\mu)^2]$

　　C　$E[(X-C)^2]\leqslant E[(X-\mu)^2]$　　　　D　$E[(X-C)^2]\geqslant E[(X-\mu)^2]$

10. 设随机变量 X 与 Y 的相关系数为 $\rho_{XY}=1$，则（　　）.

　　A　X 与 Y 相互独立　　　　　　　　B　X 与 Y 必不相关

C $\quad P(Y=aX^2+bX+c)=1$ D $\quad P(Y=aX+b)=1$

三、计算题及应用题

11. 设随机变量 X 在 $[-1,2]$ 上服从均匀分布,随机变量

$$Y=\begin{cases}1, & X>0, \\ 0, & X=0, \\ -1, & X<0.\end{cases} \text{求 } E(Y),D(Y).$$

12. 随机变量 X 在 $[1,3]$ 上服从均匀分布,求 $E\left(\dfrac{1}{X}\right)$.

13. 设随机变量 X,Y 相互独立,且概率密度分别为

$$f_X(x)=\frac{1}{\sqrt{\pi}}e^{-x^2+2x-1}(-\infty<x<+\infty),\quad f_Y(y)=\begin{cases}\dfrac{1}{2}, & 0<y<2, \\ 0, & \text{其他}.\end{cases}$$

求 $D(X+Y),D(2X+Y)$.

14. 设随机变量 X 和 Y 相互独立,且均服从正态分布 $N\left(0;\dfrac{1}{2}\right)$. 求 $E(|X-Y|)$.

15. 设 $(X,Y)\sim N(1,2^2;0,3^2;0.5)$,求 $\text{Cov}(X-Y,Y)$.

16. 设随机变量 X,Y,Z 相互独立,且 $D(X)=25,D(Y)=144,D(Z)=81,U=X+Y$, $V=Y+Z$. 求相关系数 ρ_{UV}.

四、证明题

17. 设随机变量 $X_1,X_2,\cdots,X_{m+n}(m<n)$ 相互独立且服从同一分布,并且具有相同的

方差,设 $X=X_1+X_2+\cdots+X_n$,$Y=X_{m+1}+X_{m+2}+\cdots+X_{m+n}$. 证明:$\rho_{XY}=\dfrac{n-m}{n}$.

答案

一、1. $0.6,0.84$; 2. 4; 3. 15; 4. $\dfrac{1}{2}$; 5. $\dfrac{1}{6}$.

二、6. D; 7. C; 8. B; 9. D; 10. D.

三、11. **解** Y 的分布律为

Y	-1	0	1
p_k	$\dfrac{1}{3}$	0	$\dfrac{2}{3}$

故 $E(Y)=1\cdot P(Y=-1)+(-1)\cdot P(Y=1)=\dfrac{1}{3}$,

   $E(Y^2)=(-1)^2\cdot P(Y=-1)+1\cdot P(Y=1)=1$,

得 $D(Y)=E(Y^2)-[E(Y)]^2=\dfrac{8}{9}$.

12. **解**　因 $X \sim U[1,3]$，其概率密度为

$$f(x) = \begin{cases} \dfrac{1}{2}, & 1 \leqslant x \leqslant 3, \\ 0, & \text{其他,} \end{cases}$$

故有
$$E\left(\frac{1}{X}\right) = \int_1^3 \frac{1}{x} \cdot \frac{1}{2} \mathrm{d}x = \frac{1}{2}\ln 3.$$

13. **解**　从 X, Y 的概率密度知 $X \sim N\left(1, \dfrac{1}{2}\right)$，$Y \sim U(0, 2)$，所以 $D(X) = \dfrac{1}{2}$，$D(Y) = \dfrac{1}{3}$．又随机变量 X, Y 相互独立，于是

$$D(X+Y) = D(X) + D(Y) = \frac{5}{6}, \qquad D(2X+Y) = 4D(X) + D(Y) = \frac{7}{3}.$$

14. **解**　令 $Z = X - Y$，则 $Z \sim N(0,1)$，于是

$$E(|Z|) = \frac{1}{\sqrt{2\pi}} \int_{-\infty}^{+\infty} |z| \, \mathrm{e}^{-\frac{z^2}{2}} \mathrm{d}z = \frac{2}{\sqrt{2\pi}} \int_0^{+\infty} z \, \mathrm{e}^{-\frac{z^2}{2}} \mathrm{d}z = \sqrt{\frac{2}{\pi}}.$$

15. **解**　因为 $(X,Y) \sim N(1, 2^2; 0, 3^2; 0.5)$，所以　$\rho_{XY} = 0.5$，$D(X) = 2^2$，$D(Y) = 3^2$，于是

$$\text{Cov}(X-Y, Y) = \rho_{XY} \sqrt{D(X)} \sqrt{D(Y)} - D(Y) = 0.5 \times 2 \times 3 - 9 = -6.$$

16. **解**　由于随机变量 X, Y, Z 相互独立，所以
$$\text{Cov}(X,Y) = \text{Cov}(X,Z) = \text{Cov}(Y,Z) = 0,$$
于是　$\text{Cov}(U,V) = \text{Cov}(X+Y, Y+Z)$
$$= \text{Cov}(X,Y) + \text{Cov}(X,Z) + \text{Cov}(Y,Y) + \text{Cov}(Y,Z) = D(Y) = 144,$$
$$D(U) = D(X+Y) = D(X) + D(Y) = 169,$$
$$D(V) = D(Y+Z) = D(Y) + D(Z) = 225.$$

因此　$\rho_{UV} = \dfrac{\text{Cov}(U,V)}{\sqrt{D(U) \cdot D(V)}} = \dfrac{144}{195}.$

四、17. **证明**　因为
$$\text{Cov}(X,Y) = \text{Cov}(X_1 + X_2 + \cdots + X_n, X_{m+1} + X_{m+2} + \cdots + X_{m+n})$$
$$= \text{Cov}(X_1, X_{m+1}) + \text{Cov}(X_1, X_{m+2}) + \cdots + \text{Cov}(X_1, X_{m+n}) +$$
$$\text{Cov}(X_2, X_{m+1}) + \text{Cov}(X_2, X_{m+2}) + \cdots + \text{Cov}(X_2, X_{m+n}) + \cdots +$$
$$\text{Cov}(X_n, X_{m+1}) + \text{Cov}(X_n, X_{m+2}) + \cdots + \text{Cov}(X_n, X_{m+n}).$$

又因为 $X_1, X_2, \cdots, X_{m+n} (m < n)$ 相互独立且服从同一分布，所以
$$\text{Cov}(X_i, X_j) = 0 (i \neq j), \quad \text{Cov}(X_i, X_j) = \sigma^2 (i = j),$$
$$D(X) = D(X_1 + X_2 + \cdots + X_n) = D(X_1) + D(X_2) + \cdots + D(X_n) = n\sigma^2,$$
$$D(Y) = D(X_{m+1} + X_{m+2} + \cdots + X_{m+n}) = n\sigma^2,$$
于是
$$\text{Cov}(X,Y) = \text{Cov}(X_{m+1}, X_{m+1}) + \text{Cov}(X_{m+2}, X_{m+2}) + \cdots + \text{Cov}(X_n, X_n)$$
$$= (n-m)\sigma^2.$$

即 $\rho_{XY}=\dfrac{\mathrm{Cov}(X,Y)}{\sqrt{D(X)\cdot D(Y)}}=\dfrac{(n-m)\sigma^2}{\sqrt{n\sigma^2\cdot n\sigma^2}}=\dfrac{m-n}{n}.$

课后习题解答

习题 4-1

基础题

1. 从 4 名男生和 2 名女生中,任选 3 人参加演讲比赛.设随机变量 X 表示所选 3 人中的女生人数,求 $E(X)$.

解 X 的所有可能取值为 $0,1,2$,且

$$P(X=0)=\frac{C_4^3}{C_6^3}=\frac{1}{5},\quad P(X=1)=\frac{C_4^2C_2^1}{C_6^3}=\frac{3}{5},\quad P(X=2)=\frac{C_2^2C_4^1}{C_6^3}=\frac{1}{5},$$

所以,X 的分布律为

X	0	1	2
p_k	$\frac{1}{5}$	$\frac{3}{5}$	$\frac{1}{5}$

从而 $E(X)=0\times\dfrac{1}{5}+1\times\dfrac{3}{5}+2\times\dfrac{1}{5}=1.$

2. 设随机变量 X 取非负整数,其分布律为 $P(X=k)=\dfrac{ab^k}{k!}$,已知 $E(X)=2$,求常数 a 和 b.

解 由分布律的定义知 $\displaystyle\sum_{k=0}^{\infty}P(X=k)=\sum_{k=0}^{\infty}\frac{ab^k}{k!}=1$, 所以 $a\mathrm{e}^b=1$.

又 $E(X)=\displaystyle\sum_{k=1}^{\infty}kP(X=k)=\sum_{k=0}^{\infty}k\cdot\frac{ab^k}{k!}=2$,则得 $ab\mathrm{e}^b=2$. 解得 $a=\mathrm{e}^{-2},b=2.$

3. 按规定,某客车站每天 8:00~9:00,9:00~10:00,都恰有一辆客车到站,但到站的时刻是随机的,且两者到站的时间是相互独立的,其规律为

到站时刻	8:10 9:10	8:30 9:30	8:50 9:50
p_k	0.2	0.4	0.4

一乘客 8:20 到车站,求他候车时间的数学期望.

解 设乘客的候车时间为 X(单位:min).若乘客 8:20 到车站,如果 8:00~9:00 的车正好在 8:30 到,则乘客等车需 10min,发生的概率为 0.4;如果 8:00~9:00 的车已经在 8:10 开走,而 9:00~10:00 的车在 9:30 到的话,则乘客需等车 70min,其发生的概率为事件 A="第一辆车 8:10 开走"和事件 B="第二辆车 9:30 到"同时发生的概率,即 $P(AB)=P(A)P(B)=0.2\times0.4=0.08$.同理可得其他情形的概率.于是乘客的候车时间 X 的分布

律为

X	10	30	50	70	90
p_k	0.4	0.4	0.04	0.08	0.08

该乘客的候车时间 X 的数学期望为

$E(X)=10\times0.4+30\times0.4+50\times0.04+70\times0.08+90\times0.08=30.8(\text{min})$

4. 设随机变量 X 的概率密度为

$$f(x)=\begin{cases}1+x, & -1\leqslant x\leqslant0,\\ 1-x, & 0<x\leqslant1,\\ 0, & \text{其他},\end{cases}\quad \text{试求 } X \text{ 的数学期望}.$$

解 $E(X)=\displaystyle\int_{-\infty}^{+\infty}xf(x)\mathrm{d}x=\int_{-1}^{0}x(1+x)\mathrm{d}x+\int_{0}^{1}x(1-x)\mathrm{d}x$

$=\left(\dfrac{x^2}{2}+\dfrac{x^3}{3}\right)\Big|_{-1}^{0}+\left(\dfrac{x^2}{2}-\dfrac{x^3}{3}\right)\Big|_{0}^{1}=-\dfrac{1}{6}+\dfrac{1}{6}=0.$

5. 设连续型随机变量 X 的概率密度为 $f(x)=\begin{cases}kx^a, & 0<x<1,\\ 0, & \text{其他},\end{cases}$ 其中 $k,a>0$. 又已知 $E(X)=0.75$，求 k,a 的值.

解 由概率密度的性质 $\displaystyle\int_{-\infty}^{+\infty}f(x)\mathrm{d}x=1$，即 $\displaystyle\int_{0}^{1}kx^a\mathrm{d}x=1$，所以 $\dfrac{k}{a+1}=1$.   (1)

$E(X)=\displaystyle\int_{-\infty}^{+\infty}xf(x)\mathrm{d}x=\int_{0}^{1}x\cdot kx^a\mathrm{d}x=\int_{0}^{1}kx^{a+1}\mathrm{d}x=0.75,$

所以

$$\dfrac{k}{a+2}=0.75. \qquad\qquad\qquad (2)$$

由(1)式及(2)式得，$k=3,a=2$.

提高题

1. 某人的一串钥匙上有 n 把钥匙，其中只有一把能打开自己的家门，他随意地试用这串钥匙中的某一把去开门. 若每把钥匙试开一次后除去，求打开门时试开次数的数学期望.

解 设 X 表示打开门时的试开次数，则

$P(X=k)=\dfrac{n-1}{n}\cdot\dfrac{n-2}{n-1}\cdot\cdots\cdot\dfrac{n-k+1}{n-k+2}\cdot\dfrac{1}{n-k+1}=\dfrac{1}{n}\quad(k=1,2,\cdots,n),$

$E(X)=\displaystyle\sum_{k=1}^{n}kP(X=k)=\sum_{k=1}^{n}k\,\dfrac{1}{n}=\dfrac{1}{n}\cdot\dfrac{n(n+1)}{2}=\dfrac{n+1}{2}.$

2. 同时掷两颗骰子，出现的最大点数为一个随机变量. 求这个随机变量的期望.

解 设 X 表示出现的最大点数

$P(X=k)=\left(\dfrac{1}{6}\right)^2+\mathrm{C}_2^1\left(\dfrac{1}{6}\right)\left(\dfrac{k-1}{6}\right)=\dfrac{2k-1}{36}\quad(k=1,2,\cdots,6),$

$$E(X) = \sum_{k=1}^{k=6} k \cdot \frac{2k-1}{36} = \frac{161}{36} \approx 4.47.$$

3. 连续型随机变量 X 的概率密度为 $f(x) = \dfrac{1}{\sqrt{\pi}} e^{-x^2+2x-1}$ $(-\infty < x < +\infty)$,求 $E(X)$.

解 在讨论涉及形如 e^{-x^2+2x-1} 的概率密度的数字特征时,应尽可能地利用正态分布概率密度性质,于是由

$$f(x) = \frac{1}{\sqrt{\pi}} e^{-x^2+2x-1} = \frac{1}{\sqrt{2\pi} \cdot \frac{1}{\sqrt{2}}} \exp\left\{ -\frac{(x-1)^2}{2\left(\frac{1}{\sqrt{2}}\right)^2} \right\},$$

知 $E(X) = 1$.

4. 假设一部机器在一天内发生故障的概率为 0.2,发生故障则全天停业. 假如一周 5 个工作日里无故障,可获利润 10 万元,发生 1 次故障仍可获利 5 万元,发生 2 次故障所获利润为 0 万元,发生 3 次或 3 次以上故障就要损失 2 万元,求一周内期望利润.

解 以 X 表示一周 5 天内机器发生故障的天数,则 $X \sim B(5, 0.2)$. X 的分布律为

$$P(X=k) = C_5^k \cdot 0.2^k \cdot 0.8^{5-k} \quad (k=0,1,2,3,4,5),$$

计算可得

$$P(Y=10) = P(X=0) = 0.8^5 = 0.328, \quad P(Y=5) = P(X=1) = 0.410,$$
$$P(Y=0) = P(X=2) = 0.205, \quad P(Y=-2) = P(X \geqslant 3) = 0.057,$$

所以 $E(Y) = 10 \times 0.328 + 5 \times 0.410 + 0 \times 0.205 + (-2) \times 0.057 = 5.216$ (万元).

习题 4-2

基础题

1. 已知离散型随机变量 X 服从参数为 2 的泊松分布,设 $Z = 3X - 2$,求 $E(Z)$.

解 由于 $X \sim P(2)$,所以 $E(X) = 2$,于是

$$E(Z) = E(3X-2) = 3E(X) - 2 = 3 \times 2 - 2 = 4.$$

2. 设随机变量 X 的分布律为

X	-2	0	2
p_k	0.4	0.3	0.3

求:$E(X), E(X^2), E(3X^2+5)$.

解 $E(X) = -2 \times 0.4 + 0 \times 0.3 + 2 \times 0.3 = -0.2$,

$\quad E(X^2) = (-2)^2 \times 0.4 + 0^2 \times 0.3 + 2^2 \times 0.3 = 2.8$,

$\quad E(3X^2+5) = 3E(X^2) + 5 = 3 \times 2.8 + 5 = 13.4$.

3. 设随机变量 X 的概率密度为 $f(x) = \begin{cases} e^{-x}, & x > 0, \\ 0, & x \leqslant 0. \end{cases}$

试求下列函数的数学期望:(1) $Y = 2X$;(2) $Y = e^{-2X}$.

解 (1)$E(Y)=\int_0^{+\infty}2x\,e^{-x}\,dx=2$；(2)$E(Y)=\int_0^{+\infty}e^{-2x}\,e^{-x}\,dx=\dfrac{1}{3}$.

4. 某车间对生产的球体进行测试,其直径在区间$[a,b]$上服从均匀分布,求球体体积的数学期望.

解 设球的直径为X,则X的概率密度为$f(x)=\begin{cases}\dfrac{1}{b-a}, & a\leqslant x\leqslant b, \\ 0, & \text{其他}.\end{cases}$

球的体积$V=\dfrac{4}{3}\pi\left(\dfrac{X}{2}\right)^3=\dfrac{1}{6}\pi X^3$,

$$E(V)=\int_{-\infty}^{+\infty}\frac{1}{6}\pi x^3 f(x)\,dx=\frac{1}{6}\pi\int_a^b\frac{x^3}{b-a}\,dx=\frac{\pi}{24}(a+b)(a^2+b^2).$$

5. 设(X,Y)的分布律如下:

X\Y	0	1	2
0	0.1	0.2	a
1	0.1	b	0.2

已知$E(X^2+Y^2)=2.4$,求a,b的值.

解 (X,Y)的边缘分布律如下

X\Y	0	1	2	$P(X=i)$
0	0.1	0.2	a	$0.3+a$
1	0.1	b	0.2	$0.3+b$
$P(Y=j)$	0.2	$0.2+b$	$0.2+a$	1

由分布律定义知

$$0.1+0.2+a+0.1+b+0.2=1, 即 a+b=0.4. \tag{1}$$

又$E(X^2+Y^2)=2.4$,而

$$\begin{aligned}E(X^2+Y^2)&=E(X^2)+E(Y^2)\\&=0^2\times(0.3+a)+1^2\times(0.3+b)+0^2\times0.2+1^2\times\\&\quad(0.2+b)+2^2\times(0.2+a)\\&=1.3+2b+4a,\end{aligned}$$

所以$1.3+2b+4a=2.4$,即$2b+4a=1.1$. $\tag{2}$

由(1)式及(2)式解得:$a=0.15,b=0.25$.

6. 设二维随机变量(X,Y)有概率密度$f(x,y)=\begin{cases}\dfrac{1}{8}, & 1\leqslant x\leqslant5,1\leqslant y\leqslant x, \\ 0, & \text{其他}.\end{cases}$

试求$E(XY^2),E(X),E(Y)$.

解

$$E(XY^2)=\int_{-\infty}^{+\infty}\int_{-\infty}^{+\infty}xy^2 f(x,y)\,dx\,dy=\int_1^5\int_1^x\frac{1}{8}xy^2\,dy\,dx=\int_1^5\frac{1}{24}(x^4-x)\,dx=25.53,$$

$$E(X) = \int_{-\infty}^{+\infty}\int_{-\infty}^{+\infty} x f(x,y)\mathrm{d}x\mathrm{d}y = \int_1^5\int_1^x \frac{1}{8}x\,\mathrm{d}y\mathrm{d}x = \int_1^5 \frac{1}{8}(x^2-x)\mathrm{d}x = \frac{11}{3},$$

$$E(Y) = \int_{-\infty}^{+\infty}\int_{-\infty}^{+\infty} y f(x,y)\mathrm{d}x\mathrm{d}y = \int_1^5\int_1^x \frac{1}{8}y\,\mathrm{d}y\mathrm{d}x = \int_1^5 \frac{1}{16}(x^2-1)\mathrm{d}x = \frac{7}{3}.$$

提高题

1. 设随机变量 X 的分布函数为 $F(x)=\begin{cases}0, & x<-1,\\ 0.2, & -1\leqslant x<0,\\ 0.8, & 0\leqslant x<1,\\ 1, & x\geqslant1.\end{cases}$

试求：$E(X),E(2X+5),E(X^2)$.

解 求 X 的期望与方差,先求 X 的概率分布.

$$P(X=-1)=F(-1)-F(-1-0)=0.2,$$
$$P(X=0)=F(0)-F(0-0)=0.8-0.2=0.6,$$
$$P(X=1)=F(1)-F(1-0)=1-0.8=0.2,$$

因此　$E(X)=-1\times0.2+0\times0.6+1\times0.2=0,\quad E(2X+5)=2E(X)+5=5,$

$$E(X^2)=(-1)^2\times0.2+0^2\times0.6+1^2\times0.2=0.4.$$

2. 设随机变量 X 概率分布为 $P(X=k)=\dfrac{C}{k!}(k=0,1,2,\cdots)$,求 $E(X^2)$.

解　由 $\displaystyle\sum_{k=0}^{\infty}P(X=k)=\sum_{k=0}^{\infty}\frac{C}{k!}=C\sum_{k=0}^{\infty}\frac{1}{k!}=C\cdot e=1$,得 $C=e^{-1}$. 于是

$$P(X=k)=\frac{1}{k!}e^{-1}\quad(k=0,1,2,\cdots).$$

所以　$\displaystyle E(X^2)=\sum_{k=0}^{\infty}k^2P(X=k)=\sum_{k=0}^{\infty}k^2\frac{e^{-1}}{k!}=e^{-1}\sum_{k=1}^{\infty}\frac{k}{(k-1)!}$

$$=e^{-1}\sum_{k=1}^{\infty}\frac{(k-1)+1}{(k-1)!}=e^{-1}\left[\sum_{k=2}^{\infty}\frac{1}{(k-2)!}+\sum_{k=1}^{\infty}\frac{1}{(k-1)!}\right]$$

$$=e^{-1}(e+e)=2.$$

3. 设随机变量 X 的概率密度为

$$f(x)=\begin{cases}2^{-x}\ln2, & x>0,\\ 0, & \text{其他}.\end{cases}$$

对 X 进行独立重复的观测,直到第 2 个大于 3 的观测值出现时停止,记 Y 为观测次数. 求：
(1)Y 的概率分布；(2)$E(Y)$.

解　(1) 记 p 为 "观测值大于 3" 的概率,则 $p=P(X>3)=\displaystyle\int_3^{+\infty}2^{-x}\ln2\,\mathrm{d}x=\frac{1}{8}$.

依题意 Y 为离散型随机变量,而且取值为 $2,3,\cdots$,则 Y 的概率分布为

$$P(Y=k)=C_{k-1}^1 p^1(1-p)^{k-2}p=C_{k-1}^1 p^2(1-p)^{k-2}$$

$$=(k-1)\left(\frac{1}{8}\right)^2\left(\frac{7}{8}\right)^{k-2}\quad(k=2,3,\cdots).$$

(2) 记 Y_1 表示 "首次成功的试验次数",则 Y_1 服从参数为 $\dfrac{1}{8}$ 的几何分布,取值 $1,2,\cdots$,

Y_2 表示"第1次成功后到第二次成功为止共进行的试验次数",则 Y_2 也服从参数为 $\dfrac{1}{8}$ 的几何分布,取值为 $1,2,\cdots$,则 $Y=Y_1+Y_2$ 为第二次成功出现时的试验次数,取值为 $2,3,\cdots$,所以

$$E(Y)=E(Y_1+Y_2)=E(Y_1)+E(Y_2)=\frac{1}{1/8}+\frac{1}{1/8}=16.$$

4. 连续型随机变量 X 的概率密度为 $f(x)=\dfrac{1}{\pi(1+x^2)}(-\infty<x<+\infty)$,求 $E(\min\{|X|,1\})$.

解 $E(\min\{|X|,1\})=\displaystyle\int_{-\infty}^{-1}\frac{1}{\pi(1+x^2)}\mathrm{d}x+\int_{-1}^{1}\frac{x}{\pi(1+x^2)}\mathrm{d}x+\int_{1}^{+\infty}\frac{1}{\pi(1+x^2)}\mathrm{d}x$

$$=\frac{1}{\pi}\arctan x\,\Big|_{-\infty}^{-1}+\frac{1}{\pi}\arctan x\,\Big|_{1}^{+\infty}=\frac{1}{2}.$$

5. 设国际市场每年对我国某种出口商品的需求量 X(单位:t)服从 $[2000,4000]$ 上的均匀分布.若销售这种商品 1t,可挣得外汇 3 万元,若积压 1t,则亏损 1 万元.问应组织多少货源,才能使国家的收益最大?

解 设组织货源 at$(2000\leqslant a\leqslant 4000)$,国家收益 Y(万元)是 X 的函数 $Y=g(X)$,则

$$g(X)=\begin{cases}3a, & X\geqslant a,\\ 3X-(a-X), & X<a.\end{cases}$$

而 X 的概率密度为

$$f(x)=\begin{cases}\dfrac{1}{2000}, & 2000\leqslant x\leqslant 4000,\\[2mm] 0, & \text{其他}.\end{cases}$$

于是有 $E(Y)=E[g(X)]=\displaystyle\int_{-\infty}^{+\infty}g(x)f(x)\mathrm{d}x=\int_{2000}^{4000}\frac{1}{2000}g(x)\mathrm{d}x$

$$=\int_{2000}^{a}\frac{1}{2000}[3x-(a-x)]\mathrm{d}x+\int_{a}^{4000}\frac{1}{2000}3a\,\mathrm{d}x$$

$$=\frac{1}{2000}(-2a^2+14000a-8\times10^6).$$

将 $E(Y)$ 对 a 求导,并令导数为零,得 $a=3500$.因此当 $a=3500$t 时,$E(Y)$ 最大.因此,应组织 3500t 货源,才能使国家的收益最大.

习题 4-3

基础题

1. 学校文娱队共有 6 人,其中每位队员唱歌、跳舞至少会一项,已知会唱歌的有 4 人,会跳舞的有 5 人,现从中选 2 人,设 X 为选出人中既会唱歌又会跳舞的人数,求 $E(X)$,$D(X)$.

解 因为文娱队共 6 人,而会唱歌的 4 人,会跳舞的 5 人,所以既会唱歌又会跳舞的人有 $4+5-6=3$ 人,X 的所有可能取值为 $0,1,2$.

$$P(X=0)=\frac{C_3^2}{C_6^2}=\frac{1}{5}, \quad P(X=1)=\frac{C_3^1 C_3^1}{C_6^2}=\frac{3}{5}, \quad P(X=2)=\frac{C_3^2}{C_6^2}=\frac{1}{5},$$

即 X 的分布律为

X	0	1	2
p_k	$\dfrac{1}{5}$	$\dfrac{3}{5}$	$\dfrac{1}{5}$

$$E(X)=0\times\frac{1}{5}+1\times\frac{3}{5}+2\times\frac{1}{5}=1, \quad E(X^2)=0^2\times\frac{1}{5}+1^2\times\frac{3}{5}+2^2\times\frac{1}{5}=\frac{7}{5},$$

$$D(X)=E(X^2)-[E(X)]^2=\frac{7}{5}-1^2=\frac{2}{5}.$$

2. 设 X 服从二项分布 $B(n,p)$，若已知 $E(X)=12$，$D(X)=8$，求 n 和 p.

解 $E(X)=np=12, D(X)=np(1-p)=8$，解得：$n=36, p=\dfrac{1}{3}$.

3. 设随机变量 X 服从参数为 1 的泊松分布，求 $P(X=E(X^2))$.

解 因为 X 服从参数为 1 的泊松分布，所以 $E(X)=D(X)=1$，则

$$E(X^2)=D(X)+(E(X))^2=1+1=2,$$

于是 $P(X=E(X^2))=P(X=2)=\dfrac{\mathrm{e}^{-1}}{2!}=\dfrac{\mathrm{e}^{-1}}{2}$.

4. 随机变量 X 的概率密度为 $f(x)=\begin{cases}\dfrac{2}{x^2}, & 1\leqslant x\leqslant 2,\\[2mm] 0, & \text{其他}.\end{cases}$ 求 $E(X)$ 和 $D(X)$.

解 $E(X)=\displaystyle\int_{-\infty}^{+\infty}xf(x)\mathrm{d}x=\int_1^2 x\cdot\frac{2}{x^2}\mathrm{d}x=\int_1^2\frac{2}{x}\mathrm{d}x=2\ln x\mid_1^2=2\ln 2,$

$$E(X^2)=\int_{-\infty}^{+\infty}x^2 f(x)\mathrm{d}x=\int_1^2 x^2\cdot\frac{2}{x^2}\mathrm{d}x=\int_1^2 2\mathrm{d}x=2,$$

$$D(X)=E(X^2)-[E(X)]^2=2-(2\ln 2)^2=2-4\ln^2 2.$$

5. 设随机变量 X 的概率密度为

$$f(x)=\begin{cases}ax, & 0<x<2,\\ bx+1, & 2\leqslant x\leqslant 4,\\ 0, & \text{其他},\end{cases}$$ 并已知 $P(1<X<3)=\dfrac{3}{4}$，求系数 $a,b,E(X)$ 和 $D(X)$.

解 因为 $\displaystyle\int_{-\infty}^{+\infty}f(x)\mathrm{d}x=1$，即 $\displaystyle\int_{-\infty}^{+\infty}f(x)\mathrm{d}x=\int_0^2 ax\,\mathrm{d}x+\int_2^4(bx+1)\mathrm{d}x=1$，所以

$$2a+6b=-1. \tag{1}$$

又因为 $P(1<X<3)=\displaystyle\int_1^2 ax\,\mathrm{d}x+\int_2^3(bx+1)\mathrm{d}x=\dfrac{3}{4}$，所以

$$3a+5b=-\frac{1}{2}. \tag{2}$$

由(1)式及(2)式解得 $a=\dfrac{1}{4}, b=-\dfrac{1}{4}$. 于是 X 的概率密度函数为

$$f(x)=\begin{cases} \dfrac{1}{4}x, & 0<x<2,\\[2mm] -\dfrac{1}{4}x+1, & 2\leqslant x\leqslant 4,\\[2mm] 0, & \text{其他}. \end{cases}$$

$$E(X)=\int_{-\infty}^{+\infty}xf(x)\mathrm{d}x=\int_{0}^{2}\frac{1}{4}x^2\mathrm{d}x+\int_{2}^{4}\left(1-\frac{1}{4}x\right)x\mathrm{d}x=\frac{8}{12}+\frac{16}{12}=2,$$

$$E(X^2)=\int_{-\infty}^{+\infty}x^2f(x)\mathrm{d}x=\int_{0}^{2}\frac{1}{4}x^3\mathrm{d}x+\int_{2}^{4}\left(1-\frac{1}{4}x\right)x^2\mathrm{d}x=1+\frac{11}{3}=\frac{14}{3},$$

$$D(X)=E(X^2)-\left[E(X)\right]^2=\frac{14}{3}-2^2=\frac{14}{3}-4=\frac{2}{3}.$$

6. 设随机变量 X 和 Y 相互独立,且 $X\sim N(1,2)$,$Y\sim N(2,3)$,求 $E(4X-3Y)$ 和 $D(4X-3Y)$.

解 由题设知,$E(X)=1,D(X)=2$;$E(Y)=2,D(Y)=3$,于是
$$E(4X-3Y)=4E(X)-3E(Y)=4\times1-3\times2=-2.$$
又 X 与 Y 独立,所以
$$D(4X-3Y)=16D(X)+9D(Y)=16\times2+9\times3=32+27=59.$$

提高题

1. 设随机变量 X 的概率分布为 $P(X=-2)=\dfrac{1}{2}$,$P(X=1)=a$,$P(X=3)=b$,若 $E(X)=0$,求 $D(X)$.

解 由离散型随机变量可知 $\dfrac{1}{2}+a+b=1$. 因为 $E(X)=0$,得
$$-2\times\frac{1}{2}+1\times a+3\times b=0.$$
故可得 $a=b=\dfrac{1}{4}$,因此有
$$E(X^2)=(-2)^2\times\frac{1}{2}+1^2\times\frac{1}{4}+3^2\times\frac{1}{4}=\frac{9}{2},$$
所以 $D(X)=E(X^2)-(E(X))^2=\dfrac{9}{2}.$

2. 投掷 10 颗骰子,假定每颗骰子出现 1 至 6 点都是等可能的,求 10 颗骰子的点数和的数学期望和方差.

解 设 X_i 表示第 i 颗骰子出现的点数,$i=1,2,\cdots,10$,X 表示 10 颗骰子的点数和,则 $X=\sum\limits_{i=1}^{10}X_i$,$X_i$ 的分布律为

X_i	1	2	3	4	5	6
p_i	$\dfrac{1}{6}$	$\dfrac{1}{6}$	$\dfrac{1}{6}$	$\dfrac{1}{6}$	$\dfrac{1}{6}$	$\dfrac{1}{6}$

$$E(X_i)=1\times\frac{1}{6}+2\times\frac{1}{6}+3\times\frac{1}{6}+4\times\frac{1}{6}+5\times\frac{1}{6}+6\times\frac{1}{6}=\frac{7}{2}\quad(i=1,2,\cdots,10),$$

$$E(X) = E\left(\sum_{i=1}^{10} X_i\right) = \sum_{i=1}^{10} E(X_i) = \sum_{i=1}^{10} \frac{7}{2} = 10 \times \frac{7}{2} = 35,$$

$$E(X_i^2) = \sum_{k=1}^{6} k^2 \frac{1}{6} = \frac{91}{6}, \quad D(X_i) = E(X_i^2) - [E(X_i)]^2 = \frac{91}{6} - \left(\frac{7}{2}\right)^2 = \frac{35}{12}.$$

又 $X_1, X_2, \cdots, X_{10}$ 独立,所以

$$D(X) = D\left(\sum_{i=1}^{10} X_i\right) = \sum_{i=1}^{10} D(X_i) = \sum_{i=1}^{10} \frac{35}{12} = 10 \times \frac{35}{12} = \frac{175}{6}.$$

3. 设 $f(x) = E(X-x)^2$, $x \in \mathbb{R}$,证明:当 $x = E(X)$ 时,$f(x)$ 达到最小值.

证明 $f(x) = E(X-x)^2 = E(X^2) - 2xE(X) + x^2$,两边对 x 求导,有

$$\frac{\mathrm{d}f(x)}{\mathrm{d}x} = 2x - 2E(X).$$

显然,当 $x = E(X)$ 时,$\dfrac{\mathrm{d}f(x)}{\mathrm{d}x} = 2x - 2E(X) = 0$.

又因为 $\dfrac{\mathrm{d}^2 f(x)}{\mathrm{d}x^2} = 2 > 0$,所以当 $x = E(X)$ 时,$f(x)$ 达到最小值,最小值为

$$f(E(X)) = E(X - E(X))^2 = D(X).$$

4. 设随机变量 X 的概率密度为

$$f(x) = \begin{cases} 0, & x \leqslant 0, \\ \dfrac{1}{2}, & 0 < x < 1, \\ \dfrac{1}{2x^2}, & x \geqslant 1, \end{cases} \quad \text{求随机变量} \quad Y = \begin{cases} 0, & X \leqslant \dfrac{1}{2}, \\ 1, & \dfrac{1}{2} \leqslant X < 2, \\ 2, & X \geqslant 2 \end{cases} \quad \text{的方差}.$$

解法 1 用连续型随机变量的数学期望公式,得

$$E(Y) = \int_{-\infty}^{+\infty} y(x) f(x) \mathrm{d}x = \int_{\frac{1}{2}}^{1} \frac{1}{2} \mathrm{d}x + \int_{1}^{2} \frac{1}{2x^2} \mathrm{d}x + \int_{2}^{+\infty} \frac{1}{x^2} \mathrm{d}x = 1,$$

$$E(Y^2) = \int_{-\infty}^{+\infty} y^2(x) f(x) \mathrm{d}x = \int_{\frac{1}{2}}^{1} \frac{1}{2} \mathrm{d}x + \int_{1}^{2} \frac{1}{2x^2} \mathrm{d}x + \int_{2}^{+\infty} \frac{2}{x^2} \mathrm{d}x = \frac{3}{2},$$

$$D(Y) = E(Y^2) - (E(Y))^2 = \frac{3}{2} - 1 = \frac{1}{2}.$$

解法 2 先求出 Y 的概率分布,即由 $Y = 0, 1, 2$ 得

$$P(Y = 0) = P\left(X < \frac{1}{2}\right) = \int_{0}^{\frac{1}{2}} \frac{1}{2} \mathrm{d}x = \frac{1}{4},$$

$$P(Y = 1) = P\left(\frac{1}{2} \leqslant X < 2\right) = \int_{\frac{1}{2}}^{1} \frac{1}{2} \mathrm{d}x + \int_{1}^{2} \frac{1}{2x^2} \mathrm{d}x = \frac{1}{2},$$

$$P(Y = 2) = 1 - \frac{1}{4} - \frac{1}{2} = \frac{1}{4},$$

从而有

Y	0	1	2
p_k	$\dfrac{1}{4}$	$\dfrac{1}{2}$	$\dfrac{1}{4}$

于是
$$E(Y)=0\times\frac{1}{4}+1\times\frac{1}{2}+2\times\frac{1}{4}=1,$$

$$E(Y^2)=0^2\times\frac{1}{4}+1^2\times\frac{1}{2}+2^2\times\frac{1}{4}=\frac{3}{2},$$

$$D(Y)=E(Y^2)-(E(Y))^2=\frac{3}{2}-1=\frac{1}{2}.$$

习题 4-4

1. 设随机变量 X,Y 的期望和方差都存在,且 $D(X-Y)=D(X)+D(Y)$,则下列说法不正确的是(　　).

A　$D(X+Y)=D(X)+D(Y)$　　　　B　$E(XY)=E(X)E(Y)$

C　X 与 Y 不相关　　　　　　　　D　X 与 Y 独立

解　选 D.

因为 $D(X-Y)=D(X)+D(Y)-2\mathrm{Cov}(X,Y)=D(X)+D(Y)$,

所以 $\mathrm{Cov}(X,Y)=0$,即 X 与 Y 不相关,所以 C 正确.

由于 $D(X+Y)=D(X)+D(Y)+2\mathrm{Cov}(X,Y)=D(X)+D(Y)$,所以 A 正确.

由 $\mathrm{Cov}(X,Y)=E(XY)-E(X)E(Y)$ 且 $\mathrm{Cov}(X,Y)=0$,可得 $E(XY)=E(X)E(Y)$,所以 B 正确.

但 $\mathrm{Cov}(X,Y)=0$ 并不能说明 X,Y 独立,所以 D 不正确,故答案选 D.

2. 设 (X,Y) 的分布律如下:

X \ Y	1	2
1	0	1/3
2	1/3	1/3

求 $\mathrm{Cov}(X,Y),\rho_{XY}$.

解　X,Y 的边缘分布律

X \ Y	1	2	$P_{i\cdot}$
1	0	1/3	1/3
2	1/3	1/3	2/3
$P_{\cdot j}$	1/3	2/3	1

$$E(XY)=1\times1\times0+1\times2\times\frac{1}{3}+2\times1\times\frac{1}{3}+2\times2\times\frac{1}{3}=\frac{8}{3},$$

$$E(X)=1\times\frac{1}{3}+2\times\frac{2}{3}=\frac{5}{3},\quad E(Y)=1\times\frac{1}{3}+2\times\frac{2}{3}=\frac{5}{3},$$

$$\mathrm{Cov}(X,Y)=E(XY)-E(X)E(Y)=\frac{8}{3}-\frac{5}{3}\times\frac{5}{3}=-\frac{1}{9},$$

$$E(X^2)=1^2\times\frac{1}{3}+2^2\times\frac{2}{3}=3,\quad E(Y^2)=1^2\times\frac{1}{3}+2^2\times\frac{2}{3}=3,$$

$$D(X) = E(X^2) - [E(X)]^2 = 3 - \left(\frac{5}{3}\right)^2 = \frac{2}{9},$$

$$D(Y) = E(Y^2) - [E(Y)]^2 = \frac{2}{9},$$

$$\rho_{XY} = \frac{\mathrm{Cov}(X,Y)}{\sqrt{D(X)}\sqrt{D(Y)}} = \frac{-\dfrac{1}{9}}{\sqrt{\dfrac{2}{9}} \times \sqrt{\dfrac{2}{9}}} = -\frac{1}{2}.$$

3. 设两个随机变量 X 和 Y 的方差分别为 25 和 16,相关系数为 0.4,求 $D(2X+Y)$ 和 $D(X-2Y)$.

解　$D(2X+Y) = 4D(X) + D(Y) + 4\mathrm{Cov}(X,Y)$
$$= 4D(X) + D(Y) + 4\rho_{XY}\sqrt{D(X)} \cdot \sqrt{D(Y)}$$
$$= 4 \times 25 + 16 + 4 \times 0.4 \times \sqrt{25}\sqrt{16} = 148,$$
$$D(X-2Y) = D(X) + 4D(Y) - 4\mathrm{Cov}(X,Y)$$
$$= D(X) + 4D(Y) - 4\rho_{XY}\sqrt{D(X)} \cdot \sqrt{D(Y)}$$
$$= 25 + 4 \times 16 - 4 \times 0.4 \times \sqrt{25} \times \sqrt{16} = 57.$$

4. 设 X,Y 是两个随机变量,已知 $E(X) = 2, E(X^2) = 20, E(Y) = 3, E(Y^2) = 34,$ $\rho_{XY} = 0.5,$ 求:$E(3X+2Y), E(X-Y), D(3X+2Y), D(X-Y)$.

解　$D(X) = E(X^2) - [E(X)]^2 = 20 - 2^2 = 16,$
$D(Y) = E(Y^2) - [E(Y)]^2 = 34 - 3^2 = 25,$
$\mathrm{Cov}(X,Y) = \rho_{XY}\sqrt{D(X)} \cdot \sqrt{D(Y)} = 0.5 \times \sqrt{16} \times \sqrt{25} = 10,$
$E(3X+2Y) = 3E(X) + 2E(Y) = 3 \times 2 + 2 \times 3 = 12,$
$E(X-Y) = E(X) - E(Y) = 2 - 3 = -1,$
$D(3X+2Y) = 9D(X) + 4D(Y) + 12\mathrm{Cov}(X,Y) = 9 \times 16 + 4 \times 25 + 12 \times 10 = 364,$
$D(X-Y) = D(X) + D(Y) - 2\mathrm{Cov}(X,Y) = 16 + 25 - 2 \times 10 = 21.$

5. 设 (X,Y) 的联合概率密度为 $f(x,y) = \begin{cases} \mathrm{e}^{-(x+y)}, & x>0, y>0, \\ 0, & \text{其他}. \end{cases}$

求:(1)$D(X)$;(2)$\mathrm{Cov}(X,Y)$;(3)ρ_{XY};(4)讨论随机变量 X 与 Y 的相关性.

解　(1) $E(X) = \int_{-\infty}^{+\infty}\int_{-\infty}^{+\infty} x f(x,y)\mathrm{d}x\,\mathrm{d}y = \int_0^{+\infty}\int_0^{+\infty} x\,\mathrm{e}^{-(x+y)}\mathrm{d}y\,\mathrm{d}x = \int_0^{+\infty} x\,\mathrm{e}^{-x}\mathrm{d}x$
$$= -\int_0^{+\infty} x\,\mathrm{d}\mathrm{e}^{-x} = -\left(x\,\mathrm{e}^{-x}\,\Big|_0^{+\infty} - \int_0^{+\infty}\mathrm{e}^{-x}\mathrm{d}x\right) = \int_0^{+\infty}\mathrm{e}^{-x}\mathrm{d}x = 1,$$

$E(X^2) = \int_{-\infty}^{+\infty}\int_{-\infty}^{+\infty} x^2 f(x,y)\mathrm{d}x\,\mathrm{d}y = \int_0^{+\infty}\int_0^{+\infty} x^2\,\mathrm{e}^{-(x+y)}\mathrm{d}y\,\mathrm{d}x = \int_0^{+\infty} x^2\,\mathrm{e}^{-x}\mathrm{d}x$
$$= -\int_0^{+\infty} x^2\,\mathrm{d}\mathrm{e}^{-x} = -\left(x^2\,\mathrm{e}^{-x}\,\Big|_0^{+\infty} - \int_0^{+\infty} 2x\,\mathrm{e}^{-x}\mathrm{d}x\right) = 2\int_0^{+\infty} x\,\mathrm{e}^{-x}\mathrm{d}x = 2,$$

$D(X) = E(X^2) - [E(X)]^2 = 2 - 1^2 = 1.$

(2) 同理可知, $E(Y)=1, E(Y^2)=2,$

$$E(XY)=\int_{-\infty}^{+\infty}\int_{-\infty}^{+\infty}xyf(x,y)\mathrm{d}x\,\mathrm{d}y=\int_0^{+\infty}\int_0^{+\infty}xy\mathrm{e}^{-(x+y)}\mathrm{d}x\,\mathrm{d}y$$

$$=\int_0^{+\infty}x\mathrm{e}^{-x}\mathrm{d}x\cdot\int_0^{+\infty}y\mathrm{e}^{-y}\mathrm{d}y=1,$$

$$\mathrm{Cov}(X,Y)=E(XY)-E(X)E(Y)=1-1\times1=0.$$

(3) $\rho_{XY}=\dfrac{\mathrm{Cov}(X,Y)}{\sqrt{D(X)}\sqrt{D(Y)}}=0.$

(4) X 与 Y 不相关.

6. 设二维随机变量 (X,Y) 的概率密度为

$$f(x,y)=\begin{cases}x+y,&0\leqslant x\leqslant1,0\leqslant y\leqslant1,\\0,&\text{其他}.\end{cases}\quad\text{试求 }D(X),D(Y),\mathrm{Cov}(X,Y),\rho_{XY}.$$

解　$E(X)=\int_{-\infty}^{+\infty}\int_{-\infty}^{+\infty}xf(x,y)\mathrm{d}x\,\mathrm{d}y=\int_0^1\int_0^1x(x+y)\mathrm{d}y\,\mathrm{d}x$

$$=\int_0^1\left(x^2+\frac{x}{2}\right)\mathrm{d}x=\frac{1}{3}+\frac{1}{4}=\frac{7}{12},$$

$$E(X^2)=\int_{-\infty}^{+\infty}\int_{-\infty}^{+\infty}x^2f(x,y)\mathrm{d}x\,\mathrm{d}y=\int_0^1\int_0^1x^2(x+y)\mathrm{d}y\,\mathrm{d}x$$

$$=\int_0^1\left(x^3+\frac{x^2}{2}\right)\mathrm{d}x=\frac{1}{4}+\frac{1}{6}=\frac{5}{12}.$$

同理可得, $E(Y)=\dfrac{7}{12}, E(Y^2)=\dfrac{5}{12}.$

$$E(XY)=\int_{-\infty}^{+\infty}\int_{-\infty}^{+\infty}xyf(x,y)\mathrm{d}x\,\mathrm{d}y=\int_0^1\int_0^1xy(x+y)\mathrm{d}y\,\mathrm{d}x$$

$$=\int_0^1\left(\frac{x^2}{2}+\frac{x}{3}\right)\mathrm{d}x=\frac{1}{6}+\frac{1}{6}=\frac{1}{3},$$

$$D(X)=E(X^2)-[E(X)]^2=\frac{5}{12}-\left(\frac{7}{12}\right)^2=\frac{11}{144}.\text{ 同理 }D(Y)=\frac{11}{144}.$$

$$\mathrm{Cov}(X,Y)=E(XY)-E(X)E(Y)=\frac{1}{3}-\frac{7}{12}\times\frac{7}{12}=-\frac{1}{144},$$

$$\rho_{XY}=\frac{\mathrm{Cov}(X,Y)}{\sqrt{D(X)}\sqrt{D(Y)}}=\frac{-\dfrac{1}{144}}{\sqrt{\dfrac{11}{144}}\cdot\sqrt{\dfrac{11}{144}}}=-\frac{1}{11}.$$

提高题

1. 设随机变量 $X\sim N(0,1), Y\sim N(1,4),$ 且相关系数 $\rho_{XY}=1,$ 则(　).

A　$P(Y=-2X-1)=1$　　　　　　B　$P(Y=2X-1)=1$

C　$P(Y=-2X+1)=1$　　　　　　D　$P(Y=2X+1)=1$

解　设 $Y=aX+b,$ 因为相关系数 $\rho_{XY}=1,$ 所以 X,Y 正相关, 即有 $a>0.$

又 $X\sim N(0,1), Y\sim N(1,4),$ 则

$$E(X)=0,\quad D(X)=1,\quad E(Y)=1,\quad D(Y)=4,$$

$$E(Y)=E(aX+b)=aE(X)+b=b=1,$$

$$D(Y) = D(aX + b) = a^2 D(X) = a^2 = 4, \quad 且 \quad a > 0,$$

所以 $a = 2, b = 1$，即 $Y = 2X + 1$. 故选 D.

2. 随机变量 X, Y 的分布律如下：

X	0	1
p_i	$\dfrac{1}{4}$	$\dfrac{3}{4}$

Y	0	1
p_i	$\dfrac{1}{2}$	$\dfrac{1}{2}$

且 $\mathrm{Cov}(X, Y) = \dfrac{1}{8}$，求 (X, Y) 的分布律.

解　因为 $\mathrm{Cov}(X, Y) = E(XY) - E(X)E(Y) = \dfrac{1}{8}$，而 $E(X) = \dfrac{3}{4}$，$E(Y) = \dfrac{1}{2}$，$E(XY) =$

$P(X = 1, Y = 1)$，所以 $P(X = 1, Y = 1) = \dfrac{1}{8} + \dfrac{3}{4} \times \dfrac{1}{2} = \dfrac{1}{2}$，于是

$$P(X = 0, Y = 1) = 0, \quad P(X = 1, Y = 0) = P(X = 0, Y = 0) = \dfrac{1}{4}.$$

(X, Y) 的分布律为

X＼Y	0	1
0	1/4	0
1	1/4	1/2

3. 设随机变量 X 和 Y 的联合概率分布为

X＼Y	0	1	2
0	$\dfrac{1}{4}$	0	$\dfrac{1}{4}$
1	0	$\dfrac{1}{3}$	0
2	$\dfrac{1}{12}$	0	$\dfrac{1}{12}$

求：(1) $P(X = 2Y)$；(2) $\mathrm{Cov}(X - Y, Y)$.

解　(1) $P(X = 2Y) = P(X = 0, Y = 0) + P(X = 2, Y = 1) = \dfrac{1}{4} + 0 = \dfrac{1}{4}$，

(2) $\mathrm{Cov}(X - Y, Y) = \mathrm{Cov}(X, Y) - \mathrm{Cov}(Y, Y)$，

$\mathrm{Cov}(X, Y) = E(XY) - E(X)E(Y)$，

其中

$$E(X) = \dfrac{2}{3}, \quad E(X^2) = 1, \quad E(Y) = 1, \quad E(Y^2) = \dfrac{5}{3}, \quad E(XY) = \dfrac{2}{3},$$

$$D(X) = E(X^2) - (E(X))^2 = 1 - \dfrac{4}{9} = \dfrac{5}{9},$$

$$D(Y) = E(Y^2) - (E(Y))^2 = \dfrac{5}{3} - 1 = \dfrac{2}{3},$$

所以 $\mathrm{Cov}(X,Y)=0,\mathrm{Cov}(Y,Y)=D(Y)=\dfrac{2}{3},\mathrm{Cov}(X-Y,Y)=-\dfrac{2}{3}.$

4. 设 $W=(aX+3Y)^2,E(X)=E(Y)=0,D(X)=4,D(Y)=16,\rho_{XY}=-0.5$，求常数 a，使 $E(W)$ 为最小，并求 $E(W)$ 的最小值.

解　$\begin{aligned}E(W)&=E((aX+3Y)^2)=E(a^2X^2+6aXY+9Y^2)\\&=a^2E(X^2)+6aE(XY)+9E(Y^2)\\&=a^2[(E(X))^2+D(X)]+6a[\rho_{XY}\sqrt{D(X)D(Y)}+E(X)E(Y)]+\\&\quad 9[(E(Y))^2+D(Y)]=4a^2-24a+144=4(a^2-6a+36).\end{aligned}$

令 $f(a)=a^2-6a+36$，取 $f'(a)=2a-6=0$，得 $a=3$. 而 $f''(3)=2>0$，所以当 $a=3$ 时，$E(W)=4(a^2-3a+36)=108$ 为最小.

5. 随机试验 E 有三种两两互不相容的结果 A_1,A_2,A_3，且三种结果发生的概率均为 $\dfrac{1}{3}$，将试验 E 独立重复做两次，X 表示两次试验中结果 A_1 发生的次数，Y 表示两次试验中结果 A_2 发生的次数，求 X 与 Y 的相关系数.

解　二维离散型随机变量 (X,Y) 的联合分布为

Y \ X	0	1	2
0	1/9	2/9	1/9
1	2/9	2/9	0
2	1/9	0	0

$$E(X)=E(Y)=\frac{2}{3},\quad D(X)=D(Y)=\frac{4}{9},\quad E(XY)=\frac{2}{9},$$

$$\rho_{XY}=\frac{E(XY)-E(X)E(Y)}{\sqrt{D(X)}\cdot\sqrt{D(Y)}}=-\frac{1}{2}.$$

总复习题 4

1. 设 X 表示 10 次独立重复射击中命中目标的次数，每次射中目标的概率为 0.4，求 $E(X^2)$.

解　$X\sim B(10,0.4),\quad E(X)=10\times0.4=4,\quad D(X)=10\times0.4\times(1-0.4)=2.4,$ 所以　$E(X^2)=D(X)+[E(X)]^2=2.4+4^2=18.4.$

2. 某同学参加科普知识竞赛，需要回答三个问题，竞赛规则规定：每题回答正确得 100 分，回答不正确扣 100 分，假设这名同学回答每题正确的概率为 $\dfrac{4}{5}$，且各题回答正确与否相互间没有影响，求这名同学回答这三个问题的平均得分数.

解　设 X 表示三个问题中回答正确的个数，则 $X\sim B\left(3,\dfrac{4}{5}\right)$，所以，$E(X)=3\times\dfrac{4}{5}=\dfrac{12}{5}$，则平均回答对 $\dfrac{12}{5}$ 个问题，于是，得分为 $100\times\dfrac{12}{5}-100\times\left(3-\dfrac{12}{5}\right)=100\times\dfrac{9}{5}=180$（分）.

3. 某医院门诊室有外科医生 3 名，内科医生 2 名，急诊室有内外科医生各 2 名，春节期

间决定从门诊室抽 2 名医生到急诊室工作,春节后由急诊室抽 1 名医生到门诊室工作. 用 X 表示抽调后门诊室外科医生人数,求:(1)X 的分布律;(2)$E(X)$;(3)$D(X)$.

解 原门诊和急诊医生情况

门诊	3 名外科医生	2 名内科医生
急诊	2 名外科医生	2 名内科医生

从门诊抽 2 名医生到急诊后,门诊和急诊的医生情况如下:

	抽 2 名外科医生即 C_3^2	内外科医生各 1 名即 $C_2^1 C_3^1$	抽 2 名内科医生 C_2^2
急诊	4 外,2 内	3 外,3 内	2 外,4 内
门诊	1 外,2 内	2 外,1 内	3 外

再从急诊抽 1 名医生到门诊,则门诊的外科医生数 X 可能取值为 1,2,3,4.

$$P(X=1)=\frac{C_3^2 C_2^1}{C_5^2 C_6^1}=\frac{1}{10}, \quad P(X=2)=\frac{C_3^2 C_4^1+C_2^1 C_3^1 C_3^1}{C_5^2 C_6^1}=\frac{1}{2},$$

$$P(X=3)=\frac{C_3^1 C_2^1 C_3^1+C_2^2 C_4^1}{C_5^2 C_6^1}=\frac{11}{30}, \quad P(X=4)=\frac{C_2^2 C_2^1}{C_5^2 C_6^1}=\frac{1}{30}.$$

所以 X 的分布律为

X	1	2	3	4
p_i	$\dfrac{1}{10}$	$\dfrac{1}{2}$	$\dfrac{11}{30}$	$\dfrac{1}{30}$

$$E(X)=1\times\frac{1}{10}+2\times\frac{1}{2}+3\times\frac{11}{30}+4\times\frac{1}{30}=\frac{7}{3},$$

$$E(X^2)=1\times\frac{1}{10}+4\times\frac{1}{2}+9\times\frac{11}{30}+16\times\frac{1}{30}=\frac{89}{15},$$

$$D(X)=E(X^2)-[E(X)]^2=\frac{89}{15}-\left(\frac{7}{3}\right)^2=\frac{22}{45}.$$

4. 设每人生日在各个月份的机会是相等的,求 4 个人中生日在第二季度的平均人数.

解 每个人生日在第二季度的概率为 $\dfrac{C_3^1}{C_{12}^1}=\dfrac{1}{4}$,设 X 表示 4 个人中生日在第二季度的人数,则 $X\sim B\left(4,\dfrac{1}{4}\right)$,所以 $E(X)=4\times\dfrac{1}{4}=1$,即 4 个人中生日在第二季度的平均人数为 1.

5. 某商店对某种家用电器的销售采用先使用后付款的方式,记使用寿命为 X(单位:年),规定:

$X\leqslant 1$	一台付款 1500 元	$1<X\leqslant 2$	一台付款 2000 元
$2<X\leqslant 3$	一台付款 2500 元	$X>3$	一台付款 3000 元

设寿命 X 服从指数分布,其概率密度为

$$f(x) = \begin{cases} \dfrac{1}{10} e^{-\frac{x}{10}}, & x > 0, \\ 0, & x \leqslant 0. \end{cases}$$

试求该类家电一台收费 Y 的数学期望.

解　先求出寿命 X 落在各个时间区间的概率,即有

$$P(X \leqslant 1) = \int_0^1 \frac{1}{10} e^{-\frac{x}{10}} dx = 1 - e^{-0.1} = 0.0952,$$

$$P(1 < X \leqslant 2) = \int_1^2 \frac{1}{10} e^{-\frac{x}{10}} dx = e^{-0.1} - e^{-0.2} = 0.0861,$$

$$P(2 < X \leqslant 3) = \int_2^3 \frac{1}{10} e^{-\frac{x}{10}} dx = e^{-0.2} - e^{-0.3} = 0.0779,$$

$$P(X > 3) = \int_3^{+\infty} \frac{1}{10} e^{-\frac{x}{10}} dx = e^{-0.3} = 0.7408,$$

则 Y 的分布律为

Y	1500	2000	2500	3000
p_k	0.0952	0.0861	0.0779	0.7408

由期望公式得:$E(Y) = 2732.15$,即平均一台收费 2732.15 元.

6. 进行重复独立试验,设每次试验成功的概率为 $p(0 < p < 1)$,失败的概率为 $q = 1 - p$. 将试验进行到出现一次成功为止,以 X 表示所需的试验次数(此时称 X 服从以 p 为参数的**几何分布**),求 $E(X), D(X)$.

解　由 $P(X = k) = (1-p)^{k-1} p (k = 1, 2, \cdots)$ 得

$$E(X) = \sum_{k=1}^{\infty} k P(X = k) = \sum_{k=1}^{\infty} k(1-p)^{k-1} p = -p \left(\frac{1-p}{p} \right)_p' = p \cdot \frac{1}{p^2} = \frac{1}{p},$$

$$E(X^2) = \sum_{k=1}^{\infty} k^2 P(X = k) = \sum_{k=1}^{\infty} k^2 (1-p)^{k-1} p$$

$$= p \left[\sum_{k=1}^{\infty} k(k+1)(1-p)^{k-1} - \sum_{k=1}^{\infty} k(1-p)^{k-1} \right]$$

$$= p \sum_{k=1}^{\infty} ((1-p)^{k+1})'' - \frac{1}{p} = p \frac{2}{p^3} - \frac{1}{p} = \frac{2-p}{p^2},$$

故　$D(X) = E(X^2) - [E(X)]^2 = \dfrac{2-p}{p^2} - \dfrac{1}{p^2} = \dfrac{1-p}{p^2}.$

7. 设随机变量 X 的概率密度为 $f(x) = \begin{cases} \dfrac{1}{2} \cos \dfrac{x}{2}, & 0 \leqslant x \leqslant \pi, \\ 0, & \text{其他}, \end{cases}$ 对 X 独立重复地观察 4

次,用 Y 表示观察值大于 $\dfrac{\pi}{3}$ 的次数,求 Y^2 的数学期望.

解 $P\left(X>\dfrac{\pi}{3}\right)=\displaystyle\int_{\frac{\pi}{3}}^{\pi}\dfrac{1}{2}\cos\dfrac{x}{2}\mathrm{d}x=\sin\dfrac{x}{2}\Big|_{\frac{\pi}{3}}^{\pi}=1-\dfrac{1}{2}=\dfrac{1}{2}$，所以

$$Y\sim B\left(4,\dfrac{1}{2}\right),\quad E(Y)=4\times\dfrac{1}{2}=2,\quad D(Y)=4\times\dfrac{1}{2}\times\left(1-\dfrac{1}{2}\right)=1,$$

所以，$E(Y^2)=D(Y)+[E(Y)]^2=1+2^2=5$.

8. 设随机变量 X 的概率密度为 $f(x)=\begin{cases}\dfrac{3}{8}x^2,&0<x<2,\\0,&\text{其他,}\end{cases}$ 求 $\dfrac{1}{X^2}$ 的数学期望.

解 $E\left(\dfrac{1}{X^2}\right)=\displaystyle\int_{-\infty}^{+\infty}\dfrac{1}{x^2}f(x)\mathrm{d}x=\int_0^2\dfrac{1}{x^2}\cdot\dfrac{3}{8}x^2\mathrm{d}x=\int_0^2\dfrac{3}{8}\mathrm{d}x=\dfrac{3}{4}$.

9. 设随机变量 X_1,X_2 的概率密度分别为

$$f_1(x)=\begin{cases}2\mathrm{e}^{-2x},&x>0,\\0,&x\leqslant 0,\end{cases}\qquad f_2(x)=\begin{cases}4\mathrm{e}^{-4x},&x>0,\\0,&x\leqslant 0.\end{cases}$$

(1)求 $E(X_1+X_2)$；(2)求 $E(2X_1-3X_2^2)$；(3)又设 X_1,X_2 相互独立,求 $E(X_1X_2)$.

解 由题知

$$X_1\sim\mathrm{Exp}(2),\quad X_2\sim\mathrm{Exp}(4),\quad E(X_1)=\dfrac{1}{2},\quad E(X_2)=\dfrac{1}{4},\quad D(X_2)=\dfrac{1}{16},$$

$$E(X_2^2)=D(X_2)+[E(X_2)]^2=\dfrac{1}{16}+\left(\dfrac{1}{4}\right)^2=\dfrac{1}{8}.$$

所以 (1) $E(X_1+X_2)=E(X_1)+E(X_2)=\dfrac{1}{2}+\dfrac{1}{4}=\dfrac{3}{4}$.

(2) $E(2X_1-3X_2^2)=2E(X_1)-3E(X_2^2)=2\times\dfrac{1}{2}-3\times\dfrac{1}{8}=\dfrac{5}{8}$.

(3) X_1,X_2 相互独立,所以 $E(X_1X_2)=E(X_1)E(X_2)=\dfrac{1}{2}\times\dfrac{1}{4}=\dfrac{1}{8}$.

10. 游客乘电梯从底层到电视塔顶层观光.电梯于每个整点的第 5min,25min 和 55min 从底层起行,假设一游客在早八点的第 Xmin 到达底层候梯处,且 X 在$[0,60]$上均匀分布, 求该游客等候时间的数学期望.

解 设 $g(x)$ 为游客在 $x$min 到达底层候梯处的等候时间,则

$$f_X(x)=\begin{cases}\dfrac{1}{60},&0\leqslant x\leqslant 60,\\0,&\text{其他,}\end{cases}\qquad g(x)=\begin{cases}5-x,&0<x\leqslant 5,\\25-x,&5<x\leqslant 25,\\55-x,&25<x\leqslant 55,\\65-x,&55<x\leqslant 60,\end{cases}$$

$$E[g(X)]=\int_{-\infty}^{+\infty}g(x)f_X(x)\mathrm{d}x=\dfrac{1}{60}\int_0^{60}g(x)\mathrm{d}x$$

$$=\dfrac{1}{60}\left[\int_0^5(5-x)\mathrm{d}x+\int_5^{25}(25-x)\mathrm{d}x+\int_{25}^{55}(55-x)\mathrm{d}x+\int_{55}^{60}(65-x)\mathrm{d}x\right]$$

$$=\dfrac{700}{60}\approx 11.67.$$

11. 已知(X,Y)的分布律为

Y X	-1	0	1
1	0.2	0.3	0
2	0.1	0	0.4

(1)求$E(X)$,$E(Y)$；(2)设$Z_1=\dfrac{Y}{X}$,求$E(Z_1)$；(3)设$Z_2=(X-Y)^2$,求$E(Z_2)$.

解　(1)(X,Y)关于X和Y的边缘分布律如下

X	1	2
p_k	0.5	0.5

Y	-1	0	1
p_k	0.3	0.3	0.4

$E(X)=1\times0.5+2\times0.5=1.5$,　$E(Y)=-1\times0.3+0\times0.3+1\times0.4=0.1$.

(2)Z_1的所有可能取值$-1,-\dfrac{1}{2},0,1,\dfrac{1}{2}$,且

$P(Z_1=-1)=P(X=1,Y=-1)=0.2$,　$P\left(Z_1=-\dfrac{1}{2}\right)=P(X=2,Y=-1)=0.1$,

$P(Z_1=0)=P(X=1,Y=0)+P(X=2,Y=0)=0.3$,

$P(Z_1=1)=P(X=1,Y=1)=0$,　$P\left(Z_1=\dfrac{1}{2}\right)=P(X=2,Y=1)=0.4$,

所以,Z_1的分布律为

Z_1	-1	$-\dfrac{1}{2}$	0	$\dfrac{1}{2}$
p_k	0.2	0.1	0.3	0.4

所以,$E(Z_1)=-1\times0.2-\dfrac{1}{2}\times0.1+0\times0.3+\dfrac{1}{2}\times0.4=-0.05$.

(3)Z_2的所有可能取值$4,1,0,9$,且

$P(Z_2=4)=P(X=1,Y=-1)+P(X=2,Y=0)=0.2+0=0.2$,

$P(Z_2=1)=P(X=1,Y=0)+P(X=2,Y=1)=0.3+0.4=0.7$,

$P(Z_2=0)=P(X=1,Y=1)=0$,　$P(Z_2=9)=P(X=2,Y=-1)=0.1$,

所以Z_2的分布律为

Z_2	4	1	9
p_k	0.2	0.7	0.1

$E(Z_2)=4\times0.2+1\times0.7+9\times0.1=2.4$.

12. 设随机变量X_1,X_2,X_3相互独立,其中X_1在$[0,6]$上服从均匀分布,X_2服从正态分布$N(0,2^2)$,X_3服从参数为3的泊松分布,记$Y=X_1-2X_2+3X_3$,求$E(Y)$,$D(Y)$.

解　$X_1\sim U(0,6)$,$X_2\sim N(0,2^2)$,$X_3\sim P(3)$,所以

$$E(X_1) = \frac{0+6}{2} = 3, \quad E(X_2) = 0, \quad E(X_3) = 3,$$

$$D(X_1) = \frac{(6-0)^2}{12} = 3, \quad D(X_2) = 4, \quad D(X_3) = 3,$$

$$E(Y) = E(X_1 - 2X_2 + 3X_3)$$

$$= E(X_1) - 2E(X_2) + 3E(X_3) = 3 - 2 \times 0 + 3 \times 3 = 12,$$

又 X_1, X_2, X_3 相互独立,所以

$$D(Y) = D(X_1 - 2X_2 + 3X_3) = D(X_1) + 4D(X_2) + 9D(X_3) = 46.$$

13. 设二维随机变量 (X,Y) 在区域 $D = \{(x,y) \mid 0 \leqslant x \leqslant 1, 0 \leqslant y \leqslant 1\}$ 上服从均匀分布. 求 $E(|X-Y|), D(|X-Y|)$.

解 由题意,区域 D 的面积 $S_D = 1$,所以 (X,Y) 的概率密度函数为

$$f(x,y) = \begin{cases} 1, & (x,y) \in D, \\ 0, & \text{其他.} \end{cases}$$

$$E(|X-Y|) = \int_{-\infty}^{+\infty} \int_{-\infty}^{+\infty} |x-y| f(x,y) \mathrm{d}x \mathrm{d}y = \int_0^1 \int_0^1 |x-y| \mathrm{d}x \mathrm{d}y$$

$$= \int_0^1 \int_0^x (x-y) \mathrm{d}y \mathrm{d}x + \int_0^1 \int_x^1 (y-x) \mathrm{d}y \mathrm{d}x$$

$$= \int_0^1 \frac{x^2}{2} \mathrm{d}x + \int_0^1 \left(\frac{1}{2} - x + \frac{x^2}{2} \right) \mathrm{d}x = \frac{1}{3},$$

$$E(|X-Y|^2) = E((X-Y)^2) = \int_{-\infty}^{+\infty} \int_{-\infty}^{+\infty} (x-y)^2 f(x,y) \mathrm{d}x \mathrm{d}y$$

$$= \int_0^1 \int_0^1 (x-y)^2 \mathrm{d}x \mathrm{d}y = \int_0^1 \frac{3x^2 - 3x + 1}{3} \mathrm{d}x = \frac{1}{6},$$

$$D(|X-Y|) = E(|X-Y|^2) - [E(|X-Y|)]^2 = \frac{1}{6} - \left(\frac{1}{3} \right)^2 = \frac{1}{18}.$$

14. 设随机变量 (X,Y) 服从二维正态分布,其联合概率密度为 $f(x,y) = \frac{1}{2\pi} \mathrm{e}^{-\frac{x^2+y^2}{2}}$. 求 $Z = \sqrt{X^2 + Y^2}$ 的数学期望和方差.

解 $E(Z) = E(\sqrt{X^2+Y^2}) = \int_{-\infty}^{+\infty} \int_{-\infty}^{+\infty} \sqrt{x^2+y^2} f(x,y) \mathrm{d}x \mathrm{d}y$

$$= \int_{-\infty}^{+\infty} \int_{-\infty}^{+\infty} \sqrt{x^2+y^2} \cdot \frac{1}{2\pi} \mathrm{e}^{-\frac{x^2+y^2}{2}} \mathrm{d}x \mathrm{d}y.$$

令 $x = r\cos\theta, y = r\sin\theta (0 \leqslant \theta \leqslant 2\pi, 0 \leqslant r \leqslant +\infty)$,则

$$E(Z) = \int_0^{2\pi} \int_0^{+\infty} \frac{1}{2\pi} \cdot r^2 \mathrm{e}^{-\frac{r^2}{2}} \mathrm{d}r \mathrm{d}\theta = -\frac{1}{2\pi} \int_0^{2\pi} \left[r\mathrm{e}^{-\frac{r^2}{2}} \Big|_0^{+\infty} - \int_0^{+\infty} \mathrm{e}^{-\frac{r^2}{2}} \mathrm{d}r \right] \mathrm{d}\theta$$

$$= \frac{1}{2\pi} \int_0^{2\pi} \int_0^{+\infty} \mathrm{e}^{-\frac{r^2}{2}} \mathrm{d}r \mathrm{d}\theta = \frac{1}{2\pi} \int_0^{2\pi} \sqrt{\frac{\pi}{2}} \mathrm{d}\theta = \frac{1}{2\pi} \sqrt{\frac{\pi}{2}} (2\pi - 0) = \sqrt{\frac{\pi}{2}},$$

$$E(Z^2) = E(X^2 + Y^2) = \int_{-\infty}^{+\infty} \int_{-\infty}^{+\infty} (x^2+y^2) f(x,y) \mathrm{d}x \mathrm{d}y$$

$$= \int_{-\infty}^{+\infty} \int_{-\infty}^{+\infty} (x^2+y^2) \frac{1}{2\pi} \mathrm{e}^{-\frac{x^2+y^2}{2}} \mathrm{d}x \mathrm{d}y$$

$$=\frac{1}{2\pi}\int_0^{2\pi}\int_0^{+\infty} r^3 e^{-\frac{r^2}{2}}\,dr\,d\theta=\frac{1}{2\pi}\int_0^{2\pi} 2\,d\theta=2,$$

其中，$\displaystyle\int_0^{+\infty} r^3 e^{-\frac{r^2}{2}}\,dr=\int_0^{+\infty}-r^2 de^{-\frac{r^2}{2}}=-\left[r^2 e^{-\frac{r^2}{2}}\Big|_0^{+\infty}-\int_0^{+\infty} e^{-\frac{r^2}{2}}\,dr^2\right]$

$$=-\left[r^2 e^{-\frac{r^2}{2}}\Big|_0^{+\infty}-\int_0^{+\infty} 2r e^{-\frac{r^2}{2}}\,dr\right]=2\int_0^{+\infty} r e^{-\frac{r^2}{2}}\,dr=2.$$

于是 $D(Z)=E(Z^2)-[E(Z)]^2=2-\left(\sqrt{\frac{\pi}{2}}\right)^2=2-\frac{\pi}{2}.$

15. 设 A 和 B 是两个随机事件，且 $P(A)>0,P(B)>0$，并定义随机变量 X,Y 如下：

$$X=\begin{cases}1, & \text{若 } A \text{ 发生},\\ 0, & \text{若 } A \text{ 不发生},\end{cases}\qquad Y=\begin{cases}1, & \text{若 } B \text{ 发生},\\ 0, & \text{若 } B \text{ 不发生}.\end{cases}$$

证明：若 $\rho_{XY}=0$，则 X 和 Y 必定相互独立.

解　(X,Y) 的分布律为

X＼Y	0	1
0	$P(\overline{A}\,\overline{B})$	$P(\overline{A}B)$
1	$P(A\overline{B})$	$P(AB)$

$E(X)=1\cdot P(A)+0\cdot P(\overline{A})=P(A),\quad E(Y)=1\cdot P(B)+0\cdot P(\overline{B})=P(B),$

$E(XY)=0\times 0\cdot P(\overline{A}\,\overline{B})+0\times 1\cdot P(\overline{A}B)+1\times 0\cdot P(A\overline{B})+1\times 1\cdot P(AB)=P(AB),$

$\mathrm{Cov}(X,Y)=E(XY)-E(X)E(Y)=P(AB)-P(A)P(B).$

由 $\rho_{XY}=0$，可推出 $P(AB)-P(A)P(B)=0$，即 $P(AB)=P(A)P(B)$，所以 A,B 独立，从而 $A,\overline{B}$；$\overline{A},B$；$\overline{A},\overline{B}$ 均相互独立.

$$P(X=0,Y=0)=P(\overline{A}\,\overline{B})=P(\overline{A})P(\overline{B})=P(X=0)P(Y=0),$$
$$P(X=0,Y=1)=P(\overline{A}B)=P(\overline{A})P(B)=P(X=0)P(Y=1),$$
$$P(X=1,Y=0)=P(A\overline{B})=P(A)P(\overline{B})=P(X=1)P(Y=0),$$
$$P(X=1,Y=1)=P(AB)=P(A)P(B)=P(X=1)P(Y=1),$$

所以 X 与 Y 相互独立.

16. 设 (X,Y) 的概率密度为 $f(x,y)=\begin{cases}kx, & 0<y<x<1,\\ 0, & \text{其他}.\end{cases}$

试求：(1)系数 k；(2)$E(3X^3+1)$；(3)$E(X),D(X)$；(4)协方差 $\mathrm{Cov}(X,Y)$；(5)ρ_{XY}.

解　(1) 因为 $\displaystyle\int_{-\infty}^{+\infty}\int_{-\infty}^{+\infty} f(x,y)\,dx\,dy=1$，即

$$\int_{-\infty}^{+\infty}\int_{-\infty}^{+\infty} f(x,y)\,dx\,dy=\int_0^1\int_0^x kx\,dx\,dy=\int_0^1 kx^2\,dx=\frac{k}{3}=1,$$

所以 $k=3$，即 $f(x,y)=\begin{cases}3x, & 0<y<x<1,\\ 0, & \text{其他}.\end{cases}$

(2) 因为 $E(X^3)=\displaystyle\int_{-\infty}^{+\infty}\int_{-\infty}^{+\infty} x^3 f(x,y)\,dx\,dy=\int_0^1\int_0^x 3x^4\,dy\,dx=\int_0^1 3x^5\,dx=\frac{1}{2}$，所以

$$E(3X^3+1)=3E(X^3)+1=3\times\frac{1}{2}+1=\frac{5}{2}.$$

（3）$E(X)=\displaystyle\int_{-\infty}^{+\infty}\int_{-\infty}^{+\infty}xf(x,y)\mathrm{d}x\,\mathrm{d}y=\int_0^1\int_0^x3x^2\,\mathrm{d}y\,\mathrm{d}x=\int_0^13x^3\,\mathrm{d}x=\frac{3}{4}$,

$$E(X^2)=\int_{-\infty}^{+\infty}\int_{-\infty}^{+\infty}x^2f(x,y)\mathrm{d}x\,\mathrm{d}y=\int_0^1\int_0^x3x^3\,\mathrm{d}y\,\mathrm{d}x=\int_0^13x^4\,\mathrm{d}x=\frac{3}{5},$$

$$D(X)=E(X^2)-[E(X)]^2=\frac{3}{5}-\left(\frac{3}{4}\right)^2=\frac{3}{80}.$$

（4）$E(Y)=\displaystyle\int_{-\infty}^{+\infty}\int_{-\infty}^{+\infty}yf(x,y)\mathrm{d}x\,\mathrm{d}y=\int_0^1\int_0^x3xy\,\mathrm{d}y\,\mathrm{d}x=\int_0^1\frac{3x^3}{2}\mathrm{d}x=\frac{3}{8}$,

$$E(XY)=\int_{-\infty}^{+\infty}\int_{-\infty}^{+\infty}xyf(x,y)\mathrm{d}x\,\mathrm{d}y=\int_0^1\int_0^x3x^2y\,\mathrm{d}y\,\mathrm{d}x=\int_0^1\frac{3x^4}{2}\mathrm{d}x=\frac{3}{10},$$

$$\mathrm{Cov}(X,Y)=E(XY)-E(X)E(Y)=\frac{3}{10}-\frac{3}{4}\times\frac{3}{8}=\frac{3}{160}.$$

（5）$E(Y^2)=\displaystyle\int_{-\infty}^{+\infty}\int_{-\infty}^{+\infty}y^2f(x,y)\mathrm{d}x\,\mathrm{d}y=\int_0^1\int_0^x3xy^2\,\mathrm{d}y\,\mathrm{d}x=\int_0^1x^4\,\mathrm{d}x=\frac{1}{5}$，所以

$$D(Y)=E(Y^2)-[E(Y)]^2=\frac{1}{5}-\left(\frac{3}{8}\right)^2=\frac{19}{320},$$

$$\rho_{XY}=\frac{\mathrm{Cov}(X,Y)}{\sqrt{D(X)}\sqrt{D(Y)}}=\frac{\dfrac{3}{160}}{\sqrt{\dfrac{3}{80}}\cdot\sqrt{\dfrac{19}{320}}}=\frac{\sqrt{57}}{19}.$$

17. 设二维随机变量(X,Y)的概率密度为

$$f(x,y)=\begin{cases}A\sin(x+y),&(x,y)\in G,\\0,&\text{其他},\end{cases}\quad\text{其中}\quad G:0\leqslant x\leqslant\frac{\pi}{2},0\leqslant y\leqslant\frac{\pi}{2}.$$

求：（1）系数A；（2）数学期望$E(X)$及$E(Y)$；（3）方差$D(X)$及$D(Y)$；（4）相关系数ρ_{XY}.

解 （1）因为$\displaystyle\int_{-\infty}^{+\infty}\int_{-\infty}^{+\infty}f(x,y)\mathrm{d}x\,\mathrm{d}y=1$，得

$$\int_0^{\frac{\pi}{2}}\int_0^{\frac{\pi}{2}}A\sin(x+y)\mathrm{d}x\,\mathrm{d}y=2A=1,\quad\text{所以}\quad A=\frac{1}{2},$$

即 $f(x,y)=\begin{cases}\dfrac{1}{2}\sin(x+y),&0\leqslant x\leqslant\dfrac{\pi}{2},0\leqslant y\leqslant\dfrac{\pi}{2},\\0,&\text{其他}.\end{cases}$

（2）$E(X)=\displaystyle\int_{-\infty}^{+\infty}\int_{-\infty}^{+\infty}xf(x,y)\mathrm{d}x\,\mathrm{d}y=\int_0^{\frac{\pi}{2}}\int_0^{\frac{\pi}{2}}\frac{1}{2}x\sin(x+y)\mathrm{d}x\,\mathrm{d}y=\frac{\pi}{4}.$

同理 $E(Y)=\dfrac{\pi}{4}$（由函数的对称性）.

（3）$E(X^2)=\displaystyle\int_{-\infty}^{+\infty}\int_{-\infty}^{+\infty}x^2f(x,y)\mathrm{d}x\,\mathrm{d}y=\int_0^{\frac{\pi}{2}}\mathrm{d}x\int_0^{\frac{\pi}{2}}\frac{1}{2}x^2\sin(x+y)\mathrm{d}y$

$$=\int_0^{\frac{\pi}{2}}\frac{1}{2}x^2(-\cos(x+y))\Big|_0^{\frac{\pi}{2}}\mathrm{d}x=\frac{1}{2}\int_0^{\frac{\pi}{2}}x^2(\cos x+\sin x)\mathrm{d}x$$

$$= \frac{1}{2} \left[\int_0^{\frac{\pi}{2}} x^2 \cos x \, \mathrm{d}x + \int_0^{\frac{\pi}{2}} x^2 \sin x \, \mathrm{d}x \right]$$

$$= \frac{1}{2} \left[x^2 \sin x \Big|_0^{\frac{\pi}{2}} - \int_0^{\frac{\pi}{2}} 2x \sin x \, \mathrm{d}x + x^2 (-\cos x) \Big|_0^{\frac{\pi}{2}} + \int_0^{\frac{\pi}{2}} 2x \cos x \, \mathrm{d}x \right]$$

$$= \frac{1}{2} \left[\frac{\pi^2}{4} - 2 + \pi - 2 \right] = \frac{\pi^2}{8} + \frac{\pi}{2} - 2,$$

$$D(X) = E(X^2) - [E(X)]^2 = \frac{\pi^2}{8} + \frac{\pi}{2} - 2 - \left(\frac{\pi}{4} \right)^2 = \frac{\pi^2}{16} + \frac{\pi}{2} - 2.$$

同理 $D(Y) = \dfrac{\pi^2}{16} + \dfrac{\pi}{2} - 2.$

(4) $E(XY) = \dfrac{1}{2} \displaystyle\int_0^{\frac{\pi}{2}} \int_0^{\frac{\pi}{2}} xy \sin(x+y) \, \mathrm{d}y \, \mathrm{d}x$

$$= \frac{1}{2} \int_0^{\frac{\pi}{2}} x \left[-y \cos(x+y) \Big|_0^{\frac{\pi}{2}} + \sin(x+y) \Big|_0^{\frac{\pi}{2}} \right] \mathrm{d}x$$

$$= \frac{1}{2} \int_0^{\frac{\pi}{2}} x \left[\frac{\pi}{2} \sin x + \cos x - \sin x \right] \mathrm{d}x = \frac{1}{2} \left[\left(\frac{\pi}{2} - 1 \right) + \frac{\pi}{2} - 1 \right] = \frac{\pi}{2} - 1,$$

$$\mathrm{Cov}(X, Y) = E(XY) - E(X)E(Y) = \frac{\pi}{2} - 1 - \frac{\pi^2}{16} = \frac{8\pi - 16 - \pi^2}{16},$$

$$\rho_{XY} = \frac{\mathrm{Cov}(X, Y)}{\sqrt{D(X)} \sqrt{D(Y)}} = \frac{\dfrac{8\pi - 16 - \pi^2}{16}}{\dfrac{8\pi - 32 + \pi^2}{16}} = \frac{8\pi - 16 - \pi^2}{8\pi - 32 + \pi^2}.$$

18. 已知随机变量 X 服从 $[0,2]$ 上的均匀分布,$Y \sim N(2, 3^2)$,$\rho_{XY} = \dfrac{1}{3}$,$Z = 3X - 2Y$. 试求:(1)$E(Z), D(Z)$;(2)说明 X, Z 是否相关;(3)若 $X \sim N(0, 4)$,说明 X, Z 是否相互独立.

解 (1) $E(X) = 1, D(X) = \dfrac{1}{3}, E(Y) = 2, D(Y) = 9,$

$$E(Z) = E(3X - 2Y) = 3E(X) - 2E(Y) = -1,$$

$$D(Z) = D(3X - 2Y) = 9D(X) - 12\mathrm{Cov}(X, Y) + 4D(Y)$$

$$= 9D(X) - 12\rho_{XY} \sqrt{D(X)D(Y)} + 4D(Y)$$

$$= 9 \times \frac{1}{3} - 12 \times \frac{1}{3} \times \sqrt{\frac{1}{3} \times 9} + 4 \times 9 = 39 - 4\sqrt{3}.$$

(2) $\mathrm{Cov}(X, Z) = \mathrm{Cov}(X, 3X - 2Y) = 3\mathrm{Cov}(X, X) - 2\mathrm{Cov}(X, Y)$

$$= 3D(X) - 2\rho_{XY} \sqrt{D(X)D(Y)} = 1 - \frac{2}{\sqrt{3}} \neq 0,$$

故 $\rho_{XZ} \neq 0$,所以 X, Z 相关.

(3) 若 $X \sim N(0, 4)$,则

$$\mathrm{Cov}(X, Z) = \mathrm{Cov}(X, 3X - 2Y) = 3\mathrm{Cov}(X, X) - 2\mathrm{Cov}(X, Y)$$

$$= 3D(X) - 2\rho_{XY} \sqrt{D(X)D(Y)} = 8 \neq 0,$$

故 $\rho_{XZ} \neq 0$, 所以 X, Z 相关, 即 X, Z 不独立.

19. 设随机变量 X 的概率密度为 $f(x) = \dfrac{1}{2} \mathrm{e}^{-|x|}$, $-\infty < x < +\infty$.

(1) 求 $E(X), D(X)$;

(2) 求 X 与 $|X|$ 的协方差, 并问 X 与 $|X|$ 是否相关?

(3) 问 X 与 $|X|$ 是否相互独立? 为什么?

解 (1) $E(X) = \displaystyle\int_{-\infty}^{+\infty} x f(x) \mathrm{d}x = \int_{-\infty}^{+\infty} \dfrac{1}{2} x \mathrm{e}^{-|x|} \mathrm{d}x = 0$,

$$E(X^2) = \int_{-\infty}^{+\infty} x^2 f(x) \mathrm{d}x = \int_{-\infty}^{+\infty} \dfrac{1}{2} x^2 \mathrm{e}^{-|x|} \mathrm{d}x = \int_0^{+\infty} x^2 \mathrm{e}^{-x} \mathrm{d}x = 2,$$

所以 $D(X) = E(X^2) - [E(X)]^2 = 2 - 0^2 = 2$.

(2) $E(X|X|) = \displaystyle\int_{-\infty}^{+\infty} x |x| f(x) \mathrm{d}x = \int_{-\infty}^{+\infty} \dfrac{1}{2} x |x| \mathrm{e}^{-|x|} \mathrm{d}x = 0$,

$$E(|X|) = \int_{-\infty}^{+\infty} |x| f(x) \mathrm{d}x = \int_{-\infty}^{+\infty} \dfrac{1}{2} |x| \mathrm{e}^{-|x|} \mathrm{d}x = \int_0^{+\infty} x \mathrm{e}^{-x} \mathrm{d}x = 1,$$

所以 $\mathrm{Cov}(X, |X|) = E(X|X|) - E(X)E(|X|) = 0 - 0 = 0$, 即 X 与 $|X|$ 不相关.

(3) X 与 $|X|$ 不独立. 因为 $P(X \leqslant x, |X| \leqslant x) = P(|X| \leqslant x)$, 而 $0 < P(X \leqslant x) < 1$, 所以

$$P(X \leqslant x, |X| \leqslant x) \neq P(|X| \leqslant x) \cdot P(X \leqslant x),$$

即 X 与 $|X|$ 不独立.

第 5 章

大数定律和中心极限定理

内容概要

一、切比雪夫不等式

设随机变量 X 的数学期望 $E(X)$ 和方差 $D(X)$ 存在,则对于任意给定的正数 ε,总有

$$P(|X-E(X)|\geqslant\varepsilon)\leqslant\frac{D(X)}{\varepsilon^2} \quad 或 \quad P(|X-E(X)|<\varepsilon)\geqslant1-\frac{D(X)}{\varepsilon^2}.$$

二、大数定律

1. 依概率收敛

设 $X_1,X_2,\cdots,X_n,\cdots$ 是一个随机变量序列,a 是一个常数. 如果对于任意给定的正数 ε,有 $\lim\limits_{n\to\infty}P(|X_n-a|<\varepsilon)=1$,则称随机变量 $X_1,X_2,\cdots,X_n,\cdots$ 依概率收敛于 a,记作 $X_n\xrightarrow{P}a$.

2. 切比雪夫大数定律

设 $X_1,X_2,\cdots,X_n,\cdots$ 是由两两不相关(或两两独立)的随机变量所构成的序列,分别具有数学期望 $E(X_1),E(X_2),\cdots,E(X_n),\cdots$ 和方差 $D(X_1),D(X_2),\cdots,D(X_n),\cdots$,并且方差有公共上界,既存在正数 M,使得 $D(X_n)\leqslant M(n=1,2,\cdots)$,则对于任意给定的正数 ε,总有

$$\lim_{n\to\infty}P\left(\left|\frac{1}{n}\sum_{k=1}^{n}X_k-\frac{1}{n}\sum_{k=1}^{n}E(X_k)\right|<\varepsilon\right)=1.$$

3. 独立同分布的切比雪夫大数定律

设随机变量 $X_1,X_2,\cdots,X_n,\cdots$ 相互独立,且服从相同的分布,具有数学期望 $E(X_n)=\mu$ 和方差 $D(X_n)=\sigma^2(n=1,2,\cdots)$,则对于任意给定的正数 ε,总有 $\lim\limits_{n\to\infty}P\left(\left|\frac{1}{n}\sum_{k=1}^{n}X_k-\mu\right|<\varepsilon\right)=1$. 即随机变量序列 $\overline{X_n}=\frac{1}{n}\sum_{k=1}^{n}X_k\xrightarrow{P}\mu$.

4. 伯努利大数定律

设在每次试验事件 A 发生的概率 $P(A)=p$,在 n 次独立重复试验中,事件 A 发生的频率为 $f_n(A)$,则对于任意正数 ε,总有 $\lim\limits_{n\to\infty}P(|f_n(A)-p|<\varepsilon)=1$.

伯努利大数定理律表明:在相同条件下进行大量(n 次)独立重复试验时,随机事件 A 发生的频率为 $f_n(A)$ 稳定在事件 A 的概率 p 附近,因此在试验次数 n 充分大时,可以用频率 $f_n(A)$ 作为概率 $P(A)$ 的近似值. 如果概率 $P(A)$ 很小,则事件 A 发生的频率也很小,由此可知在一次试验中事件 A 几乎不可能发生. 这也是人们在长期实践中总结出来的经验,称为实践推断原理或小概率事件的实际不可能原理,此原理有着广泛的应用. 如果随机事件的概率接近于 1,则在一次试验中这一件事件几乎一定发生.

5. 辛钦大数定律

设随机变量 $X_1,X_2,\cdots,X_n,\cdots$ 相互独立,服从同一分布,具有数学期望 $E(X_n)=\mu(n=1,2,\cdots)$,则对于任意给定的正数 ε,总有 $\lim\limits_{n\to\infty}P\left(\left|\dfrac{1}{n}\sum\limits_{k=1}^{n}X_k-\mu\right|<\varepsilon\right)=1$.

三、中心极限定理

1. 隶莫费-拉普拉斯中心极限定理

设随机事件 X_n 服从参数为 n 和 p 的二项分布,即 $X_n\sim B(n,p)(0<p<1,n=1,2,\cdots)$;则对于任意实数 x,有 $\lim\limits_{n\to\infty}P\left(\dfrac{X_n-np}{\sqrt{np(1-p)}}\leqslant x\right)=\Phi(x)$.

在定理的条件下,当 n 充分大时,$\dfrac{X_n-np}{\sqrt{np(1-p)}}$ 近似服从标准正态分布 $N(0,1)$.

2. 独立同分布的中心极限定理(列维-林德伯格中心极限定理)

设随机变量 $X_1,X_2,\cdots,X_n,\cdots$ 相互独立,服从同一分布,具有数学期望和方差 $E(X_n)=\mu,D(X_n)=\sigma^2>0(n=1,2,\cdots)$,则对于任意给定的实数 x,有 $\lim\limits_{n\to\infty}P\left(\dfrac{\sum\limits_{k=1}^{n}X_k-n\mu}{\sqrt{n}\sigma}\leqslant x\right)=\Phi(x)$.

在定理的条件下,当 n 充分大时,$\sum\limits_{k=1}^{n}X_k$ 的标准化随机变量 $\dfrac{\sum\limits_{k=1}^{n}X_k-n\mu}{\sqrt{n}\sigma}=\dfrac{\dfrac{1}{n}\sum\limits_{k=1}^{n}X_k-\mu}{\dfrac{\sigma}{\sqrt{n}}}$ 近似服从标准正态分布 $N(0,1)$.

题型归纳与例题精解

题型 5-1 涉及切比雪夫不等式的计算问题

【例 1】 $P(|X-E(X)|<\varepsilon)\geqslant 0.9,D(X)=0.009$,利用切比雪夫不等式估出

$\varepsilon \geqslant$ _____.

解　根据切比雪夫不等式　$P(|X-E(X)|<\varepsilon)\geqslant 1-\dfrac{D(X)}{\varepsilon^2}$,从而有 $1-\dfrac{D(X)}{\varepsilon^2}=1-$

$\dfrac{0.009}{\varepsilon^2}\geqslant 0.9$,解之得 $\varepsilon\geqslant 0.3$.

【例 2】　设 X 为一随机变量,且 $E(X^2)=1.1$,$D(X)=0.1$,则一定有(　　).

A　$P(-1<X<1)\geqslant 0.9$　　　　　　B　$P(0<X<2)\geqslant 0.9$

C　$P(X+1\geqslant 1)\leqslant 0.9$　　　　　　D　$P(|X|\geqslant 1)\leqslant 0.1$

解　选 B.因为 $E(X^2)=1.1$,$D(X)=0.1$,所以 $[E(X)]^2=E(X^2)-D(X)=1$,即 $E(X)=\pm 1$,由切比雪夫不等式,得

$$P(0<X<2)=P(|X-1|<1)=P(|X-E(X)|<1)\geqslant 1-\dfrac{0.1}{1^2}=0.9,$$

或　$P(|X+1|\geqslant 1)=P(|X-(-1)|\geqslant 1)\leqslant \dfrac{0.1}{1^2}=0.1.$

故答案为 B.

题型 5-2　涉及中心极限定理问题

【例 3】　为了确定事件 A 的概率,进行了一系列试验.在 100 次试验中,事件 A 发生了 36 次.若取频率 0.36 作为事件 A 的概率 p 的近似值,求误差小于 0.05 的概率.

解　设事件 A 在一次试验中发生的概率为 $P(A)=p$,并且令

$$X_i=\begin{cases}1,&第\ i\ 次试验中\ A\ 发生,\\0,&第\ i\ 次试验中\ A\ 未发生\end{cases}(i=1,2,\cdots,n),$$

显然有 $P(X_i=1)=p$,$P(X_i=0)=1-p$,$E(X_i)=p$,$D(X_i)=p(1-p)$.

又设 X 为 n 次试验中事件 A 发生的次数,有 $X=\sum\limits_{i=1}^{n}X_i$,则频率 $\overline{X}=\dfrac{1}{n}\sum\limits_{i=1}^{n}X_i$,且算得

$E(\overline{X})=p$,$D(\overline{X})=\dfrac{p(1-p)}{n}$.

已知 $p=0.36$,$n=100$,根据德莫佛-拉普拉斯中心极限定理求得

$$P\left(\left|\dfrac{1}{n}\sum_{i=1}^{n}X_i-p\right|<0.05\right)=P\left[\dfrac{\left|\dfrac{1}{n}\sum\limits_{i=1}^{n}X_i-p\right|}{\sqrt{\dfrac{p(1-p)}{n}}}<\dfrac{0.05}{\sqrt{\dfrac{p(1-p)}{n}}}\right]$$

$$\approx 2\Phi\left[\dfrac{0.05\sqrt{n}}{\sqrt{p(1-p)}}\right]-1\approx 2\Phi(1.042)-1\approx 0.706.$$

【例 4】　某大学共有 4900 个学生,已知每天晚上每个学生到阅览室去学习的概率为 0.1.问阅览室要准备多少个座位,才能以 99% 的概率保证每个去阅览室的学生都有座位?

解　设阅览室要准备 k 个座位,并且令

$$X_i=\begin{cases}1,&第\ i\ 个学生去阅览室,\\0,&第\ i\ 个学生不去阅览室\end{cases}(i=1,2,\cdots,n),$$

所以有 $P(X_i=1)=0.1, P(X_i=0)=0.9$ 且 $E(X_i)=0.1, D(X_i)=0.09$.

又设去阅览室学生人数总和 $X=\sum_{i=1}^{n}X_i$，则 X 服从二项分布 $B(n,p)$，当 $n=4900, p=0.1$ 时，有 $E(X)=np=490, D(X)=np(1-p)=441$.

利用德莫佛-拉普拉斯中心极限定理，可解得

$$P(0\leqslant X\leqslant k)=P\left(\frac{-E(X)}{\sqrt{D(X)}}\leqslant\frac{X-E(X)}{\sqrt{D(X)}}\leqslant\frac{k-E(X)}{\sqrt{D(X)}}\right)$$

$$=P\left(\frac{-490}{21}\leqslant\frac{X-490}{21}\leqslant\frac{k-490}{21}\right)\approx\Phi\left(\frac{k-490}{21}\right)-\left(1-\Phi\left(\frac{490}{21}\right)\right)$$

$$=\Phi\left(\frac{k-490}{21}\right)+\Phi\left(\frac{490}{21}\right)-1.$$

根据题意，有 $0.99=P(0\leqslant X\leqslant k)\approx\Phi\left(\frac{k-490}{21}\right)+\Phi(23.3)-1$，即

$$\Phi\left(\frac{k-490}{21}\right)\approx0.99, 查表得 \frac{k-490}{21}=2.325,$$

解得 $k=21\times2.325+490=538.85$，即至少要准备 539 个座位，才能以 99% 的概率保证每个去阅览室的学生都有座位.

【例 5】 假设在一本书中，每页印刷错误的个数服从参数为 2 的泊松分布. 试用独立同分布中心极限定理估计一本 300 页的书中，印刷错误超过 580 个的概率.

解 设第 i 页的印刷错误的个数为 $X_i(i=1,2,\cdots,300)$，则 X_i 服从参数为 2 的泊松分布，且有 $E(X_i)=2, D(X_i)=2$. 另设 X 为 300 页中印刷错误的总数，显然有 $X=\sum_{i=1}^{300}X_i$.

另有

$$E(X)=\sum_{i=1}^{300}E(X_i)=300\times2=600, \quad D(X)=\sum_{i=1}^{300}D(X_i)=300\times2=600.$$

根据题意以及独立同分布中心极限定理，可求得

$$P(X\geqslant580)=P\left(\frac{X-E(X)}{\sqrt{D(X)}}\geqslant\frac{580-E(X)}{\sqrt{D(X)}}\right)=P\left(\frac{X-E(X)}{\sqrt{D(X)}}\geqslant\frac{580-600}{\sqrt{600}}\right)$$

$$\approx1-\Phi(-0.82)=\Phi(0.82)=0.7939.$$

测试题及其答案

一、填空题

1. 设随机变量 X 的数学期望 $E(X)=100$，方差 $D(X)=100$，则由切比雪夫不等式估计 $P(80<X<120)\geqslant$_____.

2. 设随机变量 $X_1,X_2,\cdots,X_n$ 相互独立，并且服从同一分布，数学期望 μ，方差为 σ^2. 令 $\overline{X}=\frac{1}{n}\sum_{i=1}^{n}X_i$，则 $E(\overline{X})=$_____，$D(\overline{X})=$_____.

3. 设 $X_1, X_2, \cdots, X_n$ 相互独立,且 $X_i(i=1,2,\cdots,n)$ 都服从参数为 $\dfrac{1}{2}$ 的指数分布,则当 n 充分大时,$Y_n = \dfrac{1}{n}\sum_{i=1}^{n} X_i$ 近似服从_____.

4. 设 $X_1, X_2, \cdots, X_n$,独立同分布,且 $E(X_1)=\mu$ 及 $D(X_1)=\sigma^2(\sigma>0)$ 都存在,则当 n 充分大时,$P\left(\sum_{i=1}^{n} X_i \geqslant a\right)$($a$ 为常数)的近似值为_____.

二、选择题

5. 设 n_A 为 n 次独立重复试验中 A 出现的次数,p 是事件 A 在每次试验中出现的概率,ε 为大于零的数,则 $\lim\limits_{n\to\infty}\left(\left|\dfrac{n_A}{n}-p\right|<\varepsilon\right)=$ (   ).

A 0   B 1

C $\dfrac{1}{2}$ D $2\Phi\left[\varepsilon\sqrt{\dfrac{n}{p(1-p)}}\right]-1$

6. 设 X 为服从参数为 n,p 的二项分布的随机变量,则当 $n\to\infty$ 时,$\dfrac{X-np}{\sqrt{np(1-p)}}$ 一定服从(   ).

A   正态分布   B   标准正态分布
C   泊松分布   D   二项分布

三、计算题与应用题

7. 对敌人的防御地段进行 100 次射击,每次射击中,炮弹命中数的数学期望为 2,而命中数的均方差为 1.5,试用中心极限定理求当射击 100 次时,共有 180 颗到 220 颗炮弹命中目标的概率.

8. 某药厂生产的某种药品,声称对某种疾病的治愈率为 80%.现为了检验此治愈率,任意抽取 100 个此种病患者进行临床试验,如果有多于 75 人治愈,则此药通过检验.利用中心极限定理计算此药通过检验的概率.

9. 某商店负责供应某地区 1000 人的商品.某种商品在一段时间内每人需用一件的概率为 0.6,假定在这段时间,各人购买与否彼此无关,问商店应预备多少件商品,才能以 99.7% 的概率保证不脱销(假定该商品在某一段时间内每人至少购买一件)?

答案

一、1. $\dfrac{3}{4}$;   2. $\mu, \dfrac{\sigma^2}{n}$;   3. $N\left(2, \dfrac{4}{n}\right)$;   4. $1-\Phi\left(\dfrac{a-n\mu}{\sqrt{n}\,\sigma}\right)$.

二、5. B;   6. B.

三、7. **解** 设 $X_i=\{$第 i 次射击命中的炮弹数$\}$($i=1,2,\cdots,100$),由题目可知 $E(X_i)=2, D(X_i)=1.5^2(i=1,2,\cdots,100)$,

从而由中心极限定理知：$\dfrac{\sum\limits_{i=1}^{100} X_i - 200}{\sqrt{100 \times 1.5^2}} \sim N(0,1)$，所以

$$P\left(180 \leqslant \sum_{i=1}^{100} X_i \leqslant 220\right) = P\left(\dfrac{180-200}{15} \leqslant \dfrac{\sum\limits_{i=1}^{100} X_i - 200}{\sqrt{100 \times 1.5^2}} \leqslant \dfrac{220-200}{15}\right)$$

$$\approx \Phi\left(\dfrac{4}{3}\right) - \Phi\left(-\dfrac{4}{3}\right) = 2\Phi\left(\dfrac{4}{3}\right) - 1 = 2 \times 0.90905 - 1 = 0.8181.$$

8. 解 设 100 个此种病患者用此药治愈的人数为 X，则 $X \sim B(100, 0.8)$，$E(X) = 80$，$D(X) = 16$.

$$P(X > 75) \approx 1 - \Phi\left(\dfrac{75-80}{4}\right) = 1 - \Phi\left(-\dfrac{5}{4}\right) = \Phi(1.25) = 0.8944.$$

9. 解 设 1000 人中有 X 个顾客购买商品，则 $X \sim B(1000, 0.6)$，$E(X) = np = 600$，$D(X) = np(1-p) = 240$.

设备有 m 件商品，若想不脱销，则需满足 $X \leqslant m$，于是由

$$P(0 < X < m) = P\left(\dfrac{0-600}{\sqrt{240}} < \dfrac{X-600}{\sqrt{240}} < \dfrac{m-600}{\sqrt{240}}\right) \approx \Phi\left(\dfrac{m-600}{\sqrt{240}}\right) \geqslant 0.997.$$

查表得 $\Phi(2.75) = 0.997$，所以 $\dfrac{m-600}{\sqrt{240}} \geqslant 2.75$，即 $m \geqslant 642.6 \approx 643$（件）.

课后习题解答

习题 5-1

1. 设随机变量 X 的方差为 25，则根据切比雪夫不等式，有 $P(|X - E(X)| < 10)$ _____.

解 $\geqslant 0.75$.

因为切比雪夫不等式为 $P(|X - E(X)| < \varepsilon) \geqslant 1 - \dfrac{D(X)}{\varepsilon^2}$，所以由 $D(X) = 25$，令 $\varepsilon = 10$，得

$$P(|X - E(X)| < 10) \geqslant 1 - \dfrac{25}{100} = 0.75.$$

2. 设随机变量 $X_1, X_2, \cdots, X_n$ 独立同分布，$E(X_k) = \mu$，$D(X_k) = 8$，$(k = 1, 2, \cdots, n)$，令 $\overline{X} = \dfrac{1}{n} \sum\limits_{k=1}^{n} X_k$，利用切比雪夫不等式估计 $P(|\overline{X} - \mu| < 4)$.

解 $E(\overline{X}) = E\left(\dfrac{1}{n} \sum\limits_{k=1}^{n} X_k\right) = \dfrac{1}{n} \sum\limits_{k=1}^{n} E(X_k) = \mu$，

$$D(\overline{X}) = D\left(\dfrac{1}{n} \sum_{k=1}^{n} X_k\right) = \dfrac{1}{n^2} \sum_{k=1}^{n} D(X_k) = \dfrac{8}{n}.$$

由切比雪夫不等式有

$$P(|\overline{X}-\mu|<4)=P(|\overline{X}-E(\overline{X})|<4)\geqslant 1-\dfrac{\dfrac{8}{n}}{4^2}=1-\dfrac{1}{2n}.$$

3. 掷 6 颗骰子,利用切比雪夫不等式估计六颗骰子出现点数和在 15~27 之间的概率.

解　设 X_i 表示第 i 颗骰子出现的点数$(i=1,2,\cdots,6)$,则 $X_1,X_2,\cdots,X_6$ 独立同分布.

X 表示 6 颗骰子的点数和,则 $X=\sum\limits_{i=1}^{6}X_i$,$X_i$ 的分布律为

X_i	1	2	3	4	5	6
p_k	$\dfrac{1}{6}$	$\dfrac{1}{6}$	$\dfrac{1}{6}$	$\dfrac{1}{6}$	$\dfrac{1}{6}$	$\dfrac{1}{6}$

所以　$E(X_i)=\dfrac{7}{2}$,$E(X_i^2)=\dfrac{91}{6}$,于是

$$D(X_i)=E(X_i^2)-[E(X_i)]^2=\dfrac{91}{6}-\left(\dfrac{7}{2}\right)^2=\dfrac{35}{12},$$

$$E(X)=E\left(\sum_{i=1}^{6}X_i\right)=\sum_{i=1}^{6}E(X_i)=\sum_{i=1}^{6}\dfrac{7}{2}=6\times\dfrac{7}{2}=21,$$

$$D(X)=D\left(\sum_{k=1}^{6}X_i\right)=\sum_{k=1}^{6}D(X_i)=\dfrac{35}{12}\times 6=\dfrac{35}{2},$$

由此得 $P(15<X<27)=P(|X-21|<6)\geqslant 1-\dfrac{\dfrac{35}{2}}{6^2}=\dfrac{37}{72}.$

4. 在每次试验中,事件 A 发生的概率为 0.75,利用切比雪夫不等式求 n 需要多么大时,才能使得在 n 次独立重复试验中,事件 A 出现的频率在 0.74~0.76 之间的概率至少为 0.90?

解　设 X 为 n 次独立重复试验中 A 出现的次数,则 $X\sim B(n,0.75)$,且 $E(X)=0.75n$,$D(X)=0.75\times 0.25n=0.1875n$,于是

$$P\left(0.74<\dfrac{X}{n}<0.76\right)=P(0.74n<X<0.76n)=P(|X-0.75n|<0.01n)$$

$$\geqslant 1-\dfrac{0.1875n}{(0.01n)^2}=1-\dfrac{1875}{n}.$$

要使 $P\left(0.74<\dfrac{X}{n}<0.76\right)\geqslant 0.9$,只需令 $1-\dfrac{1875}{n}\geqslant 0.9$,解出 $n\geqslant 18750$,即 n 至少为 18750.

5. 设随机变量 $X_k(k=1,2,\cdots)$独立同分布,且 $E(X_k)=0$,$D(X_k)=a^2$,$E(X_k^4)$ 存在.

证明:对任意 $\varepsilon>0$,有 $\lim\limits_{n\to\infty}P\left(\left|\dfrac{1}{n}\sum\limits_{k=1}^{n}X_k^2-a^2\right|<\varepsilon\right)=1.$

证明　$E(X_k^2)=D(X_k)+[E(X_k)]^2=a^2+0^2=a^2,$

$$E\left(\dfrac{1}{n}\sum_{k=1}^{n}X_k^2\right)=\dfrac{1}{n}\sum_{k=1}^{n}E(X_k^2)=\dfrac{1}{n}\sum_{k=1}^{n}a^2=a^2,$$

$$D(X_k^2) = E(X_k^4) - [E(X_k^2)]^2 = E(X_k^4) - a^4 \text{ 存在.}$$

由特殊形式的切比雪夫定律得

$$\lim_{n \to \infty} P\left(\left| \frac{1}{n}\sum_{k=1}^{n} X_k^2 - a^2 \right| < \varepsilon \right) = \lim_{n \to \infty} P\left(\left| \frac{1}{n}\sum_{k=1}^{n} X_k^2 - E\left(\frac{1}{n}\sum_{k=1}^{n} X_k^2 \right) \right| < \varepsilon \right) = 1,$$

即 $\lim\limits_{n \to \infty} P\left(\left| \frac{1}{n}\sum_{k=1}^{n} X_k^2 - a^2 \right| < \varepsilon \right) = 1.$

提高题

1. 设随机变量 X 的方差为 2, 则根据切比雪夫不等式有估计 $P(|X - E(X)| \geqslant 2) \leqslant$ _____.

解 $P(|X - E(X)| \geqslant 2) \leqslant \dfrac{2}{2^2} = \dfrac{1}{2}$, 故应填 $\dfrac{1}{2}$.

2. 设 $X \sim U(-1, b)$, 若由切比雪夫不等式有 $P(|X - 1| < \varepsilon) \geqslant \dfrac{2}{3}$, 求 b 和 ε.

解 由题设知 $E(X) = \dfrac{b-1}{2}, D(X) = \dfrac{(b+1)^2}{12}$, 依题意

$$\begin{cases} E(X) = \dfrac{b-1}{2} = 1, \\ 1 - \dfrac{(b+1)^2}{12\varepsilon^2} = \dfrac{2}{3}, \end{cases} \Rightarrow \begin{cases} b = 3, \\ 1 - \dfrac{16}{12\varepsilon^2} = \dfrac{2}{3}, \end{cases} \text{即} \begin{cases} b = 3, \\ \varepsilon = 2. \end{cases}$$

3. 设随机变量 X, Y 的数学期望都是 2, 方差分别是 1 和 4, 而相关系数为 0.5, 则根据切比雪夫不等式有 $P(|X - Y| \geqslant 6) \leqslant$ _____.

解 根据数学期望和方差的性质有

$$E(X - Y) = E(X) - E(Y) = 2 - 2 = 0,$$
$$D(X - Y) = D(X) + D(Y) - 2\text{Cov}(X, Y)$$
$$= 1 + 4 - 2 \times 0.5 \times 1 \times \sqrt{4} = 3.$$

则 $P(|X - Y| \geqslant 6) \leqslant \dfrac{D(X-Y)}{6^2} = \dfrac{3}{6^2} = \dfrac{1}{12}.$

4. 某单位设置一电话总机, 共有 200 个电话分机, 设每个电话分机有 5% 的时间要使用外线通话, 假设每个分机是否使用外线通话是相互独立的. 问总机要多少外线才能以 90% 的概率保证每个分机要使用外线时都可以使用?

解 设同时使用外线的分机的台数为 X, 则 $X \sim B(n, p)$, 其中, $n = 200, p = 0.05$, $\sqrt{np(1-p)} = 3.08$.

设该单位安装 N 条外线, 依题意, 求满足 $P\{X \leqslant N\} \geqslant 0.9$ 的最小 N, 由拉普拉斯中心极限定理得

$$P\{X \leqslant N\} = P\left\{ \frac{X - np}{\sqrt{np(1-p)}} \leqslant \frac{N - np}{\sqrt{np(1-p)}} \right\} \approx \Phi\left(\frac{N - 10}{3.08} \right).$$

由标准正态分布表, 可知 $\Phi(1.28) = 0.9$, 故 N 应满足 $\dfrac{N-10}{3.08} \geqslant 1.28$, 所以 $N \geqslant 10 + 1.28 \times 3.08 = 13.94$, 应取 $N = 14$, 即至少要安装 14 条外线.

习题 5-2

1. 设随机变量 $X_1, X_2, \cdots, X_n$ 独立同分布，$S_n = X_1 + X_2 + \cdots + X_n$，则根据列维-林德伯格中心极限定理，当 n 充分大时，S_n 近似服从正态分布，只要 $X_1, X_2, \cdots, X_n$（　　）．

  A　有相同的数学期望　 B　有相同的方差

  C　服从同一指数分布　 D　服从同一离散型分布

  解　根据列维-林德伯格定理的条件，要求 $X_1, X_2, \cdots, X_n$ 独立同分布，且 $E(X_i)$ 与 $D(X_i)$ 均存在，A，B 两项不能保证同分布，可排除；D 项服从同一离散型分布，但不能保证 $E(X_i), D(X_i)$ 存在，也可排除；只有 C 为正确选项．

  2. 一个加法器同时收到 20 个噪声电压 $V_k (k=1,2,\cdots,20)$．设它们是相互独立的随机变量，且都在区间 $[0,10]$ 上服从均匀分布．V 为加法器上收到的总噪声电压，求 $P(V>105)$．

  解　根据题意，$E(V_k)=5, D(V_k)=\dfrac{10^2}{12}(k=1,2,\cdots,20)$，由独立同分布的中心极限定理知

$$
\begin{aligned}
P(V>105) &= P\left(\frac{V-20\times 5}{\sqrt{20}\times\sqrt{100/12}} > \frac{105-20\times 5}{\sqrt{20}\times\sqrt{100/12}}\right) \\
&= P\left(\frac{V-20\times 5}{\sqrt{20}\times\sqrt{100/12}} > 0.387\right) = 1 - P\left(\frac{V-20\times 5}{\sqrt{20}\times\sqrt{100/12}} \leqslant 0.387\right) \\
&\approx 1 - \Phi(0.387) = 1 - 0.652 = 0.348.
\end{aligned}
$$

  3. 设 $X_i (i=1,2,\cdots,50)$ 是相互独立的随机变量，且它们都服从参数为 0.03 的泊松分布．记 $X = X_1 + X_2 + \cdots + X_{50}$，试用中心极限定理计算 $P(X \geqslant 3)$．

  解　易知 $E(X_k) = 0.03, D(X_k) = 0.03 (k=1,2,\cdots,50)$．由中心极限定理可知，随机变量 $Z = \dfrac{\sum\limits_{k=1}^{50} X_k - 50\times 0.03}{\sqrt{50}\times\sqrt{0.03}}$ 近似服从标准正态分布 $N(0,1)$，于是

$$
\begin{aligned}
P(X \geqslant 3) &= 1 - P(X<3) = 1 - P\left(\frac{X-50\times 0.03}{\sqrt{50}\times\sqrt{0.03}} < \frac{3-50\times 0.03}{\sqrt{50}\times\sqrt{0.03}}\right) \\
&\approx 1 - \Phi\left(\frac{3-50\times 0.03}{\sqrt{50}\times\sqrt{0.03}}\right) = 1 - \Phi(\sqrt{1.5}) = 0.1103.
\end{aligned}
$$

  4. 部件包括 10 个部分，每部分的长度是一个随机变量，它们相互独立且具有同一分布．其数学期望为 2mm，均方差为 0.05，规定总长度为 20 ± 0.1mm 时产品合格，试求产品合格的概率．

  解　设 X_i 为第 i 部分的长度 $(i=1,2,\cdots,10)$，X 表示总长度，则 $X = \sum\limits_{i=1}^{10} X_i$，而且

$$
E(X_i) = 2, \quad \sqrt{D(X_i)} = 0.05, \quad D(X_i) = 0.05^2.
$$

于是

$$
E(X) = E\left(\sum_{i=1}^{10} X_i\right) = \sum_{i=1}^{10} E(X_i) = \sum_{i=1}^{10} 2 = 20,
$$

$$D(X)=D\left(\sum_{i=1}^{10}X_i\right)=\sum_{i=1}^{10}D(X_i)=0.05^2\times10=0.025,$$

则产品合格的概率

$$P(20-0.1\leqslant X\leqslant20+0.1)=P\left(-\frac{0.1}{\sqrt{0.025}}\leqslant\frac{X-20}{\sqrt{0.025}}\leqslant\frac{0.1}{\sqrt{0.025}}\right)$$

$$\approx2\Phi\left(\frac{0.1}{\sqrt{0.025}}\right)-1=2\Phi\left(\frac{2}{\sqrt{10}}\right)-1=0.4714.$$

5. 一生产线生产的产品成箱包装,每箱的重量是随机的,假设每箱平均重 50kg,标准差为 5kg,若用最大载重量为 5t 的汽车承运,试用中心极限定理说明每辆车最多可以装多少箱,才能保障不超载的概率大于 0.9770?

解 设 X_i 第 i 箱的重量,则 $E(X_i)=50$,$\sqrt{D(X_i)}=5$.设最多可装 n 箱,则由中心极限定理知,$\dfrac{\sum\limits_{i=1}^{n}X_i-50n}{5\sqrt{n}}\overset{\text{近似}}{\sim}N(0,1)$,所以

$$P\left(\frac{\sum\limits_{i=1}^{n}X_i-50n}{5\sqrt{n}}\leqslant\frac{5000-50n}{5\sqrt{n}}\right)\approx\Phi\left(\frac{5000-50n}{5\sqrt{n}}\right)\geqslant0.977,$$

即 $\Phi\left(\dfrac{1000-10n}{\sqrt{n}}\right)\geqslant0.977\approx\Phi(2)$,所以 $\dfrac{1000-10n}{\sqrt{n}}\geqslant2$,解得 $n\leqslant(9.9005)^2=98.0199$,因此,最多可以装 98 箱.

6. 设某电路供电网中有 10000 盏灯,夜间每一盏灯开着的概率为 0.7,假设各灯的开关彼此独立,计算同时开着的灯数在 6900 与 7100 之间的概率.

解 设同时开着的灯数为 X,它服从二项分布 $B(10000,0.7)$,于是

$$P(6900\leqslant X\leqslant7100)$$

$$=P\left(\frac{6900-7000}{\sqrt{10000\times0.7\times0.3}}\leqslant\frac{X-7000}{\sqrt{10000\times0.7\times0.3}}\leqslant\frac{7100-7000}{\sqrt{10000\times0.7\times0.3}}\right)$$

$$\approx\Phi\left(\frac{100}{45.83}\right)-\Phi\left(-\frac{100}{45.83}\right)=2\Phi\left(\frac{100}{45.83}\right)-1$$

$$=2\Phi(2.18)-1=2\times0.9854-1=0.9708.$$

7. 保险公司有 3000 个同一年龄的人参加人寿保险,在一年中这些人的死亡率为 0.1%.参加保险的人在一年的开始交付保险费 100 元,死亡时家属可从保险公司领取 10000 元.求:(1)保险公司一年获利不少于 200000 元的概率;(2)保险公司亏本的概率.

解 (1) 设一年中这 3000 人里死亡的人数为 X,则 $X\sim B(3000,0.001)$,由题意该保险公司获利为 $3000\times100-10000X$,故获利不少于 200000 的概率为

$$P(200000\leqslant3000\times100-10000X\leqslant3000\times100)=P(0\leqslant X\leqslant10)$$

$$=P\left(\frac{0-3000\times0.001}{\sqrt{3000\times0.001\times0.999}}\leqslant\frac{X-3000\times0.001}{\sqrt{3000\times0.001\times0.999}}\leqslant\frac{10-3000\times0.001}{\sqrt{3000\times0.001\times0.999}}\right)$$

$$\approx \Phi(4.04) - \Phi(-1.73) = 0.958.$$

(2) 亏损的概率为

$$P(3000 \times 100 < 10000X \leqslant 3000 \times 10000) = P(30 < X \leqslant 3000) \approx 0.$$

8. 有一批建筑房屋用的木柱,其中 80% 的长度不小于 3m,现从这批木柱中随机地取出 100 根,利用中心极限定理计算至少有 30 根短于 3m 的概率.

解 设 X 为 100 根中短于 3m 的根数,则 $X \sim B(100, 0.2)$,于是

$$E(X) = 100 \times 0.2 = 20, \quad D(X) = 100 \times 0.2 \times 0.8 = 16,$$

$$P(X \geqslant 30) = P\left(\frac{X - 20}{\sqrt{16}} \geqslant \frac{30 - 20}{\sqrt{16}}\right) \approx 1 - \Phi\left(\frac{30 - 20}{\sqrt{16}}\right)$$

$$= 1 - \Phi(2.5) = 1 - 0.9938 = 0.0062.$$

9. (1) 设一个复杂系统由 100 个相互独立起作用的部件组成. 在整个运行期间,每个部件的损坏率为 0.1. 为了使整个系统正常工作,至少必须有 85 个部件正常工作,求整个系统正常工作的概率.

(2) 设一个复杂系统由 n 个相互独立起作用的部件组成. 在整个运行期间,每部件的可靠性为 0.9,且必须至少有 80% 的部件工作才能使整个系统正常工作,问 n 至少取多大时才能使整个系统的可靠性不低于 0.95?

解 (1) 设 100 个部件正常工作的个数为 X,则 $X \sim B(100, 0.9)$,$E(X) = 90$,$D(X) = 9$,于是

$$P(X \geqslant 85) \approx 1 - \Phi\left(\frac{85 - 90}{3}\right) = 1 - \Phi\left(-\frac{5}{3}\right) = \Phi\left(\frac{5}{3}\right) = 0.9525.$$

(2) 设 X 表示 n 个部件中正常工作的个数,则 $X \sim B(n, 0.9)$,则

$$E(X) = 0.9n, \quad D(X) = 0.9 \times 0.1n = 0.09n,$$

$$P\left(\frac{X}{n} \geqslant 80\%\right) = P(X \geqslant 0.8n) = P\left(\frac{X - 0.9n}{\sqrt{0.09n}} \geqslant \frac{0.8n - 0.9n}{\sqrt{0.09n}}\right)$$

$$\approx 1 - \Phi\left(\frac{-0.1n}{\sqrt{0.09n}}\right) = \Phi\left(\frac{\sqrt{n}}{3}\right).$$

要使 $P\left(\frac{X}{n} \geqslant 80\%\right) \geqslant 0.95$,需有 $\Phi\left(\frac{\sqrt{n}}{3}\right) \geqslant 0.95 \approx \Phi(1.645)$,所以 $\frac{\sqrt{n}}{3} \geqslant 1.645$,于是 $n \geqslant 24.3542$,即 n 取 25.

总复习题 5

1. 设随机变量 X 的数学期望 $E(X) = \mu$,方差 $D(X) = \sigma^2$,则由切比雪夫不等式,$P(|X - \mu| \geqslant 3\sigma) \leqslant$ _____,$P(\mu - 4\sigma < X < \mu + 4\sigma) \geqslant$ _____.

解 $P(|X - \mu| \geqslant 3\sigma) \leqslant \frac{\sigma^2}{(3\sigma)^2} = \frac{1}{9}$,

$$P(\mu - 4\sigma < X < \mu + 4\sigma) = P(|X - \mu| < 4\sigma) \geqslant 1 - \frac{\sigma^2}{(4\sigma)^2} = \frac{15}{16}.$$

2. 设随机变量 X 和 Y 的数学期望分别是 -2 和 2,方差分别为 1 和 4,而相关系数为 -0.5,则根据切比雪夫不等式,$P(|X + Y| \geqslant 6) \leqslant$ _____.

解 $E(X)=-2,E(Y)=2,D(X)=1,D(Y)=4,\rho_{XY}=-0.5,$

$$D(X+Y)=D(X)+D(Y)+2\rho_{XY}\sqrt{D(X)}\sqrt{D(Y)}$$
$$=1+4+2\times(-0.5)\times\sqrt{1}\times\sqrt{4}=3,$$
$$E(X+Y)=E(X)+E(Y)=0,\quad P(|X+Y|\geqslant6)\leqslant\frac{3}{6^2}=\frac{1}{12}.$$

3. 设 X,Y 是两个独立的随机变量,则下列说法正确的是(　　).

　A 当已知 X 与 Y 的分布时,对于随机变量 $X+Y$ 可适用切比雪夫不等式进行概率估计

　B 当 X 与 Y 的期望与方差都存在时,可用切比雪夫不等式估计 $X+Y$ 落在任意区间 (a,b) 内的概率

　C 当 X 与 Y 的期望与方差都存在时,可用切比雪夫不等式估计 $X+Y$ 落在对称区间 $(-a,a)$ 内的概率($a>0$ 常数)

　D 当 X 与 Y 的期望与方差都存在时,可用切比雪夫不等式估计 $X+Y$ 落在区间 $(E(X)+E(Y)-a,E(X)+E(Y)+a)$ 的概率(a 为大于零的常数)

解 应选 D.

因为切比雪夫不等式为 $P(|\xi-E(\xi)|<\varepsilon)\geqslant1-\dfrac{D(\xi)}{\varepsilon^2}$,所以若 X 与 Y 的期望和方差都存在,则令 $\xi=X+Y,\varepsilon=a,$ 由

$$E(\xi)=E(X+Y)=E(X)+E(Y),\quad D(\xi)=D(X+Y)=D(X)+D(Y),$$

得 $P(|X+Y-E(X)-E(Y)|<a)\geqslant1-\dfrac{D(X)+D(Y)}{a^2},$

即可利用切比雪夫不等式估计 $X+Y$ 落在区间 $|X+Y-E(X)-E(Y)|<a,$ 即 $E(X)+E(Y)-a<X+Y<E(X)+E(Y)+a(a>0$ 常数)的概率,故本题应选 D.

4. 设 $X_1,X_2,\cdots,X_n$ 都服从参数为 $\lambda=2$ 的指数分布,且相互独立,则当 $n\to\infty$ 时,$Y_n=\dfrac{1}{n}\sum_{i=1}^n X_i^2$ 依概率收敛于_____.

解 $E(X_i)=\dfrac{1}{2},D(X_i)=\dfrac{1}{4},E(X_i^2)=D(X_i)+[E(X_i)]^2=\dfrac{1}{4}+\left(\dfrac{1}{2}\right)^2=\dfrac{1}{2},E(Y_n)=\dfrac{1}{2},$

由伯努利大数定律得 $\lim\limits_{n\to\infty}P\left(\left|Y_n-\dfrac{1}{2}\right|<\varepsilon\right)=1,$ 所以,Y_n 依概率收敛于 $\dfrac{1}{2}.$

5. 设随机变量 $X_1,X_2,\cdots,X_k,\cdots$ 相互独立,且有分布律

X_k	-1	0	1
p_k	$\dfrac{1}{2^{k+1}}$	$1-\dfrac{1}{2^k}$	$\dfrac{1}{2^{k+1}}$

证明:$\lim\limits_{n\to\infty}\left(\left|\dfrac{1}{n}\sum_{k=1}^n X_k\right|>\varepsilon\right)=0.$

证明 $E(X_k)=(-1)\times\dfrac{1}{2^{k+1}}+0\times\left(1-\dfrac{1}{2^k}\right)+1\times\dfrac{1}{2^{k+1}}=0,$

$$E(X_k^2) = (-1)^2 \times \frac{1}{2^{k+1}} + 0^2 \times \left(1 - \frac{1}{2^k}\right) + 1^2 \times \frac{1}{2^{k+1}} = \frac{1}{2^k},$$

$$D(X_k) = E(X_k^2) - [E(X_k)]^2 = \frac{1}{2^k} - 0 = \frac{1}{2^k} < 1 \quad (k = 1, 2, \cdots),$$

$$E\left(\frac{1}{n}\sum_{k=1}^{n} X_k\right) = 0.$$

由切比雪夫大数定律得

$$\lim_{n\to\infty} P\left(\left|\frac{1}{n}\sum_{k=1}^{n} X_k\right| > \varepsilon\right) = \lim_{n\to\infty} P\left(\left|\frac{1}{n}\sum_{k=1}^{n} X_k - 0\right| > \varepsilon\right)$$

$$= \lim_{n\to\infty} P\left(\left|\frac{1}{n}\sum_{k=1}^{n} X_k - E\left(\frac{1}{n}\sum_{k=1}^{n} X_k\right)\right| > \varepsilon\right) = 0, \text{所以} \lim_{n\to\infty} P\left(\left|\frac{1}{n}\sum_{k=1}^{n} X_k\right| > \varepsilon\right) = 0.$$

6. 设 $X_1, X_2, \cdots, X_n, \cdots$ 为独立同分布的随机变量序列,且均服从参数为 $\lambda(\lambda > 1)$ 的指数分布,记 $\Phi(x)$ 为标准正态分布函数,则(　　).

A　$\displaystyle\lim_{n\to\infty} P\left(\frac{\sum\limits_{i=1}^{n} X_i - n\lambda}{\lambda\sqrt{n}} \leqslant x\right) = \Phi(x)$　　　B　$\displaystyle\lim_{n\to\infty} P\left(\frac{\sum\limits_{i=1}^{n} X_i - n\lambda}{\sqrt{n\lambda}} \leqslant x\right) = \Phi(x)$

C　$\displaystyle\lim_{n\to\infty} P\left(\frac{\lambda\sum\limits_{i=1}^{n} X_i - n}{\sqrt{n}} \leqslant x\right) = \Phi(x)$　　　D　$\displaystyle\lim_{n\to\infty} P\left(\frac{\sum\limits_{i=1}^{n} X_i - \lambda}{\lambda\sqrt{n}} \leqslant x\right) = \Phi(x)$

解　C 正确.　由题设得 $E(X_i) = \dfrac{1}{\lambda}, D(X) = \dfrac{1}{\lambda^2}$. 因为

$$E\left(\sum_{i=1}^{n} X_i\right) = \sum_{i=1}^{n} E(X_i) = \sum_{i=1}^{n} \frac{1}{\lambda} = \frac{n}{\lambda},$$

$$D\left(\sum_{i=1}^{n} X_i\right) = \sum_{i=1}^{n} D(X_i) = \sum_{i=1}^{n} \frac{1}{\lambda^2} = \frac{n}{\lambda^2},$$

由中心极限定理: $\displaystyle\lim_{n\to\infty} P\left(\frac{\sum\limits_{i=1}^{n} X_i - \dfrac{n}{\lambda}}{\sqrt{\dfrac{n}{\lambda^2}}} \leqslant x\right) = \lim_{n\to\infty} P\left(\frac{\lambda\sum\limits_{i=1}^{n} X_i - n}{\sqrt{n}} \leqslant x\right) = \Phi(x).$

7. 设随机变量 X 的概率密度为 $f(x) = \dfrac{x^n}{n!}\mathrm{e}^{-x} (x \geqslant 0)$,试证: $P(0 < X < 2(n+1)) \geqslant \dfrac{n}{n+1}$.

解　$E(X) = \displaystyle\int_0^{+\infty} x \frac{x^n}{n!}\mathrm{e}^{-x}\,\mathrm{d}x = \frac{1}{n!}\int_0^{+\infty} x^{n+1}\mathrm{e}^{-x}\,\mathrm{d}x = \frac{1}{n!}(n+1)! = n+1,$

$E(X^2) = \displaystyle\int_0^{+\infty} x^2 \frac{x^n}{n!}\mathrm{e}^{-x}\,\mathrm{d}x = \frac{1}{n!}\int_0^{+\infty} x^{n+2}\mathrm{e}^{-x}\,\mathrm{d}x = \frac{1}{n!}(n+2)! = (n+2)(n+1),$

$D(X) = E(X^2) - [E(X)]^2 = (n+2)(n+1) - (n+1)^2 = n+1.$

由切比雪夫不等式得

$$P(0 < X < 2(n+1)) = P(-(n+1) < X-(n+1) < n+1)$$
$$= P(|X-(n+1)| < n+1) = P(|X-E(X)| < n+1)$$
$$\geqslant 1 - \frac{D(X)}{(n+1)^2} = \frac{n}{n+1},$$

即 $P(0 < X < 2(n+1)) \geqslant \frac{n}{n+1}$.

8. 一个螺丝钉的重量是一个随机变量,期望值是50g,标准差是5g.利用中心极限定理求一盒(100个)同型号螺丝钉的重量超过5100g的概率.

解 设 X_i 是第 i 个螺丝钉的重量,$i=1,2,\cdots,100$,易知 $E(X_i)=50,D(X_i)=5^2$.

由中心极限定理可知

$$P\left(\sum_{i=1}^{100} X_i > 5100\right) = 1 - P\left(\sum_{i=1}^{100} X_i < 5100\right)$$

$$= 1 - P\left(\frac{\sum_{i=1}^{100} X_i - 5000}{\sqrt{100 \times 5}} \leqslant \frac{5100 - 5000}{\sqrt{100 \times 5}}\right)$$

$$\approx 1 - \Phi(2) = 1 - 0.9772 = 0.0228.$$

9. 计算机在进行加法时,对每个加数取整(取为最接近它的整数),设所有的取整误差是相互独立的,且它们都在 $[-0.5, 0.5]$ 上服从均匀分布.

(1) 若将 1500 个数相加,问误差总和的绝对值超过 15 的概率是多少?

(2) 问多少个数加在一起可使得误差总和的绝对值小于 10 的概率为 0.90?

解 (1) 设 X_i 表示第 i 个数的误差($i=1,2,\cdots,1500$),则 $X_i \sim U(-0.5, 0.5)$,故

$E(X_i)=0, D(X_i)=\frac{1}{12}$. 由中心极限定理知

$$\frac{\sum_{i=1}^{1500} X_i - 1500 \times 0}{\sqrt{1500} \times \sqrt{1/12}} = \frac{\sum_{i=1}^{1500} X_i}{5\sqrt{5}} \overset{近似}{\sim} N(0,1),$$

$$P\left(\left|\sum_{i=1}^{1500} X_i\right| > 15\right) = 1 - P\left(\left|\sum_{i=1}^{1500} X_i\right| \leqslant 15\right) = 1 - P\left(\left|\frac{\sum_{i=1}^{1500} X_i}{5\sqrt{5}}\right| \leqslant \frac{15}{5\sqrt{5}}\right)$$

$$= 1 - \Phi\left(\frac{3}{\sqrt{5}}\right) + \Phi\left(-\frac{3}{\sqrt{5}}\right) = 2 - 2\Phi\left(\frac{3}{\sqrt{5}}\right) = 2(1 - 0.9099) = 0.1802.$$

(2) 设 n 个数加在一起时误差总和绝对值小于 10 的概率为 0.9,所以

$$P\left(\left|\sum_{i=1}^{n} X_i\right| < 10\right) = P\left(\left|\frac{\sum_{i=1}^{n} X_i}{\sqrt{n/12}}\right| < \frac{10}{\sqrt{n/12}}\right) = \Phi\left(\frac{10}{\sqrt{n/12}}\right) - \Phi\left(-\frac{10}{\sqrt{n/12}}\right)$$

$$= 2\Phi\left(\frac{10}{\sqrt{n/12}}\right) - 1 = 0.9,\text{ 即 } \Phi\left(\frac{10}{\sqrt{n/12}}\right) = 0.95.$$

查教材中附表 2 可得 $\Phi(1.645) = 0.95$,于是 $\frac{10}{\sqrt{n/12}} = 1.645$,解得 $n \approx 443$.

10. 将一枚硬币连掷 100 次,求出现正面的次数大于 60 的概率.

解 X 表示将一枚硬币掷 100 次出现正面的次数,则 $X \sim B\left(100, \dfrac{1}{2}\right)$,所以

$$E(X) = 100 \times \frac{1}{2} = 50, \quad D(X) = 100 \times \frac{1}{2} \times \left(1 - \frac{1}{2}\right) = 25,$$

于是 $\quad P(X > 60) = P\left(\dfrac{X-50}{\sqrt{25}} > \dfrac{60-50}{\sqrt{25}}\right) \approx 1 - \Phi(2) = 1 - 0.9772 = 0.0228.$

11. 设船舶在某海区航行,已知每遭受一次波浪的冲击,纵摇角度大于 6° 的概率为 $p = \dfrac{1}{3}$,若船舶遭受了 90000 次波浪冲击,问其中有 29500~30500 次纵摇角度大于 6° 的概率为多少?

解 设 X 为在 90000 次波浪冲击中纵遥角度数大于 6° 的次数,则 $X \sim B\left(90000, \dfrac{1}{3}\right)$,于是由中心极限定理,所求为

$$P(29500 \leqslant X \leqslant 30500)$$

$$= P\left(\frac{29500 - 90000 \times \dfrac{1}{3}}{\sqrt{90000 \times \dfrac{1}{3} \times \dfrac{2}{3}}} \leqslant \frac{X - 90000 \times \dfrac{1}{3}}{\sqrt{90000 \times \dfrac{1}{3} \times \dfrac{2}{3}}} \leqslant \frac{30500 - 90000 \times \dfrac{1}{3}}{\sqrt{90000 \times \dfrac{1}{3} \times \dfrac{2}{3}}}\right)$$

$$\approx \Phi\left(\frac{5\sqrt{2}}{2}\right) - \Phi\left(-\frac{5\sqrt{2}}{2}\right) = 0.9995.$$

12. 甲、乙两个戏院竞争 1000 名观众,假定每个观众完全随意地选择一个戏院,且观众之间选择戏院是彼此独立的,问每个戏院应该设有多少个座位才能保证因缺少座位而使观众离去的概率小于 1%?

解 设甲戏院应设 a 个座位,X 为 1000 名观众中到甲戏院看戏的人数,则 $X \sim B(1000, 0.5)$,所求问题为 $P(X \leqslant a) \geqslant 99\%$.

$$P(X \leqslant a) = P\left(\frac{X - 1000 \times 0.5}{\sqrt{1000 \times 0.5 \times 0.5}} \leqslant \frac{a - 1000 \times 0.5}{\sqrt{1000 \times 0.5 \times 0.5}}\right)$$

$$\approx \Phi\left(\frac{a - 1000 \times 0.5}{\sqrt{1000 \times 0.5 \times 0.5}}\right) = \Phi\left(\frac{a - 500}{5\sqrt{10}}\right) \geqslant 99\%.$$

查标准正态分布表 $\Phi(2.33) = 0.9901$,所以 $\dfrac{a-500}{5\sqrt{10}} \geqslant 2.33$. 解得 $a \geqslant 500 + 2.33 \times 5\sqrt{10} \approx 536.84$,故每个戏院至少应该设 537 个座位才能保证因缺少座位而使观众离去的概率小于 1%.

13. 某车间有 200 台机床独立地工作,每台机床开动时需耗电 5kW. 因检修等原因每台机床的开工率仅为 0.6,如果只供给该车间 700kW 的电力,问能以多大的概率保证不因缺电而停工?

解 设 X 表示 200 台机床中开工的机床数,则 $X \sim B(200, 0.6)$,于是 $E(X) = 200 \times 0.6 = 120, D(X) = 200 \times 0.6 \times 0.4 = 48$,所以

$$P(5X \leqslant 700) = P(X \leqslant 140) = P\left(\frac{X-120}{\sqrt{48}} \leqslant \frac{140-120}{\sqrt{48}}\right) \approx \Phi\left(\frac{5}{\sqrt{3}}\right) \approx 0.9981,$$

即能以 0.9981 的概率保证不因缺电而停工.

第 ⑥ 章

数理统计的基本概念

内容概要

一、总体、个体和样本

1. 在数理统计中所研究对象的某项数量指标 X 取值的全体称为**总体**；总体中的每个元素称为**个体**；从总体中抽取若干个体，这些个体称为**样本**；个体的数量称为**样本容量**.

2. 简单随机样本

设有总体 X，如果随机变量 $X_1, X_2, \cdots, X_n$ 相互独立，并且与总体同分布，则称 $X_1,$ $X_2, \cdots, X_n$ 为来自总体 X 的简单随机样本，简称为样本，n 称为样本容量. 它们的观测值 $x_1, x_2, \cdots, x_n$ 称为样本观测值，也称为总体 X 的 n 个独立观测值.

二、统计量及常用的统计量

不含总体分布中的未知参数的样本函数 $T = g(X_1, X_2, \cdots, X_n)$ 称为**统计量**.

常用的统计量

设 $X_1, X_2, \cdots, X_n$ 是来自总体 X 的样本，$x_1, x_2, \cdots, x_n$ 是相应的样本观测值.

1. 样本均值 $\overline{X} = \dfrac{1}{n} \sum\limits_{i=1}^{n} X_i$，其观测值为 $\overline{x} = \dfrac{1}{n} \sum\limits_{i=1}^{n} x_i$.

2. 样本方差 $S^2 = \dfrac{1}{n-1} \sum\limits_{i=1}^{n} (X_i - \overline{X})^2$，其观测值为 $s^2 = \dfrac{1}{n-1} \sum\limits_{i=1}^{n} (x_i - \overline{x})^2$；**样本标准差** $S = \sqrt{\dfrac{1}{n-1} \sum\limits_{i=1}^{n} (X_i - \overline{X})^2}$，其观测值为 $s = \sqrt{\dfrac{1}{n-1} \sum\limits_{i=1}^{n} (x_i - \overline{x})^2}$；

如果总体 X 具有数学期望 $E(X) = \mu$ 和方差 $D(X) = \sigma^2$，则

$$E(\overline{X}) = E(X) = \mu, \quad D(\overline{X}) = \frac{D(X)}{n} = \frac{\sigma^2}{n}, \quad E(S^2) = D(X) = \sigma^2.$$

3. 样本 k 阶原点矩 $A_k = \dfrac{1}{n} \sum\limits_{i=1}^{n} X_i^k$，其观测值为 $a_k = \dfrac{1}{n} \sum\limits_{i=1}^{n} x_i^k \ (k = 1, 2, \cdots)$.

4. 样本 k 阶中心矩 $B_k = \dfrac{1}{n}\sum\limits_{i=1}^{n}(X_i - \overline{X})^k(k=2,3,\cdots)$，其观测值为

$$b_k = \frac{1}{n}\sum_{i=1}^{n}(x_i - \overline{x})^k \quad (k=2,3,\cdots).$$

三、抽样分布

1. χ^2 分布

（1）设随机变量 $X_1, X_2, \cdots, X_n$ 相互独立，且都服从标准正态分布 $N(0,1)$，则随机变量 $\chi^2 = X_1^2 + X_2^2 + \cdots + X_n^2$ 服从自由度为 n 的 χ^2 分布，记作 $\chi^2 \sim \chi^2(n)$.

（2）χ^2 分布的性质

① 设 $\chi_1^2 \sim \chi^2(n_1)$，$\chi_2^2 \sim \chi^2(n_2)$，并且 χ_1^2 和 χ_2^2 相互独立，则 $\chi_1^2 + \chi_2^2 \sim \chi^2(n_1 + n_2)$；

② 如果 $\chi^2 \sim \chi^2(n)$，则有 $E(\chi^2) = n$，$D(\chi^2) = 2n$.

（3）上 α 分位点 $\chi_\alpha^2(n)$　设 $\chi^2 \sim \chi^2(n)$，对于给定的 $\alpha(0 < \alpha < 1)$，称满足条件 $P(\chi^2 > \chi_\alpha^2(n)) = \alpha$ 的点 $\chi_\alpha^2(n)$ 为 $\chi^2(n)$ 分布的上 α 分位点.

2. t 分布

（1）设随机变量 X 和 Y 相互独立，且 $X \sim N(0,1)$，$Y \sim \chi^2(n)$，则称随机变量 $t = \dfrac{X}{\sqrt{\dfrac{Y}{n}}}$

服从自由度为 n 的 t 分布，记作 $t \sim t(n)$.

（2）t 分布的概率密度函数 $f(x)$ 是偶函数，且有 $\lim\limits_{n \to \infty} f(x) = \dfrac{1}{\sqrt{2\pi}}\mathrm{e}^{-\frac{x^2}{2}}$，即当 n 充分大时，$t(n)$ 分布近似于 $N(0,1)$ 分布.

（3）上 α 分位点 $t_\alpha(n)$　设 $t \sim t(n)$，对于给定的 $\alpha(0 < \alpha < 1)$，称满足条件 $P(t > t_\alpha(n)) = \alpha$ 的点 $t_\alpha(n)$ 为 t 分布的上 α 分位点，由于 t 分布的概率密度函数是偶函数，因此 $t_{1-\alpha}(n) = -t_\alpha(n)$.

3. F 分布

（1）设随机变量 X 和 Y 相互独立，且 $X \sim \chi^2(n_1)$，$Y \sim \chi^2(n_2)$，则称随机变量 $F = \dfrac{\dfrac{X}{n_1}}{\dfrac{Y}{n_2}}$

服从自由度为 (n_1, n_2) 的 F 分布，记作 $F \sim F(n_1, n_2)$，其中 n_1 和 n_2 分别称为第一自由度和第二自由度.

（2）如果 $F \sim F(n_1, n_2)$，则 $\dfrac{1}{F} \sim F(n_2, n_1)$.

（3）上 α 分位点 $F_\alpha(n_1, n_2)$　设 $F \sim F(n_1, n_2)$，对于给定的 $\alpha(0 < \alpha < 1)$，称满足条件 $P(F > F_\alpha(n_1, n_2)) = \alpha$ 的点 $F_\alpha(n_1, n_2)$ 为 $F(n_1, n_2)$ 分布的上 α 分位点，且有

$$F_{1-\alpha}(n_1, n_2) = \frac{1}{F_\alpha(n_2, n_1)}.$$

4. 正态分布的几种常用的统计量的分布

(1) 设总体 X 服从正态分布 $N(\mu, \sigma^2)$, $X_1, X_2, \cdots, X_n$ 是来自总体 X 的样本, 样本均值为 $\overline{X}$, 样本方差为 S^2, 则有

① $\overline{X} \sim N\left(\mu, \dfrac{\sigma^2}{n}\right)$, $U = \dfrac{\overline{X} - \mu}{\dfrac{\sigma}{\sqrt{n}}} \sim N(0, 1)$;

② $\overline{X}$ 与 S^2 相互独立, 且 $\chi^2 = \dfrac{(n-1)S^2}{\sigma^2} \sim \chi^2(n-1)$;

③ $t = \dfrac{\overline{X} - \mu}{\dfrac{S}{\sqrt{n}}} \sim t(n-1)$.

(2) 设总体 $X \sim N(\mu_1, \sigma_1^2)$, $X_1, X_2, \cdots, X_{n_1}$ 是来自总体 X 的样本, 样本均值为 $\overline{X}$, 样本方差为 S_1^2, 总体 $Y \sim N(\mu_2, \sigma_2^2)$, $Y_1, Y_2, \cdots, Y_{n_2}$ 是来自总体 Y 的样本, 样本均值为 $\overline{Y}$, 样本方差为 S_2^2, 且来自两个总体的样本相互独立, 则有

① $U = \dfrac{\overline{X} - \overline{Y} - (\mu_1 - \mu_2)}{\sqrt{\dfrac{\sigma_1^2}{n_1} + \dfrac{\sigma_2^2}{n_2}}} \sim N(0, 1)$;

② 如果 $\sigma_1^2 = \sigma_2^2 = \sigma^2$, 则有 $t = \dfrac{\overline{X} - \overline{Y} - (\mu_1 - \mu_2)}{S_\omega \sqrt{\dfrac{1}{n_1} + \dfrac{1}{n_2}}} \sim t(n_1 + n_2 - 2)$, 其中 $S_\omega^2 = \dfrac{(n_1-1)S_1^2 + (n_2-1)S_2^2}{n_1 + n_2 - 2}$, $S_\omega = \sqrt{S_\omega^2}$;

③ $F = \dfrac{n_2 \sigma_2^2}{n_1 \sigma_1^2} \cdot \dfrac{\sum\limits_{i=1}^{n_1}(X_i - \mu_1)^2}{\sum\limits_{j=1}^{n_2}(Y_j - \mu_2)^2} \sim F(n_1, n_2)$;

④ $F = \dfrac{\sigma_2^2}{\sigma_1^2} \cdot \dfrac{S_1^2}{S_2^2} \sim F(n_1 - 1, n_2 - 1)$;

⑤ $X_{(n)} = \max\{X_1, X_2, \cdots, X_n\}$ 和 $X_{(1)} = \min\{X_1, X_2, \cdots, X_n\}$ 的分布

设总体 X 的分布函数为 $F(x)$, $X_1, X_2, \cdots, X_n$ 是来自总体 X 的样本, 则统计量 $X_{(n)} = \max\{X_1, X_2, \cdots, X_n\}$ 和 $X_{(1)} = \min\{X_1, X_2, \cdots, X_n\}$ 的分布函数分别为

$$F_{\max}(x) = P(\max\{X_1, X_2, \cdots, X_n\} \leqslant x) = [F(x)]^n;$$

$$F_{\min}(x) = P(\min\{X_1, X_2, \cdots, X_n\} \leqslant x) = 1 - [1 - F(x)]^n.$$

题型归纳与例题精解

题型 6-1　关于样本均值与样本方差的计算

【例 1】　为了解电话用户的使用情况,在 1h 内观测电话用户对总机的呼叫次数,按每分钟统计,得到如下数据:

3	1	2	2	2	4	1	2	0	2	3	4
4	6	1	1	0	3	2	1	3	1	2	0
0	0	1	2	1	2	2	3	4	1	1	2
2	5	0	2	2	4	3	1	1	3	2	3
0	2	3	1	3	1	4	1	0	1	2	5

试求样本均值,样本方差及标准差.

解　首先对上述 60 个数据进行整理,写出 1min 内电话呼叫次数 X_i 的频数分布表:

1min 内电话呼叫次数 X_i	0	1	2	3	4	5	6	总计
频数 n_i	8	16	17	10	6	2	1	60

样本均值

$$\bar{x} = \frac{1}{n}(x_1 + x_2 + \cdots + x_n) = \frac{1}{60}(3 + 1 + \cdots + 5)$$

$$= \frac{1}{60}(0 \times 8 + 1 \times 16 + 2 \times 17 + 3 \times 10 + 4 \times 6 + 5 \times 2 + 6 \times 1)$$

$$= \frac{1}{60} \times 120 = 2.$$

样本方差

$$s^2 = \frac{1}{n-1}\sum_{i=1}^{n}(x_i - \bar{x})^2 = \frac{1}{n-1}\sum_{i=1}^{n_i}\left[(x_i - \bar{x})^2 n_i\right]$$

$$= \frac{1}{60-1}\left[8 \times (0-2)^2 + 16 \times (1-2)^2 + 17 \times (2-2)^2 + 10 \times (3-2)^2 + \right.$$

$$6 \times (4-2)^2 + 2 \times (5-2)^2 + (6-2)^2\right] = \frac{1}{59} \times 116 \approx 1.966.$$

样本标准差 $s = \sqrt{s^2} = \frac{1}{59} \approx 1.402$.

题型 6-2　关于统计量的判定

【例 2】　设 $X_i (i=1,2,\cdots,n)$ 为取自于 $N(\mu,4)$(μ 未知)的简单样本,指出下列哪些变量不是统计量(　　).

A　$\mu + \max\{X_1 - \mu, X_2 - \mu, \cdots, X_n - \mu\}$　　　　　B　$\sum_{i=1}^{3}(X_i - 3)^2$

$$C \quad \sum_{i=1}^{n}(X_i - \mu)^2 - n(\overline{X} - \mu)^2 \qquad\qquad D \quad \sum_{i=1}^{n}(X_i - \mu)^2/4$$

解 选 D. 因为 D 中有未知的参数 μ.

A 中变量 $\mu + \max\{X_1 - \mu, X_2 - \mu, \cdots, X_n - \mu\} = \mu + \max\{X_1, X_2, \cdots, X_n\} - \mu = \max\{X_1, X_2, \cdots, X_n\}$;

C 中变量 $\sum_{i=1}^{n}(X_i - \mu)^2 - n(\overline{X} - \mu)^2 = \sum_{i=1}^{n}X_i^2 - n\overline{X}^2$, 表达式中包含 μ, 但实质上与 μ 无关. C 显然是统计量.

题型 6-3 求抽样分布问题

【例 3】 设 $X_1, X_2, \cdots, X_n, X_{n+1}$ 是来自正态总体 $N(\mu, \sigma^2)$ 的样本, $U = X_{n+1} - \dfrac{1}{n+1}\sum_{i=1}^{n+1}X_i$, 则 U 服从_____分布.

解 $U = X_{n+1} - \dfrac{1}{n+1}\sum_{i=1}^{n+1}X_i = \dfrac{n}{n+1}X_{n+1} - \dfrac{1}{n+1}\sum_{i=1}^{n}X_i$.

由 $X_i \sim N(\mu, \sigma^2)$ 且 X_i 相互独立 $(i = 1, 2, \cdots, n+1)$, 从而 U 服从正态分布.

$$E(U) = \frac{n}{n+1}E(X_{n+1}) - \frac{1}{n+1}\sum_{i=1}^{n}E(X_i) = \frac{n}{n+1}\mu - \frac{n}{n+1}\mu = 0,$$

$$D(U) = \left(\frac{n}{n+1}\right)^2 D(X_{n+1}) + \left(\frac{1}{n+1}\right)^2 \sum_{i=1}^{n}D(X_i) = \left(\frac{n}{n+1}\right)^2 \sigma^2 + \frac{n\sigma^2}{(n+1)^2} = \frac{n}{n+1}\sigma^2,$$

即 $U \sim N\left(0, \dfrac{n}{n+1}\sigma^2\right)$.

【例 4】 设总体 X 服从正态分布 $N(\mu_1, \sigma^2)$, 总体 Y 服从正态分布 $N(\mu_2, \sigma^2)$, $X_1, X_2, \cdots, X_{n_1}$ 和 $Y_1, Y_2, \cdots, Y_{n_2}$ 是分别来自总体 X 和 Y 的简单随机样本, 求

$$E\left[\frac{\sum_{i=1}^{n_1}(X_i - \overline{X})^2 + \sum_{j=1}^{n_2}(Y_j - \overline{Y})^2}{n_1 + n_2 - 2}\right].$$

解 由抽样分布知

$$\frac{\sum_{i=1}^{n_1}(X_i - \overline{X})^2}{\sigma^2} \sim \chi^2(n_1 - 1), \qquad \frac{\sum_{j=1}^{n_2}(Y_j - \overline{Y})^2}{\sigma^2} \sim \chi^2(n_2 - 1),$$

且以上两个随机变量相互独立.

由 χ^2 分布的可加性得

$$\frac{\sum_{i=1}^{n_1}(X_i - \overline{X})^2 + \sum_{j=1}^{n_2}(Y_j - \overline{Y})^2}{\sigma^2} \sim \chi^2(n_1 + n_2 - 2),$$

又 χ^2 分布的期望为其自由度, 所以

$$E\left[\frac{\sum_{i=1}^{n_1}(X_i-\overline{X})^2+\sum_{j=1}^{n_2}(Y_j-\overline{Y})^2}{n_1+n_2-2}\right]=\frac{\sigma^2}{n_1+n_2-2}E\left[\sum_{i=1}^{n_1}\frac{(X_i-\overline{X})^2+\sum_{j=1}^{n_2}(Y_j-\overline{Y})^2}{\sigma^2}\right]$$

$$=\frac{\sigma^2}{n_1+n_2-2}(n_1+n_2-2)=\sigma^2.$$

【例 5】 设随机变量 $X_1,X_2,\cdots,X_n$ 相互独立且服从正态分布 $N(0,1)$, 随机变量 Y_1, $Y_2,\cdots,Y_m$ 相互独立且服从正态分布 $N(0,1)$, 假设 $X=\sum_{i=1}^n X_i^2, Y=\sum_{i=1}^m Y_i^2$ 且 X 与 Y 相互独立, 求 $E(X+Y)$ 和 $D(X+Y)$.

解 由 χ^2 分布的定义可知 $X=\sum_{i=1}^n X_i^2\sim\chi^2(n)$. 同理, $Y=\sum_{i=1}^m Y_i^2\sim\chi^2(m)$.

由 χ^2 分布的可加性知 $X+Y\sim\chi^2(n+m)$.

由 χ^2 分布的性质可知 $E[\chi^2(n)]=n, D[\chi^2(n)]=2n$, 因而求得

$$E(X+Y)=E[\chi^2(n+m)]=n+m,$$

$$D(X+Y)=D[\chi^2(n+m)]=2(n+m)=2n+2m.$$

【例 6】 设总体 $X\sim N(0,1), X_1,X_2,X_3$ 为来自总体的样本, 则 $P(\sqrt{X_1^2+X_2^2+X_3^2}>2.5)=$ _____.

解 因为 $X_i\sim N(0,1)(i=1,2,3)$, 所以 $X^2=X_1^2+X_2^2+X_3^2\sim\chi^2(3)$. 从而

$$P(\sqrt{X_1^2+X_2^2+X_3^2}>2.5)=P(X_1^2+X_2^2+X_3^2>6.25)=P(\chi^2>6.25)=0.10.$$

【例 7】 设总体 $X\sim N(0,1), X_1,X_2,\cdots,X_n$ 是简单随机样本, 试问若统计量 $\dfrac{c(X_1+X_2)}{\sqrt{X_3^2+X_4^2+X_5^2}}$ 服从 t 分布, c 取何值?

解 由 $X\sim N(0,1)$ 得 $X_1+X_2\sim N(0,2)$, 即 $\dfrac{X_1+X_2}{\sqrt{2}}\sim N(0,1)$, 且 $X_3^2+X_4^2+X_5^2\sim\chi^2(3)$.

又因为 X_1+X_2 与 $X_3^2+X_4^2+X_5^2$ 相互独立, 所以由 t 分布的定义得

$$\frac{\dfrac{X_1+X_2}{\sqrt{2}}}{\sqrt{\dfrac{X_3^2+X_4^2+X_5^2}{3}}}=\sqrt{\frac{3}{2}}\,\frac{X_1+X_2}{\sqrt{X_3^2+X_4^2+X_5^2}}\sim t(3),$$

从而 $c=\sqrt{\dfrac{3}{2}}$.

【例 8】 设 $X\sim N(\mu,4)$, 问至少应抽取多大容量的样本, 才能使样本均值与总体数学期望的误差小于 0.4 的概率为 0.95?

解 设抽取的样本容量为 n, 由单个正态总体统计量的分布知

$$U = \frac{\overline{X} - \mu}{\sigma / \sqrt{n}} \sim N(0,1), \quad \sigma = 2.$$

由标准正态分布上 α 分位点 u_α 的定义,有

$$P(|U| < u_{\alpha/2}) = P\left(\frac{|\overline{X} - \mu|}{\frac{2}{\sqrt{n}}} < u_{\alpha/2}\right) = 1 - \alpha = 0.95,$$

$\alpha = 0.05$,则 $u_{\alpha/2} = u_{0.025} = 1.96$. 从而有

$$P\left(|\overline{X} - \mu| < \frac{2}{\sqrt{n}} u_{\alpha/2}\right) = P\left(|\overline{X} - \mu| < \frac{2 \times 1.96}{\sqrt{n}}\right) = 0.95.$$

由题意有 $\frac{2 \times 1.96}{\sqrt{n}} \leqslant 0.4$,所以 $n \geqslant \left(\frac{2 \times 1.96}{0.4}\right)^2 = 96.04$,因此,抽取的样本容量至少应为 97.

【例 9】 设总体 $X \sim N(\mu_1, \sigma_1^2)$,$Y \sim N(\mu_2, \sigma_2^2)$,从这两个总体中分别抽样,测得如下数据:$n_1 = 8, \overline{x} = 10.5, s_1^2 = 42.25$;$n_2 = 10, \overline{y} = 13.4, S_2^2 = 56.25$. 求概率:

(1) $P\left(\frac{\sigma_2^2}{\sigma_1^2} < 4.4\right)$;(2) $P(\mu_1 < \mu_2)$,假定 $\sigma_1^2 = \sigma_2^2$.

解 (1) 由题设知,$F = \frac{\sigma_2^2}{\sigma_1^2} \cdot \frac{S_1^2}{S_2^2} \sim F(n_1 - 1, n_2 - 1)$.

$$P\left(\frac{\sigma_2^2}{\sigma_1^2} < 4.4\right) = P\left(\frac{S_1^2 \sigma_2^2}{S_2^2 \sigma_1^2} < 4.4 \frac{S_1^2}{S_2^2}\right) = P\left(\frac{S_1^2 \sigma_2^2}{S_2^2 \sigma_1^2} < 4.4 \times \frac{42.25}{56.25}\right)$$

$$= P\left(\frac{S_1^2 \sigma_2^2}{S_2^2 \sigma_1^2} < 3.3\right) \approx 1 - 0.05 = 0.95.$$

(2) 由题意知,$\sigma_1^2 = \sigma_2^2 = \sigma^2$,则根据两个正态总体统计量的分布得

$$t = \frac{(\overline{x} - \overline{y}) - (\mu_1 - \mu_2)}{\sqrt{(1/n_1 + 1/n_2) \cdot s_w^2}} \sim t(n_1 + n_2 - 2),$$

其中

$$\overline{x} - \overline{y} = 10.5 - 13.4 = -2.9, \qquad \sqrt{\frac{1}{n_1} + \frac{1}{n_2}} = \sqrt{\frac{1}{8} + \frac{1}{10}} \approx 0.47,$$

$$s_w = \sqrt{\frac{(n_1 - 1)s_1^2 + (n_2 - 1)s_2^2}{n_1 + n_2 - 2}} = \sqrt{\frac{7 \times 42.25 + 9 \times 56.25}{16}} \approx 10.01.$$

所以

$$P(\mu_1 < \mu_2) = P(\mu_1 - \mu_2 < 0)$$

$$= P\left(\frac{(\overline{x} - \overline{y}) - (\mu_1 - \mu_2)}{\sqrt{1/n_1 + 1/n_2} \cdot s_w} > \frac{-2.9 - 0}{0.47 \times 10.01}\right)$$

$$= P(t > -0.62) \approx 1 - 0.2 = 0.8.$$

测试题及其答案

一、填空题

1. 从正态总体 $N(\mu,\sigma^2)$ 中抽取一容量为 16 的样本,样本方差 S^2 为样本方差,则 $D\left(\dfrac{S^2}{\sigma^2}\right) = \underline{\qquad}$.

2. 设随机变量 $X \sim N(0,2)$,$Y \sim \chi^2(5)$,且 X,Y 独立,则当 $A = \underline{\qquad}$ 时,$Z = A\dfrac{X}{\sqrt{Y}}$ 服从自由度为 $\underline{\qquad}$ 的 t 分布.

3. 设 $X_i(i=1,2,\cdots,n)$ 为来自正态总体 $N(\mu,\sigma^2)$ 的一个简单随机样本,则样本均值 $\overline{X} = \dfrac{1}{n}\sum\limits_{i=1}^{n} X_i \sim \underline{\qquad}$;又设 a_i 为常数 $(a_i \neq 0, i=1,2,\cdots,n)$,则 $\sum\limits_{i=1}^{n} a_i X_i \sim \underline{\qquad}$.

4. 设 $X \sim N(\mu_1,\sigma_1^2)$,$Y \sim N(\mu_2,\sigma_2^2)$,且 X,Y 相互独立,从两总体中分别抽取样本容量为 n_1 和 n_2 的样本,样本方差分别为 S_1^2 和 S_2^2,则常用的统计量 $F = \underline{\qquad} \sim F(n_1-1, n_2-1)$.

二、单项选择题

5. 设 X_1,X_2,X_3,X_4 是来自总体 $N(\mu,\sigma^2)$ 的样本,其中 σ 已知,μ 未知,则下列四个样本的函数中不是统计量的是(　　).

    A　$\max\{X_i\} - \min\{X_i\}$ 　　　　　　B　$\dfrac{1}{4}\sum\limits_{i=1}^{4}(X_i - \mu)$

    C　$\dfrac{\sum\limits_{i=1}^{4} X_i^2}{\sigma^2}$ 　　　　　　　　D　$\dfrac{1}{3}\sum\limits_{i=1}^{4} X_i^2 - \dfrac{1}{12}\sum\limits_{i=1}^{4} X_i^2$

6. 设总体 $X \sim N(\mu,\sigma^2)$,μ,σ^2 为未知数,$X_i(i=1,2,\cdots,n)$ 为来自总体 X 的样本,则下列结论正确的是(　　).

    A　$S^2 = \dfrac{1}{n-1}\sum\limits_{i=1}^{n}(X_i - \overline{X})^2 \sim \chi^2(n-1)$

    B　$S_1^2 = \dfrac{1}{n}\sum\limits_{i=1}^{n}(X_i - \overline{X})^2 \sim \chi^2(n-1)$

    C　$\dfrac{1}{\sigma^2}\sum\limits_{i=1}^{n}(X_i - \overline{X})^2 \sim \chi^2(n-1)$

    D　$\dfrac{1}{\sigma^2}\sum\limits_{i=1}^{n}(X_i - \overline{X})^2 \sim \chi^2(n)$

7. 对于给定的正数 $\alpha(0<\alpha<1)$,设 u_α,$\chi_\alpha^2(n)$,$t_\alpha(n)$,$F_\alpha(n_1,n_2)$ 分别是 $N(0,1)$,$\chi^2(n)$,$t(n)$,$F(n_1,n_2)$ 分布的上 α 分位点,则下面结论不正确的是(　　).

A　$u_{1-\alpha}=-u_{\alpha}$ 　　　　　B　$\chi^2_{1-\alpha}(n)=-\chi^2_{\alpha}(n)$

C　$t_{\alpha}(n)=-t_{1-\alpha}(n)$ 　　　　D　$F_{1-\alpha}(n_1,n_2)=\dfrac{1}{F_{\alpha}(n_2,n_1)}$

三、计算题及应用题

8. 设总体 $X\sim N(0,2^2)$，$X_1 X_2,\cdots,X_9$ 为来自 X 的样本. 令
$$Y=a(X_1+X_2)^2+b(X_3+X_4+X_5)^2+c(X_6+X_7+X_8+X_9)^2,$$
求系数 a,b,c 使 Y 服从 χ^2 分布，并求其自由度.

9. 设随机变量 $X\sim N(\mu,1)$，$Y\sim\chi^2(n)$，且 X,Y 相互独立，试问 $\dfrac{X-\mu}{\sqrt{Y}}\sqrt{n}$ 服从什么分布？

10. 设 $X_1,X_2,\cdots,X_{10}$ 来自正态总体 $N(0,0.3^2)$，试求：(1) $\overline{X}$ 落在 $(-1.2,1.5)$ 内的概率；(2) $P\left(\sum_{i=1}^{10}X_i^2>1.44\right)$；(3) $P\left(\dfrac{1}{2}\times0.3^2\leqslant\dfrac{1}{10}\sum_{i=1}^{10}(X_i-\overline{X})^2\leqslant2\times0.3^2\right)$.

四、证明题

11. 设 X_1,X_2 为取自正态总体 $X\sim N(\mu,\sigma^2)$ 的样本.

(1) 证明：X_1+X_2 与 X_1-X_2 相互独立；

(2) 假定 $\mu=0$，说明 $\dfrac{(X_1+X_2)^2}{(X_1-X_2)^2}$ 的分布，并求 $P\left(\dfrac{(X_1+X_2)^2}{(X_1-X_2)^2}<161.4\right)$.

答案

一、1. $\dfrac{2}{15}$；　2. $\sqrt{\dfrac{5}{2}}$,5；　3. $N\left(\mu,\dfrac{\sigma^2}{n}\right),N\left(\sum_{i=1}^{n}a_i\mu,\sigma^2\sum_{i=1}^{n}a_i^2\right)$；　4. $F=\dfrac{S_1^2/\sigma_1^2}{S_2^2/\sigma_2^2}$.

二、5. B；　6. C；　7. B.

三、8. **解**　因为 $X_1 X_2,\cdots,X_9$ 为来自总体 $X\sim N(0,2^2)$ 的样本. 所以
$$X_1+X_2\sim N(0,8),\quad X_3+X_4+X_5\sim N(0,12),\quad X_6+X_7+X_8+X_9\sim N(0,16).$$
于是
$$\dfrac{X_1+X_2}{\sqrt{8}}\sim N(0,1),\quad \dfrac{X_3+X_4+X_5}{\sqrt{12}}\sim N(0,1),\quad \dfrac{X_6+X_7+X_8+X_9}{\sqrt{16}}\sim N(0,1).$$
因此 $Y=\dfrac{(X_1+X_2)^2}{8}+\dfrac{(X_3+X_4+X_5)^2}{12}+\dfrac{(X_6+X_7+X_8+X_9)^2}{16}\sim\chi^2(3)$，

即 $a=\dfrac{1}{8},b=\dfrac{1}{12},c=\dfrac{1}{16}$ 时，$Y\sim\chi^2(3)$，自由度为 3.

9. **解**　由 $X\sim N(\mu,1)$，得 $\dfrac{X-\mu}{1}\sim N(0,1)$. 又 X,Y 相互独立且 $Y\sim\chi^2(n)$，所以由 t

分布的定义得 $\dfrac{(X-\mu)/1}{\sqrt{Y/n}} = \dfrac{X-\mu}{\sqrt{Y}}\sqrt{n} \sim t(n)$.

10. 解　(1) $X_i \sim N(\mu, \sigma^2)$，依题意 $n=10, \mu=0, \sigma^2 = 0.3^2$，从而有 $\overline{X} \sim N\left(0, \dfrac{0.3^2}{10}\right)$，所以

$$P(-1.2 < \overline{X} < 1.5) = P\left(\dfrac{-1.2}{\dfrac{0.3}{\sqrt{10}}} < \dfrac{\overline{X} - 0}{\dfrac{0.3}{\sqrt{10}}} < \dfrac{1.5}{\dfrac{0.3}{\sqrt{10}}}\right)$$

$$= \Phi(5\sqrt{10}) - \Phi(-4\sqrt{10}) \approx 1.$$

(2) 由单个正态总体统计量的分布知

$$\dfrac{\displaystyle\sum_{i=1}^{n}(X_i - \mu)^2}{\sigma^2} \sim \chi^2(n),$$

所以

$$P\left(\sum_{i=1}^{10} X_i^2 > 1.44\right) = P\left(\dfrac{\displaystyle\sum_{i=1}^{10}(X_i - 0)^2}{0.3^2} > \dfrac{1.44}{0.3^2}\right) = P(\chi^2(10) > 16) = 0.1.$$

(3) 由 $\dfrac{(n-1)S^2}{\sigma^2} = \dfrac{\displaystyle\sum_{i=1}^{n}(X_i - \overline{X})^2}{\sigma^2} \sim \chi^2(n-1)$，可知

$$P\left(\dfrac{1}{2} \times 0.3^2 \leqslant \dfrac{1}{10}\sum_{i=1}^{10}(X_i - \overline{X})^2 \leqslant 2 \times 0.3^2\right) = P\left(\dfrac{10}{2} \leqslant \dfrac{\displaystyle\sum_{i=1}^{10}(X_i - \overline{X})^2}{0.3^2} \leqslant 2 \times 10\right)$$

$$= P\left(5 \leqslant \dfrac{\displaystyle\sum_{i=1}^{10}(X_i - \overline{X})^2}{0.3^2} \leqslant 20\right)$$

$$= P(\chi^2(9) \leqslant 20) - P(\chi^2(9) \leqslant 5)$$

$$= 0.975 - 0.25 = 0.725.$$

四、11. 证明　(1) 令 $U = X_1 + X_2, V = X_1 - X_2$. 因为 $U = X_1 + X_2$ 与 $V = X_1 - X_2$ 仍服从正态分布，且 X_1, X_2 相互独立，从而 $\mathrm{Cov}(X_1, X_2) = \mathrm{Cov}(X_2, X_1) = 0$. 而 $\mathrm{Cov}(U, V) = \mathrm{Cov}(X_1 + X_2, X_1 - X_2) = \mathrm{Cov}(X_1, X_1) - \mathrm{Cov}(X_2, X_2) = 0$，所以 $\rho_{UV} = 0$，因此 U 与 V 不相关. 又因为 U, V 均服从正态分布，从而 U, V 相互独立.

(2) 当 $\mu = 0$ 时，$\left(\dfrac{X_1 + X_2}{\sqrt{2}\sigma}\right)^2 \sim \chi^2(1)$，$\left(\dfrac{X_1 - X_2}{\sqrt{2}\sigma}\right)^2 \sim \chi^2(1)$.

又由(1)得 $U = X_1 + X_2$ 与 $V = X_1 - X_2$ 相互独立，所以

$$\dfrac{(X_1 + X_2)^2}{(X_1 - X_2)^2} = \dfrac{((X_1 + X_2)/\sqrt{2}\sigma)^2}{((X_1 - X_2)/\sqrt{2}\sigma)^2} \sim F(1,1),$$

$$P\left(\frac{(X_1+X_2)^2}{(X_1-X_2)^2}<161.4\right)=1-P\left(\frac{(X_1+X_2)^2}{(X_1-X_2)^2}\geq161.4\right)=1-0.05=0.95.$$

课后习题解答

习题 6-1

基础题

1. 设 $X_1,X_2,\cdots,X_n$ 是来自总体 X 的简单随机样本,则 $X_1,X_2,\cdots,X_n$ 必然满足(   ).

    A　独立但不同分布　 B　同分布但不互相独立

    C　独立且同分布　 D　既不独立又不同分布

解　由于 $X_i(i=1,2,\cdots,n)$ 是来自总体 X 的简单随机样本,由定义知,仅 C 入选.

2. 设 $X_1,X_2,\cdots,X_n$ 是总体 X 的样本,X 的期望为 $E(X)$,且 $\overline{X}=\frac{1}{n}\sum_{i=1}^{n}X_i$,则有(   ).

    A　$\overline{X}=E(\overline{X})$　 B　$E(\overline{X})=E(X)$

    C　$\overline{X}=\frac{1}{n}E(X)$　 D　$\overline{X}\approx E(X)$

解　因对于有确定分布的 X,$E(X)$ 是确定的值,但由于 X_i 为随机变量,所以 $\overline{X}=\frac{1}{n}\sum_{i=1}^{n}X_i$ 仍是一个随机变量.仅 B 入选.

3. 设总体 X 服从正态分布 $N(\mu,\sigma^2)$,其中 μ 已知,σ^2 未知,$X_1,X_2,\cdots,X_n$ 是取自总体 X 的一个样本,其中 $\overline{X},S^2$ 分别是样本均值和样本方差.试判断下列样本函数中哪些是统计量,哪些不是统计量.

   (1) $\dfrac{X_1-X_2+X_3}{\sqrt{X_4^2+X_5^2+X_6^2}}$;　 (2) $\dfrac{\overline{X}-\mu}{S/n}$;

   (3) $\dfrac{1}{\sigma^2}\sum_{i=1}^{n}(X_i-\mu)^2$;　 (4) $X_1^2+X_2^2+\cdots+X_n^2$.

解　(1)(2)(4)是统计量,(3)不是统计量,因为(3)中含有未知参数 σ^2.

4. 随机地从某专业学生中,抽取 10 名学生的数学期末考试成绩如下:

91　85　53　60　78　90　82　67　78　80

求 10 名学生数学成绩的样本均值和样本方差的观察值.

解　$\overline{x}=(91+85+53+60+78+90+82+67+78+80)/10=76.4$,

$$s^2=\frac{1}{10-1}\sum_{i=1}^{10}(x_i-76.4)^2$$

$$=\frac{1}{9}[(91-76.4)^2+(85-76.4)^2+\cdots+(80-76.4)^2]=158.4889.$$

5. 设 $X_1, X_2, \cdots, X_n$ 是来自总体 X 的样本,而 $Y_i = \dfrac{X_i - a}{b}$ $(i = 1, 2, \cdots, n)$,证明:

(1) $\overline{Y} = \dfrac{\overline{X} - a}{b}$,其中 $\overline{Y}$ 是 $Y_1, Y_2, \cdots, Y_n$ 的样本均值;

(2) $S_1^2 = b^2 S_2^2$,其中 S_1^2 和 S_2^2 分别是 $X_1, X_2, \cdots, X_n$ 和 $Y_1, Y_2, \cdots, Y_n$ 的样本方差.

证明

(1) $\overline{Y} = \dfrac{1}{n}\sum_{i=1}^{n} Y_i = \dfrac{1}{n}\sum_{n=1}^{n} \dfrac{X_i - a}{b} = \dfrac{1}{nb}\left(\sum_{i=1}^{n} X_i - na\right) = \dfrac{\dfrac{1}{n}\left(\sum_{i=1}^{n} X_i - na\right)}{b} = \dfrac{\overline{X} - a}{b}.$

(2) $S_2^2 = \dfrac{1}{n-1}\sum_{i=1}^{n}(Y_i - \overline{Y})^2 = \dfrac{1}{n-1}\sum_{i=1}^{n}\left(\dfrac{X_i - a}{b} - \dfrac{\overline{X} - a}{b}\right)^2 = \dfrac{1}{n-1}\sum_{i=1}^{n}\left(\dfrac{X_i - \overline{X}}{b}\right)^2$

$\qquad = \dfrac{1}{b^2} \cdot \dfrac{1}{n-1}\sum_{i=1}^{n}(X_i - \overline{X})^2 = \dfrac{1}{b^2} S_1^2,$

所以 $S_1^2 = b^2 S_2^2$.

提高题

1. 设 $X_1, X_2, \cdots, X_n$ 为来自总体 $N(\mu, \sigma^2)(\sigma < 0)$ 的简单随机样本,统计量 $T = \dfrac{1}{n}\sum_{i=1}^{n} X_i^2$,则 $E(T) = $ _____.

答案:$\sigma^2 + \mu^2$.

解　$E(T) = E\left(\dfrac{1}{n}\sum_{i=1}^{n} X_i^2\right) = \dfrac{1}{n}E\left(\sum_{i=1}^{n} X_i^2\right) = \dfrac{1}{n}nE(X^2) = \sigma^2 + \mu^2.$

2. 设总体 X 服从参数为 $\lambda(\lambda > 0)$ 的泊松分布,$X_1, X_2, \cdots, X_n (n \geqslant 2)$ 为来自总体的简单随机样本,则对应的统计量 $T_1 = \dfrac{1}{n}\sum_{i=1}^{n} X_i$,$T_2 = \dfrac{1}{n-1}\sum_{i=1}^{n-1} X_i + \dfrac{1}{n}X_n$ 有(　　).

A　$E(T_1) > E(T_2), D(T_1) > D(T_2)$　　　B　$E(T_1) > E(T_2), D(T_1) < D(T_2)$

C　$E(T_1) < E(T_2), D(T_1) > D(T_2)$　　　D　$E(T_1) < E(T_2), D(T_1) < D(T_2)$

答案　选 D.

解　由题设知 $E(X) = \lambda, D(X) = \lambda$,于是

$$E(T_1) = E\left(\dfrac{1}{n}\sum_{i=1}^{n} X_i\right) = \dfrac{1}{n}\sum_{i=1}^{n} E(X_i) = \lambda,$$

$$E(T_2) = E\left(\dfrac{1}{n-1}\sum_{i=1}^{n-1} X_i + \dfrac{1}{n}X_n\right) = \dfrac{1}{n-1}(n-1)\lambda + \dfrac{1}{n}\lambda = \lambda + \dfrac{1}{n}\lambda,$$

故 $E(T_1) < E(T_2)$. 而

$$D(T_1) = \dfrac{1}{n^2}\sum_{i=1}^{n} D(X_i) = \dfrac{1}{n^2}n\lambda = \dfrac{\lambda}{n},$$

$$D(T_2) = \dfrac{1}{(n-1)^2}\sum_{i=1}^{n-1} D(X_i) + \dfrac{1}{n^2}D(X_n) = \dfrac{1}{n-1}\lambda + \dfrac{1}{n^2}\lambda,$$

故 $D(T_2) > D(T_1)$. 从而选 D.

3. 设总体 X 服从参数为 λ 的指数分布,即 $X \sim \mathrm{Exp}(\lambda)$. $X_1, X_2, \cdots, X_n$ 为来自 X 的样本

(1) 求 $(X_1, X_2, \cdots, X_n)$ 的概率密度函数;

(2) 当 λ 未知时,$\overline{X} + 2\lambda$,$\max\{X_1, X_2, \cdots, X_n\}$ 哪个是统计量?

解 (1) 因 $X_i \sim \mathrm{Exp}(\lambda)(i = 1, 2, \cdots, n)$,则

$$f_{X_i}(x_i) = \begin{cases} \lambda \mathrm{e}^{-\lambda x_i}, & x_i \geqslant 0, \\ 0, & \text{其他} \end{cases} \quad (i = 1, 2, \cdots, n).$$

因 $X_1, X_2, \cdots, X_n$ 相互独立,故 $(X_1, X_2, \cdots, X_n)$ 的概率密度函数为

$$f(x_1, x_2, \cdots, x_n)$$
$$= f_{X_1}(x_1) f_{X_2}(x_2) \cdots f_{X_n}(x_n)$$

$$= \begin{cases} (\lambda \mathrm{e}^{-\lambda x_1})(\lambda \mathrm{e}^{-\lambda x_2}) \cdots (\lambda \mathrm{e}^{-\lambda x_n}) = \lambda^n \mathrm{e}^{-\lambda \left(\sum\limits_{i=1}^{n} x_i \right)}, & x_1 \geqslant 0, x_2 \geqslant 0, \cdots, x_n \geqslant 0, \\ 0, & \text{其他.} \end{cases}$$

(2) 当 λ 未知时,$\overline{X} + 2\lambda$ 不是统计量,$\max\{X_1, X_2, \cdots, X_n\}$ 是统计量.

4. 设 $X_1, X_2, \cdots, X_n$ 是取自总体 X 的样本,且 $E(X) = \mu$,$D(X) = \sigma^2$,求 $E(\overline{X})$,$D(\overline{X})$,$E(S^2)$.

解 因为 $X_1, X_2, \cdots, X_n$ 是取自总体 X 的样本,所以由 $E(X) = \mu$,$D(X) = \sigma^2$ 得

$$E(X_i) = \mu, \quad D(X_i) = \sigma^2 \quad (i = 1, 2, \cdots, n),$$

$$E(X_i^2) = D(X_i) + [E(X_i)]^2 = \sigma^2 + \mu^2,$$

$$E(\overline{X}) = E\left(\frac{1}{n} \sum_{i=1}^{n} X_i \right) = \frac{1}{n} \sum_{i=1}^{n} E(X_i) = \frac{1}{n} \sum_{i=1}^{n} \mu = \mu,$$

$$D(\overline{X}) = D\left(\frac{1}{n} \sum_{i=1}^{n} X_i \right) = \frac{1}{n^2} \sum_{i=1}^{n} D(X_i) = \frac{1}{n^2} \sum_{i=1}^{n} \sigma^2 = \frac{\sigma^2}{n},$$

$$E(\overline{X}^2) = D(\overline{X}) + [E(\overline{X})]^2 = \frac{\sigma^2}{n} + \mu^2.$$

于是

$$E(S^2) = E\left[\frac{1}{n-1} \left(\sum_{i=1}^{n} X_i^2 - n\overline{X}^2 \right) \right] = \frac{1}{n-1} \left[\sum_{i=1}^{n} E(X_i^2) - nE(\overline{X}^2) \right]$$

$$= \frac{1}{n-1} \left[\sum_{i=1}^{n} (\sigma^2 + \mu^2) - n\left(\frac{\sigma^2}{n} + \mu^2 \right) \right] = \frac{1}{n-1} [n(\sigma^2 + \mu^2) - \sigma^2 - n\mu^2]$$

$$= \frac{1}{n-1} [(n-1)\sigma^2] = \sigma^2.$$

习题 6-2

基础题

1. 设随机变量 X 和 Y 都服从标准正态分布,则(　　　).

A $X+Y$ 服从正态分布   B X^2+Y^2 服从 χ^2 分布

C X^2 和 Y^2 都服从 χ^2 分布   D X^2/Y^2 服从 F 分布

解 C 正确.

因为 $X\sim N(0,1),Y\sim N(0,1)$,所以 $X^2\sim\chi^2(1)$ 且 $Y^2\sim\chi^2(1)$.又因为 X,Y 未必独立,所以 A,B,D 不正确.

2. 设随机变量 T 服从 $t(n)$ 分布,则 T^2 的分布是( ).

A $\chi^2(n)$ B $t^2(n)$ C $F(1,n)$ D $\chi(n)$

解 C 正确.

因为 $T=\dfrac{X}{\sqrt{\dfrac{Y}{n}}}$,其中 $X\sim N(0,1),Y\sim\chi^2(n)$,所以 $X^2\sim\chi^2(1)$,于是 $T^2=\dfrac{X^2/1}{Y/n}\sim F(1,n)$.故

选 C.

3. 设随机变量 $X\sim N(0,1),Y\sim N(0,2)$,并且相互独立,则( ).

A $\dfrac{1}{3}X^2+\dfrac{2}{3}Y^2$ 服从 χ^2 分布   B $\dfrac{1}{2}X^2+\dfrac{1}{2}Y^2$ 服从 χ^2 分布

C $\dfrac{1}{3}(X+Y)^2$ 服从 χ^2 分布   D $\dfrac{1}{2}(X+Y)^2$ 服从 χ^2 分布

解 C 正确.

因为 $X\sim N(0,1),Y\sim N(0,2),X,Y$ 相互独立,所以 $X+Y\sim N(0,3)$,即 $\dfrac{X+Y}{\sqrt{3}}\sim N(0,1)$,

于是 $\dfrac{1}{3}(X+Y)^2$ 服从 χ^2 分布,故选 C.

4. 设总体 $X\sim N(0,1),X_1,X_2,\cdots,X_6$ 为来自 X 的样本.令 $Y=(X_1+X_2+X_3)^2+$ $(X_4+X_5+X_6)^2$,试确定常数 c,使 cY 服从 χ^2 分布.

解 因为 $X_1+X_2+X_3\sim N(0,3),X_4+X_5+X_6\sim N(0,3)$,则 $\dfrac{X_1+X_2+X_3}{\sqrt{3}}\sim N(0,1)$,

$\dfrac{X_4+X_5+X_6}{\sqrt{3}}\sim N(0,1)$,所以

$$\left(\frac{X_1+X_2+X_3}{\sqrt{3}}\right)^2+\left(\frac{X_4+X_5+X_6}{\sqrt{3}}\right)^2\sim\chi^2(2),\quad 即\quad c=\frac{1}{3} 时,cY\sim\chi^2(2).$$

5. 设 $X_1,X_2,\cdots,X_8$ 是总体 $X\sim N(0,0.3^2)$ 的简单随机样本,求 $P\left(\sum\limits_{i=1}^{8}X_i^2\geqslant 1.80\right)$.

解 因题知,$X_1,X_2,\cdots,X_8$ 是来自正态总体 $N(0,0.3^2)$ 的样本,即 $X_i\sim N(0,0.3^2)$ $(i=1,2,\cdots,8)$,所以 $\dfrac{X_i}{0.3}\sim N(0,1)$,因此

$$\chi^2=\sum_{i=1}^{8}\left(\frac{X_i}{0.3}\right)^2=\frac{1}{0.09}\sum_{i=1}^{8}X_i^2\sim\chi^2(8),$$

于是 $P\left(\sum\limits_{i=1}^{8}X_i^2\geqslant 1.8\right)=P\left(\dfrac{1}{0.09}\sum\limits_{i=1}^{8}X_i^2\geqslant\dfrac{1.8}{0.09}\right)=P(\chi^2\geqslant 20)=0.01$.

6. 设随机变量 X 和 Y 相互独立且都服从正态分布 $N(0,3^2)$,而 $X_1,X_2,\cdots,X_9$ 和 Y_1, $Y_2,\cdots,Y_9$ 为分别来自总体 X 和 Y 的简单随机样本,则统计量 $U=\dfrac{X_1+X_2+\cdots+X_9}{\sqrt{Y_1^2+Y_2^2+\cdots+Y_9^2}}$ 服从_____分布,参数为_____.

解 由已知,$X_1+X_2+\cdots+X_9 \sim N(0,9\times3^2)$,故

$$\frac{X_1+X_2+\cdots+X_9}{\sqrt{9\times3^2}}=\frac{X_1+X_2+\cdots+X_9}{9}\sim N(0,1).$$

同理

$$Y_i\sim N(0,3^2),\quad \frac{Y_i}{3}\sim N(0,1),\quad \left(\frac{Y_1}{3}\right)^2+\cdots+\left(\frac{Y_9}{3}\right)^2\sim\chi^2(9),$$

$$U=\frac{X_1+X_2+\cdots+X_9}{\sqrt{Y_1^2+Y_2^2+\cdots+Y_9^2}}=\frac{\dfrac{X_1+X_2+\cdots+X_9}{9}}{\sqrt{\dfrac{\left(\dfrac{Y_1}{3}\right)^2+\left(\dfrac{Y_2}{3}\right)^2+\cdots+\left(\dfrac{Y_9}{3}\right)^2}{9}}}\sim t(9),$$

即 U 服从 t 分布,参数为 9.

7. 设总体 X 服从正态分布 $N(0,2^2)$,而 $X_1,X_2,\cdots,X_{15}$ 是来自总体 X 的简单随机样本,则随机变量 $Y=\dfrac{X_1^2+X_2^2+\cdots+X_{10}^2}{2(X_{11}^2+X_{12}^2+\cdots X_{15}^2)}$ 服从_____分布,参数为_____.

解 因 $X_i\sim N(0,2^2)$,则 $\dfrac{X_i}{2}\sim N(0,1)(i=1,2,\cdots,15)$,所以

$$\left(\frac{X_1}{2}\right)^2+\left(\frac{X_2}{2}\right)^2+\cdots+\left(\frac{X_{10}}{2}\right)^2\sim\chi^2(10),$$

$$\left(\frac{X_{11}}{2}\right)^2+\left(\frac{X_{12}}{2}\right)^2+\cdots+\left(\frac{X_{15}}{2}\right)^2\sim\chi^2(5),$$

于是

$$Y=\frac{X_1^2+X_2^2+\cdots+X_{10}^2}{2(X_{11}^2+X_{12}^2+\cdots X_{15}^2)}=\frac{\dfrac{\left[\left(\dfrac{X_1}{2}\right)^2+\left(\dfrac{X_2}{2}\right)^2+\cdots+\left(\dfrac{X_{10}}{2}\right)^2\right]}{10}}{\dfrac{\left[\left(\dfrac{X_{11}}{2}\right)^2+\left(\dfrac{X_{12}}{2}\right)^2+\cdots+\left(\dfrac{X_{15}}{2}\right)^2\right]}{5}}\sim F(10,5),$$

即 Y 服从 F 分布,参数为 $(10,5)$.

8. 查表求值:(1)$\chi^2_{0.01}(10),\chi^2_{0.9}(15)$;(2)$t_{0.01}(10),t_{0.1}(15)$;(3)$F_{0.01}(10,9)$,$F_{0.9}(12,8)$.

解 由教材中的附表可得(1)23.209,8.547;(2)2.7638,1.3406;(3)5.26,0.446.

提高题

1. 设总体 $X\sim N(0,2^2),X_1 X_2,\cdots,X_9$ 为来自 X 的样本.令

$$Y = a(X_1 + X_2)^2 + b(X_3 + X_4 + X_5)^2 + c(X_6 + X_7 + X_8 + X_9)^2,$$

求系数 a,b,c 使 Y 服从 χ^2 分布,并求其自由度.

解　因为 $X_1 X_2,\cdots,X_9$ 为来自总体 $X \sim N(0,2^2)$ 的样本. 所以

$$X_1 + X_2 \sim N(0,8), \quad X_3 + X_4 + X_5 \sim N(0,12),$$
$$X_6 + X_7 + X_8 + X_9 \sim N(0,16),$$

于是

$$\frac{X_1 + X_2}{\sqrt{8}} \sim N(0,1), \quad \frac{X_3 + X_4 + X_5}{\sqrt{12}} \sim N(0,1), \quad \frac{X_6 + X_7 + X_8 + X_9}{\sqrt{16}} \sim N(0,1),$$

因此

$$Y = \frac{(X_1 + X_2)^2}{8} + \frac{(X_3 + X_4 + X_5)^2}{12} + \frac{(X_6 + X_7 + X_8 + X_9)^2}{16} \sim \chi^2(3),$$

即 $a = \dfrac{1}{8}, b = \dfrac{1}{12}, c = \dfrac{1}{16}$ 时,$Y \sim \chi^2(3)$,自由度为 3.

2. 设 X_1,X_2,X_3,X_4 为来自总体 $N(1,\sigma^2)(\sigma > 0)$ 的简单随机样本,则统计量 $\dfrac{X_1 - X_2}{|X_3 + X_4 - 2|}$ 的分布(　　).

　　A　$N(0,1)$　　　　　　B　$t(1)$　　　　　　C　$\chi^2(1)$　　　　　　D　$F(1,1)$

答案　选 B.

解　从形式上,该统计量只能服从 t 分布,故选 B.

$$\frac{X_1 - X_2}{|X_3 + X_4 - 2|} = \frac{\dfrac{X_1 - X_2}{\sqrt{2}\sigma}}{\sqrt{\left(\dfrac{X_3 + X_4 - 2}{\sqrt{2}\sigma}\right)^2}},$$
由正态分布的性质可知 $\dfrac{X_1 - X_2}{\sqrt{2}\sigma}$ 和 $\dfrac{X_3 + X_4 - 2}{\sqrt{2}\sigma}$ 均

服从标准正态分布且相互独立,从而

$$\frac{\dfrac{X_1 - X_2}{\sqrt{2}\sigma}}{\sqrt{\left(\dfrac{X_3 + X_4 - 2}{\sqrt{2}\sigma}\right)}} \sim t(1).$$

3. 设 $X_1,X_2,\cdots,X_n(n \geqslant 2)$ 为来自总体 $N(\mu,1)$ 的简单随机样本,记 $\overline{X} = \dfrac{1}{n}\sum_{i=1}^{n} X_i$,则下列结论中不正确的是(　　).

　　A　$\displaystyle\sum_{i=1}^{n}(X_i - \mu)^2$ 服从 χ^2 分布　　　　　　B　$2(X_n - X_1)^2$ 服从 χ^2 分布

　　C　$\displaystyle\sum_{i=1}^{n}(X_i - \overline{X})^2$ 服从 χ^2 分布　　　　　　D　$n(\overline{X} - \mu)^2$ 服从 χ^2 分布

解　$X_i - \mu \sim N(0,1)$,故 $\displaystyle\sum_{i=1}^{n}(X_i - \mu)^2 \sim \chi^2(n)$.

$X_n - X_1 \sim N(0,2)$,因此 $\dfrac{X_n - X_1}{\sqrt{2}} \sim N(0,1)$,故 $\left(\dfrac{X_n - X_1}{\sqrt{2}}\right)^2 \sim \chi^2(1)$,故 B 错. 由

$$S^2 = \frac{1}{n-1}\sum_{i=1}^{n}(X_i - \overline{X})^2 \text{ 可得},(n-1)S^2 = \sum_{i=1}^{n}(X_i - \overline{X})^2 \sim \chi^2(n-1).$$

$\overline{X} - \mu \sim N\left(0,\frac{1}{n}\right)$,则有 $\sqrt{n}\,(\overline{X}-\mu) \sim N(0,1)$,因此 $n(\overline{X}-\mu)^2 \sim \chi^2(1)$.

故选 B.

4. 设随机变量 X 服从正态分布 $N(0,1)$,对给定的 $\alpha \in (0,1)$,数 u_α 满足 $P(X>u_\alpha)=\alpha$,若 $P(|X|<x)=\alpha$,则 x 等于(　　).

  A $u_{\alpha/2}$ B $u_{1-\alpha/2}$ C $u_{(1-\alpha)/2}$ D $u_{1-\alpha}$

解 u_α 满足 $P(X>u_\alpha)=\alpha$,u_α 与 α 的这种关系,当 α 或 u_α 不同时,可以有很多种表示.现给出 $P(|X|<x)=\alpha$,求出满足 $P(X>u_\alpha)=\alpha$ 的一种表示.为此求出 $P(X>x)$ 用 α 表示的式子.

由标准正态分布概率密度函数的对称性知,$P(X<-u_\alpha)=P(X>u_\alpha)=\alpha$,于是
$$P(|X|<x) = 1-P(|X|\geqslant x) = 1-[P(X\geqslant x)+P(X\leqslant -x)]$$
$$= 1-2P(X\geqslant x),$$

故 $P(X\geqslant x)=\dfrac{1-P(|X|<x)}{2}=\dfrac{1-\alpha}{2}$.

另一方面,有 $P(X\geqslant u_{(1-\alpha)/2})=\dfrac{1-\alpha}{2}$,故 $x=u_{(1-\alpha)/2}$. 仅 C 入选.

5. 设随机变量 X 服从 $F(n,n)$,求证 $P(X\leqslant 1)=P(X\geqslant 1)=0.5$.

解 因为 X 服从 $F(n,n)$,故 $P(X\geqslant 1)=P\left(\dfrac{1}{X}\leqslant 1\right)=P(X\leqslant 1)$,而
$$P(X\geqslant 1)+P(X\leqslant 1)=1, \quad \text{故} \quad P(X\geqslant 1)=P(X\leqslant 1)=0.5.$$

习题 6-3

基础题

1. 在总体 $N(\mu,20^2)$ 中,随机抽取容量为 100 的样本,求样本均值与总体均值差的绝对值大于 3 的概率.

解 $\overline{X}=\dfrac{1}{100}\sum_{i=1}^{100}X_i$,$E(X)=\mu$,$E(\overline{X})=\mu$,$D(\overline{X})=\dfrac{20^2}{100}=4$,所以

$$P(|\overline{X}-\mu|>3)=P\left(\left|\frac{\overline{X}-\mu}{\sqrt{4}}\right|>\frac{3}{\sqrt{4}}\right)=1-P\left(\left|\frac{\overline{X}-\mu}{\sqrt{4}}\right|\leqslant \frac{3}{\sqrt{4}}\right)$$
$$=1-\left(2\Phi\left(\frac{3}{\sqrt{4}}\right)-1\right)=2-2\Phi\left(\frac{3}{2}\right)=2-2\times 0.9332=0.1336.$$

2. 在总体 $N(52,6.3^2)$ 中随机抽取一个容量为 36 的样本,求 $\overline{X}$ 落在 50.8～53.8 之间的概率.

解 $\overline{X}\sim N\left(52,\dfrac{6.3^2}{36}\right)$,所以

$$P(50.8<\overline{X}<53.8)=P\left(\frac{50.8-52}{\sqrt{6.3^2/36}}<\frac{\overline{X}-52}{\sqrt{6.3^2/36}}<\frac{53.8-52}{\sqrt{6.3^2/36}}\right)$$

$$= \Phi\left(\frac{12}{7}\right) - \Phi\left(-\frac{8}{7}\right) = \Phi\left(\frac{12}{7}\right) + \Phi\left(\frac{8}{7}\right) - 1$$

$$= 0.9564 + 0.8729 - 1 = 0.8293.$$

3. 在天平上重复称量一重为 a 的物品,假设各次称量的结果相互独立且都服从正态分布 $N(a,0.2^2)$. 若以 $\overline{X}$ 表示 n 次称量结果的算术平均值,则为使 $P(|\overline{X}-a|<0.1)\geqslant 0.95$,应取最小的自然数 n 为多少?

解　因为由题知 $E(\overline{X})=a$,$D(\overline{X})=\dfrac{0.2^2}{n}$,故

$$P(|\overline{X}-a|<0.1) = P\left(\left|\frac{\overline{X}-a}{\sqrt{0.2^2/n}}\right| < \frac{0.1}{\sqrt{0.2^2/n}}\right) = 2\Phi\left(\frac{\sqrt{n}}{2}\right) - 1.$$

要使 $P(|\overline{X}-a|<0.1)\geqslant 0.95$,只需 $2\Phi\left(\dfrac{\sqrt{n}}{2}\right)-1\geqslant 0.95$,即 $\Phi\left(\dfrac{\sqrt{n}}{2}\right)\geqslant 0.975$,查表得

$\Phi(1.96)=0.975$,故 $\dfrac{\sqrt{n}}{2}\geqslant 1.96$,所以 $n\geqslant 15.3664$,解得 $n=16$.

4. 设有来自总体 $X\sim N(20,3)$,容量分别为 $10,15$ 的两个相互独立的样本,求两样本均值之差的绝对值大于 0.3 的概率.

解　设 $X_1,X_2,\cdots,X_{10},Y_1,Y_2,\cdots,Y_{15}$ 是来自总体 $N(20,3)$ 的两个独立样本,则 $E(\overline{X})=20$,$E(\overline{Y})=20$,$D(\overline{X})=\dfrac{3}{10}$,$D(\overline{Y})=\dfrac{1}{5}$. 所以,$\overline{X}-\overline{Y}\sim N\left(0,\dfrac{1}{2}\right)$,故

$$P(|\overline{X}-\overline{Y}|>0.3) = P\left(\frac{|\overline{X}-\overline{Y}|}{\sqrt{1/2}} > \frac{0.3}{\sqrt{1/2}}\right) = 1 - P\left(\frac{|\overline{X}-\overline{Y}|}{\sqrt{1/2}} \leqslant \frac{0.3}{\sqrt{1/2}}\right)$$

$$\approx 1 - (2\Phi(0.3\sqrt{2})-1) = 2 - 2\Phi(0.3\sqrt{2}) = 2 - 2\times 0.6628 = 0.6744.$$

5. 设 $X_1,X_2,\cdots,X_n,X_{n+1}$ 为来自总体 $N(\mu,\sigma^2)$ 的一个简单随机样本. 记 $\overline{X}=\dfrac{1}{n}\sum_{i=1}^{n}X_i$,$S^2=\dfrac{1}{n-1}\sum_{i=1}^{n}(X_i-\overline{X})^2$,问 $T=\sqrt{\dfrac{n}{n+1}}\dfrac{X_{n+1}-\overline{X}}{S}$ 服从什么分布.

解　因为 $X_1,X_2,\cdots,X_n,X_{n+1}$ 是来自总体 $N(\mu,\sigma^2)$ 样本. 所以

$$X_i \sim N(\mu,\sigma^2)(i=1,2,\cdots,n,n+1),\quad \overline{X}\sim N\left(\mu,\frac{\sigma^2}{n}\right).$$

又 $X_{n+1}\sim N(\mu,\sigma^2)$,因此

$$X_{n+1}-\overline{X}\sim N\left(0,\frac{\sigma^2}{n}+\sigma^2\right),\quad \text{故}\quad \frac{X_{n+1}-\overline{X}}{\sigma\sqrt{(n+1)/n}}\sim N(0,1).$$

又 $\dfrac{(n-1)S^2}{\sigma^2}\sim\chi^2(n-1)$,于是

$$T=\sqrt{\frac{n}{n+1}}\frac{X_{n+1}-\overline{X}}{S} = \frac{\dfrac{X_{n+1}-\overline{X}}{\sigma\cdot\sqrt{(n+1)/n}}}{\sqrt{\dfrac{\dfrac{(n-1)S^2}{\sigma^2}}{n-1}}}\sim t(n-1).$$

提高题

1. 某公司瓶装洗洁精,规定每瓶装 500mL,但是在实际灌装的过程中,总会出现一定的误差,误差要求控制在一定范围内,假定灌装量的方差 $\sigma^2=1$,如果每箱装 25 瓶这样的洗洁精,(1)试问 25 瓶洗洁精的平均灌装量与标准值 500mL 相差不超过 0.3mL 的概率是多少?(2)就上述问题,如假设装 n 瓶洗洁精,若想要这 n 瓶洗洁精的平均值与标准值相差不超过 0.3mL 的概率不低于 95%,试问 n 至少等于多少?

(1) **分析** 假设 25 瓶洗洁精灌装量为 $X_1, X_2, \cdots, X_{25}$,它们是来自均值为 500,方差为 1 的总体的样本,而根据题意需要计算的是 $P(|\overline{X}-500|\leqslant 0.3)$. 可以利用 $\dfrac{\overline{X}-\mu}{\sigma/\sqrt{n}}\sim N(0,1)$ 求解此概率.

解 设 25 瓶洗洁精灌装量为 $X_1, X_2, \cdots, X_{25}$,则 $E(X_i)=500, D(X_i)=1$,而 $\overline{X}=\dfrac{1}{25}\sum\limits_{i=1}^{25}X_i$,则得 $\dfrac{\overline{X}-500}{1/\sqrt{25}}\sim N(0,1)$,故

$$P(|\overline{X}-500|\leqslant 0.3)=P(-0.3\leqslant \overline{X}-500\leqslant 0.3)$$

$$=P\left(-\frac{0.3}{1/\sqrt{25}}\leqslant \frac{\overline{X}-500}{1/\sqrt{25}}\leqslant \frac{0.3}{1/\sqrt{25}}\right)$$

$$\approx \Phi(1.5)-\Phi(-1.5)$$

$$=2\Phi(1.5)-1=0.8664.$$

上述结论表明,对每箱装 25 瓶洗洁精时,平均每瓶灌装量与标准值相差不超过 0.3mL 的概率近似为 86.64%. 类似可得每箱装 50 瓶时,$P(|\overline{X}-500|\leqslant 0.3)\approx 0.996$. 由此可见,当每箱增加到 50 瓶的时候,更大程度保证平均误差很小,这样更能保证厂家和商家的利益.

(2) **分析** 上述问题实际上是要求 $\overline{X}$ 与标准值 500 之间相差不超过 0.3mL 的概率近似为 95%,即要求在 $P(|\overline{X}-500|\leqslant 0.3)\geqslant 0.95$ 的条件下,求出 n.

解 由 $\dfrac{\overline{X}-500}{1/\sqrt{n}}\sim N(0,1)$,得

$$P(|\overline{X}-500|\leqslant 0.3)=P\left(\frac{|\overline{X}-500|}{1/\sqrt{n}}\leqslant \frac{0.3}{1/\sqrt{n}}\right)$$

$$\approx \Phi(0.3\sqrt{n})-\Phi(-0.3\sqrt{n})$$

$$=2\Phi(0.3\sqrt{n})-1\geqslant 0.95.$$

对上式进一步求解得,$\Phi(0.3\sqrt{n})\geqslant 0.975$,查表得 $\Phi(1.96)=0.975$,故得到 $0.3\sqrt{n}\geqslant 1.96$,因此 $n\geqslant 42.7$,即至少要有 43 瓶才能达到要求.

2. 设总体 $X\sim N(\mu_1,\sigma^2), Y\sim N(\mu_2,\sigma^2)$,从这两个总体中分别抽样,测得如下数据: $n_1=7, \overline{x}=54, s_1^2=116.7; n_2=8, \overline{y}=42, s_2^2=85.7$,求概率 $P(0.8<\mu_1-\mu_2<7.5)$.

解 由题意知,$\sigma_1^2=\sigma_2^2=\sigma^2$,则根据两个正态总体统计量的分布得

$$t=\frac{(\overline{x}-\overline{y})-(\mu_1-\mu_2)}{\sqrt{(1/n_1+1/n_2)\cdot s_w^2}}\sim t(n_1+n_2-2),$$

其中

$$\bar{x} - \bar{y} = 54 - 42 = 12, \quad \sqrt{\frac{1}{n_1} + \frac{1}{n_2}} = \sqrt{\frac{1}{7} + \frac{1}{8}} \approx 0.518,$$

$$s_w = \sqrt{\frac{(n_1-1)s_1^2 + (n_2-1)s_2^2}{n_1 + n_2 - 2}} = \sqrt{\frac{6 \times 116.7 + 7 \times 85.7}{13}} \approx 10.0,$$

所以

$$P(0.8 < \mu_1 - \mu_2 < 7.5) = P\left(\frac{12-7.5}{0.518 \times 10} < \frac{(\bar{x}-\bar{y})-(\mu_1-\mu_2)}{\sqrt{1/n_1 + 1/n_2} \cdot s_w} < \frac{12-0.8}{0.518 \times 10}\right)$$

$$= P(0.869 < t < 2.16) = P(t < 2.16) - P(t \geqslant 0.869)$$

$$= 1 - P(t \geqslant 2.16) - P(t \geqslant 0.869).$$

又 $n_1 + n_2 - 2 = 7 + 8 - 2 = 13$，而 $t_{0.20}(13) = 0.870, t_{0.025}(13) = 2.1604$，由此求得要求的概率

$$P(0.8 < \mu_1 - \mu_2 < 7.5) \approx 1 - 0.025 - 0.2 = 0.775.$$

总复习题 6

1. 样本 $X_1, X_2, \cdots, X_n$ 的函数 $f(X_1, X_2, \cdots, X_n)$ 称为 _____，其中 $f(X_1, X_2, \cdots, X_n)$ 不含未知参数.

答案 统计量.

2. 设总体 X 服从正态分布 $N(\mu, \sigma^2)$，其中 μ 已知，σ^2 未知，X_1, X_2, X_3 是取自总体的一个样本，则下列不是统计量的是（　　）.

A $\dfrac{1}{3}(X_1 + X_2 + X_3)$ 　　　　　B $X_1 + 2\mu$

C $\dfrac{X_1}{\sqrt{X_2^2 + X_3^2}}$ 　　　　　D $\dfrac{1}{\sigma^2}(X_1^2 + X_2^2 + X_3^2)$

解 选 D. 因为 D 中含未知常数 σ^2.

3. 设 $X_1, X_2, \cdots, X_k$ 都服从 $N(0,4)$，$Y_1, Y_2, \cdots, Y_l$ 都服从 $N(0,9)$，且 $X_1, X_2, \cdots, X_k$，$Y_1, Y_2, \cdots, Y_l$ 相互独立，要使统计量 $\dfrac{1}{a}\sum_{i=1}^{k} X_i^2$ 和 $\dfrac{1}{b}\sum_{i=1}^{l} Y_i^2$ 服从相同的 χ^2 分布，a, b, k, l 应满足条件（　　）.

A $a=2, b=3, k=l$ 　　　　　B $a=2, b=3, 9k=4l$

C $a=4, b=9, k=l$ 　　　　　D $a=4, b=9, 9k=4l$

解 因为 $\dfrac{X_i}{2} \sim N(0,1)$，$\dfrac{Y_i}{3} \sim N(0,1)$，所以 $\sum_{i=1}^{k}\left(\dfrac{X_i}{2}\right)^2$，$\sum_{i=1}^{l}\left(\dfrac{Y_i}{3}\right)^2$ 分别服从 χ^2 分布，又因为 $\dfrac{1}{a}\sum_{i=1}^{k} X_i^2$ 和 $\dfrac{1}{b}\sum_{i=1}^{l} Y_i^2$ 服从相同的 χ^2 分布，所以 $a=4, b=9, k=l$，故选 C.

4. 设总体 $X \sim N(1,9)$，X_1, X_2, X_3 是来自 X 的容量为 3 的样本，其中 S^2 为样本方差，求：(1)$E(X_1^2 X_2^2 X_3^2)$；(2)$D(X_1 X_2 X_3)$；(3)$E(S^2)$.

解 因为 X_1, X_2, X_3 是来自总体 $N(1,9)$ 的样本，所以

$$E(X_i) = 1, \quad D(X_i) = 9, \quad E(X_i^2) = D(X_i) + [E(X_i)]^2 = 10.$$

(1) $E(X_1^2 X_2^2 X_3^2) = E(X_1^2) E(X_2^2) E(X_3^2) = 10 \times 10 \times 10 = 1000$.

(2) $D(X_1 X_2 X_3) = E[(X_1 X_2 X_3)^2] - [E(X_1 X_2 X_3)]^2$
$$= E(X_1^2 X_2^2 X_3^2) - [E(X_1) E(X_2) E(X_3)]^2 = 1000 - 1 = 999.$$

(3) $E(S^2) = E\left[\dfrac{1}{3-1}\left(\sum\limits_{i=1}^{3} X_i^2 - 3\overline{X}^2\right)\right] = \dfrac{1}{2}\sum\limits_{i=1}^{3} E(X_i^2) - \dfrac{3}{2} E(\overline{X}^2)$.

因为 $E(\overline{X}) = 1, D(\overline{X}) = \dfrac{9}{3} = 3$, 所以 $E(\overline{X}^2) = 3 + 1^2 = 4$, 于是

$$E(S^2) = \dfrac{1}{2}\sum\limits_{i=1}^{3} E(X_i^2) - \dfrac{3}{2} E(\overline{X}^2) = \dfrac{1}{2}\sum\limits_{i=1}^{3} 10 - \dfrac{3}{2} \times 4 = 9.$$

5. 设 X_1, X_2, X_3, X_4 为来自总体 $N(0, 2^2)$ 的一个样本, $X = a(X_1 + 2X_2)^2 + b(3X_3 - 4X_4)^2$, 试问当 a, b 取何值时, 可使 X 服从 χ^2 分布, 并求其自由度.

解 因为 X_1, X_2, X_3, X_4 为来自总体 $N(0, 2^2)$ 的一个样本, 所以
$$X_1 + 2X_2 \sim N(0, 20), \quad 3X_3 - 4X_4 \sim N(0, 100),$$

于是 $\dfrac{X_1 + 2X_2}{\sqrt{20}} \sim N(0, 1), \dfrac{3X_3 - 4X_4}{\sqrt{100}} \sim N(0, 1),$

$$\left(\dfrac{X_1 + 2X_2}{\sqrt{20}}\right)^2 + \left(\dfrac{3X_3 - 4X_4}{\sqrt{100}}\right)^2 \sim \chi^2(2),$$

即 $a = \dfrac{1}{20}, b = \dfrac{1}{100}$ 时, X 服从 χ^2 分布, 其自由度为 2.

6. 设 $X_1, X_2, \cdots, X_9$ 是取自正态总体 $X \sim N(\mu, \sigma^2)$ 的样本, $Y_1 = \dfrac{1}{6}(X_1 + X_2 + \cdots + X_6), Y_2 = \dfrac{1}{3}(X_7 + X_8 + X_9), S^2 = \dfrac{1}{2}\sum\limits_{i=7}^{9}(X_i - Y_2)^2, Z = \dfrac{\sqrt{2}(Y_1 - Y_2)}{S}$, 证明: $Z \sim t(2)$.

解 因为 $E(Y_1) = \mu, D(Y_1) = \dfrac{\sigma^2}{6}, E(Y_2) = \mu, D(Y_2) = \dfrac{\sigma^2}{3}$, 所以

$$E(Y_1 - Y_2) = 0, \quad D(Y_1 - Y_2) = D(Y_1) + D(Y_2) = \dfrac{\sigma^2}{2},$$

$$Y_1 - Y_2 \sim N\left(0, \dfrac{\sigma^2}{2}\right), \quad \dfrac{Y_1 - Y_2}{\sigma/\sqrt{2}} \sim N(0, 1).$$

又 $S^2 = \dfrac{1}{2}\sum\limits_{i=7}^{9}(X_i - Y_2)^2$, 则 $\dfrac{2S^2}{\sigma^2} \sim \chi^2(2)$, 故

$$Z = \dfrac{\sqrt{2}(Y_1 - Y_2)}{S} = \dfrac{\dfrac{Y_1 - Y_2}{\sigma/\sqrt{2}}}{\sqrt{\dfrac{2S^2}{\sigma^2}/2}} \sim t(2).$$

7. 设 $X_1, X_2, \cdots, X_{20}$ 相互独立, 且具有相同分布 $N(0, 1)$. 指出 $X = \dfrac{2\sum\limits_{i=1}^{12} X_i^2}{3\sum\limits_{i=13}^{20} X_i^2}$ 服从什么

分布,并解答:(1)求 α,使 $P(X>\alpha)=0.10$;(2)求 β,使 $P(X>3.28)=\beta$.

解　因为 $X_i \sim N(0,1)(i=1,2,\cdots,20)$ 所以 $\sum\limits_{i=1}^{12} X_i^2 \sim \chi^2(12)$,$\sum\limits_{i=13}^{20} X_i^2 \sim \chi^2(8)$,于是

$$X = \frac{\sum\limits_{i=1}^{12} X_i^2/12}{\sum\limits_{i=13}^{20} X_i^2/8} = \frac{2\sum\limits_{i=1}^{12} X_i^2}{3\sum\limits_{i=13}^{20} X_i^2} \sim F(12,8).$$

(1) 查教材中附表 5 得 $P(X>2.5)=0.1$,因此 $\alpha=2.5$.

(2) 查教材中附表 5 得 $P(X>3.28)=0.05$,因此 $\beta=0.05$.

8. 设总体 X 的概率密度为 $f(x)=\begin{cases}|x|, & |x|<1, \\ 0, & \text{其他},\end{cases}$ $X_1,X_2,\cdots,X_{50}$ 为取自总体 X 的一个样本,试求:(1)$\overline{X}$ 的数学期望和方差;(2)S^2 的数学期望;(3)$P(|\overline{X}|>0.02)$.

解　$E(X) = \int_{-\infty}^{+\infty} xf(x)\mathrm{d}x = \int_{-1}^{1} x|x|\mathrm{d}x = 0,$

$E(X^2) = \int_{-\infty}^{+\infty} x^2 f(x)\mathrm{d}x = \int_{-1}^{1} x^2|x|\mathrm{d}x = 2\int_{0}^{1} x^3 \mathrm{d}x = \frac{1}{2},$

$D(X) = E(X^2) - [E(X)]^2 = \frac{1}{2} - 0^2 = \frac{1}{2},$

$E(X_i) = 0, \quad E(X_i^2) = \frac{1}{2}, \quad D(X_i) = \frac{1}{2}.$

(1) $E(\overline{X}) = E\left(\frac{1}{50}\sum\limits_{i=1}^{50} X_i\right) = \frac{1}{50}\sum\limits_{i=1}^{50} E(X_i) = 0,$

$D(\overline{X}) = D\left(\frac{1}{50}\sum\limits_{i=1}^{50} X_i\right) = \frac{1}{2500}\sum\limits_{i=1}^{50} D(X_i) = \frac{1}{2500}\sum\limits_{i=1}^{50} \frac{1}{2} = \frac{1}{100}.$

(2) $E(S^2) = E\left(\frac{1}{49}\left(\sum\limits_{i=1}^{50} X_i^2 - 50\overline{X}^2\right)\right) = \frac{1}{49}E\left(\sum\limits_{i=1}^{50} X_i^2 - 50\overline{X}^2\right)$

$= \frac{1}{49}\left(\sum\limits_{i=1}^{50} E(X_i^2) - 50E(\overline{X}^2)\right) = \frac{1}{49}\left(50 \times \frac{1}{2} - 50(D(\overline{X}) + (E(\overline{X}))^2)\right)$

$= \frac{1}{49}\left(50 \times \frac{1}{2} - 50\left(\frac{1}{100} + 0^2\right)\right) = \frac{1}{49}\left(50 \times \frac{1}{2} - \frac{1}{2}\right) = \frac{1}{2}.$

(3) 由独立同分布的中心极限定理知,$\overline{X}$ 近似的服从正态分布,即 $\overline{X} \overset{\text{近似}}{\sim} N\left(0, \frac{1}{100}\right)$,所以

$$P(|\overline{X}|>0.02) = P\left(\left|\frac{\overline{X}}{\sqrt{\frac{1}{100}}}\right| > \frac{0.02}{\sqrt{\frac{1}{100}}}\right) = 1 - P\left(\left|\frac{\overline{X}}{\sqrt{\frac{1}{100}}}\right| \leqslant \frac{0.02}{\sqrt{\frac{1}{100}}}\right)$$

$$\approx 1 - \left(2\Phi\left(\frac{0.02}{\sqrt{\frac{1}{100}}}\right) - 1\right) = 2 - 2\Phi(0.2) = 2 - 2 \times 0.5793 = 0.8414.$$

9. 在总体 $X \sim N(7.6, 4)$ 中随机抽取容量为 n 的样本,如果样本均值 $\overline{X}$ 落在 $(5.6, 9.6)$ 内的概率不小于 0.95,求 n 至少为多少?

解 因为 $E(\overline{X}) = 7.6$,$D(\overline{X}) = \dfrac{4}{n}$,故 $\overline{X} \sim N\left(7.6, \dfrac{4}{n}\right)$,于是

$$P(5.6 < \overline{X} < 9.6) = P(5.6 - 7.6 < \overline{X} - 7.6 < 9.6 - 7.6)$$

$$= P\left(\dfrac{-2}{\sqrt{4/n}} < \dfrac{\overline{X} - 7.6}{\sqrt{4/n}} < \dfrac{2}{\sqrt{4/n}}\right) = 2\Phi\left(\dfrac{2}{\sqrt{4/n}}\right) - 1.$$

要使 $P(5.6 < \overline{X} < 9.6) \geqslant 0.95$,只需 $2\Phi(\sqrt{n}) - 1 \geqslant 0.95$,即 $\Phi(\sqrt{n}) \geqslant 0.975 = \Phi(1.96)$,从而得 $\sqrt{n} \geqslant 1.96$,即 $n \geqslant 3.8416$,故 n 至少取 4.

10. 设总体 X 服从正态分布 $N(12, 4)$,今抽取一个容量为 5 的样本:$X_1, X_2, \cdots, X_5$. 试求:(1) $P(\min\{X_1, X_2, \cdots, X_5\} < 10)$;(2) $P(\max\{X_1, X_2, \cdots, X_5\} > 15)$;(3) 如果要求 $P(11 < \overline{X} < 13) \geqslant 0.95$,则样本容量 n 至少应取多少?

解 (1) $P(\min\{X_1, X_2, \cdots, X_5\} < 10) = 1 - [P(X \geqslant 10)]^5$

$$= 1 - \left[1 - \Phi\left(\dfrac{10 - 12}{2}\right)\right]^5$$

$$= 1 - [1 - \Phi(-1)]^5 = 0.58.$$

(2) $P(\max\{X_1, X_2, \cdots, X_5\} > 15) = 1 - [P(X < 15)]^5$

$$= 1 - \left[\Phi\left(\dfrac{15 - 12}{2}\right)\right]^5 = 1 - [\Phi(1.5)]^5 = 0.29.$$

(3) 此时 $\overline{X}$ 服从 $N(12, 4/n)$,所以

$$P(11 < \overline{X} < 13) = \Phi\left(\dfrac{\sqrt{n}}{2}\right) - \Phi\left(-\dfrac{\sqrt{n}}{2}\right) = 2\Phi\left(\dfrac{\sqrt{n}}{2}\right) - 1 \geqslant 0.95,$$

因此由 $\Phi(\sqrt{n}/2) \geqslant 0.975$,查教材中附表 1 得,$\sqrt{n}/2 \geqslant 1.96$,即 $n \geqslant 15.3664$,故 n 至少取 16.

11. 设在总体 $N(\mu, \sigma^2)$ 中抽取一容量为 16 的样本,这里 μ, σ^2 均未知. 求:

(1) $P\left(\dfrac{S^2}{\sigma^2} \leqslant 2.041\right)$,其中 S^2 为样本方差;(2) $D(S^2)$.

解 因为 $\dfrac{(16 - 1)S^2}{\sigma^2} \sim \chi^2(16 - 1)$,所以

(1) $P\left(\dfrac{S^2}{\sigma^2} \leqslant 2.041\right) = P\left(\dfrac{(16 - 1)S^2}{\sigma^2} \leqslant (16 - 1) \times 2.041\right)$

$$= P\left(\dfrac{(16 - 1)S^2}{\sigma^2} \leqslant 30.615\right) \approx 0.99.$$

(2) 因为 $\chi^2 = \dfrac{(16 - 1)S^2}{\sigma^2} \sim \chi^2(15)$,又 $D(\chi^2) = 2 \times 15 = 30$,即 $D(\chi^2) = D\left(\dfrac{15S^2}{\sigma^2}\right) = \dfrac{15^2}{\sigma^4} D(S^2) = 30$,所以 $D(S^2) = \dfrac{30\sigma^4}{15^2} = \dfrac{2}{15}\sigma^4$.

12. 从同一正态总体中随机抽取两个样本,第一个样本的容量为 36,要使第二个样本平均值的标准差为第一个样本平均值的标准差的 $\dfrac{2}{3}$,样本容量应取多大?

解 设 $X_1, X_2, \cdots, X_{36}$ 为第一个样本，$Y_1, Y_2, \cdots, Y_n$ 为第二个样本，设它们都来自正态总体 $N(\mu, \sigma^2)$，所以 $D(\overline{X}) = \dfrac{\sigma^2}{36}$，$D(\overline{Y}) = \dfrac{\sigma^2}{n}$.

要使 $\sqrt{D(\overline{Y})} = \dfrac{2}{3}\sqrt{D(\overline{X})}$，即 $\dfrac{\sigma}{\sqrt{n}} = \dfrac{2}{3} \times \dfrac{\sigma}{6}$，有 $n = 81$.

13. 设 $X_1, X_2, \cdots, X_n$ 和 $Y_1, Y_2, \cdots, Y_n$ 为正态总体 $N(\mu, \sigma^2)$ 的两个样本，试确定 n 使 $P(|\overline{X} - \overline{Y}| > \sigma) = 0.01$，这里 $\overline{X}, \overline{Y}$ 为两样本均值.

解 因为 $E(\overline{X}) = E(\overline{Y}) = \mu$，$D(\overline{X}) = D(\overline{Y}) = \dfrac{\sigma^2}{n}$，所以

$$E(\overline{X} - \overline{Y}) = 0, \quad D(\overline{X} - \overline{Y}) = \frac{2\sigma^2}{n} \quad \text{且} \quad \overline{X} - \overline{Y} \sim N\left(0, \frac{2\sigma^2}{n}\right),$$

于是

$$P(|\overline{X} - \overline{Y}| > \sigma) = P\left(\frac{|\overline{X} - \overline{Y}|}{\sqrt{\frac{2\sigma^2}{n}}} > \frac{\sigma}{\sqrt{\frac{2\sigma^2}{n}}}\right) = P\left(\frac{|\overline{X} - \overline{Y}|}{\sqrt{\frac{2}{n}\sigma^2}} > \frac{1}{\sqrt{\frac{2}{n}}}\right) \approx 2\left[1 - \Phi\left(\sqrt{\frac{n}{2}}\right)\right].$$

要使 $P(|\overline{X} - \overline{Y}| > \sigma) = 0.01$，只需 $2\left[1 - \Phi\left(\sqrt{\dfrac{n}{2}}\right)\right] = 0.01$，即 $\Phi\left(\sqrt{\dfrac{n}{2}}\right) = \Phi(2.57) = 0.995$，

则 $\sqrt{\dfrac{n}{2}} \approx 2.57$，所以 $n = 14$.

14. 设总体 X 服从 $N(\mu, 3)$，Y 服从 $N(\mu, 5)$，从中分别抽取 $n_1 = 10$，$n_2 = 15$ 的两个独立样本，求两个样本方差之比 $\dfrac{S_1^2}{S_2^2}$ 大于 1.272 的概率.

解 因为 $\dfrac{(n_1 - 1)S_1^2}{3} = \dfrac{9S_1^2}{3} = 3S_1^2 \sim \chi^2(9)$，$\dfrac{(n_2 - 1)S_2^2}{5} = \dfrac{14S_2^2}{5} \sim \chi^2(14)$，所以

$$\frac{3S_1^2/9}{\dfrac{14S_2^2}{5}\bigg/14} = \frac{5S_1^2}{3S_2^2} \sim F(9, 14).$$

于是

$$P\left(\frac{S_1^2}{S_2^2} > 1.272\right) = P\left(\frac{5S_1^2}{3S_2^2} > 1.272 \times \frac{5}{3}\right) = P\left(\frac{5S_1^2}{3S_2^2} > 2.12\right) = 0.1.$$

第 **7** 章

参数估计

内容概要

一、点估计

1. 点估计的概念

设总体 X 的分布形式已知,但含有未知参数 θ;或者总体的某数学特征(例如数学期望或方差)存在但未知,从总体 X 中抽取样本 $X_1,X_2,\cdots,X_n$,相应的样本值为 $x_1,x_2,\cdots,x_n$,借助于样本来估计未知参数的问题就是参数的点估计问题.要解决点估计问题,就是要构造一个统计量 $\hat{\theta}(X_1,X_2,\cdots,X_n)$,用它来估计未知参数 θ,用它的观测值 $\hat{\theta}(x_1,x_2,\cdots,x_n)$ 作为未知参数 θ 的近似值.称 $\hat{\theta}(X_1,X_2,\cdots,X_n)$ 为未知参数 θ 的估计量,称 $\hat{\theta}(x_1,x_2,\cdots,x_n)$ 为 θ 的估计值.在不至于混淆的情况下将 θ 的估计量和估计值统称为 θ 的估计.

求点估计的两种常用的方法——矩估计法和最大似然估计法.

2. 矩估计法

设总体 X 为连续型随机变量,概率密度为 $f(x;\theta_1,\theta_2,\cdots,\theta_k)$,或设总体 X 为离散型随机变量,概率分布为

$P(X=x_i)=p(x_i;\theta_1,\theta_2,\cdots,\theta_k)(i=1,2,\cdots)$,其中 $\theta_1,\theta_2,\cdots,\theta_k$ 是待估参数.

假设总体 X 的 l 阶原点矩

$$\mu_l=E(X^l)=\int_{-\infty}^{+\infty}x^l f(x;\theta_1,\theta_2,\cdots,\theta_k)\mathrm{d}x$$

或 $\mu_l=E(X^l)=\sum_{i=1}^{n}x_i^l p(x;\theta_1,\theta_2,\cdots,\theta_k)(l=1,2,\cdots,k)$ 均存在,记作

$$\mu_l=\mu_l(\theta_1,\theta_2,\cdots,\theta_k).$$

我们用样本的 l 阶原点矩 $A_l=\frac{1}{n}\sum_{i=1}^{n}X_i^l$ 作为相应的总体 X 的 l 阶原点矩 $\mu_l(l=1,2,\cdots,k)$ 的估计量,令 $\mu_l=A_l(l=1,2,\cdots,k)$,由此求得未知参数 $\theta_1,\theta_2,\cdots,\theta_k$ 的估计量,即得到未知参数 $\theta_j(j=1,2,\cdots,k)$ 的矩估计量 $\hat{\theta}_j=\theta_j(X_1,X_2,\cdots,X_n)(j=1,2,\cdots,k)$.这种

求估计量的方法称为矩估计法.

3. 最大似然估计法

(1) 设总体 X 是离散型随机变量,概率分布为 $P(X=t_i)=p(t_i;\theta)(i=1,2,\cdots)$,其中 θ 的取值范围是 Θ. 设 $X_1,X_2,\cdots,X_n$ 是来自总体 X 的样本,$x_1,x_2,\cdots,x_n$ 是样本值,称函数

$$L(\theta)=L(x_1,x_2,\cdots,x_n;\theta)=\prod_{i=1}^{n}p(x_i;\theta),\theta\in\Theta$$ 为样本 $x_1,x_2,\cdots,x_n$ 的似然函数. 如果 $\hat{\theta}\in\Theta$ 使得 $L(\hat{\theta})=\max_{\theta\in\Theta}L(\theta)$,这样的 $\hat{\theta}$ 与 $x_1,x_2,\cdots,x_n$ 有关,记作 $\hat{\theta}(x_1,x_2,\cdots,x_n)$,称为未知参数 θ 的最大似然估计值,相应的统计量 $\hat{\theta}(X_1,X_2,\cdots,X_n)$ 称为 θ 的最大似然估计量,一般统称为 θ 的最大似然估计.

(2) 设总体 X 是连续型随机变量,概率密度为 $f(x;\theta)$,θ 是待估参数,则似然函数为

$$L(\theta)=L(x_1,x_2,\cdots,x_n;\theta)=\prod_{i=1}^{n}f(x_i;\theta),\theta\in\Theta.$$

(3) 如果 $L(\theta)$ 或 $\ln L(\theta)$ 关于 θ 可微,则 θ 往往可以从方程 $\dfrac{\mathrm{d}L(\theta)}{\mathrm{d}\theta}=0$ 或 $\dfrac{\mathrm{d}\ln L(\theta)}{\mathrm{d}\theta}=0$ 中解得.

(4) 如果总体 X 的分布中含有 k 个未知参数 $\theta_1,\theta_2,\cdots,\theta_k$,则似然函数是这些参数的函数: $L=L(\theta_1,\theta_2,\cdots,\theta_k)$. 分别令 $\dfrac{\partial L}{\partial\theta_j}=0$ 或 $\dfrac{\partial\ln L}{\partial\theta_j}=0(j=1,2,\cdots,k)$.

解上面的方程组,可得各个待估参数 θ_j 最大似然估计值 $\hat{\theta}_j(x_1,x_2,\cdots,x_n)$,从而得到相应的最大似然估计量 $\hat{\theta}(X_1,X_2,\cdots,X_n)(j=1,2,\cdots,k)$.

(5) 最大似然估计具有如下性质: 设 θ 的函数 $\varphi=\varphi(\theta)(\theta\in\Theta)$ 具有单值反函数 $\theta=\theta(\varphi)(\varphi\in\Phi)$,$\hat{\theta}$ 是总体 X 的分布中未知参数 θ 的最大似然估计,则 $\hat{\varphi}=\varphi(\hat{\theta})$ 是 $\varphi=\varphi(\theta)$ 的最大似然估计. 例如,设总体方差 σ^2 的最大似然估计为 $\hat{\sigma}^2=\dfrac{1}{n}\sum_{i=1}^{n}(X_i-\overline{X})^2$,则总体标准差的最大似然估计为 $\hat{\sigma}=\sqrt{\dfrac{1}{n}\sum_{i=1}^{n}(X_i-\overline{X})^2}$.

4. 估计量的评选标准

(1) 无偏性　如果 θ 的估计量 $\hat{\theta}=\hat{\theta}(X_1,X_2,\cdots,X_n)$ 的数学期望 $E(\hat{\theta})$ 存在,且对于任意 $\theta\in\Theta$ 有 $E(\hat{\theta})=\theta$,则称 $\hat{\theta}=\hat{\theta}(X_1,X_2,\cdots,X_n)$ 是未知参数 θ 的无偏估计量.

(2) 有效性　设 $\hat{\theta}_1=\hat{\theta}_1(X_1,X_2,\cdots,X_n)$ 和 $\hat{\theta}_2=\hat{\theta}_2(X_1,X_2,\cdots,X_n)$ 都是未知参数 θ 的无偏估计量,如果对于任意 $\theta\in\Theta$,有 $D(\hat{\theta}_1)\leqslant D(\hat{\theta}_2)$,且至少有一个 $\theta\in\Theta$,使上式中的不等式成立,则称 $\hat{\theta}_1=\hat{\theta}_1(X_1,X_2,\cdots,X_n)$ 比 $\hat{\theta}_2=\hat{\theta}_2(X_1,X_2,\cdots,X_n)$ 更有效.

(3) 一致性(相合性)　设 $\hat{\theta}(X_1,X_2,\cdots,X_n)$ 为未知参数 θ 的估计量,如果对于任意 $\theta\in\Theta$,当 $n\to\infty$ 时,$\hat{\theta}(X_1,X_2,\cdots,X_n)$ 依概率收敛于 θ,则称 $\hat{\theta}(X_1,X_2,\cdots,X_n)$ 为未知参数 θ 的

一致估计量或相合估计量.

二、区间估计

1. 置信区间

设总体 X 的分布函数为 $F(x;\theta)$，其中 θ 是未知参数，从总体 X 中抽取样本 X_1，$X_2,\cdots,X_n$，对于给定的 $\alpha(0<\alpha<1)$，如果两个统计量 $\hat{\theta}_1=\hat{\theta}_1(X_1,X_2,\cdots,X_n)$ 和 $\hat{\theta}_2=\hat{\theta}_2(X_1,X_2,\cdots,X_n)$ 对于任意 $\theta\in\Theta$ 满足 $P(\hat{\theta}_1(X_1,X_2,\cdots,X_n)<\theta<\hat{\theta}_2(X_1,X_2,\cdots,X_n))=1-\alpha$，则称随机区间 $(\hat{\theta}_1,\hat{\theta}_2)$ 为未知参数 θ 的置信水平是 $1-\alpha$ 的置信区间，$\hat{\theta}_1=\hat{\theta}_1(X_1,X_2,\cdots,X_n)$ 和 $\hat{\theta}_2=\hat{\theta}_2(X_1,X_2,\cdots,X_n)$ 分别称为这一双侧置信区间的置信下限和置信上限，$1-\alpha$ 为置信水平（或置信度）.

2. 单个正态总体均值和方差的置信区间

设 $X\sim N(\mu,\sigma^2)$，从总体 X 中抽取样本 $X_1,X_2,\cdots,X_n$，样本均值为 $\overline{X}$，样本方差为 S^2. 例如 σ^2 已知，μ 的置信水平是 $1-\alpha$ 的置信区间为 $\left(\overline{X}-\dfrac{\sigma}{\sqrt{n}}u_{\alpha/2},\overline{X}+\dfrac{\sigma}{\sqrt{n}}u_{\alpha/2}\right)$.

3. 两个正态总体均值和方差的置信区间

设 $X\sim N(\mu_1,\sigma_1^2),Y\sim N(\mu_2,\sigma_2^2)$，从总体 X 中抽取样本 $X_1,X_2,\cdots,X_{n_1}$，样本均值为 $\overline{X}$，样本方差为 S_1^2. 从总体 Y 中抽取样本 $Y_1,Y_2,\cdots,Y_{n_2}$，样本均值为 $\overline{Y}$，样本方差为 S_2^2，并且两个样本是相互独立的.

例如，若 σ_1^2 和 σ_2^2 已知，$\mu_1-\mu_2$ 的置信水平是 $1-\alpha$ 的置信区间为

$$\left(\overline{X}-\overline{Y}-u_{\alpha/2}\sqrt{\frac{\sigma_1^2}{n_1}+\frac{\sigma_2^2}{n_2}},\overline{X}-\overline{Y}+u_{\alpha/2}\sqrt{\frac{\sigma_1^2}{n_1}+\frac{\sigma_2^2}{n_2}}\right),$$

题型归纳与例题精解

题型 7-1   点估计中的矩法估计和最大似然估计

【例 1】 设总体 X 服从几何分布，其概率分布为 $P(X=x)=(1-p)^{x-1}p\,(x=1,2,\cdots;0<p<1)$，$p$ 为未知参数，求 p 的矩估计量和极大似然估计量.

解 由

$$E(X)=p+2(1-p)p+3(1-p)^2p+\cdots+n(1-p)^{n-1}p+\cdots$$
$$=p[1+2(1-p)+3(1-p)^2+\cdots+n(1-p)^{n-1}+\cdots]=\frac{1}{p}.$$

这是因为 $\displaystyle\sum_{k=1}^{\infty}kq^{k-1}=\sum_{k=1}^{\infty}(q^k)'=(\sum_{k=1}^{\infty}q^k)'=\left(\frac{q}{1-q}\right)'=\frac{1}{(1-q)^2}.$

令 $E(X)=\overline{X}$，得 p 的矩估计量为 $\hat{p}=\dfrac{1}{\overline{X}}.$

似然函数为

$$L(p) = \prod_{i=1}^{n} P(X = x_i) = p^n (1-p)^{\sum_{i=1}^{n} x_i - n},$$

对数似然函数为

$$\ln L(p) = n\ln p + \left(\sum_{i=1}^{n} x_i - n \right) \ln(1-p).$$

令 $\dfrac{\mathrm{d}\ln L(p)}{\mathrm{d}p} = \dfrac{n}{p} - \dfrac{1}{1-p}\left(\sum\limits_{i=1}^{n} x_i - n \right) = 0$，解得 $\hat{p} = \dfrac{1}{\bar{x}}$，故 p 的极大似然估计量为 $\hat{p} = \dfrac{1}{\bar{X}}$.

【例 2】 设总体 X 以概率 $1/\theta$ 取值 $1, 2, \cdots, \theta$，则未知参数 θ 的矩估计量为 _____.

解 由 $E(X) = 1 \cdot \dfrac{1}{\theta} + 2 \cdot \dfrac{1}{\theta} + \cdots + \theta \cdot \dfrac{1}{\theta} = \dfrac{1+\theta}{2} = \bar{X}$，得 θ 的矩估计量为 $\hat{\theta} = 2\bar{X} - 1$.

【例 3】 设随机变量 X 的分布函数为

$$F(x; \alpha, \beta) = \begin{cases} 1 - \left(\dfrac{\alpha}{x} \right)^{\beta}, & x > \alpha, \\ 0, & x \leqslant \alpha, \end{cases}$$

其中参数 $\alpha > 0, \beta > 1$. 设 $X_1, X_2, \cdots, X_n$ 为来自总体 X 的简单随机样本.

（1）当 $\alpha = 1$ 时，求未知参数 β 的矩估计量；

（2）当 $\alpha = 1$ 时，求未知参数 β 的最大似然估计量；

（3）当 $\beta = 2$ 时，求未知参数 α 的最大似然估计量.

解 当 $\alpha = 1$ 时，X 的概率密度为

$$f(x; \beta) = \begin{cases} \dfrac{\beta}{x^{\beta+1}}, & x > 1, \\ 0, & x \leqslant 1. \end{cases}$$

（1）由于 $E(X) = \displaystyle\int_{-\infty}^{+\infty} x f(x; \beta)\,\mathrm{d}x = \int_{1}^{+\infty} x\, \dfrac{\beta}{x^{\beta+1}}\,\mathrm{d}x = \dfrac{\beta}{\beta-1}$，令 $\dfrac{\beta}{\beta-1} = \bar{X}$，解得 $\beta = \dfrac{\bar{X}}{\bar{X}-1}$，所以，参数 β 的矩估计量为 $\hat{\beta} = \dfrac{\bar{X}}{\bar{X}-1}$.

（2）对于总体 X 的样本值 $x_1, x_2, \cdots, x_n$，似然函数为

$$L(\beta) = \prod_{i=1}^{n} f(x_i; \beta) = \begin{cases} \dfrac{\beta^n}{(x_1 x_2 \cdots x_n)^{\beta+1}}, & x_i > 1, \\ 0, & \text{其他} \end{cases} \quad (i = 1, 2, \cdots, n).$$

当 $x_i > 1 (i = 1, 2, \cdots, n)$ 时，$L(\beta) > 0$，取对数得

$$\ln L(\beta) = n\ln\beta - (\beta+1)\sum_{i=1}^{n} \ln x_i,$$

对 β 求导数，得 $\dfrac{\mathrm{d}\ln L(\beta)}{\mathrm{d}\beta} = \dfrac{n}{\beta} - \sum\limits_{i=1}^{n} \ln x_i$. 令 $\dfrac{\mathrm{d}\ln L(\beta)}{\mathrm{d}\beta} = 0$，解得 $\beta = \dfrac{n}{\sum\limits_{i=1}^{n} \ln x_i}$，故 β 的最大似然

估计量为 $\hat{\beta} = \dfrac{n}{\displaystyle\sum_{i=1}^{n} \ln X_i}$.

（3）当 $\beta = 2$ 时，X 的概率密度为

$$f(x\,;\,\alpha) = \begin{cases} \dfrac{2\alpha^2}{x^3}, & x > \alpha, \\[2mm] 0, & x \leqslant \alpha. \end{cases}$$

对于总体 X 的样本值 $x_1, x_2, \cdots, x_n$，似然函数为

$$L(\alpha) = \prod_{i=1}^{n} f(x_i\,;\,\alpha) = \begin{cases} \dfrac{2^n \alpha^{2n}}{(x_1 x_2 \cdots x_n)^3}, & x_i > \alpha, \quad i = 1, 2, \cdots, n, \\[2mm] 0, & \text{其他.} \end{cases}$$

当 $x_i > \alpha\,(i = 1, 2, \cdots, n)$ 时，α 越大，$L(\alpha)$ 越大，因而 α 的最大似然估计值为 $\hat{\alpha} = \max\{x_1, x_2, \cdots, x_n\}$，则 α 的最大似然估计量为 $\hat{\alpha} = \max\{X_1, X_2, \cdots, X_n\}$.

题型 7-2　评价估计量的优劣

【例 4】　设 $\hat{\theta}_1$ 和 $\hat{\theta}_2$ 是参数 θ 的两个独立的无偏估计量，并且 $\hat{\theta}_1$ 的方差是 $\hat{\theta}_2$ 方差的 4 倍，试求 k_1, k_2，使 $k_1 \hat{\theta}_1 + k_2 \hat{\theta}_2$ 是 θ 的无偏估计量，并且使这样的线性估计中方差中最小的.

解　由题意得 $\theta = E(k_1 \hat{\theta}_1 + k_2 \hat{\theta}_2) = k_1 \theta + k_2 \theta$，即 $k_1 + k_2 = 1$. 而

$$D(k_1 \hat{\theta}_1 + k_2 \hat{\theta}_2) = k_1^2 D(\hat{\theta}_1) + k_2^2 D(\hat{\theta}_2) = (4k_1^2 + k_2^2) D(\hat{\theta}_2),$$

要使其最小，即在 $k_1 + k_2 = 1$ 下，求 $f(k_1, k_2) = 4k_1^2 + k_2^2$ 的最小值.

又 $f(k_1, k_2) = 4k_1^2 + (1 - k_1)^2 = 5\left(k_1 - \dfrac{1}{5}\right)^2 + \dfrac{4}{5}$，当 $k_1 = \dfrac{1}{5}$ 时，f 最小，所以 $k_1 = \dfrac{1}{5}$，$k_2 = \dfrac{4}{5}$.

【例 5】　设 X_1, X_2, X_3 是取自正态总体的样本，在总体方差存在的情况下，总体均值 μ 有效性最差的估计量为（　　）.

　A　$\hat{\mu}_1 = \dfrac{1}{2} X_1 + \dfrac{1}{3} X_2 + \dfrac{1}{6} X_3$　　　　　B　$\hat{\mu}_2 = \dfrac{1}{3} X_1 + \dfrac{1}{3} X_2 + \dfrac{1}{3} X_3$

　C　$\hat{\mu}_3 = \dfrac{1}{6} X_1 + \dfrac{1}{6} X_2 + \dfrac{2}{3} X_3$　　　　　D　$\hat{\mu}_4 = \dfrac{1}{5} X_1 + \dfrac{2}{5} X_2 + \dfrac{2}{5} X_3$

解　选 C.

因为 X_1, X_2, X_3 是取自正态总体 $N(\mu, \sigma^2)$ 的样本，所以 $E(X_i) = \mu$，$D(X_i) = \sigma^2 (i = 1, 2, 3)$，且 X_1, X_2, X_3 是独立的，于是

$$E(\hat{\mu}_1) = E\left(\dfrac{1}{2} X_1 + \dfrac{1}{3} X_2 + \dfrac{1}{6} X_3\right) = \dfrac{1}{2} E(X_1) + \dfrac{1}{3} E(X_2) + \dfrac{1}{6} E(X_3)$$

$$= \left(\dfrac{1}{2} + \dfrac{1}{3} + \dfrac{1}{6}\right)\mu = \mu,$$

$$D(\hat{\mu}_1) = D\left(\frac{1}{2}X_1 + \frac{1}{3}X_2 + \frac{1}{6}X_3\right)$$

$$= \frac{1}{4}D(X_1) + \frac{1}{9}D(X_2) + \frac{1}{36}D(X_3) = \frac{7}{18}\sigma^2;$$

$$E(\hat{\mu}_2) = E\left(\frac{1}{3}X_1 + \frac{1}{3}X_2 + \frac{1}{3}X_3\right) = \frac{1}{3}E(X_1) + \frac{1}{3}E(X_2) + \frac{1}{3}E(X_3)$$

$$= \left(\frac{1}{3} + \frac{1}{3} + \frac{1}{3}\right)\mu = \mu,$$

$$D(\hat{\mu}_2) = D\left(\frac{1}{3}X_1 + \frac{1}{3}X_2 + \frac{1}{3}X_3\right) = \frac{1}{9}D(X_1) + \frac{1}{9}D(X_2) + \frac{1}{9}D(X_3)$$

$$= \left(\frac{1}{9} + \frac{1}{9} + \frac{1}{9}\right)\sigma^2 = \frac{1}{3}\sigma^2.$$

同理可得，$E(\hat{\mu}_3) = \mu, D(\hat{\mu}_3) = \left(\frac{1}{36} + \frac{1}{36} + \frac{4}{9}\right)\sigma^2 = \frac{1}{2}\sigma^2;$

$$E(\hat{\mu}_4) = \mu, \quad D(\hat{\mu}_4) = \left(\frac{1}{25} + \frac{4}{25} + \frac{4}{25}\right)\sigma^2 = \frac{9}{25}\sigma^2.$$

因为 $D(\hat{\mu}_2) < D(\hat{\mu}_4) < D(\hat{\mu}_1) < D(\hat{\mu}_3)$，所以 $\hat{\mu}_3$ 的有效性最差.

题型 7-3 区间估计问题

【例 6】 已知一批零件的长度 X（单位：cm）服从正态分布 $N(\mu,1)$，从中随机抽取 16 个零件，得到长度的平均值为 40cm，则 μ 的置信水平为 0.95 的置信区间为_____.

解 因 $\alpha = 0.05$，$u_{\alpha/2} = 1.96$，当 σ^2 已知时，μ 的置信水平为 $1-\alpha$ 的置信区间为 $\left(\overline{X} - \frac{\sigma}{\sqrt{n}}u_{\alpha/2}, \overline{X} + \frac{\sigma}{\sqrt{n}}u_{\alpha/2}\right)$，将 $n=16, \overline{x}=40, \sigma=1$ 代入，得 $(39.51, 40.49)$.

【例 7】 测量某种仪器的工作温度（℃），5 次得数据如下：1250，1275，1265，1245，1260. 设仪器的工作温度服从正态分布 $N(\mu, \sigma^2)$，σ^2 未知. 求 μ 的置信区间.

解 选 $T = \frac{\overline{X} - \mu}{S}\sqrt{n}$ 为估计用统计量，由 $\alpha = 0.05$ 查 t 分布表得

$$t_{\frac{\alpha}{2}}(n-1) = t_{\frac{0.05}{2}}(5-1) = t_{0.025}(4) = 2.7764.$$

又 $\overline{x} = \frac{1}{5}(1250 + 1275 + 1265 + 1245 + 1260) = 1259,$

$$s^2 = \frac{1}{5-1}\sum_{i=1}^{5}(x_i - \overline{x})^2 = \frac{1}{4}(9^2 + 16^2 + 6^2 + 14^2 + 1^2) = \frac{570}{4},$$

$$\hat{\theta}_1 = \overline{x} - t_{\frac{\alpha}{2}} \cdot \frac{s}{\sqrt{n}} = 1259 - 2.7764\sqrt{\frac{570}{4 \times 5}} = 1259 - 14.8 = 1244.2,$$

$$\hat{\theta}_2 = \overline{x} + t_{\frac{\alpha}{2}} \cdot \frac{s}{\sqrt{n}} = 1259 + 14.8 = 1273.8.$$

所以 μ 的 95% 置信区间为 $(1244.2, 1273.8)$.

【例 8】 随机地从 A 批导线中抽取 4 根，并从 B 批导线中抽取 5 根，测得其电阻（单位：Ω）为

A 批导线：0.143　0.142　0.143　0.137

B批导线：0.140 0.142 0.136 0.138 0.140

设测试数据分别服从分布 $N(\mu_1,\sigma^2)$ 和 $N(\mu_2,\sigma^2)$，并且它们相互独立. 又 μ_1,μ_2 及 σ^2 均为未知,试求 $\mu_1-\mu_2$ 的置信水平为 95% 的置信区间.

解 $1-\alpha=0.95,\dfrac{\alpha}{2}=0.025,n_1=4,n_2=5,$ 则 $t_{0.025}(4+5-2)=2.3646.$

又 $\bar{x}=0.14125,\bar{y}=0.1392,3s_1^2=0.000025,4s_2^2=0.000021,s_w=0.00256,$ 故 $\mu_1-\mu_2$ 的置信水平为 95% 的置信区间为

$$\left(\bar{x}-\bar{y}\pm t_{\alpha/2}(n_1+n_2-2)s_w\sqrt{\frac{1}{n_1}+\frac{1}{n_2}}\right)$$

$$=\left(0.14125-0.1392\pm2.3646\times0.00256\times\sqrt{\frac{1}{4}+\frac{1}{5}}\right)=(-0.0020,0.0060).$$

【例 9】 有两位化验员 A,B. 他们独立地对某种聚合物的含氯量用相同的方法各作了 10 次测定,其测定值的方差 s^2 依次为 0.5419 和 0.6065. 设 σ_A^2 和 σ_B^2 分别为 A,B 所测量的数据总体(设为正态分布)的方差,求方差比 σ_A^2/σ_B^2 的置信水平为 95% 的置信区间.

解 $1-\alpha=0.95,\alpha/2=0.025,n_1=n_2=10,$ 则 $F_{0.025}(9,9)=4.03,F_{0.975}(9,9)=1/4.03.$ 而 $s_A^2=0.5419,s_B^2=0.6065,$ 故 σ_A^2/σ_B^2 的置信水平为 95% 的置信区间为

$$\left(\frac{s_A^2/s_B^2}{F_{\alpha/2}(n_1-1,n_2-1)},\frac{s_A^2/s_B^2}{F_{1-\alpha/2}(n_1-1,n_2-1)}\right)=\left(\frac{0.5419}{0.6065\times4.03},\frac{0.5419}{0.6065}\times4.03\right)$$

$$=(0.2217,3.6008).$$

测试题及其答案

一、填空题

1. 设总体 $X\sim N(\mu,10^2).$ 若使 μ 的置信水平为 0.95 的置信区间长度不超过 5,则样本容量 n 最小应为_____.

2. 设总体 X 在区间 $[\theta,2]$ 上服从均匀分布,$\theta<2$ 为未知参数;从总体 X 中抽取样本 $X_1,X_2,\cdots,X_n,$ 则参数 θ 的矩估计量为 $\hat{\theta}=$_____.

3. 从正态总体 $X\sim N(\mu,0.9^2)$ 中随机地抽取容量为 9 的样本,算得样本均值 $\bar{x}=5,$ 则未知参数 μ 的置信水平为 0.95 的置信区间为_____.

4. 设炮弹速度服从正态分布,取 9 发炮弹做试验,得样本方差 $s^2=11,$ 则炮弹速度方差 σ^2 的置信水平为 90% 的置信区间为_____.

二、单项选择题

5. 单个正态总体期望未知时,对取定的样本观测值及给定的 $\alpha(0<\alpha<1),$ 欲求总体方差的置信度为 $1-\alpha$ 的置信区间,使用的统计量服从(   ).

　　A F 分布　　　　　　B t 分布　　　　　　C χ^2 分布　　　　D 标准正态分布

6. 设 $\hat{\theta}_1,\hat{\theta}_2$ 是参数 θ 的两个估计量,下面正确的是(　　).

   A　$D(\hat{\theta}_1)>D(\hat{\theta}_2)$,则称 $\hat{\theta}_1$ 为比 $\hat{\theta}_2$ 有效的估计量

   B　$D(\hat{\theta}_1)<D(\hat{\theta}_2)$,则称 $\hat{\theta}_1$ 为比 $\hat{\theta}_2$ 有效的估计量

   C　$\hat{\theta}_1,\hat{\theta}_2$ 是参数 θ 的两个无偏估计量,$D(\hat{\theta}_1)>D(\hat{\theta}_2)$,则称 $\hat{\theta}_1$ 为比 $\hat{\theta}_2$ 有效的估计量

   D　$\hat{\theta}_1,\hat{\theta}_2$ 是参数 θ 的两个无偏估计量,$D(\hat{\theta}_1)<D(\hat{\theta}_2)$,则称 $\hat{\theta}_1$ 为比 $\hat{\theta}_2$ 有效的估计量

7. 设 $X_1,X_2,\cdots,X_n$ 是来自总体 X 的样本,X 的分布函数 $F(x;\theta)$ 含未知参数 θ,则(　　).

   A　用矩估计法和最大似然估计法求出的 θ 的估计量相同

   B　用矩估计法和最大似然估计法求出的 θ 的估计量不同

   C　用矩估计法和最大似然估计法求出的 θ 的估计量不一定相同

   D　用最大似然估计法求出的 θ 的估计量是唯一的

8. 设总体 $X\sim N(\mu,\sigma^2)$,其中 σ^2 已知,则总体均值 μ 的置信区间长度 l 与置信度 $1-\alpha$ 的关系是(　　).

   A　当 $1-\alpha$ 降低时,l 缩短　　　　B　当 $1-\alpha$ 降低时,l 增长

   C　当 $1-\alpha$ 降低时,l 不变　　　　D　以上说法都不对

三、计算题及应用题

9. 设总体 X 的概率密度为

$$f(x)=\begin{cases}\dfrac{1}{\lambda}e^{-\frac{x-\theta}{\lambda}}, & x\geqslant\theta,\\ 0, & x<\theta,\end{cases}$$

其中 $\lambda(\lambda>0),\theta$ 均未知,$X_1,X_2,\cdots,X_n$ 是样本.求参数 λ,θ 的矩估计量.

10. 设总体 X 的概率密度为

$$f(x;\theta)=\begin{cases}\dfrac{4x^2}{\sqrt{\pi}\theta^3}e^{-\frac{x^2}{\theta^2}}, & x>0,\\ 0, & x\leqslant0,\end{cases}$$

$X_1,X_2,\cdots,X_n$ 是样本.求未知参数 θ 的最大似然估计量.

11. 某旅行社随机访问了 25 名旅游者,得知平均消费额 $\bar{x}=80$ 元,样本标准差 $s=12$ 元,已知旅游者消费额服从正态分布,求旅游者平均消费额 μ 的 95% 置信区间.

12. 有两个建筑工程队,第一队有 10 人,平均每人每月完成 50m^2 的住房建筑任务,标准差 $s_1=6.7\text{m}$;第二队有 12 人,平均每人每月完成 43m^2,标准差 $s_2=5.9\text{m}$.假设两个工程队完成的建筑任务分别服从正态分布 $N(\mu_1,\sigma^2)$ 和 $N(\mu_2,\sigma^2)$.试求 $\mu_1-\mu_2$ 的置信度为 0.95 的置信区间.

四、证明题

13. 设总体 $X\sim P(\lambda),X_1,X_2,\cdots,X_n$ 是来自总体 X 的样本,对任意的实数 $\alpha(0\leqslant\alpha\leqslant1)$,

试证：$\alpha\overline{X}+(1-\alpha)S^2$ 是 λ 的无偏估计量，其中 $\overline{X}=\dfrac{1}{n}\sum_{i=1}^{n}X_i$，$S^2=\dfrac{1}{n-1}\sum_{i=1}^{n}(X_i-\overline{X})^2$.

答案

一、1. 62；　2. $2(\overline{X}-1)$；　3. $(4.412,5.588)$；　4. $(5.675,32.199)$.

二、5. C；　6. D；　7. C；　8. A.

三、9. **解**　$E(X)=\displaystyle\int_{e}^{+\infty}\frac{1}{\lambda}x\,e^{-\frac{x-e}{\lambda}}\,dx=\lambda+\theta=A_1$,

$$E(X^2)=\int_{e}^{+\infty}\frac{1}{\lambda}x^2 e^{-\frac{x-e}{\lambda}}\,dx=(\lambda+\theta)^2+\lambda^2=A_2,$$

解得 $\lambda=\sqrt{A_2-A_1^2}=\sqrt{\dfrac{1}{n}\sum_{i=1}^{n}X_i^2-\overline{X}^2}=\sqrt{\dfrac{1}{n}\sum_{i=1}^{n}(X_i^2-\overline{X})^2}$,

$$\theta=\overline{X}-\sqrt{\frac{1}{n}\sum_{i=1}^{n}(X_i^2-\overline{X})^2}.$$

故 λ,θ 的矩估计量分别为

$$\hat{\lambda}=\sqrt{\frac{1}{n}\sum_{i=1}^{n}(X_i^2-\overline{X})^2},\quad \hat{\theta}=\overline{X}-\sqrt{\frac{1}{n}\sum_{i=1}^{n}(X_i^2-\overline{X})^2}.$$

10. **解**　似然函数

$$L(\theta)=\prod_{i=1}^{n}\frac{4x_i^2}{\sqrt{\pi}\theta^3}e^{-\frac{x_i^2}{\theta^2}}=\theta^{-3n}(4\pi^{-\frac{1}{2}})^n e^{-\frac{\sum_{i=1}^{n}x_i^2}{\theta^2}}\prod_{i=1}^{n}x_i^2\quad(x_i>0,i=1,2,\cdots,n).$$

取对数 $\ln L(\theta)=-3n\ln\theta+n\ln(4\pi^{-\frac{1}{2}})-\dfrac{\sum_{i=1}^{n}x_i^2}{\theta^2}+2\sum_{i=1}^{n}\ln x_i$.

令 $\dfrac{d}{d\theta}\ln L(\theta)=\dfrac{-3n}{\theta}+2\dfrac{\sum_{i=1}^{n}x_i^2}{\theta^3}=0$，解得 θ 的最大似然估计值为 $\hat{\theta}=\sqrt{\dfrac{2}{3n}\sum_{i=1}^{n}x_i^2}$，最大似然估计量为 $\hat{\theta}=\sqrt{\dfrac{2}{3n}\sum_{i=1}^{n}X_i^2}$.

11. **解**　对于给定的置信度 95%（$\alpha=0.05$），$t_{0.025}(24)=2.0639$，将 $\overline{x}=80,s=12,n=25$，代入计算得 μ 的置信度为 95% 的置信区间为 $(75.05,84.95)$，即在 σ^2 未知情况下，估计每个旅游者的平均消费额在 75.05 元至 84.95 元之间，这个估计的可靠度是 95%.

12. **解**　$1-\alpha=0.95,\dfrac{\alpha}{2}=0.025,n_1=10,n_2=12$，则 $t_{0.025}(10+12-2)=2.086$，而 $\overline{x}=50$，$\overline{y}=43,9s_1^2=404.01,11s_2^2=382.91,s_w=6.2726,\mu_1-\mu_2$ 的置信水平为 95% 的置信区间为

$$\left(\overline{x}-\overline{y}\pm t_{\alpha/2}(n_1+n_2-2)s_w\sqrt{\frac{1}{n_1}+\frac{1}{n_2}}\right)=\left(7\pm2.086\times6.2726\times\sqrt{\frac{1}{10}+\frac{1}{12}}\right)$$
$$=(1.3985,12.6015).$$

四、13. **证明**　因为 $X \sim P(\lambda)$，所以 $E(\overline{X}) = E(X) = \lambda$，$E(S^2) = D(X) = \lambda$，故

$$E(\alpha \overline{X} + (1-\alpha)S^2) = \alpha E(\overline{X}) + (1-\alpha)E(S^2) = \alpha\lambda + (1-\alpha)\lambda = \lambda,$$

即 $\alpha \overline{X} + (1-\alpha)S^2$ 是 λ 的无偏估计量.

课后习题解答

习题 7-1

基础题

1. 设总体 $X \sim U(a, b)$，其中 a，b 未知，$X_1, X_2, \cdots, X_n$ 是来自总体的样本，求 a，b 的矩估计量.

解　总体的一阶原点矩和二阶原点矩分别为

$$\mu_1 = E(X) = \frac{a+b}{2},$$

$$\mu_2 = E(X^2) = D(X) + [E(X)]^2 = \frac{(b-a)^2}{12} + \left(\frac{a+b}{2}\right)^2 = \frac{b^2+a^2+ab}{3}.$$

根据矩法估计原理，令 $\begin{cases} \mu_1 = A_1, \\ \mu_2 = A_2, \end{cases}$ 即 $\begin{cases} \dfrac{a+b}{2} = A_1, \\ \dfrac{b^2+a^2+ab}{3} = A_2, \end{cases}$

解得 $\begin{cases} \hat{a} = A_1 - \sqrt{3A_2 - 3A_1^2} = \overline{X} - \sqrt{\dfrac{3}{n}\sum\limits_{i=1}^{n}(X_i - \overline{X})^2}, \\ \hat{b} = A_1 + \sqrt{3A_2 - 3A_1^2} = \overline{X} + \sqrt{\dfrac{3}{n}\sum\limits_{i=1}^{n}(X_i - \overline{X})^2}. \end{cases}$

2. 设总体 $X \sim B(m, p)$，$X_1, X_2, \cdots, X_n$ 是来自总体的样本，其中 m 已知，p 未知，求参数 p 的矩估计量和最大似然估计量.

解　总体的一阶原点矩 $\mu_1 = E(X) = mp$，根据矩法估计原理，令 $\mu_1 = A_1$，解得 $\hat{p} = \dfrac{A_1}{m} = \dfrac{\overline{X}}{m}$.

总体 X 的分布律为

$$p(x;\ p) = P(X = x) = C_m^x p^x (1-p)^{m-x} \quad (x = 0, 1, \cdots, m),$$

$$L(p) = \prod_{i=1}^{n} p(x_i;\ p) = \prod_{i=1}^{n} C_m^{x_i} p^{x_i} (1-p)^{m-x_i} = \left(\prod_{i=1}^{n} C_m^{x_i}\right) \cdot p^{\sum\limits_{i=1}^{n} x_i} (1-p)^{mn - \sum\limits_{i=1}^{n} x_i},$$

$$\ln L(p) = \ln \prod_{i=1}^{n} C_m^{x_i} + \sum_{i=1}^{n} x_i \cdot \ln p + \left(mn - \sum_{i=1}^{n} x_i\right) \ln(1-p).$$

令 $\dfrac{\mathrm{d}\ln L(p)}{\mathrm{d}p} = \dfrac{\sum\limits_{i=1}^{n} x_i}{p} - \dfrac{mn - \sum\limits_{i=1}^{n} x_i}{1-p} = 0$，解得 p 的最大似然估计量为 $\hat{p} = \dfrac{\overline{X}}{m}$.

3. 设 $X_1, X_2, \cdots, X_n$ 是来自总体 X 的样本, $x_1, x_2, \cdots, x_n$ 是样本观测值, 求下列总体 X 的概率密度中未知参数 θ 的矩估计量和最大似然估计量.

(1) $f(x; \theta) = \begin{cases} (\theta+1)x^{\theta}, & 0 < x < 1, \\ 0, & \text{其他} \end{cases}$ $(\theta > -1)$;

(2) $f(x; \theta) = \begin{cases} \sqrt{\theta} x^{\sqrt{\theta}-1}, & 0 < x < 1, \\ 0, & \text{其他} \end{cases}$ $(\theta > 0)$.

解 (1) 总体的一阶原点矩 $\mu_1 = E(X) = \int_0^1 (\theta+1)x^{\theta+1} \mathrm{d}x = \dfrac{\theta+1}{\theta+2}$. 根据矩法估计原理,

令 $\mu_1 = A_1$, 即 $\dfrac{\theta+1}{\theta+2} = A_1$, 解得 θ 的矩估计量为 $\hat{\theta} = \dfrac{2A_1 - 1}{1 - A_1} = \dfrac{2\overline{X} - 1}{1 - \overline{X}}$.

似然函数 $L(\theta) = \prod_{i=1}^{n} f(x_i; \theta) = \prod_{i=1}^{n} (\theta+1)x_i^{\theta} = (\theta+1)^n (x_1 x_2 \cdots x_n)^{\theta}$,

$$\ln L(\theta) = n\ln(\theta+1) + \theta\ln(x_1 x_2 \cdots x_n).$$

令 $\dfrac{\mathrm{d}\ln L(\theta)}{\mathrm{d}\theta} = \dfrac{n}{\theta+1} + \ln(x_1 x_2 \cdots x_n) = 0$, 解得 θ 的最大似然估计量为

$$\hat{\theta} = -\frac{n}{\ln(X_1 X_2 \cdots X_n)} - 1 = -\left(1 + \frac{n}{\sum\limits_{i=1}^{n} \ln X_i}\right).$$

(2) 总体的一阶原点矩 $\mu_1 = E(X) = \int_0^1 \sqrt{\theta} x^{\sqrt{\theta}} \mathrm{d}x = \dfrac{\sqrt{\theta}}{\sqrt{\theta}+1}$. 根据矩法估计原理, 令 $\mu_1 =$

A_1, 即 $\dfrac{\sqrt{\theta}}{\sqrt{\theta}+1} = A_1$, 解得 θ 的矩估计量为 $\hat{\theta} = \left(\dfrac{A_1}{1-A_1}\right)^2 = \left(\dfrac{\overline{X}}{1-\overline{X}}\right)^2$.

似然函数 $L(\theta) = \prod_{i=1}^{n} f(x_i; \theta) = \prod_{i=1}^{n} \sqrt{\theta} x_i^{\sqrt{\theta}-1} = \theta^{\frac{n}{2}} (x_1 x_2 \cdots x_n)^{\sqrt{\theta}-1}$,

$$\ln L(\theta) = \frac{n}{2}\ln\theta + (\sqrt{\theta}-1)\ln(x_1 x_2 \cdots x_n).$$

令 $\dfrac{\mathrm{d}\ln L(\theta)}{\mathrm{d}\theta} = \dfrac{n}{2\theta} + \dfrac{1}{2\sqrt{\theta}}\ln(x_1 x_2 \cdots x_n) = 0$, 解得 θ 的最大似然估计量为

$$\hat{\theta} = \left(\frac{n}{-\ln(X_1 X_2 \cdots X_n)}\right)^2 = \frac{n^2}{\left(\sum\limits_{i=1}^{n} \ln X_i\right)^2}.$$

4. 设总体 X 的概率密度为

$$f(x; \theta) = \begin{cases} \theta c^{\theta} x^{-(\theta+1)}, & x > c, \\ 0, & \text{其他}, \end{cases}$$

其中 $c > 0$ 为已知, $\theta > 1$ 为未知参数. 又设 $X_1, X_2, \cdots, X_n$ 是来自总体 X 的样本, $x_1, x_2, \cdots, x_n$ 是样本观测值, 求未知参数 θ 的矩估计量和最大似然估计量.

解 总体的一阶原点矩 $\mu_1 = E(X) = \int_c^{+\infty} \theta c^{\theta} x^{-\theta} \mathrm{d}x = \dfrac{\theta c}{\theta-1}$. 根据矩法估计原理, 令

$\mu_1 = A_1$，即 $\dfrac{\theta c}{\theta-1} = A_1$，解得 θ 的矩估计量为 $\hat{\theta} = \dfrac{A_1}{A_1-c} = \dfrac{\overline{X}}{\overline{X}-c}$．

似然函数 $L(\theta) = \prod\limits_{i=1}^{n} f(x_i;\theta) = \prod\limits_{i=1}^{n} \theta c^{\theta} x_i^{-(\theta+1)} = \theta^n c^{n\theta}(x_1 x_2 \cdots x_n)^{-(\theta+1)}$，

$$\ln L(\theta) = n\ln\theta + n\theta\ln c - (\theta+1)\ln(x_1 x_2 \cdots x_n).$$

令 $\dfrac{\mathrm{d}\ln L(\theta)}{\mathrm{d}\theta} = \dfrac{n}{\theta} + n\ln c - \ln(x_1 x_2 \cdots x_n) = 0$，解得 θ 的最大似然估计量为 $\hat{\theta} =$

$$\dfrac{n}{\sum\limits_{i=1}^{n}\ln X_i - n\ln c}.$$

5. 设总体 X 的概率密度为

$$f(x;\theta) = \begin{cases} 2e^{-2(x-\theta)}, & x > \theta, \\ 0, & \text{其他}, \end{cases}$$

其中 θ 为未知参数．又设 $X_1, X_2, \cdots, X_n$ 是来自总体 X 的样本，$x_1, x_2, \cdots, x_n$ 是样本观测值，求未知参数 θ 的矩估计量和最大似然估计量．

解　总体的一阶原点矩

$$\mu_1 = E(X) = \int_{\theta}^{+\infty} 2x e^{-2(x-\theta)} \mathrm{d}x = x[-e^{-2(x-\theta)}] \Big|_{\theta}^{+\infty} + \int_{\theta}^{+\infty} e^{-2(x-\theta)} \mathrm{d}x$$

$$= \theta - \frac{1}{2} e^{-2(x-\theta)} \Big|_{\theta}^{+\infty} = \theta + \frac{1}{2}.$$

令 $\mu_1 = \theta + \dfrac{1}{2} = A_1 = \overline{X}$，得 θ 的矩估计量 $\hat{\theta} = \overline{X} - \dfrac{1}{2}$．

似然函数

$$L(\theta) = \begin{cases} \prod\limits_{i=1}^{n} 2e^{-2(x_i-\theta)}, & x_i > \theta, \\ 0, & \text{其他} \end{cases} \quad (i=1,2,\cdots,n)$$

$$= \begin{cases} 2^n e^{-2(\sum\limits_{i=1}^{n} x_i - n\theta)}, & \theta \leqslant \min\limits_{1\leqslant i\leqslant n}\{x_i\}, \\ 0, & \text{其他}. \end{cases}$$

当 $L(\theta) \neq 0$ 时，对 $L(\theta)$ 取对数，得到 $\ln L(\theta) = n\ln 2 - 2(\sum\limits_{i=1}^{n} x_i - n\theta)$，求导，列方程 $\dfrac{\mathrm{d}\ln L(\theta)}{\mathrm{d}\theta} = 2n = 0$，这一方程无解，说明不能通过列方程求出 θ 的最大似然估计．

从似然函数表达式 $L(\theta) = 2^n e^{-2(\sum\limits_{i=1}^{n} x_i - n\theta)}$ 可以看出，θ 越大，$L(\theta)$ 就越大，但此式成立的条件是 $\theta \leqslant \min\limits_{1\leqslant i\leqslant n}\{x_i\}$，在其他情况下有 $L(\theta) = 0$，所以只有当 $\theta \leqslant \min\limits_{1\leqslant i\leqslant n}\{x_i\} = X_{(1)}$ 时，似然函数 $L(\theta)$ 取到最大值，因此，根据最大似然估计的定义，θ 的最大似然估计量是 $\hat{\theta} = X_{(1)}$．

提高题

1. 设总体 X 的概率密度为

$$f(x) = \begin{cases} \lambda^2 x e^{-\lambda x}, & x > 0, \\ 0, & \text{其他}, \end{cases}$$

其中参数 $\lambda(\lambda > 0)$ 未知，$X_1, X_2, \cdots, X_n$ 是来自总体 X 的简单随机样本. 求：
(1) 参数 λ 的矩估计量；(2) 参数 λ 的最大似然估计量.

解 (1) $E(X) = \int_0^{+\infty} \lambda^2 x^2 e^{-\lambda x} dx = \frac{1}{\lambda} \int_0^{+\infty} (\lambda x)^2 e^{-\lambda x} d(\lambda x) = \frac{2}{\lambda}$.

令 $E(X) = \overline{X}$，即 $\frac{2}{\lambda} = \overline{X}$，由此解得 λ 的矩估计量为 $\hat{\lambda} = \frac{2}{\overline{X}}$.

(2) 样本 $X_1, X_2, \cdots, X_n$ 的观察值记为 $x_1, x_2, \cdots, x_n$，则似然函数为

$$L(\lambda) = \prod_{i=1}^n \lambda^2 x_i e^{-\lambda x_i} = \lambda^{2n} \prod_{i=1}^n x_i e^{-\lambda \sum_{i=1}^n x_i}, \quad \ln L(\lambda) = \sum_{i=1}^n \ln x_i + 2n \ln \lambda - \lambda \sum_{i=1}^n x_i.$$

令 $\dfrac{d\ln L(\lambda)}{d\lambda} = \dfrac{2n}{\lambda} - \sum_{i=1}^n x_i = 0$，得 $\lambda = \dfrac{2n}{\sum\limits_{i=1}^n x_i} = \dfrac{2}{\overline{x}}$，则 λ 的最大似然估计量 $\hat{\lambda} = \dfrac{2n}{\sum\limits_{i=1}^n X_i} = \dfrac{2}{\overline{X}}$.

2. 在一袋内放有很多的白球和黑球，已知两种球数目之比为 1∶3，但不知道哪一种颜色的球多. 现从中有放回地抽取 3 次，试求黑球所占比例的极大似然估计.

解 设 X 表示 3 次抽球中黑色出现的次数，θ 表示黑球所占比例，由题意 $\theta = \dfrac{1}{4}$ 或 $\dfrac{3}{4}$，则似然函数

$$L(\theta) = P(X = x) = C_3^x \theta^x (1-\theta)^{3-x}, \quad x = 0, 1, 2, 3.$$

将 θ 值代入，得

$$L\left(\frac{1}{4}\right) = C_3^x \left(\frac{1}{4}\right)^x \left(\frac{3}{4}\right)^{3-x}, \quad L\left(\frac{3}{4}\right) = C_3^x \left(\frac{3}{4}\right)^x \left(\frac{1}{4}\right)^{3-x}.$$

将 X 的可能取值代入，其结果见下表：

X	0	1	2	3
$L\left(\dfrac{1}{4}\right)$	$\dfrac{27}{64}$	$\dfrac{27}{64}$	$\dfrac{9}{64}$	$\dfrac{1}{64}$
$L\left(\dfrac{3}{4}\right)$	$\dfrac{1}{64}$	$\dfrac{9}{64}$	$\dfrac{27}{64}$	$\dfrac{27}{64}$

因此，θ 的极大似然估计值为

$$\hat{\theta}(X) = \begin{cases} \dfrac{1}{4}, & X = 0, 1, \\ \dfrac{3}{4}, & X = 2, 3. \end{cases}$$

3. 设随机变量 X 和 Y 相互独立且分别服从正态分布 $N(\mu, \sigma^2)$ 与 $N(\mu, 2\sigma^2)$，其中 σ 是未知参数且 $\sigma > 0$，设 $Z = X - Y$.

（1）求 Z 的概率密度 $f(z, \sigma^2)$；

（2）设 $z_1, z_2, \cdots, z_n$ 为来自总体 Z 的简单随机样本，求 σ^2 的最大似然估计.

解　（1）因为 $X \sim N(\mu, \sigma^2), Y \sim N(\mu, 2\sigma^2)$，且 X 和 Y 相互独立，则 $Z = X - Y \sim N(0, 5\sigma^2)$，所以，$Z$ 的概率密度函数为

$$f(z, \sigma^2) = \frac{1}{\sqrt{10\pi}\,\sigma} e^{-\frac{z^2}{10\sigma^2}} \quad (-\infty < z < +\infty).$$

（2）似然函数

$$L(\sigma^2) = \prod_{i=1}^{n} f(z_i, \sigma^2) = \frac{1}{(10\pi)^{\frac{n}{2}} (\sigma^2)^{\frac{n}{2}}} e^{-\frac{1}{10\sigma^2}\sum_{i=1}^{n} z_i^2} = (10\pi)^{-\frac{n}{2}} (\sigma^2)^{-\frac{n}{2}} e^{-\frac{1}{10\sigma^2}\sum_{i=1}^{n} z_i^2},$$

$$\ln L(\sigma^2) = -\frac{n}{2}\ln(10\pi) - \frac{n}{2}\ln(\sigma^2) - \frac{1}{10\sigma^2}\sum_{i=1}^{n} z_i^2.$$

令 $\dfrac{\mathrm{d}L(\sigma^2)}{\mathrm{d}\sigma^2} = -\dfrac{n}{2\sigma^2} + \dfrac{1}{10(\sigma^2)^2}\sum_{i=1}^{n} z_i^2 = 0$，求得最大似然估计值为 $\widehat{\sigma^2} = \dfrac{1}{5n}\sum_{i=1}^{n} z_i^2$，最大似然估计量为 $\widehat{\sigma^2} = \dfrac{1}{5n}\sum_{i=1}^{n} Z_i^2$.

4. 某工程师为了解一台天平的精度，用该天平对一物体的质量做 n 次测量，该物体的质量 μ 是已知的，设 n 次测量结果 $X_1, X_2, \cdots, X_n$ 相互独立，且均服从正态分布 $N(\mu, \sigma^2)$，该工程师记录的是 n 次测量的绝对误差 $Z_i = |X_i - \mu|\,(i = 1, 2, \cdots, n)$，利用 $Z_1, Z_2, \cdots, Z_n$ 估计 σ.（Ⅰ）求 Z_i 的概率密度；（Ⅱ）利用一阶矩求 σ 的矩估计量；（Ⅲ）求 σ 的最大似然估计量.

解　（Ⅰ）因为 $X_i \sim N(\mu, \sigma^2)$，所以 $Y_i = X_i - \mu \sim N(0, \sigma^2)$，对应的概率密度为 $f_Y(y) = \dfrac{1}{\sqrt{2\pi}\,\sigma} e^{-\frac{y^2}{2\sigma^2}}$，设 Z_i 的分布函数为 $F(z)$，对应的概率密度为 $f(z)$；

当 $z < 0$ 时，$F(z) = 0$；

当 $z \geqslant 0$ 时，有

$$F(z) = P(Z_i \leqslant z) = P(|Y_i| \leqslant z) = P(-z \leqslant Y_i \leqslant z) = \int_{-z}^{z} \frac{1}{\sqrt{2\pi}\,\sigma} e^{-\frac{y^2}{2\sigma^2}} \mathrm{d}y;$$

则 Z_i 的概率密度为

$$f(z) = F'(z) = \begin{cases} \dfrac{2}{\sqrt{2\pi}\,\sigma} e^{-\frac{z^2}{2\sigma^2}}, & z > 0, \\ 0, & z \leqslant 0. \end{cases}$$

（Ⅱ）因为 $E(Z_i) = \int_{0}^{+\infty} z \dfrac{2}{\sqrt{2\pi}\,\sigma} e^{-\frac{z^2}{2\sigma^2}} \mathrm{d}z = \dfrac{2\sigma}{\sqrt{2\pi}}$，所以 $\sigma = \sqrt{\dfrac{\pi}{2}} E(Z_i)$，从而 σ 的矩估计量为 $\hat{\sigma} = \sqrt{\dfrac{\pi}{2}} \dfrac{1}{n}\sum_{i=1}^{n} Z_i = \sqrt{\dfrac{\pi}{2}} \overline{Z}$.

（Ⅲ）由题可知对应的似然函数为 $L(z_1,z_2,\cdots,z_n,\sigma)=\prod\limits_{i=1}^{n}\sqrt{\dfrac{2}{\pi}}\dfrac{1}{\sigma}\mathrm{e}^{-\frac{z_i^2}{2\sigma^2}}$,

取对数得 $\ln L=\sum\limits_{i=1}^{n}\left(\ln\sqrt{\dfrac{\pi}{2}}-\ln\sigma-\dfrac{z_i^2}{2\sigma^2}\right)$, 所以 $\dfrac{\mathrm{d}\ln L(\sigma)}{d\sigma}=\sum\limits_{i=1}^{n}\left(-\dfrac{1}{\sigma}+\dfrac{z_i^2}{\sigma^3}\right)$.

令 $\dfrac{\mathrm{d}\ln L(\sigma)}{\mathrm{d}\sigma}=0$, 得 $\sigma=\sqrt{\dfrac{1}{n}\sum\limits_{i=1}^{n}z_i^2}$, 所以 σ 的最大似然估计量为 $\hat{\sigma}=\sqrt{\dfrac{1}{n}\sum\limits_{i=1}^{n}Z_i^2}$.

习题 7-2

基础题

1. 设 $X_1,X_2,\cdots,X_n$ 是来自总体 X 的样本, 且 $E(X)=\mu,a_1,a_2,\cdots,a_n$ 是任意一组常数, 当 $\sum\limits_{i=1}^{n}a_i=1$ 时, 证明 $\sum\limits_{i=1}^{n}a_iX_i$ 是 μ 的无偏估计量.

解 因为 $X_1,X_2,\cdots,X_n$ 是来自总体 X 的样本, 所以 $X_1,X_2,\cdots,X_n$ 与 X 独立同分布, 故 $E(X_i)=\mu(i=1,2,\cdots,n)$.

当 $\sum\limits_{i=1}^{n}a_i=1$ 时, $E\left(\sum\limits_{i=1}^{n}a_iX_i\right)=\sum\limits_{i=1}^{n}a_iE(X_i)=\sum\limits_{i=1}^{n}a_i\mu=\mu\left(\sum\limits_{i=1}^{n}a_i\right)=\mu$, 故 $\sum\limits_{i=1}^{n}a_iX_i$ 是 μ 的无偏估计量.

2. 设 X_1,X_2,X_3,X_4 是取自正态总体 $N(\mu,\sigma^2)$ 的样本, 试证下列统计量都是总体均值 μ 的无偏估计量, 并指出在总体方差存在的情况下哪一个估计量的有效性最差.

$$\hat{\mu}_1=\frac{1}{3}X_1+\frac{1}{3}X_2+\frac{1}{6}X_3+\frac{1}{6}X_4, \quad \hat{\mu}_2=\frac{1}{4}X_1+\frac{1}{4}X_2+\frac{1}{4}X_3+\frac{1}{4}X_4,$$

$$\hat{\mu}_3=\frac{1}{5}X_1+\frac{1}{5}X_2+\frac{1}{5}X_3+\frac{2}{5}X_4.$$

解 因为 $E(\hat{\mu}_1)=\dfrac{1}{3}E(X_1)+\dfrac{1}{3}E(X_2)+\dfrac{1}{6}E(X_3)+\dfrac{1}{6}E(X_4)=\mu$,

$$E(\hat{\mu}_2)=\frac{1}{4}E(X_1)+\frac{1}{4}E(X_2)+\frac{1}{4}E(X_3)+\frac{1}{4}E(X_4)=\mu,$$

$$E(\hat{\mu}_3)=\frac{1}{5}E(X_1)+\frac{1}{5}E(X_2)+\frac{1}{5}E(X_3)+\frac{2}{5}E(X_4)=\mu,$$

所以 $\hat{\mu}_1,\hat{\mu}_2,\hat{\mu}_3$ 都是 μ 的无偏估计量.

又因为

$$D(\hat{\mu}_1)=\frac{1}{9}D(X_1)+\frac{1}{9}D(X_2)+\frac{1}{36}D(X_3)+\frac{1}{36}D(X_4)=\frac{5}{18}\sigma^2,$$

$$D(\hat{\mu}_2)=\frac{1}{16}D(X_1)+\frac{1}{16}D(X_2)+\frac{1}{16}D(X_3)+\frac{1}{16}D(X_4)=\frac{1}{4}\sigma^2,$$

$$D(\hat{\mu}_3)=\frac{1}{25}D(X_1)+\frac{1}{25}D(X_2)+\frac{1}{25}D(X_3)+\frac{4}{25}D(X_4)=\frac{7}{25}\sigma^2,$$

$D(\hat{\mu}_3)$ 最大, 所以 $\hat{\mu}_3$ 的有效性最差.

3. 设总体服从参数为 λ 的泊松分布, 其中 λ 未知, $X_1,X_2,\cdots,X_n$ 是来自总体的样本, 求 λ 的最大似然估计量 $\hat{\lambda}$, 并验证 $\hat{\lambda}$ 是 λ 的无偏估计量.

解　X 的分布律为 $P(x;\lambda)=\dfrac{\lambda^{x}\mathrm{e}^{-\lambda}}{x!}(x=0,1,2,\cdots)$，

$$L(\lambda)=\prod_{i=1}^{n}P(x_{i};\lambda)=\prod_{i=1}^{n}\frac{\lambda^{x_{i}}\mathrm{e}^{-\lambda}}{x_{i}!}=\frac{\lambda^{\sum\limits_{i=1}^{n}x_{i}}\cdot\mathrm{e}^{-\lambda n}}{\prod\limits_{i=1}^{n}x_{i}!},$$

$$\ln L(\lambda)=\sum_{i=1}^{n}x_{i}\cdot\ln\lambda-\lambda n-\ln\prod_{i=1}^{n}x_{i}!.$$

令 $\dfrac{\mathrm{d}\ln L(\lambda)}{\mathrm{d}\lambda}=\dfrac{\sum\limits_{i=1}^{n}x_{i}}{\lambda}-n=0$，解得 λ 的最大似然估计量为 $\hat{\lambda}=\overline{X}$.

$E(X)=\lambda,E(X_{i})=\lambda,(i=1,2,\cdots,n)$，而

$$E(\hat{\lambda})=E(\overline{X})=E\left(\frac{1}{n}\sum_{i=1}^{n}X_{i}\right)=\frac{1}{n}\sum_{i=1}^{n}E(X_{i})=\lambda,$$

即 $\hat{\lambda}$ 是 λ 的无偏估计量.

4. 设 $\hat{\theta}$ 是参数 θ 的无偏估计量，且有 $D(\hat{\theta})>0$，试证 $(\hat{\theta})^{2}$ 不是 θ^{2} 的无偏估计量.

解　因为 $\hat{\theta}$ 是 θ 的无偏估计量，所以 $E(\hat{\theta})=\theta$.

又因为 $E(\hat{\theta}^{2})=D(\hat{\theta})+[E(\hat{\theta})]^{2}=D(\hat{\theta})+\theta^{2}>\theta^{2}$，所以 $(\hat{\theta})^{2}$ 不是 θ^{2} 的无偏估计量.

提高题

1. 设 $X_{1},X_{2},\cdots,X_{n}$ 为来自二项分布总体 $B(n,p)$ 的简单随机样本，$\overline{X}$ 和 S^{2} 分别为样本均值和样本方差. 若 $\overline{X}+kS^{2}$ 为 np^{2} 的无偏估计量，则 $k=$_____.

答案　-1

解　设总体为 X，依题意，$E(X)=np,D(X)=np(1-p),E(\overline{X})=E(X)=np$.

因 S^{2} 是总体方差的无偏估计量，所以 $E(S^{2})=D(X)=np(1-p)$.

若 $\overline{X}+kS^{2}$ 为 np^{2} 的无偏估计量，即

$$E(\overline{X}+kS^{2})=E(\overline{X})+kE(S^{2})=np+knp(1-p)=np^{2},$$

则有 $k=-1$.

2. 设 $X_{1},X_{2},\cdots,X_{n}$ 是总体为 $N(\mu,\sigma^{2})$ 的简单随机样本，记 $\overline{X}=\dfrac{1}{n}\sum\limits_{i=1}^{n}X_{i},S^{2}=\dfrac{1}{n-1}\sum\limits_{i=1}^{n}(X_{i}-\overline{X})^{2},T=\overline{X}^{2}-\dfrac{1}{n}S^{2}$.

(1)证明 T 是 μ^{2} 的无偏估计量；(2)当 $\mu=0,\sigma=1$ 时，求 $D(T)$.

证明　(1) 由题设有 $E(T)=E\left(\overline{X}^{2}-\dfrac{1}{n}S^{2}\right)=E(\overline{X})^{2}-E\left(\dfrac{1}{n}S^{2}\right)$

$$=E(\overline{X}^{2})-\frac{1}{n}E(S^{2})=E(\overline{X}^{2})-\frac{\sigma^{2}}{n}.$$

又 $X \sim N(\mu, \sigma^2)$，则 $\overline{X} \sim N\left(\mu, \dfrac{\sigma^2}{n}\right)$，从而

$$E(\overline{X}^2) = D(\overline{X}) + (E(\overline{X}))^2 = \frac{\sigma^2}{n} + \mu^2,$$

则 $E(T) = E(\overline{X}^2) - \dfrac{\sigma^2}{n} = \dfrac{\sigma^2}{n} + \mu^2 - \dfrac{\sigma^2}{n} = \mu^2$，故知 T 是 μ^2 的无偏估计量.

解 (2) 因为 $\mu = 0, \sigma = 1$，所以 $E(T) = \mu^2 = 0$，故 $\overline{X} \sim N\left(0, \dfrac{1}{n}\right)$.

又 $T = \overline{X}^2 - \dfrac{1}{n}S^2$，则

$$D(T) = E(T^2) - (E(T))^2 = E\left(\overline{X}^4 - \frac{2}{n}\overline{X}^2 S^2 + \frac{1}{n^2}S^4\right).$$

而 $Y = \dfrac{\overline{X}}{1/\sqrt{n}} \sim N(0,1)$，故

$$E(Y^4) = \int_{-\infty}^{+\infty} \frac{y^4}{\sqrt{2\pi}} e^{-\frac{y^2}{2}} dy = -\frac{y^3}{\sqrt{2\pi}} e^{-\frac{y^2}{2}}\Big|_{-\infty}^{+\infty} + \int_{-\infty}^{+\infty} \frac{3y^2}{\sqrt{2\pi}} e^{-\frac{y^2}{2}} dy = 3E(Y^2) = 3，则$$

$E(\overline{X}^4) = E\left(\dfrac{1}{n}Y\right)^4 = \dfrac{3}{n^2}$，且 $E(\overline{X}^2 S^2) = E(\overline{X}^2) \cdot E(S^2) = [D(\overline{X}) + E(\overline{X})^2] \cdot 1 = \dfrac{1}{n} + 0 = \dfrac{1}{n}$.

又 $\dfrac{(n-1)S^2}{\sigma^2} = (n-1)S^2 \sim \chi^2(n-1)$，则

$$D[(n-1)S^2] = 2(n-1), \quad 故 \quad D(S^2) = \frac{2}{n-1},$$

从而有

$$E(S^4) = D(S^2) + (E(S^2))^2 = \frac{2}{n-1} + 1 = \frac{n+1}{n-1},$$

故 $D(T) = E\left(\overline{X}^4 - \dfrac{2}{n}\overline{X}^2 S^2 + \dfrac{1}{n^2}S^2\right) = E(\overline{X}^4) - \dfrac{2}{n}E(\overline{X}^2 S^2) + \dfrac{1}{n^2}E(S^4)$

$$= \frac{3}{n^2} - \frac{2}{n} \cdot \frac{1}{n} + \frac{1}{n^2} \cdot \frac{n+1}{n-1} = \frac{2}{n(n-1)}.$$

3. 设 β_1, β_2 是参数 θ 的两个相互独立的无偏估计量，且 $D(\beta_1) = 2D(\beta_2)$. 试求出常数 k_1, k_2 使 $k_1\beta_1 + k_2\beta_2$ 也是 θ 的无偏估计量，且使它在所有这种形式的估计量中方差最小.

解 为使 $k_1\beta_1 + k_2\beta_2$ 也是 θ 的无偏估计量，应有

$$E(k_1\beta_1 + k_2\beta_2) = k_1 E(\beta_1) + k_2 E(\beta_2) = k_1\theta + k_2\theta = (k_1 + k_2)\theta = \theta,$$

因而

$$k_1 + k_2 = 1. \tag{$*$}$$

又

$$D(k_1\beta_1 + k_2\beta_2) = k_1^2 D(\beta_1) + k_2^2 D(\beta_2) = 2k_1^2 D(\beta_2) + k_2^2 D(\beta_2) = (2k_1^2 + k_2^2)D(\beta_2).$$

为使所有形如 $k_1\beta_2 + k_2\beta_2$ 的无偏估计量中的方差最小，需求 k_1 与 k_2，除满足式 $(*)$ 外，还

应使 $2k_1^2 + k_2^2$ 最小,即归结为在条件 $k_1 + k_2 = 1$ 下求函数 $y = 2k_1^2 + k_2^2$ 的最小值.用拉格朗日乘数法求之.

令 $F = 2k_1^2 + k_2^2 + \lambda(k_1 + k_2 - 1)$,由

$$\frac{\partial F}{\partial k_1} = 4k_1 + \lambda = 0, \quad \frac{\partial F}{\partial k_2} = 2k_2 + \lambda = 0, \quad \frac{\partial F}{\partial \lambda} = k_1 + k_2 - 1 = 0,$$

解得 $\lambda = -4k_1 = -2k_2$,即 $k_1 = \dfrac{k_2}{2}$.因而 $\dfrac{k_2}{2} + k_2 - 1 = 0$,则 $k_2 = \dfrac{2}{3}$,$k_1 = \dfrac{1}{3}$.

习题 7-3

基础题

1. 已知某炼铁厂的铁水含碳量在正常生产情况下服从正态分布,其方差 $\sigma^2 = 0.108^2$,现在测定了 9 炉铁水,其平均含碳量为 4.484,按此资料计算该厂铁水平均含碳量的置信水平为 0.95 的置信区间.

解 $1 - \alpha = 0.95$,则 $\alpha = 0.05$.已知 $\bar{x} = 4.484$,$u_{0.025} = 1.96$,所以该厂铁水平均含碳量的置信水平为 0.95 的置信区间为

$$\left(4.484 - \frac{0.108}{\sqrt{9}} \times 1.96, 4.484 + \frac{0.108}{\sqrt{9}} \times 1.96\right) = (4.4134, 4.5546).$$

2. 一个车间生产滚珠,从某天的产品里随机抽取 5 个,量得直径(单位:mm)如下:

14.6 15.1 14.9 15.2 15.1

如果知道该天产品直径的方差是 0.05,试找出平均直径的置信区间($\alpha = 0.05$).

解 已知 $\alpha = 0.05$,$\sigma^2 = 0.05$,则 $u_{0.025} = 1.96$,而

$$\bar{x} = (14.6 + 15.1 + 14.9 + 15.2 + 15.1)/5 = 14.98,$$

所以平均直径置信水平为 0.95 的置信区间为

$$\left(14.98 - \frac{\sqrt{0.05}}{\sqrt{5}} \times 1.96, 14.98 + \frac{\sqrt{0.05}}{\sqrt{5}} \times 1.96\right) = (14.784, 15.176).$$

3. 设某种电子管的使用寿命服从正态分布.从中随机抽取 15 个进行检验,得平均使用寿命为 1950h,标准差 s 为 300h.求这批电子管平均寿命的置信水平为 0.95 的置信区间.

解 由 $1 - \alpha = 0.95$,得 $\alpha = 0.05$.而 $\bar{x} = 1950$,$s = 300$,$t_{0.025}(14) = 2.1448$,所以这批电子管平均寿命的置信水平为 0.95 的置信区间为

$$\left(1950 - \frac{300}{\sqrt{15}} \times 2.1448, 1950 + \frac{300}{\sqrt{15}} \times 2.1448\right) = (1784, 2116).$$

4. 人的身高服从正态分布,从初一女生中随机抽取 6 名,测得身高(单位:cm)如下:

149 158.5 152.5 165 157 142

求初一女生平均身高的置信区间($\alpha = 0.05$).

解 经计算

$$\bar{x} = (149 + 158.5 + 152.5 + 165 + 157 + 142)/6 = 154, \quad s = 8.01873,$$

查教材中附表 4 得 $t_{0.025}(5) = 2.5706$,所以所求置信区间为

$$\left(154 - \frac{8.01873}{\sqrt{6}} \times 2.5706, 154 + \frac{8.01873}{\sqrt{6}} \times 2.5706\right) = (145.58, 162.42).$$

5. 随机地取某种炮弹 9 发作试验，得炮口速度的样本标准差 s 为 $11(\text{m/s})$.设炮口速度服从正态分布 $N(\mu,\sigma^2)$.求这种炮弹的炮口速度的标准差 σ 的置信水平为 0.95 的置信区间.

解 因为 $1-\alpha=0.95$，所以 $\alpha=0.05$，进而可得 $\chi^2_{0.025}(8)=17.535$，$\chi^2_{0.975}(8)=2.180$.

又 $s=11$，故 σ 的置信水平为 0.95 的置信区间 $\left(\sqrt{\dfrac{8\times11^2}{17.535}},\sqrt{\dfrac{8\times11^2}{2.180}}\right)=(7.43,21.07)$.

6. 有一批糖果，现从中随机地取 16 袋，称得重量（单位：克）如下：

506　508　499　503　504　510　497　512

514　505　493　496　506　502　509　496

设袋装糖果的重量近似地服从正态分布 $N(\mu,\sigma^2)$.

(1) 若 $\sigma^2=1$，试求总体均值 μ 的置信水平为 0.95 的置信区间.

(2) 若 σ^2 未知，试求总体均值 μ 的置信水平为 0.95 的置信区间.

(3) 求总体标准差 σ 的置信水平为 0.95 的置信区间.

解 $\bar{x}=503.75$，$s=6.20215$，$1-\alpha=0.95$，$\alpha=0.05$.

(1) 因 $u_{0.025}=1.96$，所以 μ 的置信水平为 0.95 的置信区间为

$$\left(503.75-\frac{1}{\sqrt{16}}\times1.96,503.75+\frac{1}{\sqrt{16}}\times1.96\right)=(503.26,504.24).$$

(2) 因 $t_{0.025}(15)=2.1315$，所以 μ 的置信水平为 0.95 的置信区间为

$$\left(503.75-\frac{6.20215}{\sqrt{16}}\times2.1315,503.75+\frac{6.20215}{\sqrt{16}}\times2.1315\right)=(500.4,507.1).$$

(3) 因 $\chi^2_{0.025}(15)=27.488$，$\chi^2_{0.975}(15)=6.262$，所以 σ 的置信水平为 0.95 的置信区间为

$$\left(\sqrt{\frac{15\times6.20215^2}{27.488}},\sqrt{\frac{15\times6.20215^2}{6.262}}\right)=(4.58,9.60).$$

7. 从一批灯泡中随机地取 5 只做寿命测试，测得寿命（单位：h）为

1050　　1100　　1120　　1250　　1280

设灯泡寿命服从正态分布，求灯泡寿命平均值的置信水平为 0.95 的单侧置信下限.

解 由 $1-\alpha=0.95$ 得 $\alpha=0.05$，故 $t_{0.05}(4)=2.1318$，$\bar{x}=1160$，$s=99.75$，所以灯泡寿命平均值的置信水平为 0.95 的单侧置信下限为

$$\underline{\mu}=1160-\frac{99.75}{\sqrt{5}}\times2.1318=1069.$$

8. 2003 年在某地区分行业调查职工平均工资情况（单位：元）.已知体育、卫生、社会福利事业工资 $X\sim N(\mu_1,218^2)$；文教、艺术、广播事业职工工资 $Y\sim N(\mu_2,227^2)$，从总体 X 中调查 25 人，平均工资为 1286 元，从总体 Y 中调查 30 人，平均工资为 1272 元.求这两行业职工平均工资之差的置信水平为 99% 的置信区间.

解 由 $1-\alpha=0.99$ 得 $\alpha=0.01$，进而

$$u_{0.005}=2.575,\quad \bar{x}=1286,\quad n_1=25,\quad \bar{y}=1272,\quad n_2=30,\quad \sigma_1=218,\quad \sigma_2=227,$$

所以 $\mu_1-\mu_2$ 的置信水平为 99% 的置信区间为

$$\left(1286 - 1272 - 2.575 \times \sqrt{\frac{218^2}{25} + \frac{227^2}{30}}, 1286 - 1272 + 2.575 \times \sqrt{\frac{218^2}{25} + \frac{227^2}{30}}\right)$$

$$= (-140.8985, 168.8985).$$

9. 为比较甲、乙两种型号子弹的枪口速度(单位: cm/s),随机地抽取甲型子弹 10 发,得到枪口速度的平均值为 $\overline{x_1} = 500$,标准差 $s_1 = 1.10$,随机抽取乙型子弹 20 发,得到枪口速度的平均值为 $\overline{x_2} = 496$,标准差 $s_2 = 1.20$,假设两总体可认为分别近似地服从正态分布 $X \sim N(\mu_1, \sigma_1^2)$,$Y \sim N(\mu_2, \sigma_2^2)$,且由生产过程可认为方差相等,求两总体均值差 $\mu_1 - \mu_2$ 的置信水平为 0.95 的置信区间.

解 因为 $1 - \alpha = 0.95$,所以 $\alpha = 0.05$,进而 $t_{0.025}(28) = 2.0484$,

$$\overline{x_1} = 500, s_1 = 1.1, n_1 = 10; \quad \overline{x_2} = 496, s_2 = 1.2, \quad n_2 = 20,$$

$$s_w = \sqrt{\frac{(n_1 - 1)s_1^2 + (n_2 - 1)s_2^2}{n_1 + n_2 - 2}} = \sqrt{\frac{9 \times 1.1^2 + 19 \times 1.2^2}{10 + 20 - 2}} = 1.1688,$$

故 $\mu_1 - \mu_2$ 的置信水平为 0.95 的置信区间为

$$\left(500 - 496 \pm 2.048 \times 1.1688 \sqrt{\frac{1}{10} + \frac{1}{20}}\right) = (3.0727, 4.9273).$$

10. 某自动机床加工同类型套筒,假设套筒的直径服从正态分布(单位: mm),从两个班次的产品中各抽验 5 个套筒,测得它们的直径,得如下数据:

A班: 2.066   2.063   2.068   2.060   2.067
B班: 2.058   2.057   2.063   2.059   2.060

试求两班所加工的套筒直径的方差比 σ_1^2 / σ_2^2 的置信水平为 0.90 的置信区间和均值差 $\mu_1 - \mu_2$ 的置信水平为 0.95 的置信区间.

解 由 $1 - \alpha = 0.9$ 得 $\alpha = 0.1$,$n_1 = n_2 = 5$,$\overline{x_1} = 2.0648$,$s_1 = 0.003271$,$\overline{x_2} = 2.0594$,$s_2 = 0.002302$,而

$$F_{0.05}(4,4) = 6.39, \quad F_{0.95}(4,4) = \frac{1}{F_{0.05}(4,4)} = \frac{1}{6.39}, \quad t_{0.025}(8) = 2.306,$$

$$s_w = \sqrt{\frac{(n_1 - 1)s_1^2 + (n_2 - 1)s_2^2}{n_1 + n_2 - 2}} = \sqrt{\frac{4 \times 0.003271^2 + 4 \times 0.002302^2}{8}} = 0.0028,$$

所以 σ_1^2 / σ_2^2 的置信水平为 0.90 的置信区间为

$$\left(\frac{0.003271^2}{0.002302^2} \times \frac{1}{6.39}, \frac{0.003271^2}{0.002302^2} \times 6.39\right) = (0.3160, 12.9018).$$

$\mu_1 - \mu_2$ 的置信水平为 0.95 的置信区间为

$$\left(2.0648 - 2.0594 \pm 2.306 \times 0.0028 \sqrt{\frac{1}{5} + \frac{1}{5}}\right) = (0.0013, 0.0095).$$

提高题

1. 设 $X_1, X_2, \cdots, X_n$ 为来自总体 $N(\mu, \sigma^2)$ 的简单随机样本,样本均值 $\overline{x} = 9.5$,参数 μ 的置信度为 0.95,双侧置信区间的置信上限为 10.8,则 μ 的置信度为 0.95 的双侧置信区间为(   ).

答案 (8.2,10.8).

解 当方差 σ^2 已知时,总体均值 μ 的置信水平为 $1-\alpha$ 的置信区间为

$$\left(\bar{x}-\frac{\sigma}{\sqrt{n}}u_{\alpha/2},\bar{x}+\frac{\sigma}{\sqrt{n}}u_{\alpha/2}\right),$$

所以,置信上限为 $\bar{x}+\frac{\sigma}{\sqrt{n}}u_{\alpha/2}=10.8$,即 $\frac{\sigma}{\sqrt{n}}u_{\alpha/2}=1.3$,于是置信下限 $\bar{x}-\frac{\sigma}{\sqrt{n}}u_{\alpha/2}=9.5-1.3=$ 8.2,双侧置信区间为(8.2,10.8).

2. 设随机变量 X 服从正态分布 $N(\mu,8)$,μ 未知,现有 X 的 10 个观察值 $x_1,x_2,\cdots,x_{10}$,已知 $\bar{x}=\frac{1}{10}\sum\limits_{i=1}^{10}x_i=1500$.

(1) 求 μ 的置信度为 0.95 的置信区间及其长度;

(2) 要想使 0.95 的置信区间长度不超过 1,观察值个数 n 最少应取多少?

(3) 如果 $n=100$,那么区间 $(\bar{x}-1,\bar{x}+1)$ 作为 μ 的置信区间时,置信度是多少?

解 (1) 正态总体方差已知,利用 μ 的置信区间

$$\left(\bar{x}-\frac{\sigma}{\sqrt{n}}u_{\alpha/2},\bar{x}+\frac{\sigma}{\sqrt{n}}u_{\alpha/2}\right),\qquad\qquad ①$$

将 $\sigma=\sqrt{8}$,$n=10$,$\bar{x}=1500$,$u_{\alpha/2}=1.96$ 代入上式,得到置信区间(1498,1502),其长度 $L=1502-1498=104$(长度单位).

(2) 根据(1)中置信区间公式可知置信区间长度 $L=\frac{2\sigma}{\sqrt{n}}u_{\alpha/2}$. 由于 $u_{\alpha/2}=1.96$,$\sigma=\sqrt{8}$,$L=1$,依题意,解不等式 $\frac{2\sqrt{8}}{\sqrt{n}}\times1.96\leqslant1$ 得 $n\geqslant122.93$,因此观察值个数 n 最小应取 123.

(3) 如果置信区间 $(\bar{X}-1,\bar{X}+1)$,根据式①,应有 $\frac{\sigma}{\sqrt{n}}u_{\alpha/2}=1$. 将 $\sigma=\sqrt{8}$,$n=100$ 代入上式,解出 $u_{\alpha/2}=3.54$. 其置信度为

$$1-\alpha=P(|U|<3.54)=2\Phi(3.54)-1=0.9996.$$

$$P(\bar{X}-1<\mu<\bar{X}+1)=P(|\bar{X}-\mu|<1)=P\left(\left|\frac{\sqrt{100}}{\sqrt{8}}(\bar{X}-\mu)\right|<\frac{\sqrt{100}}{\sqrt{8}}\right)$$
$$=2\Phi(3.54)-1=0.9996.$$

3. A,B 两个地区种植同一种型号的小麦. 现抽取了 19 块面积相同的麦田,其中 9 块属于地区 A,另外 10 块属于地区 B,测得它们的小麦产量(单位:kg)如下表所示.

| 地区 A | 100 | 105 | 110 | 125 | 110 | 98 | 105 | 116 | 112 | — |
| 地区 B | 101 | 100 | 105 | 115 | 111 | 107 | 106 | 121 | 102 | 92 |

设地区 A 的小麦产量 $X\sim N(\mu_1,\sigma^2)$,地区 B 的小麦产量 $Y\sim N(\mu_2,\sigma^2)$,μ_1,μ_2,σ^2 均未知. 试求这两个地区小麦的平均产量之差 $\mu_1-\mu_2$ 的 90% 置信区间.

解 由题意 $1-\alpha=0.90$,$\frac{\alpha}{2}=0.05$,$n_1=9$,$n_2=10$. 查教材中附表 5 得 $t_{0.05}(10+9-2)=$

1.7396. 经计算 $\bar{x} = 109, \bar{y} = 106, s_1^2 = 550/8, s_2^2 = 606/9$. 于是

$$(\bar{x} - \bar{y}) - t_{\frac{\alpha}{2}}(n_1 + n_2 - 2) \cdot S_w \sqrt{\frac{1}{n_1} + \frac{1}{n_2}} = -3.59,$$

$$(\bar{x} - \bar{y}) + t_{\frac{\alpha}{2}}(n_1 + n_2 - 2) \cdot S_w \sqrt{\frac{1}{n_1} + \frac{1}{n_2}} = 9.59,$$

因此,所求 $\mu_1 - \mu_2$ 的置信水平为 90% 的置信区间为 $(-3.59, 9.59)$.

4. 某公司的管理人员为了考察新旧两种工艺生产的电炉质量,他们随机抽取的新工艺和旧工艺生产电炉的数量分别为 31 个和 25 个,测其温度,其样本方差分别为 $s_1^2 = 75, s_2^2 = 100$. 设新工艺生产电炉的温度 $X \sim N(\mu_1, \sigma_1^2)$,旧工艺生产电炉的温度 $Y \sim N(\mu_2, \sigma_2^2)$,试求 σ_1^2 / σ_2^2 的置信水平为 95% 的置信区间.

解　已知 $n_1 = 31, n_2 = 25, 1 - \alpha = 0.95, \frac{\alpha}{2} = 0.05, s_1^2 = 75, s_2^2 = 100$. 查教材中附表 7 得

$$F_{0.025}(30, 24) = 2.21, \quad F_{1-0.025}(30, 24) = \frac{1}{F_{0.025}(24, 30)} = 0.4673,$$

所以 σ_1^2 / σ_2^2 的置信水平为 95% 的置信区间为

$$\left(\frac{s_1^2}{s_2^2} \cdot \frac{1}{F_{0.025}(30, 24)}, \frac{s_1^2}{s_2^2} \cdot \frac{1}{F_{0.975}(30, 24)} \right) = (0.34, 1.61).$$

总复习题 7

1. 设 $X_1, X_2, \cdots, X_n$ 是来自总体 X 的样本,$x_1, x_2, \cdots, x_n$ 是样本观测值,总体 X 的概率密度为

$$f(x; \theta) = \begin{cases} \dfrac{x}{\theta^2} e^{-\frac{x^2}{2\theta^2}}, & x > 0, \\ 0, & x \leqslant 0. \end{cases}$$

求未知参数 θ 的矩估计量和最大似然估计量.

解　总体的一阶原点矩

$$\mu_1 = E(X) = \int_0^{+\infty} \frac{x^2}{\theta^2} e^{-\frac{x^2}{2\theta^2}} dx = -\int_0^{+\infty} x \, d e^{-\frac{x^2}{2\theta^2}}$$

$$= -\left[x e^{-\frac{x^2}{2\theta^2}} \Big|_0^{+\infty} - \int_0^{+\infty} e^{-\frac{x^2}{2\theta^2}} dx \right] = \int_0^{+\infty} e^{-\frac{\left(\frac{x}{\theta}\right)^2}{2}} dx = \theta \int_0^{+\infty} e^{-\frac{\left(\frac{x}{\theta}\right)^2}{2}} d \frac{x}{\theta} = \sqrt{\frac{\pi}{2}} \theta.$$

由矩法估计的原理,令 $\mu_1 = A_1$,即 $\sqrt{\frac{\pi}{2}} \theta = A_1$,所以 $\hat{\theta} = \sqrt{\frac{2}{\pi}} A_1 = \sqrt{\frac{2}{\pi}} \bar{X}$.

$$L(\theta) = \prod_{i=1}^{n} f(x_i; \theta) = \prod_{i=1}^{n} \frac{x_i}{\theta^2} e^{-\frac{x_i^2}{2\theta^2}} = \frac{\prod\limits_{i=1}^{n} x_i}{\theta^{2n}} e^{-\sum\limits_{i=1}^{n} \frac{x_i^2}{2\theta^2}},$$

$$\ln L(\theta) = \ln \prod_{i=1}^{n} f(x_i; \theta) = \ln \prod_{i=1}^{n} x_i - 2n \ln \theta - \sum_{i=1}^{n} \frac{x_i^2}{2\theta^2}$$

$$= \ln \prod_{i=1}^{n} x_i - 2n\ln\theta - \frac{\sum_{i=1}^{n} x_i^2}{2\theta^2}. \text{ 令 } \frac{\mathrm{d}\ln L(\theta)}{\mathrm{d}\theta} = -\frac{2n}{\theta} + \frac{\sum_{i=1}^{n} x_i^2}{\theta^3} = 0,$$

故 θ 的最大似然估计量为 $\hat{\theta} = \sqrt{\dfrac{\sum_{i=1}^{n} X_i^2}{2n}}$.

2. 设总体 X 的概率分布为

X	1	2	3
p_k	θ^2	$2\theta(1-\theta)$	$(1-\theta)^2$

其中 θ 是未知参数, 已知已取得样本值 $x_1 = 1, x_2 = 2, x_3 = 1, x_4 = 3, x_5 = 3$. 求参数 θ 的矩估计值和最大似然估计值.

解 总体的一阶原点矩 $\mu_1 = E(X) = 1 \cdot \theta^2 + 2 \cdot 2\theta(1-\theta) + 3 \cdot (1-\theta)^2 = 3 - 2\theta$.

由矩法估计的原理, 令 $\mu_1 = A_1$, 即 $3 - 2\theta = A_1 = \overline{X}$, 所以 $\hat{\theta} = \dfrac{3 - \overline{X}}{2}$.

又 $\overline{x} = (1 + 2 + 1 + 3 + 3)/5 = 2$, 所以, θ 的矩估计值 $\hat{\theta} = \dfrac{3-2}{2} = \dfrac{1}{2}$.

下面求 θ 的最大似然估计值. 似然函数

$$L(\theta) = \prod_{i=1}^{5} P(X_i = x_i)$$

$$= P(X_1 = 1)P(X_2 = 2)P(X_3 = 1)P(X_4 = 3)P(X_5 = 3)$$

$$= \theta^4 \cdot 2\theta(1-\theta) \cdot (1-\theta)^4 = 2[\theta(1-\theta)]^5.$$

为使 $L(\theta)$ 达到最大, 只需 $\theta(1-\theta)$ 达到最大.

又因为 $\theta(1-\theta) = -\theta^2 + \theta = -\left(\theta - \dfrac{1}{2}\right)^2 + \dfrac{1}{4} \leqslant \dfrac{1}{4}$, 等号在 $\theta - \dfrac{1}{2} = 0$, 即 $\theta = \dfrac{1}{2}$ 时取到,

故 θ 的最大似然估计值为 $\hat{\theta} = \dfrac{1}{2}$.

3. 设 $X_1, X_2, \cdots, X_n$ 是来自总体 X 的样本, $x_1, x_2, \cdots, x_n$ 是样本观测值, 总体 X 的概率密度为 $f(x; \theta) = \dfrac{1}{\theta}\mathrm{e}^{-\frac{x-\mu}{\theta}}, x > \mu, \theta > 0$, 其中 θ, μ 未知, 求未知参数 θ, μ 的最大似然估计量.

解 似然函数 $L(\mu, \theta) = \prod_{i=1}^{n} \dfrac{1}{\theta}\mathrm{e}^{-\frac{x_i - \mu}{\theta}} = \dfrac{1}{\theta^n}\mathrm{e}^{-\frac{1}{\theta}\sum_{i=1}^{n}(x_i - \mu)}, \quad x_i > \mu.$

上式两边取对数得 $\ln L(\mu, \theta) = -n\ln\theta - \dfrac{1}{\theta}\sum_{i=1}^{n}(x_i - \mu)$, 对 θ 求偏导并令其为 0 得

$$\frac{\partial \ln L(\mu, \theta)}{\partial \theta} = -\frac{n}{\theta} + \frac{1}{\theta^2}\sum_{i=1}^{n}(x_i - \mu) = 0, \text{ 解得 } \theta = \frac{1}{n}\sum_{i=1}^{n}(x_i - \mu).$$

而 $x_i > \mu$，所以 $\hat{\mu} = \min\limits_{1 \leqslant i \leqslant n}\{x_i\} = X_{(1)}$，$\hat{\theta} = \overline{X} - X_{(1)}$.

4. 设 $X_1, X_2, \cdots, X_n$ 是来自正态总体 $N(\mu, \sigma^2)$ 的样本，试适当选择 c，使 $S^2 = c \sum\limits_{i=1}^{n-1}(X_{i+1} - X_i)^2$ 是 σ^2 的无偏估计量.

解　因为 $X_1, X_2, \cdots, X_n$ 是来自总体 X 的样本，$E(X) = \mu$，$D(X) = \sigma^2$，所以
$$E(X_{i+1} - X_i) = 0, \quad D(X_{i+1} - X_i) = 2\sigma^2,$$
$$E[(X_{i+1} - X_i)^2] = D(X_{i+1} - X_i) + [E(X_{i+1} - X_i)]^2 = 2\sigma^2,$$
$$E(S^2) = E\left(c \sum_{i=1}^{n-1}(X_{i+1} - X_i)^2\right) = c \sum_{i=1}^{n-1} E(X_{i+1} - X_i)^2 = c \cdot 2(n-1)\sigma^2.$$

令 $E(S^2) = \sigma^2$，则有 $c \cdot 2(n-1)\sigma^2 = \sigma^2$，即 $c = \dfrac{1}{2(n-1)}$.

5. 设 $X_1, X_2, \cdots, X_n$ 是来自服从均匀分布 $U(0, \theta)$ 的总体 X 的样本. 令 $X_{(n)} = \max\limits_{1 \leqslant i \leqslant n}\{x_i\}$，$X_{(1)} = \min\limits_{1 \leqslant i \leqslant n}\{x_i\}$，证明 $\hat{\theta}_1 = \dfrac{n+1}{n} X_{(n)}$，$\hat{\theta}_2 = (n+1)X_{(1)}$ 都是 θ 的无偏估计量，且 $\hat{\theta}_1$ 比 $\hat{\theta}_2$ 有效.

解　X 的概率密度和分布函数分别为
$$f(x) = \begin{cases} \dfrac{1}{\theta}, & 0 \leqslant x \leqslant \theta, \\ 0, & \text{其他}, \end{cases} \qquad F(x) = \begin{cases} 0, & x < 0, \\ \dfrac{x}{\theta}, & 0 \leqslant x < \theta, \\ 1, & x \geqslant \theta. \end{cases}$$

可知，$X_{(n)}$ 的分布函数为 $F_n(x) = [F(x)]^n$，$X_{(1)}$ 的分布函数为 $F_1(x) = 1 - [1 - F(x)]^n$，从而 $X_{(n)}$ 和 $X_{(1)}$ 的概率密度分别为
$$f_{(n)}(x) = F'_n(x) = n[F(x)]^{n-1} f(x) = \begin{cases} \dfrac{n}{\theta^n} x^{n-1}, & 0 \leqslant x \leqslant \theta, \\ 0, & \text{其他}, \end{cases}$$
$$f_{(1)}(x) = F'_1(x) = [1 - F(x)]^{n-1} f(x) = \begin{cases} \dfrac{n}{\theta}\left(1 - \dfrac{x}{\theta}\right)^{n-1}, & 0 \leqslant x \leqslant \theta, \\ 0, & \text{其他}, \end{cases}$$

故
$$E(X_{(n)}) = \int_0^\theta x \frac{n}{\theta^n} x^{n-1} \,\mathrm{d}x = \frac{n\theta}{n+1},$$
$$E(X_{(1)}) = \int_0^\theta x \frac{n}{\theta}\left(1 - \frac{x}{\theta}\right)^{n-1} \,\mathrm{d}x \stackrel{y = 1 - \frac{x}{\theta}}{=\!=\!=} \int_0^1 n\theta(1-y)y^{n-1} \,\mathrm{d}y = \frac{\theta}{n+1},$$
$$E(X_{(n)}^2) = \int_0^\theta x^2 \frac{n}{\theta^n} x^{n-1} \,\mathrm{d}x = \frac{n\theta^2}{n+2},$$
$$E(X_{(1)}^2) = \int_0^\theta x^2 \frac{n}{\theta}\left(1 - \frac{x}{\theta}\right)^{n-1} \,\mathrm{d}x \stackrel{y = 1 - \frac{x}{\theta}}{=\!=\!=} \int_0^1 n\theta^2(1-y)^2 y^{n-1} \,\mathrm{d}y = \frac{2\theta^2}{(n+1)(n+2)},$$

$$D(X_{(n)}) = E(X_{(n)}^2) - [E(X_{(n)})]^2 = \frac{n\theta^2}{n+2} - \frac{n^2\theta^2}{(n+1)^2} = \frac{n\theta^2}{(n+2)(n+1)^2},$$

$$D(X_{(1)}) = E(X_{(1)}^2) - [E(X_{(1)})]^2 = \frac{2\theta^2}{(n+1)(n+2)} - \frac{\theta^2}{(n+1)^2} = \frac{n\theta^2}{(n+2)(n+1)^2},$$

$$E(\hat{\theta}_1) = E\left(\frac{n+1}{n}X_{(n)}\right) = \frac{n+1}{n}E(X_{(n)}) = \frac{n+1}{n}\frac{n\theta}{n+1} = \theta,$$

$$E(\hat{\theta}_2) = E((n+1)X_{(1)}) = (n+1)E(X_{(1)}) = (n+1)\frac{\theta}{n+1} = \theta,$$

即 $\hat{\theta}_1 = \frac{n+1}{n}X_{(n)}$，$\hat{\theta}_2 = (n+1)X_{(1)}$ 都是 θ 的无偏估计量. 又

$$D(\hat{\theta}_1) = D\left(\frac{n+1}{n}X_{(n)}\right) = \left(\frac{n+1}{n}\right)^2 D(X_{(n)})$$

$$= \left(\frac{n+1}{n}\right)^2 \frac{n\theta^2}{(n+2)(n+1)^2} = \frac{\theta^2}{n(n+2)},$$

$$D(\hat{\theta}_2) = D((n+1)X_{(1)}) = (n+1)^2 D(X_{(1)})$$

$$= (n+1)^2 \frac{n\theta^2}{(n+2)(n+1)^2} = \frac{n\theta^2}{n+2}.$$

可见 $D(\hat{\theta}_1) \leqslant D(\hat{\theta}_2)$，且当 $n \geqslant 2$ 时，$D(\hat{\theta}_1) < D(\hat{\theta}_2)$，即 $\hat{\theta}_1$ 比 $\hat{\theta}_2$ 有效.

6. 设一批零件的长度服从正态分布 $N(\mu, \sigma^2)$，其中 μ, σ^2 均未知. 先从中随机抽取 16 个零件，测得样本均值 $\bar{x} = 20(\text{cm})$，样本标准差 $s = 1(\text{cm})$，求 μ 的置信水平是 0.90 的置信区间.

解 由 $1 - \alpha = 0.90$，得 $\alpha = 0.10$. 因为 $t_{0.05}(15) = 1.7531$，$\bar{x} = 20$，$s = 1$，所以 μ 的置信水平为 0.90 的置信区间为

$$\left(20 - \frac{1}{\sqrt{16}} \times 1.7531, 20 + \frac{1}{\sqrt{16}} \times 1.7531\right) = (19.5671, 20.4383).$$

7. 某种清漆的 9 个样本，其干燥时间(单位：h)分别为

6.0, 5.7, 5.8, 6.5, 7.0, 6.3, 5.6, 6.1, 5.0,

设干燥时间总体服从正态分布 $N(\mu, \sigma^2)$.

(1) 若 $\sigma = 0.6$，求总体均值 μ 的置信水平为 0.95 的置信区间.

(2) 若 σ^2 未知，求总体均值 μ 的置信水平为 0.95 的置信区间.

解 (1) 由 $1 - \alpha = 0.95$，得 $\alpha = 0.05$.

因为 $\sigma = 0.6$，$u_{0.025} = 1.96$，$\bar{x} = 6$，所以 μ 的置信水平为 0.95 的置信区间为

$$\left(6 - \frac{0.6}{\sqrt{9}} \times 1.96, 6 + \frac{0.6}{\sqrt{9}} \times 1.96\right) = (5.608, 6.392).$$

(2) $t_{0.025}(8) = 2.3060$，$s = 0.5745$，所以 μ 的置信水平为 0.95 的置信区间为

$$\left(6 - \frac{0.5745}{\sqrt{9}} \times 2.3060, 6 + \frac{0.5745}{\sqrt{9}} \times 2.3060\right) = (5.5584, 6.4416).$$

8. 高速公路上汽车的速度服从正态分布，现对汽车的速度独立地作了 5 次测试，计算

得样本方差 $s^2=0.09(\mathrm{m/s})$.求汽车速度的方差 σ^2 的置信水平为 0.95 的置信区间.

解　由 $1-\alpha=0.95$,得 $\alpha=0.05$.查教材中附表 5 得 $\chi^2_{0.025}(4)=11.143,\chi^2_{0.975}(4)=0.484$.

由已知 $s^2=0.09$,所以 σ^2 的置信水平为 0.95 的置信区间为

$$\left(\frac{4\times0.09}{11.143},\frac{4\times0.09}{0.484}\right)=(0.0323,0.7438).$$

9. 为了估计一件物体的重量 μ,将其称了 10 次,得到的重量(单位：g)为：

10.1　10　9.8　10.5　9.7　10.1　9.9　10.2　10.3　9.9

假设所称物体的重量服从正态分布 $N(\mu,\sigma^2)$,求该物体重量 μ 的置信水平为 0.95 的置信区间.

解　由 $1-\alpha=0.95$,得 $\alpha=0.05$.查教材中附表 4 得 $t_{0.025}(9)=2.2622$.

又经计算得 $\bar{x}=10.05,s=0.2415$,所以 μ 的置信水平为 0.95 的置信区间为

$$\left(10.05-\frac{0.2415}{\sqrt{10}}\times2.2622,10.05+\frac{0.2415}{\sqrt{10}}\times2.2622\right)=(9.88,10.22).$$

10. 某自动包装机包装洗衣粉,其重量服从正态分布,今随机抽查 12 袋,测得重量(单位：g)分别为

1001,1004,1003,1000,997,999,1004,1000,996,1002,998,999

(1) 若已知 $\sigma^2=8$,求 μ 的置信水平为 95% 的置信区间;

(2) 若 σ^2 未知时,求 μ 的置信水平为 95% 的置信区间;

(3) 求 σ^2 的置信水平为 95% 的置信区间.

解　由 $1-\alpha=0.95$,得 $\alpha=0.05$.查教材中附表 2～附表 4 得

$u_{0.025}=1.96$,　$t_{0.025}(11)=2.2010$,　$\chi^2_{0.025}(11)=21.920$,　$\chi^2_{0.975}(11)=3.816$.

又 $\bar{x}=1000.25,s=2.6328$,所以.

(1) μ 的置信水平为 0.95 的置信区间为

$$\left(1000.25-\sqrt{\frac{8}{12}}\times1.96,1000.25+\sqrt{\frac{8}{12}}\times1.96\right)=(998.65,1001.85);$$

(2) μ 的置信水平为 0.95 的置信区间为

$$\left(1000.25-\frac{2.6328}{\sqrt{12}}\times2.2010,1000.25+\frac{2.6328}{\sqrt{12}}\times2.2010\right)=(998.58,1001.92);$$

(3) σ^2 的置信水平为 0.95 的置信区间为

$$\left(\frac{11\times2.6328^2}{21.920},\frac{11\times2.6328^2}{3.816}\right)=(3.48,19.98).$$

11. 假设 $0.50,1.25,0.80,2.00$ 都是来自总体 X 的样本值,已知 $Y=\ln X$ 服从正态分布 $N(\mu,1)$.求：(1) X 的数学期望 $E(X)$(记 $E(X)$ 为 b);(2)求 μ 的置信水平为 0.95 的置信区间;(3)利用上述结果求 b 的置信水平为 0.95 的置信区间.

解　(1) Y 的概率密度为 $f(y)=\dfrac{1}{\sqrt{2\pi}}\mathrm{e}^{-\frac{(y-\mu)^2}{2}}$,依题意 $X=\mathrm{e}^Y$,则

$$b=E(X)=E(\mathrm{e}^Y)=\int_{-\infty}^{+\infty}\frac{1}{\sqrt{2\pi}}\mathrm{e}^y\cdot\mathrm{e}^{-\frac{(y-\mu)^2}{2}}\mathrm{d}y$$

$$= \int_{-\infty}^{+\infty} \frac{1}{\sqrt{2\pi}} e^{-\frac{1}{2}[y-(\mu+1)]^2} \cdot e^{\mu+\frac{1}{2}} dy = e^{\mu+\frac{1}{2}}.$$

（2）$Y \sim N(\mu,1)$，则 μ 的置信区间为 $\left(\bar{y} - \frac{\sigma}{\sqrt{n}} u_{\alpha/2}, \bar{y} + \frac{\sigma}{\sqrt{n}} u_{\alpha/2}\right)$。而

$u_{\alpha/2} = u_{0.025} = 1.96, \sigma = 1, n = 4$ 且 $\bar{y} = \frac{1}{4}(\ln 0.5 + \ln 1.25 + \ln 0.8 + \ln 2) = 0$，

因此 μ 的置信水平为 0.95 的置信区间为 $(-0.98, 0.98)$。

（3）由于函数 e^X 是严格的递增函数，可见对于 $b = e^{\mu+\frac{1}{2}}$，其置信水平为 0.95 的置信区间是 $(e^{-0.98+\frac{1}{2}}, e^{0.98+\frac{1}{2}}) = (e^{-0.48}, e^{1.48})$。

12. 研究两种固体燃料火箭推进器的燃烧率（单位：cm/s），设两者分别服从正态分布 $X \sim N(\mu_1, \sigma_1^2), Y \sim N(\mu_2, \sigma_2^2)$，并且已知燃烧率的标准差均近似为 0.05，取样本容量为 $n_1 = n_2 = 20$，得燃烧率的样本均值分别为 $\overline{x_1} = 18, \overline{x_2} = 24$。设两样本独立，求两燃烧率总体均值差 $\mu_1 - \mu_2$ 的置信水平为 0.95 置信区间。

解 把 $\sigma_1 = \sigma_2 = \sigma = 0.05, n = n_1 = n_2 = 20, \overline{x_1} = 18, \overline{x_2} = 24$ 代入

$$\left(\overline{x_1} - \overline{x_2} - \sqrt{\frac{\sigma^2 + \sigma^2}{n}} u_{\alpha/2}, \overline{x_1} - \overline{x_2} + \sqrt{\frac{\sigma^2 + \sigma^2}{n}} u_{\alpha/2}\right),$$

得 $\mu_1 - \mu_2$ 的置信水平为 0.95 的置信区间为

$$\left(18 - 24 - \sqrt{\frac{2 \times 0.05^2}{20}} \times 1.96, 18 - 24 + \sqrt{\frac{2 \times 0.05^2}{20}} \times 1.96\right) = (-6.03, -5.97).$$

第 8 章

假设检验

内容概要

一、假设检验的基本概念

1. 假设检验　关于总体分布的未知参数的假设,称为统计假设.所提出的假设称为零假设或原假设,记为 H_0;对立于原假设的假设称为对立假设或备择假设,记为 H_1.

假设检验就是根据样本,按照某种检验法则,确定在原假设 H_0 和备择假设 H_1 之中接受其一.

假设检验的基本思想　首先提出一个假设 H_0,然后在 H_0 为真的条件下,通过选取恰当的统计量来构造一个小概率事件,若在一次试验中,小概率事件居然发生了,就完全有理由拒绝 H_0,否则就接受 H_0.

2. 两类错误

在假设 H_0 实际上为真时,我们却错误的拒绝了 H_0,称为第一类错误,即弃真错误;当 H_0 实际上不真时,我们却错误的接受了 H_0,称为第二类错误,即纳伪错误.

3. 显著性检验

在确定检验法则时,应尽可能地使犯两类错误的概率小些.但是,一般说来,如果要减小犯某一类错误的概率,则犯另一类错误的概率往往要增加.要使犯两类错误的概率都减小,只好加大样本容量.在给定样本容量的情况下,我们总是控制犯第一类错误的概率,使它不大于给定的 $\alpha(0<\alpha<1)$.这种检验问题称为**显著性检验**问题.给定的数 α 称为**显著性水平**. α 的选取依具体情况而定,通常取 $0.1, 0.05, 0.01$ 等值.

在对假设 H_0 进行检验时,常使用某个统计量 T,称为检验统计量.当检验统计量在某个区域 W 上取值时,我们就拒绝假设 H_0,称区域 W 为拒绝域.

4. 假设检验的一般步骤

(1) 根据实际问题提出原假设 H_0 和备择假设 H_1;

(2) 选择检验统计量,条件是当 H_0 为真时,它的分布要完全确定;

(3) 对于给定的显著性水平 α,查表得临界点,使得 $P(\text{拒绝 } H_0 | H_0 \text{ 为真}) = \alpha$,确定拒绝域;

（4）求检验统计量的观测值,并与临界点作比较;

（5）下结论:若统计量的值落入拒绝域,则拒绝 H_0;否则,接受 H_0.

5. 双边检验与单边检验

设总体 X 的分布中含有某一参数 θ,形如 $H_0:\theta=\theta_0$;$H_1:\theta\neq\theta_0$ 的假设检验称为双边检验;形如 $H_0:\theta=\theta_0$(或 $\theta\leqslant\theta_0$);$H_1:\theta>\theta_0$ 的假设检验称为右边检验;形如 $H_0:\theta=\theta_0$(或 $\theta\geqslant\theta_0$);$H_1:\theta<\theta_0$ 的假设检验称为左边检验;右边检验和左边检验统称为单边检验.

二、正态总体均值和方差的假设检验

设显著性水平为 α,关于单个正态总体的均值和方差的假设检验,以及关于两个正态总体均值差的假设检验,列成表 8-1.

表 8-1　正态总体的假设检验一览表（显著性水平为 α）

	原假设 H_0	备择假设 H_1	检验统计量	H_0 为真时检验统计量的分布	拒　绝　域
一个正态总体	$\mu\leqslant\mu_0$ $\mu\geqslant\mu_0$ $\mu=\mu_0$	$\mu>\mu_0$ $\mu<\mu_0$ $\mu\neq\mu_0$	$U=\dfrac{\overline{X}-\mu_0}{\sigma/\sqrt{n}}$ （σ^2 已知）	$N(0,1)$	$u\geqslant u_\alpha$ $u\leqslant -u_\alpha$ $\lvert u\rvert\geqslant u_{\alpha/2}$
	$\mu\leqslant\mu_0$ $\mu\geqslant\mu_0$ $\mu=\mu_0$	$\mu>\mu_0$ $\mu<\mu_0$ $\mu\neq\mu_0$	$T=\dfrac{\overline{X}-\mu_0}{S/\sqrt{n}}$ （σ^2 未知）	$t(n-1)$	$t\geqslant t_\alpha(n-1)$ $t\leqslant -t_\alpha(n-1)$ $\lvert t\rvert\geqslant t_{\alpha/2}(n-1)$
	$\sigma^2\leqslant\sigma_0^2$ $\sigma^2\geqslant\sigma_0^2$ $\sigma^2=\sigma_0^2$	$\sigma^2>\sigma_0^2$ $\sigma^2<\sigma_0^2$ $\sigma^2\neq\sigma_0^2$	$\chi^2=\dfrac{(n-1)S^2}{\sigma_0^2}$ （μ 未知）	$\chi^2(n-1)$	$\chi^2\geqslant\chi_\alpha^2(n-1)$ $\chi^2\leqslant\chi_{1-\alpha}^2(n-1)$ $\chi^2\geqslant\chi_{\alpha/2}^2(n-1)$ 或 $\chi^2\leqslant\chi_{1-\frac{\alpha}{2}}^2(n-1)$
两个正态总体	$\mu_1\leqslant\mu_2$ $\mu_1\geqslant\mu_2$ $\mu_1=\mu_2$	$\mu_1>\mu_2$ $\mu_1<\mu_2$ $\mu_1\neq\mu_2$	$U=\dfrac{\overline{X}-\overline{Y}-(\mu_1-\mu_2)}{\sqrt{\dfrac{\sigma_1^2}{n_1}+\dfrac{\sigma_2^2}{n_2}}}$ （σ_1^2,σ_2^2 已知）	$N(0,1)$	$u\geqslant u_\alpha$ $u\leqslant -u_\alpha$ $\lvert u\rvert\geqslant u_{\alpha/2}$
	$\mu_1\leqslant\mu_2$ $\mu_1\geqslant\mu_2$ $\mu_1=\mu_2$	$\mu_1>\mu_2$ $\mu_1<\mu_2$ $\mu_1\neq\mu_2$	$T=$ $\dfrac{\overline{X}-\overline{Y}-(\mu_1-\mu_2)}{S_w\sqrt{\dfrac{1}{n_1}+\dfrac{1}{n_2}}}$ $S_w^2=$ $\dfrac{(n_1-1)S_1^2+(n_2-1)S_2^2}{(n_1+n_2-2)}$ （$\sigma_1^2=\sigma_2^2=\sigma^2$ 未知）	$t(n_1+n_2-2)$	$t\geqslant t_\alpha(n_1+n_2-2)$ $t\leqslant -t_\alpha(n_1+n_2-2)$ $\lvert t\rvert\geqslant t_{\alpha/2}(n_1+n_2-2)$
	$\sigma_1^2\leqslant\sigma_2^2$ $\sigma_1^2\geqslant\sigma_2^2$ $\sigma_1^2=\sigma_2^2$	$\sigma_1^2>\sigma_2^2$ $\sigma_1^2<\sigma_2^2$ $\sigma_1^2\neq\sigma_2^2$	$F=\dfrac{S_1^2}{S_2^2}$ （μ_1,μ_2 未知）	$F(n_1-1,n_2-1)$	$F\geqslant F_\alpha(n_1-1,n_2-1)$ $F\leqslant F_{1-\alpha}(n_1-1,n_2-1)$ $F\geqslant F_{\frac{\alpha}{2}}(n_1-1,n_2-1)$ 或 $F\leqslant F_{1-\frac{\alpha}{2}}(n_1-1,n_2-1)$

题型归纳与例题精解

题型 8-1 正态总体均值 μ 的假设检验

【例 1】 啤酒厂罐装啤酒平均每瓶 750mL，每天开工时，需检验罐装生产线工作是否正常. 根据经验知道，啤酒容量服从正态分布，且标准差为 $\sigma = 5.5$mL. 某天开工后，抽测了 9 瓶啤酒，容量为：748,752,755,747,753,755,745,744,758. 试问此生产线工作是否正常（$\alpha = 0.05$）？

解 $H_0: \mu = \mu_0 = 750, H_1: \mu \neq \mu_0 = 750$.

当 H_0 为真时，选择检验统计量 $U = \dfrac{\overline{X} - \mu_0}{\sigma / \sqrt{n}}$.

因为 $\overline{x} = \dfrac{748 + 752 + \cdots + 758}{9} = 750.78$，$|u| = \left| \dfrac{750.78 - 750}{5.5 / \sqrt{9}} \right| = 0.4255 < u_{0.025} = 1.96$. 所以接受 H_0，即可以认为此生产线工作正常.

【例 2】 已知罐头番茄汁中维生素 $C(V_C)$ 的含量服从正态分布. 按照规定 V_C 的平均含量不得少于 21mg，现从茄汁鱼罐头中取 16 罐，算得 V_C 的平均值 $\overline{x} = 23$，样本方差 $s^2 = 3.98^2$，问该批罐头的 V_C 含量是否合格（$\alpha = 0.05$）？

解 检验假设：$H_0: \mu \leqslant 21, H_1: \mu > 21$.

当 H_0 为真时，选择检验统计量 $T = \dfrac{\overline{X} - \mu_0}{\dfrac{S}{\sqrt{n}}} \sim t(n-1)$，对于给定的显著性水平 $\alpha = 0.05$，查教材中附表 4 得临界值 $t_{0.05}(15) = 1.7531$.

由于 $\overline{x} = 23$，所以 $|t| = \left| \dfrac{23 - 21}{3.98 / \sqrt{16}} \right| \approx 2.01 > t_{0.05}(15) = 1.7531$，故统计观测值 t 落入拒绝域. 于是拒绝 H_0，即认为该批罐头的 V_C 含量合格.

题型 8-2 正态总体方差 σ^2 的假设检验

【例 3】 检验电子元件可靠性指标 15 次，计算得指标平均值为 $\overline{x} = 0.95$，样本标准差为 $s = 0.03$，该元件的订购合同规定，其可靠性指标标准差为 0.05，假设元件可靠性指标服从正态分布，问在 $\alpha = 0.10$ 下，该元件可靠性指标的方差是否符合合同标准？

解 这是一个关于正态总体方差的双侧假设检验问题.

检验假设：$H_0: \sigma^2 = \sigma_0^2 = 0.05^2, H_1: \sigma^2 \neq 0.05^2$.

当 H_0 为真时，选择检验统计量 $\chi^2 = \dfrac{(n-1)S^2}{\sigma_0^2} \sim \chi^2(14)$.

对于给定的显著性水平 $\alpha = 0.10$，查教材中附表 3 得临界值 $\chi^2_{0.95}(14) = 6.571$ 和 $\chi^2_{0.05}(14) = 23.685$.

计算统计量 χ^2 的观测值 $\chi^2 = \dfrac{14 \times 0.03^2}{0.05^2} = 5.04$.

由于 $\chi^2=5.04<\chi^2_{0.95}(14)=6.571$,所以拒绝原假设,即认为该元件可靠性指标的方差不符合合同标准.

题型 8-3　两正态总体均值差的假设检验

【例 4】　设有种植玉米的甲、乙两个农业试验区,各分为 10 个小区,各小区的面积相同,除甲区各小区增施磷肥外,其他试验条件均相同,两个试验区的玉米产量(单位：kg)如下(假设玉米产量服从正态分布,且有相同的方差)：

甲区：65　60　62　57　58　63　60　57　60　58

乙区：59　56　56　58　57　57　55　60　57　55

试统计推断,增施磷肥是否对玉米产量有影响($\alpha=0.05$)?

解　这是方差相等但未知,对均值检验的问题,待检验假设为
$$H_0:\mu_X\neq\mu_Y,\quad H_1:\mu_X\neq\mu_Y.$$

由样本,得 $\bar{x}=60,n_1=n_2=10,(n_1-1)s_1^2=64,\bar{y}=57,(n_2-1)s_2^2=24$,而
$$t=\left|\frac{60-57}{\sqrt{\frac{64+24}{10+10-2}}\sqrt{\frac{1}{10}+\frac{1}{10}}}\right|=3.0339>t_{0.025}(18)=2.101,$$

所以拒绝原假设 H_0,即可认为增施磷肥对玉米产量的改变有统计意义.

测试题及其答案

一、填空题

1. u 检验、t 检验都是关于_____的假设检验. 当_____已知时,用 u 检验；当_____未知时,用 t 检验.

2. 从已知标准差 $\sigma=5.2$ 的正态总体中,抽取容量为 16 的样本,算得 $\bar{x}=27.56$,在显著水平 $\alpha=0.05$ 之下检验假设 $H_0:\mu=26$,检验结果是_____.

3. 某种产品以往的废品率为 5%,采取某种技术革新后,对产品的样本进行检验,看产品的废品率是否有所降低,显著性水平 $\alpha=0.05$,则此问题的原假设 H_0:_____,备则假设 H_1:_____,犯第一类错误的概率为_____.

二、单项选择题

4. 在对总体参数的假设检验中,若给定显著性水平为 α,则犯第一类错误的概率为(　　).

　　A　$1-\alpha$　　　　　B　α　　　　　C　$\dfrac{\alpha}{2}$　　　　　D　不能确定

5. 在假设检验中,记 H_0 为原假设；H_1 为备择假设,则第一类错误是指(　　).

　　A　H_1 真,接受 H_1　　　　　　B　H_1 不真,接受 H_1

　　C　H_1 真,接受 H_0　　　　　　D　H_1 不真,接受 H_0

6. 在假设检验中,用 α 和 β 分别表示犯第一类错误和第二类错误的概率,则当样本容量一定时,下列结论正确的为(　　).

A α 减少 β 也减少   B α 与 β 其中一个减少时另一个往往会增大

C A 和 D 同时成立   D α 增大 β 也增大

三、计算题及应用题

7. 某测距仪在 500m 范围内,测距精度 $\sigma=10$m. 今距离 500m 的目标测量 9 次,得到平均距离 $\bar{x}=510$m,问该测距仪是否存在系统误差($\alpha=0.05$)?

8. 消费者协会接到消费者投诉,指控某品牌瓶装饮料存在容量不足之嫌. 包装上标明的容量为 250mL. 消费者协会从市场上随机抽取 50 瓶这种饮料,测试发现平均含量为 248mL,少于 250mL. 这是生产中的正常波动,还是厂商的有意行为? 消费者协会能否根据该样本数据,判定该饮料厂商欺骗了消费者? 根据历史资料记载,在正常情况下,瓶装饮料的容量服从正态分布,且总体方差为 16mL($\alpha=0.05$).

9. 从一台车床加工的一批轴料中抽取 17 件测量其椭圆度,计算得 $s^2=0.025^2$,问该批轴料椭圆度的总体方差与规定的 $\sigma^2=0.0004$ 有无显著差异($\alpha=0.05$)?

10. 假设有 A,B 两种药物,欲比较他们服用两小时后,血液中的含量是否一样,对服用 A,B 两种药物的患者分别随机地抽取 8 个病人和 6 个病人,他们服用 2 小时后,分别测得血液中药的浓度(用适当的单位)为

A:1.23,1.42, 1.41, 1.62, 1.55, 1.51, 1.60, 1.76

B:1.76,1.41, 1.87, 1.49, 1.67, 1.81

假定两种观测值来自具有共同方差的两个正态总体. 在显著水平 $\alpha=0.10$ 下,试检验病人血液中这两种药的浓度是否有显著的不同?

答案

一、1. 正态总体均值,总体方差,总体方差;   2. 接受;   3. $p \geqslant 5\%, p < 5\%, 0.05$.

二、4. B;   5. B;   6. B.

三、7. **解** 用 X 表示测距仪对目标一次测量得到的距离,则 $X \sim N(\mu, 10^2)$.

检验假设:$H_0: \mu = \mu_0 = 500, H_1: \mu \neq 500$.

当 H_0 为真时,选择检验统计量 $U = \dfrac{\bar{X} - \mu_0}{\sigma/\sqrt{n}} \sim N(0,1)$. 对于给定的显著性水平 $\alpha = 0.05$,查教材中附表 2 得临界值 $u_{0.025} = 1.96$.

由于 $\bar{x} = 510$,所以 $|u| = \left| \dfrac{510 - 500}{10/\sqrt{9}} \right| = 3 > u_{0.025} = 1.96$,故统计量 U 的观测值 u 落入拒绝域. 于是拒绝 H_0,即能认为该测距仪存在系统误差.

8. **解** 这是一个单个正态总体均值 μ 的单侧假设检验问题.

检验假设:$H_0: \mu \geqslant 250, H_1: \mu < 250$.

当 H_0 为真时,选择检验统计量 $U = \dfrac{\bar{X} - \mu_0}{\sigma_0/\sqrt{n}} \sim N(0,1)$.

根据题意 $\bar{x}=248,\sigma_0^2=16$，$U$ 的观测值 $u=\dfrac{248-250}{\dfrac{4}{\sqrt{50}}}=-3.535$.

对于给定的显著性水平 $\alpha=0.05$，查教材中附表 2 得临界值 $u_{0.05}=1.645$. $u=-3.535<-u_{0.05}=-1.645$，故统计观测值 u 落入拒绝域，于是拒绝 H_0，即消费者协会有理由认为厂商有欺诈之嫌.

9. **解** 这是一个关于正态总体方差的双侧假设检验问题.

检验假设：$H_0:\sigma^2=\sigma_0^2=0.0004$，$H_1:\sigma^2\neq0.0004$.

当 H_0 为真时，选择检验统计量 $\chi^2=\dfrac{(n-1)S^2}{\sigma_0^2}\sim\chi^2(16)$.

对于给定的显著性水平 $\alpha=0.10$，查教材中附表 3 得临界值 $\chi_{0.95}^2(16)=7.962$ 和 $\chi_{0.05}^2(16)=26.296$.

计算统计量 χ^2 的观测值 $\chi^2=\dfrac{16\times0.025^2}{0.0004}=25$. 由于 $\chi_{0.95}^2(16)=7.962<\chi^2=25<\chi_{0.05}^2(16)=26.296$，所以接受原假设，即认为该批轴料椭圆度的总体方差与规定的 $\sigma^2=0.0004$ 无显著差异.

10. **解** 这是已知方差相等，对均值检验的问题，待检验假设为 $H_0:\mu_1=\mu_2$，$H_1:\mu_1\neq\mu_2$.

由样本，得 $\bar{x}=1.5125,s_1^2=0.0258,\bar{y}=1.6683,s_2^2=0.0335$，

$$|t|=\left|\dfrac{1.5125-1.6683}{\sqrt{\dfrac{(8-1)\times0.0258+(6-1)\times0.0335}{8+6-2}}\sqrt{\dfrac{1}{8}+\dfrac{1}{6}}}\right|=1.6939.$$

对给定的 $\alpha=0.10$，查自由度为 12 的 t 分布见教材中附表 4，得 $t_{0.05}(12)=1.78$. 因为 $|t|<t_{\alpha/2}(12)$，所以接受原假设 H_0，即可认为病人血液中这两种药的浓度无显著差异.

课后习题解答

习题 8-1

基础题

1. 假设检验的统计思想是小概率事件在一次试验中可以认为基本上是不会发生的，该原理称为_____.

解 小概率事件原理.

2. 在作假设检验时，容易犯的两类错误是_____.

解 弃真错误、纳伪错误.

3. 假设检验中，显著性水平 α 表示(　　).

    A　H_0 为假，但接受 H_0 的假设的概率　　　B　H_0 为真，但拒绝 H_0 的假设的概率

    C　H_0 为假，但拒绝 H_0 的概率　　　　　　D　可信度

答案 B.

4. 假设检验时,若增大样本容量,则犯两类错误的概率(　　)

　　A　都增大　　　　　　　　　　　　B　都减小

　　C　都不变　　　　　　　　　　　　D　一个增大一个减小

答案　B.

提高题

1. 在对总体参数的假设检验中,若给定显著性水平 α,则犯第一类错误的概率是(　　).

　　A　$1-\alpha$　　　　　　B　α　　　　　　C　$\alpha/2$　　　　　　D　不能确定

解　仅 B 入选.

2. 已知总体 X 的概率密度只有两种可能,设

$$H_0: f(x) = \begin{cases} \dfrac{1}{2}, & 0 \leqslant x \leqslant 2, \\ 0, & \text{其他}; \end{cases} \qquad H_1: f(x) = \begin{cases} \dfrac{x}{2}, & 0 \leqslant x \leqslant 2, \\ 0, & \text{其他}. \end{cases}$$

对 X 进行一次观测,得样本 X_1,规定当 $X_1 \geqslant \dfrac{3}{2}$ 时,拒绝 H_0,否则就接受 H_0,则此检测 α 和 β 分别为(　　).

解　由检验的两类错误概率 α 和 β 的意义,知

$$\alpha = P\left(X_1 \geqslant \dfrac{3}{2} \mid H_0\right) = \int_{\frac{3}{2}}^{2} \dfrac{1}{2} \mathrm{d}x = \dfrac{1}{4}, \qquad \beta = P\left(X_1 < \dfrac{3}{2} \mid H_1\right) = \int_{0}^{\frac{3}{2}} \dfrac{x}{2} \mathrm{d}x = \dfrac{9}{16}.$$

答案应填 $\dfrac{1}{4}$ 和 $\dfrac{9}{16}$.

3. 设服从正态分布 $N(\mu, \sigma^2)$,$X_1, X_2, \cdots, X_n$ 是总体 X 的简单随机样本,据此样本检测假设:$H_0: \mu = \mu_0, H_1: \mu \neq \mu_0$,则(　　).

　　A　如果在检测水平 $\alpha = 0.05$ 下拒绝 H_0,那么在检测水平 $\alpha = 0.01$ 下必拒绝 H_0

　　B　如果在检测水平 $\alpha = 0.05$ 下拒绝 H_0,那么在检测水平 $\alpha = 0.01$ 下必接受 H_0

　　C　如果在检测水平 $\alpha = 0.05$ 下接受 H_0,那么在检测水平 $\alpha = 0.01$ 下必拒绝 H_0

　　D　如果在检测水平 $\alpha = 0.05$ 下接受 H_0,那么在检测水平 $\alpha = 0.01$ 下必接受 H_0

解　$\overline{X} = \dfrac{1}{n} \sum\limits_{i=1}^{n} X_i$,$\overline{X} \sim N\left(\mu, \dfrac{\sigma^2}{n}\right)$,故 $\dfrac{\overline{X} - \mu}{\dfrac{\sigma}{\sqrt{n}}} \sim N(0,1)$,所以,$\alpha_1 = 0.05$ 时,拒绝域为

$\left| \dfrac{\overline{X} - \mu_0}{\dfrac{\sigma}{\sqrt{n}}} \right| > u_{0.025}$,$u_{0.025}$ 为上 $\dfrac{\alpha}{2}$ 分位点;$\alpha_2 = 0.01$ 时,拒绝域为 $\left| \dfrac{\overline{X} - \mu_0}{\dfrac{\sigma}{\sqrt{n}}} \right| > u_{0.005}$.

又因为 $u_{0.025} < u_{0.005}$,故选 D.

习题 8-2

基础题

1. 设总体 $X \sim N(\mu, \sigma^2)$,待检的原假设 $H_0: \sigma^2 = \sigma_0^2$,对于给定的显著性水平 α,如果拒绝域为 $(\chi_\alpha^2(n-1), +\infty)$,则相应的备择假设 $H_1:$ _____ ;若拒绝域为 $\left(0, \chi_{1-\frac{\alpha}{2}}^2(n-1)\right) \bigcup$

$(\chi^2_{\frac{\alpha}{2}}(n-1),+\infty)$，则相应的备择假设 H_1：_____.

解 由题设，原假设 $H_0:\sigma^2=\sigma_0^2$，选择 χ^2 分布的统计量 $\chi^2=\dfrac{(n-1)S^2}{\sigma_0^2}$. 如果拒绝域为 $(\chi^2_{\alpha}(n-1),+\infty)$，则属于单侧检验中的右侧检验，故对应的备择假设为 $H_1:\sigma^2>\sigma_0^2$；若拒绝域为 $(0,\chi^2_{1-\frac{\alpha}{2}}(n-1))\bigcup(\chi^2_{\frac{\alpha}{2}}(n-1),+\infty)$ 属于双侧检验，则对应的备择假设 H_1：$\sigma^2\neq\sigma_0^2$.

2. 假设总体 $X\sim N(\mu,8)$，μ 为未知参数，$X_1,X_2,\cdots,X_n$ 是取自总体 X 的一组简单随机样本，其均值 $\overline{X}=\dfrac{1}{n}\sum\limits_{i=1}^{n}X_i$，如果以区间 $(\overline{X}-1,\overline{X}+1)$ 作为 μ 的置信区间，那么当 $n=36$ 时，置信度为_____，如果在 $\alpha=0.05$ 水平上检验 $H_0:\mu=\mu_0$；$H_1:\mu\neq\mu_0$，选否定区域 $C=\{(x_1,x_2,\cdots,x_n):|\overline{X}-\mu_0|\geq1.96\}$，则样本容量 n 应取_____.

解 依题意 $n=36$，$\overline{X}\sim N\left(\mu,\dfrac{8}{36}\right)$.

$$1-\alpha=P(\overline{X}-1<\mu<\overline{X}+1)=P(\mu-1<\overline{X}<\mu+1)$$
$$=\Phi\left(\frac{6}{\sqrt{8}}\right)-\Phi\left(-\frac{6}{\sqrt{8}}\right)=2\Phi\left(\frac{3}{\sqrt{2}}\right)-1=2\Phi(2.121)-1$$
$$=2\times0.983-1=0.966=96.6\%,$$

即置信度为 96.6%.

若 H_0 成立，则 $X\sim N(\mu_0,8)$，$\overline{X}\sim N\left(\mu_0,\dfrac{8}{n}\right)$，且 $0.05=P(|\overline{X}-\mu_0|\geq1.96)$，即

$$0.95=P(|\overline{X}-\mu_0|<1.96)=P(\mu_0-1.96<\overline{X}<\mu_0+1.96)$$
$$=\Phi\left(\frac{1.96\sqrt{n}}{2\sqrt{2}}\right)-\Phi\left(-\frac{1.96\sqrt{n}}{2\sqrt{2}}\right)=2\Phi\left(0.98\sqrt{\frac{n}{2}}\right)-1,$$

故 $\Phi\left(0.98\sqrt{\dfrac{n}{2}}\right)=0.975$，即 $0.98\sqrt{\dfrac{n}{2}}=1.96$，从而 $n=8$.

3. 设 $X_1,X_2,\cdots,X_n$ 是来自总体 $X\sim N(\mu,\sigma^2)$ 的一个样本，设 $\overline{X}=\dfrac{1}{n}\sum\limits_{i=1}^{n}X_i$，$Q^2=\sum\limits_{i=1}^{n}(X_i-\overline{X})^2$，其中参数 μ 和 σ 未知，对提出的假设 $H_0:\mu=0,H_1:\mu\neq0$ 进行检验，求使用的统计量.

解 H_0 为真时，即 $\mu=\mu_0=0$ 时，选择检验统计量

$$\frac{\overline{X}-0}{\frac{S}{\sqrt{n}}}=\frac{\overline{X}-0}{\frac{\sqrt{\frac{1}{n-1}\sum\limits_{i=1}^{n}(X_i-\overline{X})^2}}{\sqrt{n}}}=\frac{\overline{X}-0}{\frac{\sqrt{\frac{1}{n-1}Q^2}}{\sqrt{n}}}=\frac{\overline{X}\sqrt{n(n-1)}}{Q}.$$

4. 已知某炼铁厂铁水含碳量服从正态分布 $N(4.55,0.108^2)$，现在测定了 9 炉铁水，其平均含碳量为 4.484，如果估计方差没有变化，可否认为现在生产的铁水含碳量仍为 $4.55(\alpha=0.05)$？

解 检验假设：$H_0: \mu = \mu_0 = 4.55, H_1: \mu \neq 4.55$.

当 H_0 为真时，选择检验统计量 $U = \dfrac{\bar{X} - \mu_0}{\dfrac{\sigma}{\sqrt{n}}} \sim N(0,1)$.

对于给定的显著性水平 $\alpha = 0.05$，查教材中附表 2 得临界值 $u_{0.025} = 1.96$，使得 $P(|U| \geqslant 1.96) = 0.05$，从而确定拒绝域：$|u| \geqslant 1.96$.

由于 $\bar{x} = 4.484$，所以 $|u| = \left| \dfrac{4.484 - 4.55}{\dfrac{0.108}{\sqrt{9}}} \right| = 1.833 < 1.96$，故统计量 U 的观测值 u 落

入接受域，于是接受 H_0，即认为现在生产的铁水含碳量仍为 4.55.

5. 某零件的尺寸方差为 $\sigma^2 = 0.0025$，对一批这类零件检查 6 件，得尺寸数据（单位：mm）：14.7, 15.1, 14.8, 15.0, 15.2, 14.6. 设零件尺寸服从正态分布，问这批零件的平均尺寸能否认为是 15($\alpha = 0.05$)?

解 检验假设：$H_0: \mu = \mu_0 = 15, H_1: \mu \neq 15$.

当 H_0 为真时，选择检验统计量 $U = \dfrac{\bar{X} - \mu_0}{\dfrac{\sigma}{\sqrt{n}}} \sim N(0,1)$.

对于给定的显著性水平 $\alpha = 0.05$，查教材中附表 2 得临界值 $u_{0.025} = 1.96$，使得 $P(|U| \geqslant 1.96) = 0.05$，从而确定拒绝域 $|u| \geqslant 1.96$.

由于 $\bar{x} = 14.9$，所以 $|u| = \left| \dfrac{14.9 - 15}{\dfrac{0.05}{\sqrt{6}}} \right| = 4.899 > 1.96$，故统计量 U 的观测值 u 落入拒

绝域，于是拒绝 H_0，即不能认为这批零件的平均尺寸仍为 15.

6. 设某次考试的考生成绩服从正态分布，从中随机地抽取 36 位考生的成绩，得平均成绩为 66.5 分，样本标准差为 15 分，问在显著性水平 0.05 下是可否认为这次考试成绩平均为 70 分？

解 检验假设：$H_0: \mu = \mu_0 = 70, H_1: \mu \neq 70$.

当 H_0 为真时，选择检验统计量 $T = \dfrac{\bar{X} - \mu_0}{\dfrac{S}{\sqrt{n}}} \sim t(n-1)$.

对于给定的显著性水平 0.05，查教材中附表 4 得临界值 $t_{0.025}(35) = 2.0301$，即使得 $P(|T| \geqslant 2.0301) = 0.05$，从而确定拒绝域 $|t| \geqslant 2.0301$.

由题知，$\bar{x} = 66.5, s = 15$. 又 $|t| = \left| \dfrac{66.5 - 70}{\dfrac{15}{\sqrt{36}}} \right| = 1.4 < 2.0301$，

故统计量 T 的观测值落入接受域，于是接受 H_0，即可认为这考试的平均分仍为 70 分.

7. 假定某厂生产一种钢索，它的断裂程度 X（单位：kg/cm^2）服从正态分布 $N(\mu, 40^2)$. 从中选取一个容量为 9 的样本，得 $\bar{x} = 840$. 能否据此样本认为这批钢索的断裂

程度为 $800(\alpha = 0.05)$？

解 检验假设：$H_0: \mu = \mu_0 = 800, H_1: \mu \neq 800$.

当 H_0 为真时，选择检验统计量 $U = \dfrac{\overline{X} - \mu_0}{\dfrac{\sigma}{\sqrt{n}}} \sim N(0,1)$.

对于给定的显著水平 $\alpha = 0.05$，查教材中附表 2 得临界值 $u_{0.025} = 1.96$，使得 $P(|U| \geqslant 1.96) = 0.05$，从而确定拒绝域为：$|u| \geqslant 1.96$.

又 $|u| = \left| \dfrac{\overline{x} - 800}{40/\sqrt{n}} \right| = \left| \dfrac{840 - 800}{40/\sqrt{9}} \right| = 3 > 1.96$，故统计量 U 的观测值落入拒绝域，于是拒绝 H_0，即不能认为这批钢索的断裂程度为 800.

8. 正常人的脉搏平均为 72 次/分，某医生测得 10 例慢性四乙基铅中毒患者的脉搏（次/分）：54, 67, 68, 78, 70, 66, 67, 70, 65, 69. 已知脉搏服从正态分布，问在显著性水平 $\alpha = 0.05$ 条件下，四乙基铅中毒者和正常人的脉搏有无显著差异？

解 检验假设：$H_0: \mu = \mu_0 = 72, H_1: \mu \neq 72$.

当 H_0 为真时，选择检验统计量 $T = \dfrac{\overline{X} - \mu_0}{\dfrac{S}{\sqrt{n}}} \sim t(n-1)$.

对于给定的显著性水平 0.05，查教材中附表 4 得临界值 $t_{0.025}(9) = 2.2622$，使得 $P(|T| \geqslant 2.2622) = 0.05$，从而确定拒绝域：$|t| \geqslant 2.2622$.

由题知，$\overline{x} = 67.4, s = 5.93$，计算 T 的观测值 $|t| = \left| \dfrac{67.4 - 72}{\dfrac{5.93}{\sqrt{10}}} \right| = 2.4530 > 2.2622$，故统计量 T 的观测值落入拒绝域，于是拒绝 H_0，即可认为四乙基铅中毒者和正常人的脉搏有显著差异.

9. 某厂产品需用玻璃纸做包装，按规定供应商供应的玻璃纸的横向延伸不应低于 65. 已知该指标服从正态分布 $N(\mu, \sigma^2)$，σ 一直稳定在 5.5. 从近期来货中抽查了 100 个样品，得样本均值 $\overline{x} = 55.06$，试问在 $\alpha = 0.05$ 水平上能否接收这批玻璃纸？

解 由于若不接收这批玻璃纸需作退货处理，这必须慎重，故取 $\mu < 65$ 作为备择假设，从而所建立的假设为 $H_0: \mu \geqslant 65, H_1: \mu < 65$.

在 $\alpha = 0.05$ 时，$u_{0.05} = 1.645$，拒绝域应取作 $u \leqslant -1.645$. 现由样本求得

$$u = \frac{55.06 - 65}{\dfrac{5.5}{\sqrt{100}}} = -18.072 < -1.645,$$

故应拒绝 H_0，不能接收这批玻璃纸.

10. 某元件的寿命 X（单位：h）服从正态分布 $N(\mu, \sigma^2)$，μ, σ^2 均未知. 现测 16 只该元件的寿命，算得样本均值为 241.50h，样本标准差为 98.73h，问是否有理由认为元件的寿命大于 225(h)？

解 检验假设：$H_0: \mu \leqslant \mu_0 = 225, H_1: \mu > 225$.

当 H_0 为真时,选择检验统计量 $T = \dfrac{\overline{X} - \mu_0}{S/\sqrt{n}} \sim t(n-1)$.

对于给定的显著性水平 0.05,查教材中附表 4 得临界值 $t_{0.05}(15) = 1.7531$,使得 $P(T \geqslant 1.7531) = 0.05$,从而确定拒绝域: $t > 1.7531$.

因 $\overline{x} = 241.5, s = 98.73$,计算 T 的观测值 $t = \dfrac{241.5 - 225}{98.73/\sqrt{16}} = 0.6685 < 1.7531$,

故统计量 T 的观测值落入接受域,于是接受 H_0,即不能认为元件的寿命大于 225h.

11. 某电工器材厂生产一种保险丝,测量其熔化时间,假定熔化时间服从正态分布,依通常情况方差为 $\sigma^2 = 400$,今从某天产品中抽取容量为 25 的样本,测量其熔化时间并计算得 $\overline{x} = 62.24, s^2 = 404.77$,问这天保险丝熔化时间分散度与通常有无显著差异($\alpha = 0.05$)?

解 检验假设: $H_0: \sigma^2 = \sigma_0^2 = 400, H_1: \sigma^2 \neq 400$.

当 H_0 为真时,选择检验统计量 $\chi^2 = \dfrac{(n-1)S^2}{\sigma_0^2} \sim \chi^2(24)$.

对于给定的显著性水平 0.05,查教材中附表 3 得临界值 $\chi^2_{0.025}(24) = 39.364$, $\chi^2_{0.975}(24) = 12.401$,使得 $P(\chi^2 > 39.364) = 0.025$ 和 $P(\chi^2 < 12.401) = 0.025$,从而确定拒绝域: $\chi^2 > 39.364$ 或 $\chi^2 < 12.401$. 因 $s^2 = 404.77$,计算统计量 χ^2 的观测值

$$\chi^2 = \frac{24 \times 404.77}{400} = 24.2862, 12.40 < 24.862 < 39.364,$$

所以统计量 χ^2 的观测值 χ^2 落入接受域,则接受 H_0,即认为这天保险丝融化时间分散度与通常无显著差异.

提高题

1. 某市历年来对 7 岁男孩的统计资料表明,他们的身高服从均值为 1.32m、标准差为 0.12m 的正态分布. 现从各个学校随机抽取 25 个 7 岁男孩,测得他们平均身高 1.36m,若已知今年全市 7 岁男孩身高的标准差仍为 0.12m,问与历年 7 岁男孩的身高相比是否有显著差异(取 $\alpha = 0.05$)?

解 从题中已知, $\overline{x} = 1.36\text{m}, \mu_0 = 1.32\text{m}, \sigma = 0.12\text{m}, n = 25$.

待检验的假设为 $H_0: \mu = 1.32, H_1: \mu \neq 1.32$.

在 H_0 成立的条件下,统计量 $U = \dfrac{\overline{X} - 1.32}{0.12/\sqrt{25}} \sim N(0,1)$.

对给定的 $\sigma = 0.05$,查标准正态分布表可知 $P\{|U| \geqslant 1.96\} = 0.05$,得临界值 $u_{\frac{\alpha}{2}} = 1.96$. 由已知数据可算得统计量

$$U = \frac{1.36 - 1.32}{0.12/\sqrt{25}} = 1.67.$$

因 $|U| = 1.67 < 1.96$,故接受假设 H_0,即认为今年 7 岁男孩平均身高与历年 7 岁男孩平均身高无显著差异.

2. 微波炉在炉门关闭时辐射量是一个重要的质量指标. 某厂该质量指标服从正态分布 $N(\mu, \sigma^2)$,长期以来 $\sigma = 0.01$,且均值都符合不超过 0.12 的要求,为了检查近期产品的质量,抽查了 25 台,测得样本均值为 $\overline{x} = 0.1203$,问在显著水平 $\alpha = 0.05$ 时,炉门关闭时的辐射量

是否升高了?

解 根据题意建立检验假设 $H_0: \mu \leqslant 0.12, H_1: \mu > 0.12$.

这是一个右侧假设检验问题. 在 $\alpha = 0.05$ 时, $u_{0.05} = 1.645$, 拒绝域应取作 $u \geqslant 1.645$.

现由样本求得

$$u = \frac{0.1203 - 0.12}{\dfrac{0.1}{\sqrt{25}}} = 0.015 < 1.645,$$

故不能拒绝 H_0, 即可以认为当前微波炉在炉门关闭时的辐射量无明显升高.

3. 某地区民政部门对某种住宅区住户的消费情况进行的调查报告中抽出 9 户样本, 其每年开支除去税款和住宅费用外, 依次为: 4.9, 5.3, 6.5, 5.2, 7.4, 5.4, 6.8, 5.4, 6.3(单位: 千元). 假设所有住户消费数据的总体服从正态分布. 若给定 $\alpha = 0.05$, 试问: 所有住户消费数据的总体方差 $\sigma^2 = 0.3$ 是否可信?

解 检验假设: $H_0: \sigma^2 = \sigma_0^2 = 0.3, H_1: \sigma^2 \neq 0.3$.

当 H_0 为真时, 选择检验统计量 $\chi^2 = \dfrac{(n-1)S^2}{\sigma_0^2} \sim \chi^2(8)$.

对于给定的显著性水平 $\alpha = 0.05$, 查教材中附表 3 得临界值 $\chi_{0.025}^2(8) = 17.535$, $\chi_{0.975}^2(8) = 2.180$, 使得 $P(\chi^2 > 17.535) = 0.025$ 和 $P(\chi^2 < 2.180) = 0.025$, 从而确定拒绝域: $\chi^2 > 17.535$ 或 $\chi^2 < 2.180$. 计算得 $s^2 = 0.861^2$, 计算统计量 χ^2 的观测值 $\chi^2 = \dfrac{8 \times 0.861^2}{0.3} = 19.7686 > 17.535$, 所以统计量 χ^2 的观测值落入拒绝域, 则拒绝 H_0, 即所有住户消费数据的系统方差 $\sigma^2 = 0.3$ 不可信.

习题 8-3

基础题

1. 根据以往资料, 已知某品种小麦每 4 平方米产量(单位: kg)的方差为 $\sigma^2 = 0.2$. 今在一块地上用 A, B 两种方法试验, A 方法设 12 个样点, 得平均产量 1.5; B 方法设 8 个样点, 得平均产量 1.6. 试比较 A, B 两方法的平均产量是否有显著差异($\alpha = 0.05$)?

解 检验假设 $H_0: \mu_A = \mu_B, H_1: \mu_A \neq \mu_B$.

当 H_0 为真时, 选择检验统计量 $U = \dfrac{\overline{X_A} - \overline{X_B}}{\sqrt{\dfrac{\sigma^2}{n_1} + \dfrac{\sigma^2}{n_2}}} \sim N(0,1)$.

对给定的显著性水平 $\alpha = 0.05$, 查教材中附表 2 得临界值 $u_{0.025} = 1.96$, 使 $P(|U| > 1.96) = 0.05$, 从而确定拒绝域 $|u| > 1.96$.

已知 $\sigma^2 = 0.2$, 计算 $|u| = \left| \dfrac{1.5 - 1.6}{\sqrt{\dfrac{0.2}{12} + \dfrac{0.2}{8}}} \right| = 0.4899 < 1.96$, 所以统计量的观测值落入接受域, 则接受 H_0, 即认为 A, B 两法的平均产量无显著差异.

2. 甲、乙相邻两地段各取了 50 块和 52 块岩心进行磁化率测定, 算出子样方差分别为

$S_1^2 = 0.0139, S_2^2 = 0.0053$，试问甲乙两地段块岩心磁化率的标准差是否有显著差异（$\alpha = 0.05$）？

解 假设 $H_0: \sigma_1 = \sigma_2, H_1: \sigma_1 \neq \sigma_2$，所以选取统计量 $F = \dfrac{S_1^2}{S_2^2}$.

计算得 $F = \dfrac{0.0139}{0.0053} = 2.62$，又查 F 分布表得 $F_{\frac{\alpha}{2}}(50-1, 52-1) = F_{0.025}(49, 51) \approx 1.76$.

因为 $F = 2.62 > 1.76 = F_{\frac{\alpha}{2}}$，所以假设 $H_0: \sigma_1 = \sigma_2$ 被否定，即甲、乙两地段岩心磁化率测定数据的标准差在 $\alpha = 0.05$ 时有显著差异.

3. 从甲、乙两煤矿各取若干个样品，得其含灰率（%）为

甲：24.3　　20.8　　23.7　　21.3　　17.4

乙：18.2　　16.9　　20.2　　16.7

假定含灰率均服从正态分布且 $\sigma_1^2 = \sigma_2^2$，问甲、乙两煤矿的含灰率有无显著差异（$\alpha = 0.05$）？

解 检验假设 $H_0: \mu_1 = \mu_2, H_1: \mu_1 \neq \mu_2$.

H_0 为真时，选择检验统计量 $T = \dfrac{\bar{X} - \bar{Y}}{S_w \sqrt{\dfrac{1}{n_1} + \dfrac{1}{n_2}}} \sim t(n_1 + n_2 - 2)$.

计算可得，$\bar{x} = 21.5, s_1^2 = 7.5050, n_1 = 5, \bar{y} = 18, s_2^2 = 2.5933, n_2 = 4$，

$$s_w = \sqrt{\frac{4 \times 7.5050 + 3 \times 2.5933}{4 + 5 - 2}} = 2.324,$$

计算得 $|t| = \left| \dfrac{21.5 - 18}{2.32438 \times \sqrt{\dfrac{1}{5} + \dfrac{1}{4}}} \right| = 2.2453$.

对于给定的显著性水平 0.05，查教材中附表 4 得临界值 $t_{0.025}(8) = 2.3646$. 由于 $|t| < t_{0.025}(8) = 2.3646$，所以统计量 T 的观测值落入接受域，则接受 H_0，即认为甲、乙两煤矿的含灰率无显著差异.

4. 某种羊毛在处理前后，各抽取样本，测得含脂率（%）如下：

处理前：19　18　21　30　66　42　8　12　30　27

处理后：15　13　7　24　19　4　8　20

羊毛含脂率服从正态分布，问处理前后含脂率的标准差 σ 有无显著变化（$\alpha = 0.05$）？

解 设 X 与 Y 分别代表处理前后的羊毛含脂率，则 $X \sim N(\mu_1, \sigma_1^2), Y \sim N(\mu_2, \sigma_2^2)$. 检验假设：$H_0: \sigma_1^2 = \sigma_2^2, H_1: \sigma_1^2 \neq \sigma_2^2$.

当 H_0 为真时，选择检验统计量 $F = \dfrac{S_1^2}{S_2^2} \sim F(n_1 - 1, n_2 - 1)$.

对于给定的 $\alpha = 0.05$，查教材中附表 5 得临界值 $F_{0.025}(9, 7) = 4.82, F_{0.975}(9, 7) = \dfrac{1}{F_{0.025}(7, 9)} = \dfrac{1}{4.2} = 0.238$，从而确立拒绝域：$F > 4.82$ 或 $F < 0.238$.

计算 $s_1^2 = 281.122, s_2^2 = 49.643$,计算检验统计量 F 的观测值 $F = \dfrac{s_1^2}{s_2^2} = \dfrac{281.122}{49.643} \approx 5.663 >$

4.82.说明 F 落在拒绝域中,故拒绝 H_0,即认为处理前后的含脂率的标准差有显著的变化.

5. 在平炉上进行一项试验以确定改变操作方法的建议是否会改变钢的得率,试验是在同一座平炉上进行的,每炼一炉钢时,除操作方法外,其他条件都尽可能地做到相同,先用标准方法炼一炉,然后用建议的新方法炼一炉,以后交替进行,各炼了 10 炉,其得率分别为

(1) 标准方法　78.1　72.4　76.2　74.3　77.4　78.4　76.0　75.5　76.7　77.3

(2) 建议方法　79.1　81.0　77.3　79.1　80.0　79.1　79.1　77.3　80.2　82.1

设两个样本相互独立,且分别来自正态总体 $N(\mu_1, \sigma^2)$ 和 $N(\mu_2, \sigma^2)$,μ_1, μ_2, σ^2 均未知,问建议的新操作方法是否能提高得率($\alpha = 0.05$)?

解　需假设 $H_0: \mu_1 \geqslant \mu_2, H_1: \mu_1 < \mu_2$.

分别求出标准方法和新方法的样本均值和样本方差如下:

$$n_1 = 10, \quad \bar{x} = 76.23, \quad s_1^2 = 3.325, \quad n_2 = 10, \quad \bar{y} = 79.43, \quad s_2^2 = 2.225,$$

进而　$s_\omega^2 = \dfrac{(10-1)s_1^2 + (10-1)s_2^2}{10+10-2} = 2.775.$

查得临界值 $t_{0.05}(18) = 1.7341$,得拒绝域 $t < -t_{0.05}(18) = -1.7341$,计算出检验统计量的观测值

$$t = \left| \frac{76.23 - 79.43}{\sqrt{2.775}\sqrt{\frac{1}{10} + \frac{1}{10}}} \right| = -4.295 < -1.7341,$$

所以拒绝 H_0,即认为建议的新操作方法较原方法为优.

6. 两种型号的计算器充电以后使用的时间(单位:h)的观测值如下表所示.

| 型号 A | 5.5 | 5.6 | 6.3 | 4.6 | 5.3 | 5.0 | 6.2 | 5.8 | 5.1 | 5.2 | 5.9 | — |
| 型号 B | 3.8 | 4.3 | 4.2 | 4.0 | 4.9 | 4.5 | 5.2 | 4.8 | 4.5 | 3.9 | 3.7 | 4.6 |

设两样本相互独立且数据所属的两个正态总体方差相等.试问能否认为型号 A 的计算器平均使用寿命明显比 B 型来得长($\alpha = 0.01$)?

解　假设 $H_0: \mu_1 \leqslant \mu_2, H_1: \mu_1 > \mu_2$.

A,B 两种型号的计算器充电以后使用的时间的样本均值和样本方差如下:

$$n_1 = 11, \quad \bar{x} = 5.5, \quad s_1^2 = 0.274, \quad n_2 = 12, \quad \bar{y} = 4.367, \quad s_2^2 = 0.219,$$

进而　$s_\omega^2 = \dfrac{(11-1)s_1^2 + (12-1)s_2^2}{11+12-2} = 0.245.$

查得临界值 $t_{0.01}(21) = 2.5177$,得拒绝域 $t > t_{0.01}(21) = 2.5177$.

计算出检验统计量的观测值 $t = \left| \dfrac{5.5 - 4.367}{\sqrt{0.245}\sqrt{\frac{1}{11} + \frac{1}{12}}} \right| = 5.48 > 2.5177$,所以拒绝 H_0,即

认为型号 A 的计算器平均使用寿命明显比 B 型来得长.

提高题

1. 设有种植玉米的甲、乙两个农业试验区,各分为 10 个小区,各小区的面积相同,除甲区各小区增施磷肥外,其他试验条件均相同,两个试验区的玉米产量(单位:kg)如下表所示:(假设玉米产量服从正态分布,且有相同的方差).

| 甲区 | 65 | 60 | 62 | 57 | 58 | 63 | 60 | 57 | 60 | 58 |
| 乙区 | 59 | 56 | 56 | 58 | 57 | 57 | 55 | 60 | 57 | 55 |

试统计推断,增施磷肥是否对玉米产量有影响($\alpha=0.05$)?

解　这是方差相等但未知,对均值检验的问题,待检验假设为 $H_0: \mu_X = \mu_Y$,$H_1: \mu_X \neq \mu_Y$. 由样本,得

$$\bar{x} = 60, \quad (n_1-1)s_1^2 = 64, \quad \bar{y} = 57, \quad (n_2-1)s_2^2 = 24,$$

$$t = \left| \frac{60-57}{\sqrt{\frac{64+24}{10+10-2}}\sqrt{\frac{1}{10}+\frac{1}{10}}} \right| = 3.0339 > t_{0.025}(18) = 2.101,$$

所以拒绝原假设 H_0,即可认为增施磷肥对玉米产量有影响.

2. 两家农业银行分别对 21 个储户和 16 个储户的年存款余额进行抽样检查,测得其平均年存款分别为 $\bar{X} = 2600$ 元和 $\bar{Y} = 2700$ 元,样本标准差相应为 $S_1 = 81$ 元和 $S_2 = 105$ 元. 假设年存款余额服从正态分布,试比较两家银行的储户的平均年存款余额有无显著差异($\alpha = 0.10$)?

解　(1) 提出假设 $H_0: \sigma_1^2 = \sigma_2^2$,$H_1: \sigma_1^2 \neq \sigma_2^2$.

选取统计量 $F = \dfrac{S_1^2}{S_2^2} \sim F(n_1-1, n_2-1)$,则拒绝域为

$$\{F > F_{\frac{\alpha}{2}}(n_1-1, n_2-1)\} \bigcup \{F < F_{1-\frac{\alpha}{2}}(n_1-1, n_2-1)\}.$$

当 $n_1 = 21$,$n_2 = 16$,$\alpha = 0.1$ 时,查 F 分布表易得

$$F_{0.05}(20, 15) = 2.33, \quad F_{0.95}(20, 15) = \frac{1}{F_{0.05}(15, 20)} \approx 0.45.$$

又由已知条件计算统计量的值为 $F = \dfrac{S_1^2}{S_2^2} = \dfrac{81^2}{105^2} = 0.5951$.

因为 $0.45 < 0.5951 < 2.33$,所以接受假设 $H_0: \sigma_1^2 = \sigma_2^2$.

(2) 提出假设 $H_0: \mu_1 = \mu_2$,$H_1: \mu_1 \neq \mu_2$.

方差未知,但由(1)可知 $\sigma_1^2 = \sigma_2^2$,因此可用 t 检验.

选择统计量　$T = \dfrac{\bar{x} - \bar{y}}{S_w \sqrt{\dfrac{1}{n_1} + \dfrac{1}{n_2}}} \sim t(n_1 + n_2 - 2)$,

这里 $S_w = \sqrt{\dfrac{(n_1-1)S_1^2 + (n_2-1)S_2^2}{n_1+n_2-2}}$. 查 t 分布表,得 $t_{0.05}(35) = 1.69$.

计算统计量的值为 $t = \dfrac{2600-2700}{S_w \sqrt{\dfrac{1}{n_1}+\dfrac{1}{n_2}}} = -3.2736$.

因为 $|t| = 3.2736 > 1.69$，所以拒绝假设 $H_0 : \mu_1 = \mu_2$，即认可两家银行客户的平均年存款余额有显著差异.

总复习题 8

1. 对总体 X，$E(X) = \mu$ 为待检验参数，如果在显著水平 $\alpha_1 = 0.05$ 下接受 $H_0 : \mu = \mu_0$，那么在显著水平 $\alpha_2 = 0.01$ 下，下列结论正确的是(　　).

    A　接受 H_0 B　可能接受也可能拒绝 H_0

    C　拒绝 H_0 D　不接受也不拒绝 H_0

解　应选 A.

由显著性水平 α 的含义可知，α 越小，拒绝域就越小(α 就是用来控制犯第一类错误的概率)，接受域也就越大，应该越"容易"接受 H_0.

2. 自动包装机装出的每袋重量服从正态分布，规定每袋重量的方差不超过 m，为了检查自动包装机的工作是否正常，对它生产的产品进行抽样检查，检验假设为 $H_0 : \sigma^2 \le m$，$H_1 : \sigma^2 > m$，$\alpha = 0.05$，则下列命题中正确的是(　　).

    A　如果生产正常，则检验结果也认为生产正常的概率是 0.95

    B　如果生产不正常，则检验结果也认为生产不正常的概率是 0.95

    C　如果检验的结果认为生产正常，则生产确实正常的概率等于 0.95

    D　如果检验的结果认为生产不正常，则生产确实不正常的概率等于 0.95

解　因为 $\alpha = P($拒绝 $H_0 | H_0$ 为真$)$，从而 $1-\alpha = P($接受 $H_0 | H_0$ 为真$)$，因此选项 A 正确. 而 B，C，D 分别反映的是条件概率 $P($拒绝 $H_0 | H_0$ 不真$)$、$P(H_0$ 为真$|$接受 $H_0)$ 以及 $P(H_0$ 不真$|$拒绝 $H_0)$. 由假设检验中犯两类错误的概率之间的关系知，这些概率一般不能由 α 所唯一确定，故选项 B，C，D 一般是不正确的，所以本题应选 A.

3. 在正常情况下，某种牌子的香烟一支平均 1.1g，若从这种香烟堆中任取 36 支作为样本，测得样本均值为 1.008(g)，样本方差 $s^2 = 0.1(g^2)$，问这堆香烟是否处于正常状态？已知香烟(支)的重量(单位：g)近似服从正态分布($\alpha = 0.05$).

解　检验假设 $H_0 : \mu = \mu_0 = 1.1$，　$H_1 : \mu \ne 1.1$.

H_0 为真时，选择检验统计量 $T = \dfrac{\overline{X}-\mu_0}{\dfrac{S}{\sqrt{n}}} \sim t(35)$.

对给定的显著性水平 $\alpha = 0.05$，查教材中附表 2 得临界值 $t_{0.025}(35) = 2.0301$，使得 $P(|t| > 2.0301) = 0.05$，从而确定拒绝域：$|t| > 2.0301$.

由 $\overline{x} = 1.008$，$s^2 = 0.1$ 计算得 $|t| = \left| \dfrac{1.008-1.1}{\sqrt{0.1}/\sqrt{36}} \right| = 1.7457 < 2.0301$. 统计量 T 的观测值落入接受域，即接受 H_0，认为这堆香烟正常.

4. 从甲地发送一个讯号到乙地. 设乙地接受的讯号值服从正态分布 $N(\mu, 2^2)$，其中 μ 为甲地发送的真实讯号值. 现甲地重复发送同一讯号 5 次，乙地接收的讯号值为

8.05 8.15 8.2 8.1 8.25

设接收方有理由猜测甲地发送的讯号值为 8,问能否接受这种猜测($\alpha=0.05$)?

解 检验假设 $H_0:\mu=\mu_0=8,H_1:\mu\neq8$.

H_0 为真时,选择检验统计量 $U=\dfrac{\overline{X}-\mu_0}{\dfrac{\sigma}{\sqrt{n}}}\sim N(0,1)$.

对给定的显著性水平 $\alpha=0.05$,查教材中附表 2 得临界值 $u_{0.025}=1.96$,使得 $P(|U|>1.96)=0.05$,从而确定拒绝域 $|u|>1.96$.

计算得 $\overline{x}=8.15$,而 $\sigma=2$,计算得 $|u|=\left|\dfrac{8.15-8}{2/\sqrt{5}}\right|=0.1677<1.96$. 统计量 U 的观测值落入接受域,即接受 H_0,即可接受这种猜测.

5. 由于工业排水引起附近水质污染,测得鱼的蛋白质中含汞的浓度(单位:mg/kg)为

0.37 0.266 0.135 0.095 0.101 0.213 0.228 0.167 0.366 0.054

从过去的大量资料判断,鱼的蛋白质中含汞的浓度服从正态分布,并且从工艺过程分析可以推算出理论上的浓度为 0.1,问从这组数据来看,能否认为鱼的蛋白质中含汞的浓度为 0.1($\alpha=0.05$)?

解 检验假设 $H_0:\mu=\mu_0=0.1,H_1:\mu\neq0.1$.

当 H_0 为真时,选择检验统计量 $T=\dfrac{\overline{X}-\mu_0}{\dfrac{S}{\sqrt{n}}}\sim t(n-1)$.

对于给定的显著性水平 0.05,查教材中附表 4 得临界值 $t_{0.025}(9)=19.023$,使得 $P(|T|\geqslant19.023)=0.05$,从而确定拒绝域:$|t|>19.023$.

计算得 $\overline{x}=0.1995,s=0.11$,计算 $|t|=\left|\dfrac{0.1995-0.1}{\dfrac{0.11}{\sqrt{10}}}\right|=2.8603<19.023$,故统计量 T 的观测值落入接受域,故接受 H_0,即可认为鱼的蛋白质中含汞的浓度为 0.1.

6. 某批砂矿的 5 个样品中的铁含量经测定为(%)

3.25 3.27 3.24 3.26 3.24

设测定值总体服从正态分布,但参数均未知,问在 $\alpha=0.01$ 下能否认为这批砂矿的铁含量的均值为 3.25?

解 检验假设 $H_0:\mu=\mu_0=3.25,H_1:\mu\neq3.25$.

当 H_0 为真时,选择检验统计量 $T=\dfrac{\overline{X}-\mu_0}{\dfrac{S}{\sqrt{n}}}\sim t(n-1)$.

对于给定的显著性水平 $\alpha=0.01$,查教材中附表 4 得临界值 $t_{0.005}(4)=4.6041$,使得 $P(|T|\geqslant4.6041)=0.01$,从而确定拒绝域 $|t|>4.6041$.

计算可得 $\overline{x}=3.252,s=0.013$,计算 $|t|=\left|\dfrac{3.252-3.25}{\dfrac{0.013}{\sqrt{5}}}\right|=0.344<4.6041$,故统计量

T 的观测值落入接受域,即可认为这批砂矿的铁含量的均值为 3.25.

7. 某机器加工的钢管长度服从标准差为 2.4cm 的正态分布,现从一批新生产的钢管中随机的选取 25 根,测得样本标准差为 2.7cm,试以显著性水平 1‰判断该批钢管长度的变异性与标准差 2.4 相比较是否有明显变化.

解 检验假设: $H_0: \sigma^2 = \sigma_0^2 = 2.4^2, H_1: \sigma^2 \neq 2.4^2$.

当 H_0 为真时,选择检验统计量 $\chi^2 = \dfrac{(n-1)S^2}{\sigma_0^2} \sim \chi^2(n-1)$.

对于给定的显著性水平 $\alpha = 0.01$,查教材中附表 3 得临界值 $\chi_{0.005}^2(24) = 45.559$, $\chi_{0.995}^2(24) = 9.886$,使得 $P(\chi^2 \geqslant 45.559) = 0.005$ 和 $P(\chi^2 \leqslant 9.886) = 0.005$.

从而确定拒绝域: $\chi^2 \geqslant 45.559$ 或 $\chi^2 \leqslant 9.886$. 已知 $\sigma_0 = 2.4, s = 2.7$,计算统计量 χ^2 的观测值 $\chi^2 = \dfrac{24 \times 2.7^2}{2.4^2} = 30.375$,因为 $9.886 < 30.375 < 45.559$,即 χ^2 的观测值落入接受域,则接受 H_0,即无明显变化.

8. 某气象数据正常情况下服从方差为 0.048^2 的正态分布. 在某地区的 5 个地点对该数据进行观察得到的结果如下:

1.32 1.55 1.36 1.40 1.44

问该地区的这个气象数据方差是否正常($\alpha = 0.05$)?

解 检验假设 $H_0: \sigma^2 = \sigma_0^2 \neq 0.048^2, H_1: \sigma^2 \neq 0.048^2$.

当 H_0 为真时,选择检验统计量 $\chi^2 = \dfrac{(n-1)S^2}{\sigma_0^2} \sim \chi^2(n-1)$.

对于给定的显著性水平 $\alpha = 0.05$,查教材中附表 3 得临界值 $\chi_{0.025}^2(4) = 11.143$, $\chi_{0.975}^2(4) = 0.484$,使得 $P(\chi^2 \geqslant 11.143) = 0.025$ 和 $P(\chi^2 \leqslant 0.484) = 0.025$.

从而确定拒绝域: $\chi^2 \geqslant 11.143$ 或 $\chi^2 \leqslant 0.484$. 而 $\sigma_0 = 0.048$,且可计算出 $s = 0.0882$.

又计算统计量 χ^2 的观测值 $\chi^2 = \dfrac{4 \times 0.0882^2}{0.048^2} = 13.5056 > 11.143$,即 χ^2 的观测值落入拒绝域,则拒绝 H_0,即认为这个气象数据方差不正常.

9. 某种导线,要求其电阻的标准差不得超过 0.005(单位: Ω). 今在生产的一批导线中取样 9 根,测得 $s = 0.007$.设总体为正态分布,问在显著性水平 $\alpha = 0.05$ 下能否认为这批导线的标准差显著地偏大?

解 根据实际情况,检验假设: $H_0: \sigma^2 \leqslant \sigma_0^2 = 0.005^2, H_1: \sigma^2 > 0.005^2$.

当 H_0 为真时,选择检验统计量 $\chi^2 = \dfrac{(n-1)S^2}{\sigma_0^2} \sim \chi^2(n-1)$.

对于给定的显著性水平 $\alpha = 0.05$,查教材中附表 3 得临界值 $\chi_{0.05}^2(8) = 15.507$.

使得 $P(\chi^2 \geqslant 15.507) = 0.05$,从而确定拒绝域: $\chi^2 \geqslant 15.507$.

计算统计量 χ^2 的观测值 $\chi^2 = \dfrac{8 \times 0.007^2}{0.005^2} = 15.68 > 15.507$,即 χ^2 的观测值落入拒绝域,则拒绝 H_0,即认为这批导线的标准差明显地偏大.

10. 设甲厂生产灯泡的使用寿命 $X \sim N(\mu_1, 95^2)$，乙厂生产灯泡的使用寿命 $Y \sim N(\mu_2, 120^2)$. 现从两厂产品中分别抽取 100 只和 75 只，测得灯泡的平均寿命分别为 1180h 和 1220h. 问在显著性水平 $\alpha = 0.05$ 下，这两个厂家生产灯泡的使用寿命是否有显著差异？

解 检验假设 $H_0: \mu_1 = \mu_2, H_1: \mu_1 \neq \mu_2$.

当 H_0 为真时，选择检验统计量 $U = \dfrac{\overline{X} - \overline{Y}}{\sqrt{\dfrac{\sigma_1^2}{n_1} + \dfrac{\sigma_2^2}{n_2}}} \sim N(0, 1)$.

对给定的显著性水平 $\alpha = 0.05$，查教材中附表 2 得临界值 $u_{0.025} = 1.96$，满足 $P(|U| > 1.96) = 0.05$，从而确定拒绝域：$|u| \geq 1.96$.

已知 $\sigma_1^2 = 95^2, \sigma_2^2 = 120^2, n_1 = 100, n_2 = 75, \bar{x} = 1180, \bar{y} = 1220$，计算

$$|u| = \left| \frac{1180 - 1220}{\sqrt{\dfrac{95^2}{100} + \dfrac{120^2}{75}}} \right| = 2.3809 > 1.96,$$

所以统计量的观测值落入拒绝域，则拒绝 H_0，即认为这两个厂家生产灯泡的使用寿命有显著差异.

11. 某烟厂生产两种香烟，独立地随机抽取容量大小相同的烟叶标本，测其尼古丁含量（单位：mg），其中：

甲香烟含量	24	25	23	30	28
乙香烟含量	30	24	27	31	27

假设这两种香烟的尼古丁含量都服从正态分布，并具有相同的方差. 问在显著性水平 $\alpha = 0.05$ 下，这两种香烟的尼古丁含量是否有显著差异？

解 检验假设 $H_0: \mu_1 = \mu_2, H_1: \mu_1 \neq \mu_2$.

当 H_0 为真时，选择检验统计量 $T = \dfrac{\overline{X} - \overline{Y}}{S_w \sqrt{\dfrac{1}{n_1} + \dfrac{1}{n_2}}} \sim t(n_1 + n_2 - 2)$.

对于给定的显著性水平 $\alpha = 0.05$，查教材中附表 4 得临界值 $t_{0.025}(8) = 2.3060$ 满足 $P(|T| > 2.3060) = 0.05$，可得拒绝域 $|t| > 2.3060$.

计算可得 $\bar{x} = 26, s_1^2 = 2.915^2, \bar{y} = 27.8, s_2^2 = 2.775^2$.

$$s_w = \sqrt{\frac{(n_1 - 1)s_1^2 + (n_2 - 1)s_2^2}{n_1 + n_2 - 2}} = \sqrt{\frac{4 \times 2.915^2 + 4 \times 2.775^2}{8}} = 2.8459.$$

可计算 $|t| = \left| \dfrac{26 - 27.8}{2.8459 \times \sqrt{\dfrac{1}{5} + \dfrac{1}{5}}} \right| = 1.0001 < 2.3060$，所以统计量的观测值落入接受域，则接受 H_0，即两个厂家生产的灯泡的使用寿命无明显差异.

12. 两台车床生产同一种滚珠，滚珠的直径服从正态分布，从中分别抽取 7 个和 9 个产品，测得其直径（单位：mm）为

甲车床：15.2 14.5 15.5 14.8 15.1 15.6 14.7

乙车床：15.2 15.0 14.8 15.2 15.0 14.9 15.1 14.8 15.3

在显著性水平 $\alpha=0.05$ 下,判断乙车床生产的滚珠直径的方差是否比甲的小?

解 检验假设 $H_0:\sigma_1^2\leqslant\sigma_2^2,H_1:\sigma_1^2>\sigma_2^2$.

当 H_0 为真时,选择检验统计量 $F=\dfrac{S_1^2}{S_2^2}\sim F(n_1-1,n_2-1)$.

对于给定的显著性水平 $\alpha=0.05$,查教材中附表 5 得临界值 $F_{0.05}(6,8)=3.58$,满足 $P(F>3.58)=0.05$,可得拒绝域 $F>3.58$.

计算可得,$s_1^2=0.4117^2$,$s_2^2=0.1803^2$,则 $F=\dfrac{s_1^2}{s_1^2}=\dfrac{0.4117^2}{0.1803^2}=5.214>3.58$,

所以拒绝 H_0,即认为乙车床生产的滚珠直径的方差的比甲的小.

13. 下表分别给出文学家马克·吐温(Mark Twain) 8 篇小品文以及斯诺特格拉斯(Snodgrass)的 10 篇小品文中由 3 个字母组成的单字的比例.

马克·吐温	0.225	0.262	0.217	0.240	0.230	0.229	0.235	0.217	—	—
斯诺特格拉斯	0.209	0.205	0.196	0.210	0.202	0.207	0.224	0.223	0.220	0.201

设两总体分别服从正态分布,且两总体方差相等,但参数均未知,两样本相互独立.试问两个作家的小品文包含由 3 个字母组成的单字的比例是否有显著的差异($\alpha=0.05$)?

解 设 X,Y 分别表示马克·吐温及斯诺特格拉斯小品文中由 3 个字母组成的单字的比例,设 $X\sim N(\mu_1,\sigma_1^2),Y\sim N(\mu_2,\sigma_2^2)$,两总体方差相等,均等于 σ^2,两样本相互独立.

检验假设 $H_0:\mu_1=\mu_2,H_1:\mu_1\neq\mu_2$.

当 H_0 为真时,选择检验统计量 $T=\dfrac{\overline{X}-\overline{Y}}{S_w\sqrt{\dfrac{1}{n_1}+\dfrac{1}{n_2}}}\sim t(n_1+n_2-2)$.

对于给定的显著性水平 $\alpha=0.05$,查教材中附表 4 得临界值 $t_{0.025}(16)=2.1199$,可得拒绝域 $|t|\geqslant 2.1199$.

计算可得,$\overline{x}=0.2319,s_1^2=0.0146^2,\overline{y}=0.2097,s_2^2=0.0097^2$,

$$s_w=\sqrt{\dfrac{(n_1-1)s_1^2+(n_2-1)s_2^2}{n_1+n_2-2}}=\sqrt{\dfrac{7\times 0.0146^2+9\times 0.0097^2}{16}}=0.012.$$

计算

$$|t|=\left|\dfrac{0.2319-0.2097}{0.012\times\sqrt{\dfrac{1}{8}+\dfrac{1}{10}}}\right|=3.9>2.1199,$$

所以统计量的观测值落入拒绝域,则拒绝 H_0,即两个作家的小品文包含由 3 个字母组成的单字的比例有显著的差异.

第 **9** 章

方差分析与回归分析

内容概要

一、方差分析的相关概念

要研究某一指标,在诸影响该指标的因素中哪些因素是主要的,哪些因素是次要的,以及主要因素处于何种状态时,才能使研究某一指标达到一个较高的水平,这就是**方差分析**所要解决的问题.

在试验中,我们把要考察对象的某种特征称为**试验指标**.影响试验指标的条件称为**因素**.因素可分为两类,一类是人们可以控制的;另一类是人们无法控制的.今后,我们所讨论的因素都是指可控因素.因素所处的状态,称为**因素水平**.如果在一项试验中只有一个因素在改变,则称为**单因素试验**;如果多于一个因素在改变,则称为**多因素试验**.为了方便起见,今后用大写字母 $A,B,C,\cdots$ 表示因素,用大写字母加下标表示该因素的水平,如 $A_1,A_2,\cdots$.

二、单因素方差分析

研究一个因素对试验指标是否产生影响.我们把这样的试验称为单因素试验.对试验所作的统计分析称为**单因素方差分析**.

一般地,设因素 A 有 r 个水平: $A_1,A_2,\cdots,A_r$,在水平 $A_i(i=1,2,\cdots,r)$ 下进行 $n_i(n_i \geqslant 2)$ 次独立试验, X_{ij} 表示第 i 个水平下进行的第 j 次试验的可能结果,如下表.设 n 表示总试验次数,则 $n=\sum_{i=1}^{n} n_i$.

因 素 水 平	试 验 数 据			
A_1	X_{11}	X_{12}	$\cdots$	X_{1n_1}
A_2	X_{21}	X_{22}	$\cdots$	X_{2n_2}
$\vdots$	$\vdots$	$\vdots$	$\cdots$	$\vdots$
A_i	X_{i1}	X_{i2}	$\cdots$	X_{in_i}
$\vdots$	$\vdots$	$\vdots$	$\cdots$	$\vdots$
A_r	X_{r1}	X_{r2}	$\cdots$	X_{rn_r}

用 X_i 表示水平 A_i 所对应的总体,它是一个随机变量,而 $X_{i1}, X_{i2}, \cdots, X_{in_i}$ 是来自总体 X_i 的样本.并假设每个总体 X_i 服从正态分布 $N(\mu_i, \sigma^2)(i=1,2,\cdots,r)$,其中 μ_i 和 σ^2 未知,且从每个总体中抽取的样本 X_{ij} 相互独立 $(i=1,2,\cdots,r; j=1,2,\cdots,n_i)$.

需检验的假设为

$$H_0: \mu_1 = \mu_2 = \cdots = \mu_r, \quad H_1: \mu_1, \mu_2, \cdots, \mu_r \text{ 不全相等}$$

总的偏差平方和 S_T 分解成两部分,其中一部分是由因素 A 的各水平之间的差异引起的 S_A,另一部分是由随机误差所引起的 S_E.

为此引入在水平 A_i 对应的总体 X_i 下,样本均值 $\overline{X}_i. = \dfrac{1}{n_i} \sum\limits_{i=1}^{n} X_{ij}$,

$$S_T = \sum_{i=1}^{r} \sum_{j=1}^{n_i} (X_{ij} - \overline{X})^2, \quad S_E = \sum_{i=1}^{r} \sum_{j=1}^{n_i} (X_{ij} - \overline{X}_i.)^2,$$

$$S_A = \sum_{i=1}^{r} \sum_{j=1}^{n_i} (\overline{X}_i. - \overline{X})^2 = \sum_{i=1}^{r} n_i (\overline{X}_i. - \overline{X})^2,$$

则**总偏差平方和** $S_T = S_E + S_A$.

S_E 的各项 $(X_{ij} - \overline{X}_i.)^2$ 表示在水平 A_i 下,样本观测值与样本均值的差异,是由随机误差所引起的,称 S_E 为**误差平方和**或**组内平方和**. S_A 的各项 $n_i (\overline{X}_i. - \overline{X})^2$ 表示在水平 A_i 下的样本均值与数据总平均值 $\overline{X}$ 的差异,这是由因素 A 的各水平之间的差异及随机误差引起的,称 S_A 为**因素平方和**或**组间平方和**.

F 检验

为了一目了然,将 F 检验过程列成如下方差分析表:

单因素方差分析表

方 差 来 源	平 方 和	自 由 度	均 方 和	F 值	临 界 值
因素 A	S_A	$r-1$	$MS_A = \dfrac{S_A}{r-1}$	$F = \dfrac{MS_A}{MS_E}$	$F_\alpha(r-1, n-r)$
误差	S_E	$n-r$	$MS_E = \dfrac{S_E}{n-r}$		
总和	S_T	$n-1$			

如果统计量 F 的观测值过大,则应拒绝 H_0,故可按给定的显著水平 α,由教材中附表 5 查临界值 $F_\alpha(r-1, n-r)$,若满足 $P(F \geqslant F_\alpha(r-1, n-r)) = \alpha$,就拒绝 H_0,所以 H_0 的拒绝域 $F \geqslant F_\alpha(r-1, n-r)$.

三、双因素方差分析

1. 无重复试验的双因素方差分析

(1) 无重复试验的双因素方差分析模型

设因素 A 有 r 个水平 $A_1, A_2, \cdots, A_r$,因素 B 有 s 个水平 $B_1, B_2, \cdots, B_s$.如果不考虑

因素 A 和因素 B 之间的交互作用，这时只需在因素 A 与 B 的各个水平的每一种搭配 $(A_i, B_j)(i=1,2,\cdots,r; j=1,2,\cdots,s)$ 下，进行一次试验，得到 rs 个试验结果，记为 X_{ij}（如下表）.

因素 B 因素 A	B_1	B_2	$\cdots$	B_j	$\cdots$	B_s
A_1	X_{11}	X_{12}	$\cdots$	X_{1j}	$\cdots$	X_{1s}
A_2	X_{21}	X_{22}	$\cdots$	X_{2j}	$\cdots$	X_{2s}
$\vdots$	$\vdots$	$\vdots$		$\vdots$		
A_i	X_{i1}	X_{i2}	$\cdots$	X_{ij}	$\cdots$	X_{is}
$\vdots$	$\vdots$	$\vdots$		$\vdots$		
A_r	X_{r1}	X_{r2}	$\cdots$	X_{rj}	$\cdots$	X_{rs}

显然总试验次数 $n=rs$.

要判断因素 A 的影响是否显著，就要检验假设

$$H_{0A}: \mu_{1j}=\mu_{2j}=\cdots=\mu_{rj}=\mu_j \quad (j=1,2,\cdots,s).$$

要判断因素 B 的影响是否显著，就要检验假设

$$H_{0B}: \mu_{i1}=\mu_{i2}=\cdots=\mu_{is}=\mu_i \quad (i=1,2,\cdots,r).$$

（2）总偏差平方和的分解

为完成上述假设检验，与单因素方差分析一样，对总偏差平方和 S_T 进行分解.

记 $\overline{X}=\dfrac{1}{rs}\displaystyle\sum_{i=1}^{r}\sum_{j=1}^{s}X_{ij}$，$\overline{X}_{i.}=\dfrac{1}{s}\displaystyle\sum_{j=1}^{s}X_{ij}(i=1,2,\cdots,r)$，$\overline{X}_{.j}=\dfrac{1}{r}\displaystyle\sum_{i=1}^{r}X_{ij}(j=1,2,\cdots,s)$.

将总偏差平方和 S_T 进行分解：$S_T=S_E+S_A+S_B$，其中

$$S_T=\sum_{i=1}^{r}\sum_{j=1}^{s}(X_{ij}-\overline{X})^2,$$

$$S_A=\sum_{i=1}^{r}\sum_{j=1}^{s}(\overline{X}_{i.}-\overline{X})^2=s\sum_{i=1}^{r}(\overline{X}_{i.}-\overline{X})^2,$$

$$S_B=\sum_{i=1}^{r}\sum_{j=1}^{s}(\overline{X}_{.j}-\overline{X})^2=r\sum_{j=1}^{s}(\overline{X}_{.j}-\overline{X})^2,$$

$$S_E=\sum_{i=1}^{r}\sum_{j=1}^{s}(X_{ij}-\overline{X}_{i.}-\overline{X}_{.j}+\overline{X})^2.$$

称 S_A 为因素 A 的偏差平方和，它反映了因素 A 的不同水平引起的系统误差；称 S_B 为因素 B 的偏差平方和，它反映了因素 B 的不同水平引起的系统误差；称 S_E 为误差平方和，它反映了试验过程中各种随机因素所引起的随机误差.

（3）F 检验

为了清晰起见，把上述检验过程可列成方差分析表如下：

无重复试验的双因素方差分析表

方差来源	平方和	自 由 度	均 方 和	F 值	临 界 值
因素 A	S_A	$r-1$	$MS_A = \dfrac{S_A}{r-1}$	$F_A = \dfrac{MS_A}{MS_E}$	$F_{A\alpha}(r-1,(r-1)(s-1))$
因素 B	S_B	$s-1$	$MS_B = \dfrac{S_B}{s-1}$	$F_B = \dfrac{MS_B}{MS_E}$	$F_{B\alpha}(r-1,(r-1)(s-1))$
误差	S_E	$(r-1)(s-1)$	$MS_E = \dfrac{S_E}{(r-1)(s-1)}$		
总和	S_T	$n-1$			

H_{0A} 的拒绝域为 $F_A \geqslant F_{A\alpha}(r-1,(r-1)(s-1))$,

H_{0B} 的拒绝域为 $F_B \geqslant F_{B\alpha}(r-1,(r-1)(s-1))$.

2. 等重复试验的双因素方差分析

(1)等重复试验的双因素方差分析模型

设因素 A 有 r 个水平 $A_1,A_2,\cdots,A_r$, 因素 B 有 s 个水平 $B_1,B_2,\cdots,B_s$. 考虑因素 A 和因素 B 之间是否有交互作用的影响,需在两个因素各个水平的组合 (A_i,B_j) $(i=1,2,\cdots,r;j=1,2,\cdots,s)$ 下分别进行 m 次 $(m\geqslant 2)$ 试验,称为**等重复试验**,记其试验结果为 X_{ijk},得到数据如下表:

因素 A ＼ 因素 B	B_1	$\cdots$	B_j	$\cdots$	B_s
A_1	$X_{111},\cdots,X_{11m}$	$\cdots$	$X_{1j1},\cdots,X_{1jm}$	$\cdots$	$X_{1s1},\cdots,X_{1sm}$
A_2	$X_{211},\cdots,X_{21m}$	$\cdots$	$X_{2j1},\cdots,X_{2jm}$	$\cdots$	$X_{2s1},\cdots,X_{2sm}$
$\vdots$	$\vdots$		$\vdots$		$\vdots$
A_i	$X_{i11},\cdots,X_{i1m}$	$\cdots$	$X_{ij1},\cdots,X_{ijm}$	$\cdots$	$X_{is1},\cdots,X_{ism}$
$\vdots$	$\vdots$		$\vdots$		$\vdots$
A_r	$X_{r11},\cdots,X_{r1m}$	$\cdots$	$X_{rj1},\cdots,X_{rjm}$	$\cdots$	$X_{rs1},\cdots,X_{rsm}$

显然总试验次数 $n=mrs$.

假设在水平 (A_i,B_j) 下所对应的总体 $X_{ij} \sim N(\mu_{ij},\sigma^2)$ $(i=1,2,\cdots,r;j=1,2,\cdots,s)$,其中 μ_{ij},σ^2 未知,且各样本 X_{ijk} $(i=1,2,\cdots,r;j=1,2,\cdots,s;k=1,2,\cdots,m)$ 之间相互独立. 等重复试验的双因素方差分析就是要判断因素 A,B 及 A 与 B 的交互反应的影响是否显著.

检验假设

$$H_{0A}: \alpha_1 = \alpha_2 = \cdots = \alpha_r = 0,$$

$$H_{0B}: \beta_1 = \beta_2 = \cdots = \beta_r = 0,$$

$$H_{0A\times B}: \gamma_{ij} = 0 \quad (i=1,2,\cdots,r;j=1,2,\cdots,s).$$

(2)总偏差平方和的分解

引入记号

$$\overline{X} = \frac{1}{rsm} \sum_{i=1}^{r} \sum_{j=1}^{s} \sum_{k=1}^{m} X_{ijk}, \quad \overline{X}_{ij.} = \frac{1}{m} \sum_{k=1}^{m} X_{ijk},$$

$$\overline{X}_{i..} = \frac{1}{s} \sum_{j=1}^{s} \overline{X}_{ij.} = \frac{1}{sm} \sum_{j=1}^{s} \sum_{k=1}^{m} X_{ijk}, \quad \overline{X}_{.j.} = \frac{1}{r} \sum_{i=1}^{r} \overline{X}_{ij.} = \frac{1}{rm} \sum_{i=1}^{r} \sum_{k=1}^{m} X_{ijk}.$$

对总偏差平方和 S_T 进行分解

$$S_T = \sum_{i=1}^{r} \sum_{j=1}^{s} \sum_{k=1}^{m} (X_{ijk} - \overline{X})^2$$

$$= \sum_{i=1}^{r} \sum_{j=1}^{s} \sum_{k=1}^{m} [(X_{ijk} - \overline{X}_{ij.}) + (\overline{X}_{i..} - \overline{X}) + (\overline{X}_{.j.} - \overline{X}) + $$

$$(\overline{X}_{ij.} - \overline{X}_{i..} - \overline{X}_{.j.} + \overline{X})]^2.$$

由于在 S_T 的展开式中,四个交叉项都等于零,故有如下定理.

定理　$S_T = S_A + S_B + S_{A \times B} + S_E$,其中

$$S_A = sm \sum_{i=1}^{r} (\overline{X}_{i..} - \overline{X})^2, \quad S_B = rm \sum_{j=1}^{s} (\overline{X}_{.j.} - \overline{X})^2,$$

$$S_{A \times B} = m \sum_{i=1}^{r} \sum_{j=1}^{s} (\overline{X}_{ij.} - \overline{X}_{i..} - \overline{X}_{.j.} + \overline{X})^2,$$

$$S_E = \sum_{i=1}^{r} \sum_{j=1}^{s} \sum_{k=1}^{m} (X_{ijk} - \overline{X}_{ij.})^2.$$

称 S_A 为因素 A 的**偏差平方和**,它反映了因素 A 的不同水平引起的系统误差;称 S_B 为因素 B 的**偏差平方和**,它反映了因素 B 的不同水平引起的系统误差;称 $S_{A \times B}$ 为 A,B **交互偏差平方和**,它反映了 A 与 B 的交互反应引起的系统误差;称 S_E 为**误差平方和**,它反映了试验过程中各种随机因素所引起的随机误差.

关于自由度的分解,我们有

$$S_A: r-1, \quad S_B: s-1, \quad S_{A \times B}: (r-1)(s-1),$$

$$S_E: rs(m-1) = n-rs, \quad S_T: rsm-1 = n-1.$$

(3) F 检验

类似于无重复双因素的方差分析,用的三个检验统计量分别是

$$F_A = \frac{S_A/(r-1)}{S_E/rs(m-1)} \sim F(r-1, rs(m-1)),$$

$$F_B = \frac{S_B/(s-1)}{S_E/rs(m-1)} \sim F(s-1, rs(m-1)),$$

$$F_{A \times B} = \frac{S_{A \times B}/(r-1)(s-1)}{S_E/rs(m-1)} \sim F((r-1)(s-1), rs(m-1)).$$

取显著水平为 α,得

H_{0A} 的拒绝域为 $F_A \geqslant F_{A\alpha}(r-1, rs(m-1))$,

H_{0B} 的拒绝域为 $F_B \geqslant F_{B\alpha}(s-1, rs(m-1))$,

$H_{0A \times B}$ 的拒绝域为 $F_{A \times B} \geqslant F_{(A \times B)\alpha}((r-1)(s-1), rs(m-1))$.

为了清晰起见,把上述检验过程列成方差分析表如下:

有重复试验的双因素方差分析表

方差来源	平方和	自 由 度	均 方 和	F 值	临 界 值
因素 A	S_A	$r-1$	$MS_A = \dfrac{S_A}{r-1}$	$F_A = \dfrac{MS_A}{MS_E}$	$F_{A\alpha}(r-1, rs(m-1))$
因素 B	S_B	$s-1$	$MS_B = \dfrac{S_B}{s-1}$	$F_B = \dfrac{MS_B}{MS_E}$	$F_{B\alpha}(r-1, rs(m-1))$
$A \times B$	$S_{A \times B}$	$(r-1)(s-1)$	$MS_{A \times B} = \dfrac{S_{A \times B}}{(r-1)(s-1)}$	$F_{A \times B} = \dfrac{MS_{A \times B}}{MS_E}$	
误差	S_E	$rs(m-1)$	$MS_E = \dfrac{S_E}{rs(m-1)}$		
总和	S_T	$n-1$			

四、一元线性回归模型

1. 一般地,已知两个变量 x 和 y 之间存在着某种相关关系,通过试验或观测得到变量 x 和 y 的 n 对数据 (x_i, y_i),把每对数据 (x_i, y_i) 看成直角坐标系中的一个点,画出散点图,通过观察散点图中的点,估计一下 y 与 x 之间具有的函数关系.如果 y 关于 x 大致呈线性关系,$y = a + bx$,可求线性回归方程.

由数据 (x_i, y_i) $(i = 1, 2, \cdots, n)$,可以获得 a, b 的估计 $\hat{a}, \hat{b}$,称 a, b 为**回归系数** (regression coefficient),称

$$\hat{y} = \hat{a} + \hat{b}x$$

为 y 关于 x 的经验回归函数,简称为**回归方程**(regression equation),其图形称为**回归直线**. 给定 $x = x_0$ 后,称 $\hat{y}_0 = \hat{a} + \hat{b}x_0$ 为回归值(在不同场合也称其为拟合值、预测值).

2. 参数 a, b 的最小二乘估计

$$\begin{cases} na + n\bar{x}b = n\bar{y}, \\ n\bar{x}a + \sum_{i=1}^{n} x_i^2 b = \sum_{i=1}^{n} x_i y_i. \end{cases} \quad (*)$$

称上式为**正规方程组**,其中 $\bar{x} = \dfrac{1}{n}\sum_{i=1}^{n} x_i$,$\bar{y} = \dfrac{1}{n}\sum_{i=1}^{n} y_i$.

由于 x_i 不完全相同,故正规方程组的系数行列式

$$\begin{vmatrix} n & n\bar{x} \\ n\bar{x} & \sum_{i=1}^{n} x_i^2 \end{vmatrix} = n\left(\sum_{i=1}^{n} x_i^2 - n\bar{x}^2\right) = n\sum_{i=1}^{n}(x_i - \bar{x})^2 \neq 0,$$

方程组 $(*)$ 有唯一解

$$\begin{cases} \hat{b} = \dfrac{\sum_{i=1}^{n} x_i y_i - n\bar{x}\bar{y}}{\sum_{i=1}^{n} x_i^2 - n\bar{x}^2}, \\ \hat{a} = \bar{y} - \hat{b}\bar{x}. \end{cases}$$

为了计算方便引入记号

$$L_{xy} = \sum_{i=1}^{n}(x_i-\overline{x})(y_i-\overline{y}) = \sum_{i=1}^{n}x_iy_i - n\overline{x}\,\overline{y} = \sum_{i=1}^{n}x_iy_i - \frac{1}{n}\Big(\sum_{i=1}^{n}x_i\Big)\Big(\sum_{i=1}^{n}y_i\Big),$$

$$L_{xx} = \sum_{i=1}^{n}(x_i-\overline{x})^2 = \sum_{i=1}^{n}x_i^2 - n\overline{x}^2 = \sum_{i=1}^{n}x_i^2 - \frac{1}{n}\Big(\sum_{i=1}^{n}x_i\Big)^2,$$

$$L_{yy} = \sum_{i=1}^{n}(y_i-\overline{y})^2 = \sum_{i=1}^{n}y_i^2 - n\overline{y}^2 = \sum_{i=1}^{n}y_i^2 - \frac{1}{n}\Big(\sum_{i=1}^{n}y_i\Big)^2,$$

解变成

$$\begin{cases} \hat{b} = \dfrac{L_{xy}}{L_{xx}}, \\ \hat{a} = \overline{y} - \hat{b}\overline{x}, \end{cases}$$

所以线性回归方程为 $\hat{y} = \hat{a} + \hat{b}x$.

3. 对回归方程的显著性检验

检验假设 $H_0 : b = 0$,可将上述检验过程列成相应的一元线性回归方差分析表.

方差来源	平 方 和	自 由 度	均 方 和	F 值	临 界 值
回归	U	1	$U/1$	$F = \dfrac{U}{Q/(n-2)}$	$F_a(1, n-2)$
误差	Q	$n-2$	$Q/(n-2)$		
总和	L_{yy}	$n-1$			

如果 $F \geqslant F_a(1, n-2)$,就拒绝原假设 H_0,即认为 y 与 x 之间的线性关系显著;如果 $F < F_a(1, n-2)$,则接受原假设 H_0,认为 y 与 x 之间的线性关系不显著,或者不存在线性相关关系.

题型归纳与例题精解

题型 9-1 单因素方差分析

【例 1】 将抗生素注入人体会产生抗生素与血浆蛋白结合的现象,以致减少了药效,下表列出 5 种常用的抗生素注入牛的体内时,抗生素与血浆蛋白结合的百分比.

青 霉 素	四 环 素	链 霉 素	红 霉 素	绿 霉 素
29.6	27.3	5.8	21.6	29.2
24.3	32.6	6.2	17.4	32.8
28.5	30.8	11.0	18.3	25.0
32.0	34.8	8.3	19.0	24.2

试在显著性水平 $\alpha = 0.05$ 下检验这些百分比的均值有无显著的差异.

解 以 $\mu_1, \mu_2, \mu_3, \mu_4, \mu_5$ 依次表示青霉素、四环素、链霉素、红霉素、氯霉素与血浆蛋白质结合的百分比的均值. 本题需检验假设.

$$H_0: \mu_1 = \mu_2 = \mu_3 = \mu_4 = \mu_5,$$

$$H_1: \mu_1, \mu_2, \mu_3, \mu_4, \mu_5 \text{ 不全相等}$$

$$n_1 = n_2 = n_3 = n_4 = n_5 = 4, \quad \sum_{i=1}^{5} n_i = 20,$$

$$T_{\cdot 1} = 114.4, T_{\cdot 2} = 125.5, T_{\cdot 3} = 31.3, T_{\cdot 4} = 76.3, T_{\cdot 5} = 111.2, T_{\cdot \cdot} = 458.7,$$

$$S_T = \sum_{j=1}^{5} \sum_{i=1}^{4} x_{ij}^2 - \frac{T_{\cdot \cdot}^2}{20} = 12136.93 - 10520.2845 = 1616.6455,$$

$$S_A = \sum_{j=1}^{5} \frac{T_{\cdot j}^2}{4} - \frac{T^2}{20} = 12001.1075 - 10520.2845 = 1480.823,$$

$$S_E = S_T - S_A = 1616.6455 - 1480.823 = 135.8255.$$

S_T, S_A, S_E 的自由度分别为 19,4,15,从而得方差分析表如下：

方差来源	平 方 和	自 由 度	均 方	F 值
因素 A	1480.823	4	$\overline{S}_A = 370.2058$	$\dfrac{\overline{S}_A}{\overline{S}_E} = 40.88$
因素 E	135.8225	15	$\overline{S}_E = 9.0548$	
总和 T	1616.6455	19		

因 $F_{0.05}(4,15) = 3.06, F_比 = 40.88 > 3.06$,故在显著水平 0.05 下拒绝 H_0,认为百分比的均值有显著的差异.

题型 9-2 双因素方差分析

【例 2】 用不同的生产方法(不同的硫化时间和不同的加速剂)制造的硬橡胶的抗牵拉强度(以 $\text{kg} \cdot \text{cm}^{-2}$ 为单位)的观察数据如下表所示,试在显著水平 0.10 下分析不同的硫化时间(A),加速剂(B)以及它们的交互作用($A \times B$)对抗牵拉强度有无显著影响.

加速剂 140℃下硫化时间/s	甲	乙	丙
40	39.36	43.37	37.41
60	61.35	42.39	39.40
80	40.30	43.36	36.38

解 体检假设

$$H_{0A}: \alpha_1 = \alpha_2 = \alpha_3 = 0$$

$$H_{0B}: \beta_1 = \beta_2 = \beta_3 = 0$$

$$H_{0A \times B}: r_{ij} = 0 (i = 1, 2, 3; j = 1, 2, 3)$$

$$r = s = 3, \quad t = 2.$$

$T_{\ldots}, T_{ij\cdot}, T_{i\cdot\cdot}, T_{\cdot j\cdot}$ 的计算如表.

硫化时间 ＼ 加速剂	甲	乙	丙	$T_{i\cdot\cdot}$
40	75	80	78	233
60	76	81	79	236
80	70	79	74	223
$T_{\cdot j\cdot}$	221	240	231	692

$$S_T = \sum_{i=1}^{r} \sum_{j=1}^{s} \sum_{k=1}^{t} x_{ijk}^2 - \frac{T_{\ldots}^2}{rst} = 178.44,$$

$$S_A = \frac{1}{st} \sum_{i=1}^{r} T_{i\cdot\cdot}^2 - \frac{T_{\ldots}^2}{rst} = 15.44,$$

$$S_B = \frac{1}{rt} \sum_{j=1}^{s} T_{\cdot j\cdot}^2 - \frac{T_{\ldots}^2}{rst} = 30.11,$$

$$S_{A\times B} = \left[\frac{1}{t} \sum_{i=1}^{r} \sum_{j=1}^{s} T_{ij\cdot}^2 - \frac{T_{\ldots}^2}{rst} \right] - S_A - S_B = 2.89,$$

$$S_E = S_T - S_A - S_B - S_{A\times B} = 130.$$

得方差分析表如下：

方差来源	平　方　和	自　由　度	均　方　和	F 值
因素 A（硫化时间）	15.44	2	7.72	$F_A = 0.53$
因素 B（加速剂）	30.11	2	15.56	$F_B = 1.04$
交互 $A\times B$	2.89	4	0.7225	$F_{A\times B} = 0.05$
误差	130	9	14.44	
总和	178.44			

由于 $F_{0.10}(2,9) = 3.01 > F_A$，$F_{0.10}(2,9) > F_B$，$F_{0.10}(4,9) = 2.69 > F_{A\times B}$，因而接受假设 $H_{0A}, H_{0B}, H_{0A\times B}$，即硫化时间、加速剂以及它们的交互作用对硬橡胶的抗牵拉强度的影响不显著.

题型 9-3　一元线性回归方程

【例 3】 以家庭为单位，某种商品的月需求量 y 与该商品的价格 x 之间的一组调查数据如下：

价格 x_i/元	3	4.5	5.6	7	8	10
需求量 y/kg	4.5	4	3.8	3.2	3	2.8

试求需求量 y 与价格 x 之间的回归直线方程，并检验 y 与 x 之间的相关性（$\alpha = 0.05$）.

解　先画出散点图 9.1，由散点图看出，6 个点大致分布在一条直线附近.设直线方程为 $y = ax + b$.

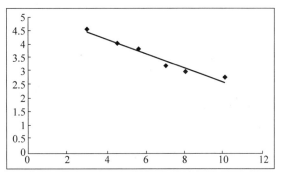

图 9.1　散点图

整理数据列表格如下：

i	x_i	y_i	x_iy_i	x_i^2	y_i^2
1	3	4.5	13.5	9	20.25
2	4.5	4	18	20.25	16
3	5.6	3.8	21.28	31.36	14.44
4	7	3.2	22.4	49	10.24
5	8	3.0	24	64	9
6	10	2.8	28	100	7.84
$\sum$	38.1	21.3	127.17	273.61	77.77

由上表可求出

$$\bar{x}=6.35,\quad \bar{y}=3.55,$$

$$L_{xx}=\sum_{i=1}^{6}x_i^2-6\overline{x^2}=31.675,\quad L_{xy}=\sum_{i=1}^{6}xy_i-6\bar{x}\cdot\bar{y}=-8.075,$$

$$L_{yy}=\sum_{i=1}^{6}y_i^2-6\bar{y}^2=2.155,\quad \hat{a}=\frac{L_{xy}}{L_{xx}}=\frac{-8.075}{31.675}=-0.255,$$

$$\hat{a}=\bar{y}-\hat{a}\bar{x}=3.55-0.255\times6.35=5.169.$$

于是得到 y 与 x 之间的回归直线方程为 $y=-0.255x+5.169$.

F 检验法

由于 $U=\hat{a}^2L_{xx}=\dfrac{L_{xy}^2}{L_{xx}}=2.059$, $Q=L_{yy}-U=2.155-2.059=0.096$,

所以　$F=\dfrac{(n-2)U}{Q}=\dfrac{(6-2)\times2.059}{0.096}=85.96.$

查 F 分布表得临界值 $F_{0.05}(1,4)=7.71$. 显然 $F>F_{0.05}(1,4)$，所以需求量 y 与价格 x 之间存在显著的线性相关关系.

课后习题解答

习题 9-1

1. 三个车间逐日记录的次品率如下表：

车间	次　品　率						
A_1	16	10	12	13	11	12	
A_2	10	11	9	6	7		
A_3	14	17	13	15	12	14	13

试计算总偏差平方和 S_T，因子平方和 S_A，误差平方和 S_E.

解　$\displaystyle\sum_{i=1}^{3}\sum_{j=1}^{n_i}X_{ij}^2=(16^2+10^2+\cdots+13^2)=2709,$

$\displaystyle T=\sum_{i=1}^{3}\sum_{j=1}^{n_i}X_{ij}=(16+10+\cdots+13)=215,$

$\displaystyle T_{1.}=\sum_{j=1}^{6}X_{1j}=74,\quad T_{2.}=\sum_{j=1}^{5}X_{2j}=43,\quad T_{3.}=\sum_{j=1}^{7}X_{3j}=98,$

$\displaystyle S_T=\sum_{i=1}^{r}\sum_{j=1}^{n_i}(X_{ij}-\overline{X})^2=\sum_{i=1}^{3}\sum_{j=1}^{n_i}X_{ij}^2-\frac{T^2}{n}=2079-\frac{215^2}{18}\approx141,$

$\displaystyle S_A=\sum_{i=1}^{r}\sum_{j=1}^{n_i}(\overline{X}_{i.}-\overline{X})^2=\sum_{i=1}^{r}\frac{T_{i.}^2}{n_i}-\frac{T^2}{n}=\frac{74^2}{6}+\frac{43^2}{5}+\frac{98^2}{7}-\frac{215^2}{18}=86.4,$

$\displaystyle S_E=\sum_{i=1}^{r}\sum_{j=1}^{n_i}(X_{ij}-\overline{X}_{i.})^2=S_T-S_A=54.6.$

2. 在单因素方差分析中，因素 A 有三个水平，每个水平各作了 4 次重复独立的试验，请完成下列方差分析，并在显著性水平 $\alpha=0.05$ 下对因素 A 是否显著作出检验.

方差分析表

方差来源	平　方　和	自　由　度	均　方　和	F 值	临　界　值
因素 A	4.2				
误差	2.5				
总和	6.7				

解　$MS_A=S_A/(r-1)=4.2/2=2.1,MS_E=S_E/(n-r)=2.5/9\approx0.28,$

$F=MS_A/MS_E=2.1/0.28=7.5.$ 查临界值 $F_{0.05}(2,9)=4.26.$

方差分析表

方差来源	平　方　和	自　由　度	均　方　和	F 值	临　界　值
因素 A	4.2	2	2.1	7.5	4.26
误差	2.5	9	0.28		
总和	6.7	11			

在显著性水平 $\alpha=0.05$ 下,查表得临界值 $F_{0.05}(2,9)=4.26$,由于 $F=7.5>4.26$,落在拒绝域中,所以拒绝 H_0,认为因素 A 是显著的.

3. 一批由同一种原料制成的布,用不同的印染工艺处理,然后进行缩水率试验. 假设采用 5 种不同的工艺,每种工艺处理 4 块布样,测得缩水率的百分数如下表:

因素 A (印染工艺)	试 验 批 号			
	1	2	3	4
A_1	4.3	7.8	3.2	6.5
A_2	6.1	7.3	4.2	4.1
A_3	4.3	8.7	7.2	10.1
A_4	6.5	8.3	8.6	8.2
A_5	9.5	8.8	11.4	7.8

若布的缩水率服从正态分布,不同工艺处理的布的缩水率方差相等. 试考察不同工艺对布的缩水率的影响有无显著差异?($\alpha=0.05$)

解 用 X_i 表示采用不同的工艺 A_i 处理布样的缩水率所对应的总体,$X_i \sim N(\mu_i, \sigma^2)$ ($i=1,2,3,4,5$). 需要检验假设

$H_0: \mu_1=\mu_2=\mu_3=\mu_4=\mu_5$,$H_1: \mu_1, \mu_2, \mu_3, \mu_4, \mu_5$ 不全相等

经计算得到下表:

因素 A (印染工艺)	n_i	$T_i.$	$T_i^2.$	$\sum\limits_{j=1}^{n_i} X_{ij}^2$
A_1	4	21.8	475.24	131.82
A_2	4	21.7	470.89	124.95
A_3	4	30.3	918.09	248.03
A_4	4	31.6	998.56	252.34
A_5		37.5	1406.25	358.49
总和	24	142.9	4269.03	1115.63

于是 $S_T = \sum\limits_{i=1}^{5}\sum\limits_{j=1}^{4} X_{ij}^2 - \dfrac{T^2}{20} = 1115.63 - \dfrac{142.9^2}{20} = 94.61$,其自由度为 19,

$S_A = \sum\limits_{i=1}^{5} \dfrac{T_i^2.}{n_i} - \dfrac{T^2}{20} = \dfrac{4269.03}{4} - \dfrac{142.9^2}{20} = 46.24$,其自由度为 4,

$S_E = S_T - S_A = 48.37$,其自由度为 15.

根据以上结果得方差分析表:

方差分析表

方差来源	平 方 和	自 由 度	均 方 和	F 值	临 界 值
因素 A	46.24	4	11.56	3.58	$F_{0.05}(4,15)=3.06$
误差	48.37	15	3.2247		
总和	94.61	19			

在显著性水平 $\alpha = 0.05$ 下,查表得临界值 $F_{0.05}(4,15) = 3.06$,由于 $F = 3.58 > 3.06$,落在拒绝域中,所以拒绝 H_0,认为不同工艺对布的缩水率的影响有显著的差异.

4. 考虑温度对某一化工产品得率的影响,选了五种不同的温度,在同一温度下做了三次试验,测得数据如下:

温度/℃	60	65	70	75	80
得率/%	90	97	96	84	84
	92	93	96	83	86
	88	92	93	88	82

在显著性水平 $\alpha = 0.05$ 下,试分析温度对得率有无显著影响.

解 检验假设 $H_0: \mu_1 = \mu_2 = \mu_3 = \mu_4 = \mu_5$,$H_1: \mu_1, \mu_2, \mu_3, \mu_4, \mu_5$ 不全相等.

$s = 5, n_1 = n_2 = n_3 = n_4 = n_5 = 3, n = 15$,

$$S_T = \sum_{j=1}^{5} \sum_{i=1}^{3} x_{ij}^2 - \frac{T^2}{15} = 120776 - \frac{1344^2}{15} = 353.6,$$

$$S_A = \sum_{j=1}^{5} \frac{T_{\cdot j}^2}{n_j} - \frac{T^2}{n} = 303.6, \quad S_E = S_T - S_A = 50.$$

根据以上结果得方差分析表:

方差分析表

方差来源	平方和	自由度	均方和	F值	临界值
因素 A	303.6	4	75.9	15.18	$F_{0.05}(4,10) = 3.48$
误差	50	10	5		
总和	353.6	14			

在显著性水平 $\alpha = 0.05$ 下,查表得临界值 $F_{0.05}(4,10) = 3.48$,由于 $F = 3.58 > 3.48$,落在拒绝域中,所以拒绝 H_0,即认为不同温度水平对得率有显著的影响.认为不同工艺对布的缩水率的影响有显著的影响.

提高题

1. 有 5 种油菜品种,分别在 4 块试验田上种植,所得亩产量如下表所示(单位：kg).在显著性水平 $\alpha = 0.05$ 下,试问不同油菜品种对平均亩产量影响是否显著.

品种 \ 田块	1	2	3	4
A_1	256	222	280	298
A_2	244	300	290	275
A_3	250	277	230	322
A_4	288	280	315	259
A_5	206	212	220	212

解 分别以 $\mu_1, \mu_2, \mu_3, \mu_4, \mu_5$ 表示 5 种油菜品种产量的平均值,现在需要检验

$$H_0: \mu_1 = \mu_2 = \mu_3 = \mu_4 = \mu_5, \quad H_1: \mu_1, \mu_2, \mu_3, \mu_4, \mu_5 \text{ 不全相等.}$$

由题的条件，$r=5, n=20, n_i=4(i=1,2,\cdots,5)$.

通过计算可得 $S_A=13195.7, S_E=11491.5, S_T=24687.2$.

把计算结果整理列成如下的方差分析表：

方差分析表

方差来源	离差平方和	自由度	均方和	F 值
组间 A	13195.7	4	3298.9	4.3061
组内 E	11491.5	15	766.1	
总和	24687.2	19		

这里 F 的自由度为 $(4,15)$，对于给定的显著性水平 $\alpha=0.05$，查 F 分布表可得分位点 $F_\alpha(4,15)=3.06$. 因为 $F=4.3061>3.06=F_\alpha(4,15)$，故应拒绝 H_0，即认为不同油菜品种对平均亩产量影响显著.

2. 消费者与产品生产者、销售者或服务的提供者之间经常发生纠纷，当发生纠纷后，消费者常常会向消费者协会投诉，为了对几个行业的服务质量进行评价，消费者协会在零售业、旅游业、航空公司、家电制造业分别抽取不同的企业作为样本，每个行业中抽取的这些企业，在服务对象、服务内容、企业规模等方面基本上相同，经过统计，得到了1年内消费者对总共26家企业投诉的次数，结果如下表所示.

零 售 业	旅 游 业	航 空 公 司	家电制造业
53	67	30	45
65	40	48	52
50	30	20	66
41	44	33	78
33	55	39	60
54	50	28	55
45	43		

在显著性水平 $\alpha=0.05$ 下，试问4个行业之间的服务质量是否有显著差异？

解 要分析4个行业之间的服务质量是否有显著差异，实际上就是要判断"行业"对"投诉次数"是否有显著影响，作为这种判断最终被归结为检测这4个行业被投诉次数的均值是否相等.

需检测假设 $H_0: \mu_1=\mu_2=\mu_3=\mu_4$（行业对投诉次数没有显著影响），

$H_1: \mu_1, \mu_2, \mu_3, \mu_4$ 不全相等（行业对投诉次数有显著影响）.

给定 $\alpha=0.05$，完成这一假设检验.

$$r=4, \quad n_1=7, \quad n_2=7, \quad n_3=6, \quad n_4=6, \quad n=26.$$

计算得 $S_T=\sum\limits_{j=1}^{s}\sum\limits_{i=1}^{n_j}x_{ij}^2-n\bar{x}^2=4713.846, S_A=\sum\limits_{j=1}^{s}n_j\bar{x}_{\cdot j}^2-n\bar{x}^2=2109.084, S_E=S_T-S_A=2604.762$.

由上得方差分析表：

方差分析表

方差来源	平 方 和	自 由 度	均 方 和	F 值
因素 A	2109.084	3	703.028	703.028
误差	2604.762	22	118.3983	
总和	4713.846	25		

因 $F(3,22)=5.9378>F_{0.05}(3,22)=3.05$,则拒绝 H_0,即认为 4 个行业对投诉次数有显著差异.

习题 9-2

1. 假设有 4 个品牌的彩色电视机在 5 个地区销售,为分析彩色电视机品牌(因素 A)和销售地区(因素 B)对销售是否有影响,采集每个品牌在各地区的销售数据如表所示.试分析品牌和销售地区对彩色电视机的销售量是否有显著影响($\alpha=0.05$)?

品牌 (因素 A)	销售地区(因素 B)				
	B_1	B_2	B_3	B_4	B_5
A_1	365	350	343	340	323
A_2	345	368	363	330	333
A_3	358	323	353	343	308
A_4	288	280	298	260	298

解　由已知 $r=4$,$s=5$,则本问题是在 $\alpha=0.05$ 下检验

$$H_{0A}:\alpha_1=\alpha_2=\alpha_3=\alpha_4=0,$$
$$H_{0B}:\beta_1=\beta_2=\beta_3=\beta_4=\beta_5=0.$$

经计算得

$$T=\sum_{i=1}^{4}\sum_{j=1}^{5}X_{ij}=6569,\qquad \sum_{i=1}^{4}\sum_{j=1}^{5}X_{ij}^2=2175477,$$

$$T_{1.}=1721,\quad T_{2.}=1739,\quad T_{3.}=1685,\quad T_{4.}=1424,$$

$$T_{.1}=1356,\quad T_{.2}=1321,\quad T_{.3}=1357,\quad T_{.4}=1273,\quad T_{.5}=1262,$$

$$S_T=\sum_{i=1}^{4}\sum_{j=1}^{5}x_{ij}^2-\frac{1}{20}T^2=2175477-\frac{1}{20}\times6569^2=17888.95,$$

$$S_A=\frac{1}{5}\sum_{i=1}^{4}T_{i.}^2-\frac{1}{20}T^2=2170592.6-\frac{1}{20}\times6569^2=13004.55,$$

$$S_B=\frac{1}{4}\sum_{j=1}^{5}T_{.j}^2-\frac{T^2}{20}=215959.75-\frac{1}{20}\times6569^2=2011.7,$$

$$S_E=S_T-S_A-S_B=2872.73.$$

方差来源	平 方 和	自 由 度	均 方 和	F 值	临 界 值
因素 A	$S_A=13004.55$	$r-1=3$	$MS_A=4334.85$	$F_A=12$	$F_{0.05}(3,12)=3.49$
因素 B	$S_B=2011.7$	$s-1=4$	$MS_B=502.95$	$F_B=2.1$	$F_{0.05}(4,12)=3.26$
误差	$S_E=2872.73$	$(r-1)(s-1)=12$	$MS_E=239.39$		
总和	$S_T=17888.95$	$n-1=19$			

由于 $F_A > F_{0.05}(3,12)$，F_A 落在拒绝域中，拒绝 H_{0A}，即认为品牌对彩色电视机的销售量有显著影响；又由于 $F_B < F_{0.05}(4,12)$，F_B 未落在拒绝域中，接受 H_{0B}，即认为销售地区对彩色电视机的销售量无显著影响.

2. 为了给 4 种产品鉴定评分，特请来 5 位有关专家(鉴定人)，评分结果列于表如下. 试用方差分析的方法检验产品的差异和鉴定人的差异($\alpha = 0.05$).

产品(A)	鉴定人(B)					合计	平均
	①	②	③	④	⑤		
1	7	9	8	7	8	39	7.8
2	10	10	8	8	9	45	9.0
3	7	5	5	4	6	27	5.4
4	8	6	7	4	4	29	5.8
合计	32	30	28	23	27	140	

解 由已知 $r = 4$，$s = 5$，则本问题是在 $\alpha = 0.05$ 下检验

$$H_{0A}: \alpha_1 = \alpha_2 = \alpha_3 = \alpha_4 = 0,$$
$$H_{0B}: \beta_1 = \beta_2 = \beta_3 = \beta_4 = \beta_5 = 0.$$

经计算得

$$T = \sum_{i=1}^{4} \sum_{j=1}^{5} X_{ij} = 140, \qquad \sum_{i=1}^{4} \sum_{j=1}^{5} X_{ij}^2 = 1048,$$

$$T_{1\cdot} = 39, \quad T_{2\cdot} = 45, \quad T_{3\cdot} = 27, \quad T_{4\cdot} = 29,$$

$$T_{\cdot 1} = 32, \quad T_{\cdot 2} = 30, \quad T_{\cdot 3} = 28, \quad T_{\cdot 4} = 23, \quad T_{\cdot 5} = 27,$$

$$S_T = \sum_{i=1}^{4} \sum_{j=1}^{5} x_{ij}^2 - \frac{1}{20}T^2 = 1048 - \frac{1}{20} \times 142^2 = 68,$$

$$S_A = \frac{1}{5} \sum_{i=1}^{4} T_{i\cdot}^2 - \frac{1}{20}T^2 = 1023.2 - \frac{1}{20} \times 140^2 = 43.2,$$

$$S_B = \frac{1}{4} \sum_{j=1}^{5} T_{\cdot j}^2 - \frac{1}{20}T^2 = 991.5 - \frac{1}{20} \times 140^2 = 11.5,$$

$$S_E = S_T - S_A - S_B = 13.3.$$

方差来源	平方和	自由度	均方和	F 值	临界值
因素 A	$S_A = 43.2$	$r - 1 = 3$	$MS_A = 14.4$	$F_A = 12.99$	$F_{0.05}(3,12) = 3.49$
因素 B	$S_B = 11.5$	$s - 1 = 4$	$MS_B = 2.875$	$F_B = 2.59$	$F_{0.05}(4,12) = 3.26$
误差	$S_E = 13.3$	$(r-1)(s-1) = 12$	$MS_E = 1.108$		
总和	$S_T = 68$	$n - 1 = 19$			

由于 $F_A > F_{0.05}(3,12)$，F_A 落在拒绝域中，拒绝 H_{0A}，即认为产品有显著差异；又由于 $F_B < F_{0.05}(4,12)$，F_B 未落在拒绝域中，接受 H_{0B}，即认为鉴定人无显著差异.

3. 在某种金属材料的生产过程中，对热处理时间(因素 A)与温度(因素 B)各取两个水平，产品强度的测定结果(相对值)如表所示，在同一条件下每个试验重复两次. 设各水平搭

配强度的总体服从正态分布且方差相同,各样本独立,问热处理温度、时间以及这两者的相互作用对产品强度是否有显著的影响?(取 $\alpha=0.05$)

因素 A ＼ 因素 B	B_1	B_2
A_1	38.0　38.6	45.0　44.8
A_2	47.0　44.8	42.4　40.8

解　这是一个等重复试验的方差分析问题,即检验假设

$$H_{0A}:\alpha_1=\alpha_2=0,$$
$$H_{0B}:\beta_1=\beta_2=0,$$
$$H_{0A\times B}:\gamma_{ij}=0 \quad (i=1,2;\ j=1,2).$$

首先计算诸平均和,得

$$\sum_{i=1}^{2}\sum_{j=1}^{2}\sum_{k=1}^{2}X_{ijk}^2=38^2+38.6^2+\cdots+42.4^2+40.8^2=14644.44,$$

$$T=\sum_{i=1}^{2}\sum_{j=1}^{2}\sum_{k=1}^{2}X_{ijk}=38+38.6+47+44.8+45+44.8+42.4+40.8=341.4,$$

$$S_{T}=\sum_{i=1}^{2}\sum_{j=1}^{2}\sum_{k=1}^{2}X_{ijk}^2-\frac{T^2}{2\times2\times2}=75.195,$$

$$S_{A}=\frac{1}{2\times2}\sum_{i=1}^{2}T_{i\cdot\cdot}^2-\frac{T^2}{2\times2\times2}=1.62,$$

$$S_{B}=\frac{1}{2\times2}\sum_{j=1}^{2}T_{\cdot j\cdot}^2-\frac{T^2}{2\times2\times2}=2.645,$$

$$S_{A\times B}=\frac{1}{2}\sum_{i=1}^{2}\sum_{j=1}^{2}T_{ij\cdot}^2-\frac{T^2}{2\times2\times2}-S_A-S_B=67.03,$$

$$S_{E}=S_{T}-S_{A}-S_{B}-S_{A\times B}=3.9.$$

由上得方差分析表:

方差分析表

来　　源	平　方　和	自　由　度	均　方　和	F 值
因素 A	$S_A=9.245$	$r-1=1$	$MS_A=9.245$	$F_A=9.48$
因素 B	$S_B=2.645$	$s-1=1$	$MS_B=2.645$	$F_B=2.71$
交互作用 $A\times B$	$S_{A\times B}=59.405$	$(r-1)(s-1)=1$	$MS_{A\times B}=59.406$	$F_{A\times B}=60.93$
误差	$S_E=3.9$	$rs(m-1)=4$	$MS_E=0.975$	
总和	$S_T=75.195$	$n-1=7$		

查得临界值: $F_{0.05}(1,7)=5.59$.

由于 　$F_A=9.48>F_{0.05}(1,7)=5.59$, 　$F_B=2.71<F_{0.05}(1,7)=5.591$,

$F_{A\times B}=60.93>F_{0.05}(1,7)=5.59$.

故不应拒绝假设 H_{0B},而应拒绝假设 H_{0A} 和 $H_{0A\times B}$,既可以认为温度(因素 B)对产品强度

没有显著影响,热处理时间(因素 A)对产品强度有显著影响,热处理时间(因素 A)与温度(因素 B)之间存在交互效应,对产品强度有显著影响.

提高题

1. 考虑 3 种不同形式的广告与 5 种不同的价格对某种商品销量的影响,我们选取某市 15 家大超市,每家超市选用其中的一种组合,统计出一个月的销量如下表所示.

价格 广告	B_1	B_2	B_3	B_4	B_5
A_1	276	352	178	295	273
A_2	114	176	102	155	128
A_3	364	547	288	392	378

希望由上述统计结果判断:

(1) 不同广告形式下商品的销量差异是否显著;

(2) 不同价格下商品的销量差异是否显著.($\alpha = 0.05$)

解 由已知 $r = 4, s = 5$,则本问题是在 $\alpha = 0.05$ 下检验

$$H_{0A}: \alpha_1 = \alpha_2 = \alpha_3 = 0,$$
$$H_{0B}: \beta_1 = \beta_2 = \beta_3 = \beta_4 = 0.$$

经计算算得

$$T = \sum_{i=1}^{3} \sum_{j=1}^{5} X_{ij} = 4018, \qquad \sum_{i=1}^{3} \sum_{j=1}^{5} X_{ij}^2 = 1299300,$$

$$T_{1\cdot} = 1374, \quad T_{2\cdot} = 625, \quad T_{3\cdot} = 1969,$$

$$T_{\cdot 1} = 754, \quad T_{\cdot 2} = 1075, \quad T_{\cdot 3} = 568, \quad T_{\cdot 4} = 842, \quad T_{\cdot 5} = 779,$$

$$S_T = \sum_{i=1}^{3} \sum_{j=1}^{5} x_{ij}^2 - \frac{1}{15} T^2 = 1299300 - \frac{1}{15} \times 1018^2 = 223011.7333,$$

$$S_A = \frac{1}{5} \sum_{i=1}^{4} T_{i\cdot}^2 - \frac{1}{20} T^2 = 167804.1333, \qquad S_B = \frac{1}{3} \sum_{j=1}^{5} T_{\cdot j}^2 - \frac{T^2}{20} = 1120856.667,$$

$$S_E = S_T - S_A - S_B = 10639.2.$$

方 差 来 源	平 方 和	自 由 度	均 方 和	F 值	临 界 值
因素 A	$S_A = 167804.133$	$r-1 = 2$	$MS_A = 83902.06$	$F_A = 63.09$	$F_{0.05}(2,8) = 4.46$
因素 B	$S_B = 44568.4$	$s-1 = 4$	$MS_B = 11142.1$	$F_B = 8.38$	$F_{0.05}(4,8) = 3.84$
误差	$S_E = 1120856.667$	$(r-1)(s-1) = 8$	$MS_E = 1329.9$		
总和	$S_T = 223011.7333$	$n-1 = 14$			

(1) 由于 $F_A > F_{0.05}(2,8)$,F_A 落在拒绝域中,拒绝 H_{0A},即认为不同广告形式下商品的销量差异显著;

(2) 又由于 $F_B > F_{0.05}(4,8)$,F_B 落在拒绝域中,接受 H_{0B},即认为不同价格下商品的销量差异显著.

2. 在某农业试验中为了考察小麦种子及化肥对小麦产量的效应,选取 4 种小麦品种和 3 种化肥作试验,现对所有可能的搭配在相同条件下试验两次,产量结果如下表所示.

产量/(kg/亩) 因素 A 因素 B		小麦品种(A)						
		A_1		A_2		A_3		A_4
化 肥 (B)	B_1	293	292	308	310	325	320	370	368
	B_2	316	320	318	322	318	310	365	340
	B_3	325	330	317	320	310	315	330	324

试分析小麦种子类型和化肥类型对小麦产量的影响.($\alpha = 0.05$)

解 这是一个等重复试验的方差分析问题,即检验假设

$$H_{0A}: \alpha_1 = \alpha_2 = \alpha_3 = \alpha_4 = 0,$$
$$H_{0B}: \beta_1 = \beta_2 = \beta_3 = 0,$$
$$H_{0A \times B}: \gamma_{ij} = 0 \quad (i=1,2,3,4; j=1,2,3).$$

首先计算诸平均和,得

$$\sum_{i=1}^{4}\sum_{j=1}^{3}\sum_{k=1}^{3} X_{ijk}^2 = 293^2 + 292^2 + \cdots + 330^2 + 324^2 = 2522154,$$

$$T = \sum_{i=1}^{4}\sum_{j=1}^{3}\sum_{k=1}^{3} X_{ijk} = 293 + 292 + \cdots + 330 + 324 = 7766,$$

$$S_T = \sum_{i=1}^{4}\sum_{j=1}^{3}\sum_{k=1}^{2} X_{ijk}^2 - \frac{T^2}{4 \times 3 \times 2} = 9205.8333,$$

$$S_A = \frac{1}{3 \times 2}\sum_{i=1}^{4} T_{i\cdot\cdot}^2 - \frac{T^2}{4 \times 3 \times 2} = 5420.8333,$$

$$S_B = \frac{1}{4 \times 2}\sum_{j=1}^{3} T_{\cdot j\cdot}^2 - \frac{T^2}{4 \times 3 \times 2} = 91.5833,$$

$$S_{A \times B} = \frac{1}{2}\sum_{i=1}^{4}\sum_{j=1}^{3} T_{ij}^2 - \frac{T^2}{4 \times 3 \times 2} - S_A - S_B = 3286.41667,$$

$$S_E = S_T - S_A - S_B - S_{A \times B} = 425.$$

从而得方差分析表:

方差分析表

来源	平方和	自由度	均方和	F 值
因素 A	$S_A = 5420.8333$	$r-1 = 3$	$MS_A = 1806.9444$	$F_A = 51.02$
因素 B	$S_B = 91.5833$	$s-1 = 2$	$MS_B = 45.79165$	$F_B = 1.29$
交互作用 $A \times B$	$S_{A \times B} = 3286.41667$	$(r-1)(s-1) = 6$	$MS_{A \times B} = 544.7361$	$F_{A \times B} = 15.3807$
误差	$S_E = 425$	$rs(m-1) = 12$	$MS_E = 35.41667$	
总和	$S_T = 9205.8333$	$n-1 = 24$		

查得临界值：$F_{0.05}(3,12)=3.49$，$\quad F_{0.05}(2,12)=3.89$，$\quad F_{0.05}(6,12)=3.00$.

由于 $\quad F_A=51.02>F_{0.05}(3,12)=3.49$，$\quad F_B=1.29<F_{0.05}(2,12)=3.89$，
$$F_{A\times B}=15.3807>F_{0.05}(6,12)=3.00.$$

故不应拒绝假设 H_{0B}，而应拒绝假设 H_{0A} 和 $H_{0A\times B}$，化肥对小麦产量无影响.小麦种子和种子与化肥交互作用对小麦产量的影响显著.

习题 9.3

1. 现收集 16 组合金钢的含碳量 x 与强度 y 的数据，$\bar{x}=0.125,\bar{y}=45.7886,L_{xx}=0.3024,L_{xy}=25.5218,L_{yy}=2432.4566$.

(1) 求 y 关于 x 的一元线性回归方程；

(2) 对建立的回归方程作线性回归的显著性检验.($\alpha=0.05$)

解 (1) 根据已知数据可以得到回归系数的估计为

$$\hat{b}=\frac{L_{xy}}{L_{xx}}=\frac{25.5218}{0.3024}=84.3975,\quad \hat{a}=\bar{y}-\hat{b}\bar{x}=35.2389,$$

于是 y 关于 x 的一元线性回归方程为

$$\hat{y}=35.2389+84.3975x.$$

(2) 首先计算

$$L_{yy}=2432.4566,\quad U=\frac{L_{xy}^2}{L_{xx}}=2153.9758,$$

$$Q=L_{yy}-U=2432.4566-2153.9758=278.4808.$$

于是可建立如下方差分析表：

方差分析表

来　　源	平　方　和	自　由　度	均　方　和	F 值
回归	2153.9758	1	2153.9458	108.2848
残差	278.4808	14	19.8915	
总计	2432.4566	15		

若取显著性水平 $\alpha=0.05$，查表知 $F_{0.95}(1,14)=4.60$，拒绝域 $W=\{F\geqslant 4.60\}$，此处检验统计量落入拒绝域，因此，在显著性水平 0.05 下回归方程是显著的.

2. 为定义一种变量，用来描述某种商品的供应量与价格之间的相应关系，首先要收集给定时期内价格 x 与供应量 y 的观察数据，假如观察到某年度前 10 个月数据如下：

价格/元	100	110	120	130	140	150	160	170	180	190
供应量/批	45	51	54	61	66	70	74	78	85	89

试求 y 与 x 的经验线性回归方程.

解 这里 $n=10$，经计算得到 $\bar{x}=145,\bar{y}=67.3$.

$$L_{xx}=\sum_{i=1}^{10}x_i^2-10(\bar{x})^2=8250,\quad L_{xy}=\sum_{i=1}^{10}x_iy_i-10\bar{x}\,\bar{y}=3985,$$

故得 $\hat{b}=\dfrac{L_{xy}}{L_{xx}}=0.48303,\hat{a}=\bar{y}-\hat{b}\bar{x}=-2.73935$.于是回归直线方程为

$$\hat{y} = -2.73935 + 0.48303x.$$

3. 为了确定在老鼠体内血糖的减少量 y 和注射胰岛素 A 的剂量间 x 的关系,将同样条件下繁殖的 7 只老鼠注入不同剂量的胰岛素 A,所得 7 组数据如下:

A 的剂量 x_i	0.20	0.25	0.30	0.35	0.40	0.45	0.50
血糖减少量 y_i	30	26	40	35	54	60	64

从散点图我们发现 7 个点基本在一条直线附近.

(1) 求 y 关于 x 一元线性回归方程;

(2) 对建立的回归方程作线性回归的显著性检验($\alpha = 0.01$).

解　(1) 经计算 $\bar{x} = 0.35, \bar{y} = 44.1429, L_{xx} = 0.07, L_{yy} = 1372.857, L_{xy} = 9.2.$

$$\hat{b} = \frac{L_{xy}}{L_{xx}} = \frac{9.2}{0.07} = 131.43, \quad \hat{a} = \bar{y} - \hat{b}\bar{x} = 44.1429 - 131.43 \times 0.35 = -1.86.$$

y 关于 x 一元线性回归方程为 $\hat{y} = -1.86 + 131.43x.$

(2) $H_0: b = 0, \quad H_1: b \neq 0.$

$$L_{yy} = 1372.875, \quad U = \hat{b}^2 L_{xx} = 131.43^2 \times 0.07 = 1209.169,$$

$$Q = L_{yy} - U = 1372.875 - 1209.169 = 163.706,$$

$$F = \frac{U}{\dfrac{Q}{n-r}} = \frac{1209.169}{\dfrac{163.706}{7-2}} = 36.94.$$

$F_{0.01}(1, 5) = 16.26 < F = 36.94$ 拒绝 H_0,在显著水平 0.01 下回归方程的线性回归关系是显著的.

4. 由专业知识知道,合金的强度 $y(\times 10^7 \text{Pa})$ 与合金中碳的含量 $x(\%)$ 有关,我们把收集到的数据记为 $(x_i, y_i)(i = 1, 2, \cdots, n)$. 收集到的 12 组数据如下:

x	0.01	0.11	0.12	0.13	0.14	0.15	0.16	0.17	0.18	0.20	0.21	0.23
y	42.0	43.0	45.0	45.0	45.0	47.5	49.0	53.0	50.0	55.0	55.0	60.0

从散点图我们发现 12 个点基本在一条直线附近.

(1) 求 y 关于 x 一元线性回归方程;

(2) 对建立的回归方程作显著性检验($\alpha = 0.01$).

解　经计算 $\bar{x} = 0.1583, \bar{y} = 49.2083, L_{xx} = 0.0186, L_{yy} = 335.23, L_{xy} = 2.4292.$

(1) $\hat{b} = \frac{L_{xy}}{L_{xx}} = \frac{2.4292}{0.0186} = 130.60, \hat{a} = \bar{y} - \hat{b}\bar{x} = 49.2083 - 130.60 \times 0.1583 = 28.53.$

y 关于 x 一元线性回归方程为 $\hat{y} = 28.53 + 130.60x.$

(2) $H_0: b = 0, \quad H_1: b \neq 0.$

$$L_{yy} = 335.23, \quad U = \hat{b}^2 L_{xx} = 130.60^2 \times 0.0186 = 317.26,$$

$$Q = L_{yy} - U = 335.23 - 317.26 = 17.97, \quad F = \frac{U}{\dfrac{Q}{n-r}} = \frac{317.26}{\dfrac{17.97}{10-2}} = 176.26.$$

$F_{0.01}(1,10)=10<F=176.265$ 拒绝 H_0,在显著水平 0.01 下回归方程的回归关系是显著的.

提高题

1. 随机抽取 7 家超市,得到其广告费支出和销售额数据,如下表所示.

超　　市	广告费支出 x/万元	销售额 y/万元
1	1	19
2	2	32
3	4	44
4	6	40
5	10	52
6	14	53
7	20	54

(1)试求销售额对广告支出的回归方程;(2)对建立的回归方程作线性回归的显著性检验,($\alpha=0.01$).

解 (1)为求线性回归方程,将有关计算结果列表如下:

超市	广告支出费 x/万元	销售额 y/万元	x^2	xy	y^2
1	1	19	1	19	361
2	2	32	4	64	1024
3	4	44	16	176	1936
4	6	40	36	240	1600
5	10	52	100	520	2704
6	14	53	196	742	2809
7	20	54	400	1080	2916
求和	57	294	753	2841	13350

$$L_{xx}=753-\frac{1}{7}(57)^2=288.8571,\quad L_{xy}=2841-\frac{1}{7}\times294\times57=447,$$

$$\hat{b}=\frac{L_{xy}}{L_{xx}}=1.5475,\quad \hat{a}=\frac{294}{7}-1.5475\times\frac{57}{4}=29.3989,$$

故回归方程 $\hat{y}=29.3989+1.5475x$.

(2)在显著性水平 $\alpha=0.05$ 下,检验回归效果是否显著.

$$n=7,\quad L_{xx}=288.8571,\quad L_{xy}=447,\quad L_{yy}=1002,$$

$$U=L_{xy}^2/L_{xx}=691.7227,\quad Q=L_{yy}-U=1002-691.7227=310.2773,$$

$$F=\frac{U}{Q/(n-2)}=11.14685>F_{0.05}(1,5)=6.61.$$

故拒绝 H_0,即两变量的线性相关关系是显著的.

2. 经定性分析,城市流动人口与某传染病确诊病例数有一定的依存关系,现有某城市 10 个相应的资料如下页表所示.

流动人口数/万人	12	12	14	18	20	22	30	30	36	40
确诊病例数/例	300	250	280	390	500	550	600	590	650	760

求：(1) 某传染病确诊病例数 y 与流动人口数 x 之间的线性回归经验方程；

(2) 预测流动人口数为 50 万时，某传染病确诊病例数的范围；

(3) 若要使某传染病确诊病例数控制在 $500 \sim 800$ 之间，流动人口应如何控制($\alpha = 0.05$)？

解 (1) $\bar{x} = 23.4, \bar{y} = 487$,

$$L_{xx} = \sum_{i=1}^{10} x_i^2 - 10\bar{x}^2 = 912.4, \quad L_{xy} = \sum_{i=1}^{10} x_i y_i - 10\bar{x}\bar{y} = 15145.8,$$

故得 $\hat{b} = \dfrac{L_{xy}}{L_{xy}} = 16.6, \hat{a} = \bar{y} - \hat{b}\bar{x} = 98.6$. 由此得回归方程 $\hat{y} = 98.6 + 16.6x$.

(2) $\sqrt{\dfrac{Q}{n-2}} = \sqrt{\dfrac{19388.6}{8}} = 49.2, t_{0.025}(8) = 2.306$, 则 $\delta = 155.4$, 从而得 y_0 的 95% 置信区间为 $(773.2, 1084.0)$.

所以当城市流动人口为 50 万时，某传染病确诊病例数将以 95% 的可能性在 $773 \sim 1084$ 例之间.

(3) 若要使 $y_1 = 500, y_2 = 800$, 则有

$$\begin{cases} 98.6 + 16.6x_0' - 1.96 \times 49.2 = y_1, \\ 98.6 + 16.6x_0'' + 1.96 \times 49.2 = y_2, \end{cases}$$

解得 $x_0' \approx 30.0, x_0'' \approx 36.4$, 即流动人口应控制在 30.0 万 $\sim$ 36.4 万之间.

习题 9.4

基础题

1. 在研究棉花的病虫害时发现每只红铃虫的产卵数 y 与温度 t 有关, 观测数据如下表所示.

t	21	23	25	27	29	32	35
y	7	11	21	24	66	115	325

求产卵数 y 与温度 t 的回归方程.

解 从产卵数与温度之间的关系可以看出：产卵数与温度之间存在指数关系

$$y = a e^{bt}.$$

取对数得 $\ln y = \ln a + bt$. 设 $u = \ln y$, 则 $u = \ln a + bt$ 为一元线性回归方程.

t_i	21	23	25	27	29	32	35
y_i	7	11	21	24	66	115	325
u_i	1.9459	2.3979	3.0445	3.1781	4.1897	4.7449	5.7838
t_i^2	441	529	625	729	841	1024	1225
$t_i u_i$	40.8639	55.1517	76.1125	85.8087	121.5013	151.8368	202.433

$$\sum_{i=1}^{7} t_i = 192, \quad \bar{t} = \frac{1}{7}\sum_{i=1}^{7} t_i = 27.4286, \quad \sum_{i=1}^{7} u_i = 25.2848, \quad \bar{u} = \frac{1}{7}\sum_{i=1}^{7} u_i = 3.6121,$$

$$\sum_{i=1}^{7} t_i y_i = 733.7079, \quad \sum_{i=1}^{7} t_i^2 = 5414.$$

根据最小二乘法得出参数的估计量

$$\hat{b} = \frac{\sum\limits_{i=1}^{7} t_i u_i - 7\bar{t}\bar{y}}{\sum\limits_{i=1}^{7} t_i^2 - 7\bar{t}^2} = \frac{2882.1258 - 7 \times 27.4286 \times 3.6121}{5414 - 7 \times 27.4286^2} = 0.01058,$$

$$\ln\hat{a} = \bar{u} - \hat{b}\bar{t} = 3.6121 - 27.4286 \times 0.01058 = -3.8491, \quad \hat{a} = e^{-3.8491} = 0.0212.$$

于是产卵数 y 与温度 t 的回归方程为 $y = 0.0212e^{0.01058t}$.

2. 商品的需求量与其价格有一定的关系. 先对一定时期内的某商品价格 x 与需求量 y 进行观察, 取得样本数据如表所示, 试判断商品价格与需求量之间回归函数的类型, 并求需求量对价格的回归方程.

价格 x/元	2	3	4	5	6	7	8	9	10	11
需求量 y/kg	58	50	44	38	34	30	29	26	25	24

解 从需求量与价格之间的关系可以看出: 商品需求量随着价格的提高而逐渐下降, 最后趋于稳定, 因此可以选用双曲线函数 $y = b + a\dfrac{1}{x}$.

令 $t = \dfrac{1}{x}$, 则有 $y = b + at$. 根据数据可以计算出下列结果.

$$\sum_{i=1}^{10} t_i = 2.019877, \quad \bar{t} = \frac{1}{10}\sum_{i=1}^{10} t_i = 0.2019877, \quad \sum_{i=1}^{10} y_i = 358,$$

$$\bar{y} = \frac{1}{10}\sum_{i=1}^{10} y_i = 35.8, \quad \sum_{i=1}^{10} t_i y_i = 85.414755, \quad \sum_{i=1}^{n} (t_i)^2 = 0.558032.$$

根据最小二乘法得出参数的估计量

$$\hat{a} = \frac{\sum\limits_{i=1}^{n} t_i y_i - n\bar{t}\bar{y}}{\sum\limits_{i=1}^{n} t_i^2 - n\bar{t}^2} = \frac{85.414755 - 10 \times 0.2019877 \times 35.8}{0.558032 - 10 \times (0.2019877)^2}$$

$$= \frac{13.1031584}{0.150329690487} = 87.3301,$$

$$\hat{b} = \bar{y} - \hat{a}\bar{t} = 35.8 - 87.3301 \times 0.2019877 = 18.1604,$$

$$\hat{y} = \hat{b} + \hat{a}t = 18.1604 + 87.3301t,$$

即商品的需求量对价格的回归方程为 $\hat{y} = 18.1604 + \dfrac{87.3301}{x}$.

习题 9.5

基础题

1. 在汽油中加入两种化学添加剂,观察它们对汽车消耗 1L 汽油所行里程的影响,共进行 9 次试验,得到里程 y 与两种添加剂用量 x_1, x_2 之间数据如下:

x_1	0	1	0	1	2	0	2	3	1
x_2	0	0	1	1	0	2	2	1	3
y_i	15.8	16.0	15.9	16.2	16.5	16.3	16.8	17.4	17.2

试求里程 y 关于 x_1, x_2 经验线性回归方程.

解 设 y 关于 x_1, x_2 的经验线性回归方程为

$$y = b_0 + b_1 x_1 + b_2 x_2.$$

首先求出正规方程的系数矩阵,有

$$\boldsymbol{X}^{\mathrm{T}}\boldsymbol{X} = \begin{bmatrix} 1 & 1 & 1 & 1 & 1 & 1 & 1 & 1 & 1 \\ 0 & 1 & 0 & 1 & 2 & 0 & 2 & 3 & 1 \\ 0 & 0 & 1 & 1 & 0 & 2 & 2 & 1 & 3 \end{bmatrix} \begin{bmatrix} 1 & 0 & 0 \\ 1 & 1 & 0 \\ 1 & 0 & 1 \\ 1 & 1 & 1 \\ 1 & 2 & 0 \\ 1 & 0 & 2 \\ 1 & 2 & 2 \\ 1 & 3 & 1 \\ 1 & 1 & 3 \end{bmatrix} = \begin{bmatrix} 9 & 10 & 10 \\ 10 & 20 & 11 \\ 10 & 11 & 20 \end{bmatrix},$$

$\boldsymbol{X}^{\mathrm{T}}\boldsymbol{X}$ 的逆矩阵

$$(\boldsymbol{X}^{\mathrm{T}}\boldsymbol{X})^{-1} = \frac{1}{711} \begin{bmatrix} 279 & -90 & -90 \\ -90 & 80 & 1 \\ -90 & 1 & 80 \end{bmatrix}.$$

于是可得正规方程组的解为

$$\hat{\boldsymbol{B}} = \begin{bmatrix} \hat{b}_0 \\ \hat{b}_1 \\ \hat{b}_2 \end{bmatrix} = (\boldsymbol{X}^{\mathrm{T}}\boldsymbol{X})^{-1}\boldsymbol{X}^{\mathrm{T}}\boldsymbol{Y} = (\boldsymbol{X}^{\mathrm{T}}\boldsymbol{X})^{-1} \begin{bmatrix} 148.1 \\ 168.2 \\ 167.3 \end{bmatrix} = \begin{bmatrix} 15.6468 \\ 0.4139 \\ 0.3139 \end{bmatrix},$$

从而得到回归方程为

$$\hat{y} = 15.6468 + 0.4139 x_1 + 0.3139 x_2.$$

2. 略.

总复习题 9

1. 粮食加工厂试验 5 种贮藏方法,检验它们对粮食含水率是否有显著影响. 在贮藏前这些粮食的含水率几乎没有差别,贮藏后含水率如表所示. 问不同的贮藏方法对含水率的影响是否有明显差异?($\alpha = 0.05$)

含水率/%		试验批号				
		1	2	3	4	5
因素 (贮藏 方法)A	A_1	7.3	8.3	7.6	8.4	8.3
	A_2	5.4	7.4	7.1		
	A_3	8.1	6.4			
	A_4	7.9	9.5	10.0		
	A_5	7.1				

解　需要检验假设　$H_0 : \mu_1 = \mu_2 = \mu_3 = \mu_4 = \mu_5, H_1 : \mu_1, \mu_2, \mu_3, \mu_4, \mu_5$ 不全相等.

$$r = 5, \quad n_1 = 5, \quad n_2 = 3, \quad n_3 = 2, \quad n_4 = 3, \quad n_5 = 1,$$

于是

$$S_T = \sum_{i=1}^{3} \sum_{j=1}^{n_i} X_{ij}^2 - \frac{T^2}{n} = 863.36 - \frac{108.8^2}{14} \approx 17.8286,$$

$$S_A = \sum_{i=1}^{3} \frac{T_{i.}^2}{n_i} - \frac{T^2}{n} = 856.19 - \frac{108.8^2}{14} \approx 10.66,$$

$$S_E = S_T - S_A = 17.8286 - 10.66 = 7.17.$$

根据以上结果得方差分析表：

方差分析表

方差来源	平方和	自由度	均方和	F 值	临界值
因素 A	10.66	4	2.665	3.344	$F_{0.05}(4,9) = 3.63$
误差	7.17	9	0.797		
总和	17.83	13			

在显著性水平 $\alpha = 0.05$ 下，查表得临界值 $F_{0.05}(4,9) = 3.63$，由于 $F = 3.44 < 3.63$，不落在拒绝域中，所以接受 H_0，认为不同的贮藏方法对含水率的影响无明显差异.

2. 有三台机器，用来生产规格相同的铝合金薄板. 取样测量薄板的厚度精确至千分之一厘米. 结果如表所示

机器　Ⅰ	机器　Ⅱ	机器　Ⅲ
0.236	0.257	0.258
0.238	0.253	0.253
0.248	0.255	0.259
0.245	0.254	0.267
0.243	0.261	0.262

试判断三台机器生产薄板的厚度有无显著的差异？（$\alpha = 0.05$）

解　需要检验假设　$H_0 : \mu_1 = \mu_2 = \mu_3, H_1 : \mu_1, \mu_2, \mu_3$ 不全相等.

$$r = 3, \quad n_1 = n_2 = n_3 = 5, \quad n = 15,$$

于是 $S_T = \sum\limits_{i=1}^{3} \sum\limits_{j=1}^{5} X_{ij}^2 - \frac{T^2}{15} = 0.963912 - \frac{3.8^2}{15} = 0.00124533,$

$$S_A = \sum_{i=1}^{3} \frac{T_{i \cdot}^2}{n_i} - \frac{T^2}{15} = \frac{1}{5}(1.21^2 + 1.28^2 + 1.31^2) - \frac{3.8^2}{15} = 0.00105333,$$

$$S_E = S_T - S_A = 0.000192.$$

根据以上结果得方差分析表:

方差分析表

方差来源	平 方 和	自 由 度	均 方 和	F 值	临 界 值
因素 A	0.00105333	2	0.00052667	32.92	$F_{0.05}(2,12) = 3.89$
误差	0.000192	12	0.000016		
总和	0.00124533	14			

在显著性水平 $\alpha = 0.05$ 下,查表得临界值 $F_{0.05}(2,12) = 3.89$,由于 $F = 32.92 > 3.89$,落在拒绝域中,所以拒绝 H_0,认为三台机器生产薄板的厚度有显著的差异.

3. 为考察某种维尼纶纤维的耐水性能,安排了一组实验,测得其甲醇浓度 x 及相应的"缩醇化度"y 数据如表所示.

x	18	20	22	24	26	28	30
y	26.86	29.35	28.75	28.87	29.75	30.00	30.36

(1) 求 y 关于 x 一元线性回归方程;

(2) 对建立的回归方程作线性回归的显著性检验.($\alpha = 0.01$)

解　(1)　$\sum_{i=1}^{n} x_i = 168$,　$L_{xx} = \sum_{i=1}^{n}(x_i - \bar{x})^2 = 112$,

$$\sum_{i=1}^{n} y_i = 202.94,\quad L_{yy} = \sum_{i=1}^{n}(y_i - \bar{y})^2 = 8.4931,$$

$$L_{xy} = \sum_{i=1}^{n}(x_i - \bar{x})(y_i - \bar{y}) = 29.6,$$

应用最小二乘估计公式,$\hat{b} = \dfrac{L_{xy}}{L_{xx}} = \dfrac{29.6}{112} = 0.2643$,$\hat{a} = \bar{y} - \hat{b}\bar{x} = 22.6486$,

于是一元线性回归方程为　$\hat{y} = 22.6486 + 0.2643x$.

(2) 首先计算

$$L_{yy} = 8.4931,\quad U = \hat{b}^2 L_{xx} = 0.2643^2 \times 112 = 7.8229,\quad Q = L_{yy} - U = 0.6702.$$

作成方差分析表

方差分析表

方差来源	平 方 和	自 由 度	均 方 和	F 值
回归	7.8229	1	7.8229	58.36
残差	0.6702	5	0.1340	
总计	8.4931	6		

若取 $\alpha = 0.01$,查表知 $F_{0.01}(1,5) = 16.26 < 58.36$,拒绝域为 $W = \{F \geqslant 16.26\}$,现检验

统计量值落入拒绝域,因此在显著性水平 0.01 下回归方程是显著的.

4. 对某种昆虫孵化期平均温度与孵化天数测试得数据如下表所示.

孵化期平均温度 x/℃	11.8	14.7	15.6	16.8	17.1	18.8	19.5	20.4
孵化天数 y	30.1	17.3	16.7	13.6	11.9	10.7	8.3	6.7

(1) 求 y 关于 x 的一元线性回归方程;

(2) 对回归方程作显著性检验($\alpha=0.05$).

解 (1) $L_{xx}=\sum_{i=1}^{8}x_i^2-\frac{1}{8}\left(\sum_{i=1}^{8}x_i\right)^2=2323.19-\frac{1}{8}\times134.7^2=55.17875,$

$L_{xy}=\sum_{i=1}^{8}x_iy_i-\frac{1}{8}\sum_{i=1}^{8}x_i\sum_{i=1}^{8}y_i=1801.67-\frac{1}{8}\times134.7\times115.3=-139.2685,$

$L_{yy}=\sum_{i=1}^{8}y_i^2-\frac{1}{8}\left(\sum_{i=1}^{8}y_i\right)^2=2039.03-\frac{1}{8}\times115.3^2=377.2688,$

$\hat{b}=\dfrac{L_{xy}}{L_{xx}}=\dfrac{-139.2685}{55.17878}=-2.53166,$

$\bar{x}=16.8375,\bar{y}=14.4125,$ $\hat{a}=\bar{y}-\hat{b}\bar{x}=14.4125-(-2.53166)\times16.8375=57.0393,$
因此所求的线性回归方程为 $\hat{y}=57.0393-2.53166x.$

(2) 首先计算

$$U=\hat{b}^2L_{xx}=(-2.53166)^2\times55.17878=353.65688,$$

$$L_{yy}=377.26875,\quad Q=L_{yy}-U=23.61188.$$

做成方差分析表

方差分析表

方差来源	平 方 和	自 由 度	均 方 和	F 值
回归	353.65688	1	353.65688	89.8675
残差	23.61188	6	3.93531	
总计	377.26875	7		

若取 $\alpha=0.05$,查表知 $F_{0.05}(1,6)=5.99<89.8675$,拒绝域为 $W=\{F\geqslant16.26\}$,现检验统计量值落入拒绝域,因此在显著性水平 0.05 下回归方程是显著的.

5. 研究高磷钢的效率与出钢量和 Fe_2O_3 的关系,测得数据如表所示(表中 y 表示效率,x_1 是出钢量,x_2 是 Fe_2O_3).

i	x_1	x_2	y	i	x_1	x_2	y	i	x_1	x_2	y
1	115.3	14.2	83.5	7	101.4	13.5	84.0	13	88.0	16.4	81.5
2	96.5	14.6	78.0	8	109.8	20.0	80.0	14	88.0	18.1	85.7
3	56.9	14.9	73.0	9	103.4	13.0	88.0	15	108.9	15.4	81.9
4	101.0	14.9	91.4	10	110.6	15.3	86.5	16	89.5	18.3	79.1
5	102.9	18.2	83.4	11	80.3	12.9	81.0	17	104.4	13.8	89.9
6	87.9	13.2	82.0	12	93.0	14.7	88.6	18	101.9	12.2	80.6

（1）假设效率与出钢量和 Fe_2O_3 有线性相关关系，求回归方程
$$\hat{y} = b_0 + b_1 x_1 + b_2 x_2;$$

（2）检验回归方程的显著性.（取 $\alpha = 0.10$）

解 （1）经计算 $\bar{x}_1 = 96.65, \bar{x}_2 = 15.2, \bar{y} = 83.23$，

$L_{11} = 3217.2$，　$L_{12} = L_{21} = 27.55$，　$L_{22} = 81.23$，　$L_{1y} = 560.4$，　$L_{2y} = -27.51$，
正规方程组为
$$\begin{cases} b_0 + b_1 \bar{x}_1 + b_2 \bar{x}_2 = \bar{y}, \\ L_{11} b_1 + L_{12} b_2 = L_{1y}, \\ L_{21} b_1 + L_{22} b_2 = L_{2y}, \end{cases}$$

解得　$\hat{b}_1 = 0.1776, \hat{b}_2 = 0.3985, \hat{b}_0 = \bar{y} - \hat{b}_1 \bar{x}_1 - \hat{b}_2 \bar{x}_2 = 72.12$，

故回归方程　$\hat{y} = 72.12 + 0.1776 x_1 - 0.3985 x_2$.

（2）在 $\alpha = 0.10$ 下，查临界值 $F_{0.01}(2, 15) = 2.70$，

$$U = \sum_{i=1}^{2} \hat{b}_i L_{iy} = \hat{b}_1 L_{1y} + \hat{b}_2 L_{2y} = 110.49，\quad Q = L_{yy} - U = 247.49,$$

$$F = \frac{U/k}{Q/(n-k-1)} = \frac{110.49/2}{247.49/15} = 3.35 > 2.70,$$

回归方程是显著的.